差分方程及其应用

周义仓　曹　慧　肖燕妮　编著

科 学 出 版 社

北　京

内 容 简 介

差分方程描述随离散时间变化的系统的规律性，在自然科学、工程技术和社会现象中有着广泛的应用. 本教材在大学数学课程的基础上较系统地介绍了差分方程的基本概念、求解方法，线性差分方程组的基本理论，差分方程的定性、稳定性分析方法和分支理论的知识，特别是 Liapunov 函数、差分不等式和比较定理、鞍结点分支、Flip 分支和不变解曲线的分支等知识，以便为读者进行差分方程的应用和理论研究提供基础. 书中给出了大量的应用例子来展示差分方程或差分方程组在物理学、经济学、生态学和传染病动力学等方面的广泛应用，包括我们近年来在研究人口增长、艾滋病和结核病传播、甲型流感防控等问题中建立的差分方程模型的分析和应用. 这是一本差分方程基础知识介绍和应用研究相结合的教材，我们希望本书能引导读者在差分方程的应用方面尽快地从基本理论和方法的学习走到研究的前沿，能建立和应用差分方程研究和解决一些应用问题，并探索一些差分方程复杂的动力学性态.

本书可以作为大学高年级本科生和研究生差分方程及相近课程的教材，也可以作为研究人员的参考书.

图书在版编目(CIP)数据

差分方程及其应用/周义仓，曹慧，肖燕妮编著. —北京：科学出版社，2014.6

ISBN 978-7-03-040729-0

Ⅰ. ①差… Ⅱ. ①周… ②曹… ③肖… Ⅲ. ①差分方程-高等学校-教材 Ⅳ. ① O241. 3

中国版本图书馆 CIP 数据核字(2014) 第 109436 号

责任编辑：李 欣 李静科／责任校对：鲁 素
责任印制：吴兆东／封面设计：陈 敬

科 学 出 版 社 出版
北京东黄城根北街 16 号
邮政编码：100717
http://www.sciencep.com

北京虎彩文化传播有限公司 印刷

科学出版社发行 各地新华书店经销

*

2014 年 6 月第 一 版 开本：720 × 1000 1/16
2022 年 1 月第四次印刷 印张：19 1/2
字数：390 000

定价：88.00 元

(如有印装质量问题，我社负责调换)

前　　言

差分方程来源于递推关系, 在各种实际问题中有着广泛的应用. 差分和差分方程分别可以看作是连续函数的导数和微分方程的离散化, 许多变量的变化过程都可以通过差分来描述. 随着信息技术的日益普及和发展, 差分和差分方程有着越来越多的应用. 为了适应对差分方程的基础知识和应用日益增长的需求, 我们编写此书, 希望能对读者在差分方程的学习方面有所帮助.

注意到数学、计算机、工程、生态领域中都用到差分方程, 一些离散数学的教材中也增加了差分方程的内容, 一些大学课程中也介绍差分方程的知识, 但这些介绍不够全面和系统. 也有些学校在数学系高年级本科生和研究生中开设差分方程课程, 但目前国内还没有合适的教材. 在本书中我们将介绍差分方程的基本概念、求解方法、稳定性、应用等知识, 我们将从最基本的 Fibonacci 数列开始到非线性方程的性态研究, 突出建模、分析、算法和应用. 在内容编排上我们强调数学概念的应用背景介绍, 重视内容的趣味性, 给出尽可能多的解释、推导和证明, 给出大量的图表和计算.

书中的第 1 章先给出从一些问题中导出差分方程或差分方程组的应用实例; 接下来介绍差分运算、不定和、差分中值定理、Newton-Lebnitz 公式等差分运算的基础知识, 也介绍了差分方程、差分方程的解、差分方程的初始值问题等基本概念和一些简单差分方程的求解过程; 最后通过虫口方程、帐篷映射等经典差分方程的分析展示差分方程解的复杂性态.

第 2 章讲述线性差分方程 (组) 的基本理论和一些差分方程 (组) 的求解方法, 包括线性差分方程 (组) 解的存在唯一性、函数组的线性相关、线性差分方程 (组) 解的一般理论、解的叠加原理、常系数线性差分方程 (组) 的求解方法、可以转换为线性方程的一些情形、线性周期差分方程及线性差分方程 (组) 的应用举例.

从实际问题中提出的差分方程或方程组只有一部分能够得到精确解. 对无法解出的方程, 我们可以通过数值计算得到有限时间内解的值, 也可以通过理论分析得到时间趋于无穷时解的渐近性态. 第 3 章的内容是差分方程 (组) 的定性和稳定性分析方法, 包括差分方程 (组) 的解对初始值和参数的依赖性、平衡解稳定性的定义和例子、比较原理、线性差分方程 (组) 平衡解的稳定性、线性化方法、Liapunov 函数的定义、Liapunov 稳定性定理、LaSalle 不变性原理及一些模型的定性和稳定性分析举例.

差分方程 (组) 平衡解的稳定性研究可以给出平衡解稳定和全局渐近稳定的条件, 使得一个差分方程 (组) 在平衡解的邻域内有比较整齐的性态：在一定的区域内出发的解当时间趋于无穷时都能趋于这个平衡解. 事实上, 还有一些差分方程 (组) 在平衡解邻域内具有十分复杂的性态, 当参数在一个临界值附近有微小的变化时会导致稳定性或者解的定性结构发生很大的变化. 第 4 章的分支理论研究一个差分方程或者差分方程组在平衡解或者周期解邻域内随着参数变化的复杂性态, 包括分支点的定义、判断方法和分支的类型 (包括鞍结点分支、跨临界分支、音叉分支、反转分支、Hopf 分支)、二维方程组平衡解的稳定性和相图、不变闭曲线的分支. 在这一章的最后分别给出了几个生态模型和一个传染病模型分析的结果, 让读者体会对这些模型进行研究的全过程.

差分方程在许多实际问题中有着广泛的应用, 在我们近期研究工作的基础上, 第 5 章介绍了差分方程在生态和传染病方面的应用. 包括描述我国人口增长的 Leslie 模型, 经典的 SIS、SIR、SEIR 传染病模型, HIV/AIDS 模型, 结核病传播模型, 开发了的渔业资源模型. 这些模型的分析与我国的具体情况密切相关. 用我国的人口学数据和传染病数据确定模型的参数, 用模型对我国的人口增长和传染病流行情况进行预测. 这些例子展示了如何把差分方程用到解决实际问题的过程中去, 为读者以后应用差分方程解决实际问题提供了范例.

差分方程及其应用教材一些明显的特点包括：①系统地介绍差分方程相关的基本概念、解的理论、差分不等式和比较定理; ②强调差分方程的定性、稳定性分析的 Liapunov 函数、比较定理和分支方法等理论分析结果; ③大量的利用计算机模拟探讨差分方程 (组) 复杂的动力学性态; ④通过丰富的应用问题引导学生体会数学理论和方法的广泛应用. 由于篇幅的限制, 我们只介绍了差分方程求解、分析和应用的一些基本内容, 重点是将一个实际问题转化为适当的差分方程模型, 怎样寻求一些经典差分方程的解, 当无法求得精确解时怎样分析模型的渐近性态, 怎样借助于计算机软件迅速给出模型的近似解. 像母函数、z 变换、差分方程的边值问题都没有涉及. 国外有许多差分方程的教材和专著, 有兴趣的读者可以从所列的一些文献中学到更多的知识.

阅读和使用本书所需要的基础是数学分析、高等代数和一些计算机编程知识. 课程的应用领域将涉及经济学、社会科学、生物学、物理学、工程学、公共卫生等. 在整个学习过程中, 要注意与微分方程的比较, 注意微分方程的许多理论和方法都可以平移到差分方程中来. 另外, 差分方程可以用计算机直接计算, 我们鼓励读者通过计算机数值实验去发现和探索一些规律. 本教材的目的是让有兴趣的读者尽快从基础走向学科前沿, 能用差分方程或者差分方程组解决一些应用问题.

本书的第 1、2、5 章由西安交通大学的周义仓和肖燕妮撰写, 第 3、4 章及附录由陕西科技大学的曹慧撰写, 曹慧还为各章选配了习题并给出了部分习题的答案. 本教材的编写和出版得到了国家自然科学基金 (11301314) 和 IDRC 项目 (the International Development Research Center, Ottawa, Canada, 104519-010) 的资助. 我们也借此机会感谢科学出版社编辑认真仔细的编校.

差分方程涉及的方面很多, 已有的结论和应用模型十分丰富, 但由于我们的水平和所阅读文献数量的限制, 内容的选取不一定全面, 书中难免有不妥之处, 欢迎读者指正.

作　者

2014 年 3 月

目 录

第1章　绪　　论

差分方程　离散现象在自然中广泛存在, 以递推关系为基础的差分方程在描述概率、排队、统计、随机序列、组合分析、数论、几何、网络、遗传学、生物学、经济学、心理学, 以及社会学等方面有着许多方便之处. 但与微分方程相比, 差分方程的理论相对较少. 事实上, 差分方程比微分方程出现更早, 但由于早期微积分等理论的发展导致了微分方程的发展比差分方程迅速, 最近计算机的发展使得差分方程又得到了广泛的应用.

利用差分方程对实际问题进行建模和研究的优点包括：在经济、生态、社会、公共卫生、日常生活、生产中的数据都是按天、周、月、季度、年等汇总和统计的, 利用差分方程去分析和描述是一个很自然的选择, 它可以直接用来进行模拟和与实际数据进行对比; 差分方程就是一种递推关系, 与微分方程模型相比, 更容易被实际部门的人员理解和接受; 差分方程也是微分方程的一种离散化, 是微分方程进行数值计算的一种途径; 差分方程具有更丰富的动力学性态, 例如, 很简单的差分方程就可能会出现非常复杂的动力学性态, 在数学的理论研究方面具有更大的挑战性.

这一章我们先给出一系列从实际问题或者数学问题中导出差分方程的例子, 接下来介绍差分算子和差分方程的基本概念和性质, 最后通过几个例子展示差分方程复杂的动力学性态.

1.1　一些应用差分方程的例子

差分方程在日常生活和各种领域有着广泛的应用, 从许多具有递推关系的变化过程中可以得到差分方程. 下面我们给出一些具体例子, 让大家体会和学习从实际问题建立一些递推的差分方程. 这些问题包括兔子数量增长的描述、简单的三角形重心的序列和分糖果、与近似计算相关的差分方程、经济学中差分方程、随机现象中概率的递推关系和一个种群数量变化的描述.

1.1.1　兔子对数的递推关系

Fibonacci 数列是在十分简单的假设下描述兔子数量增长的递推关系, 这就是一种差分方程. 我们先对这个经典的问题和模型进行介绍和求解, 然后用类似的思想方法进行一些推广.

例 1.1.1　兔子数量增长 (Fibonacci 数列)　一地区开始时有 1 万对刚出生的小兔. 设兔子出生以后两个月就能生小兔, 如果每月每一对兔子恰好生一对小兔. 假设出生的兔子都成活, 试问一年以后共有多少对兔子, 两年后有多少对兔子?

解　我们以万为单位, 先直接推算. 在第 1 月有 1 万对兔子; 第 2 月也只有 1 万对兔子; 在第 3 月这 1 万对兔子生了 1 万对小兔子, 共有 2 万对兔子; 在第 4 月, 这些老兔子又生了 1 万对小兔子, 共有 3 万对小兔子; 在第 5 个月, 老兔子生 1 万对小兔子, 且在第 3 月出生的小兔也生育 1 万对小兔子, 故共有 5 万对小兔子, 在第 6 个月, 老兔子、在第 3、第 4 月出生的小兔子各生 1 万对小兔子, 故共有 8 万对小兔子. 如此类推, 不难得到月份和小兔对数的关系如表 1-1 所示.

表 1-1　无死亡时兔子数量的变化/万对

月份	1	2	3	4	5	6	7	8	9	10	11	12
1	1	1	1	1	1	1	1	1	1	1	1	1
2		0	0	0	0	0	0	0	0	0	0	0
3			1	1	1	1	1	1	1	1	1	1
4				1	1	1	1	1	1	1	1	1
5					2	2	2	2	2	2	2	2
6						3	3	3	3	3	3	3
7							5	5	5	5	5	5
8								8	8	8	8	8
9									13	13	13	13
10										21	21	21
11											34	34
12												55
总数	1	1	2	3	5	8	13	21	34	55	89	144

将表 1-1 看成一个矩阵 $A=(a_{i,j})$, A 的对角线以下的元素都为零, 每行的元素都与对角线上的元素相同. 其实际意义是: 对角线上的元素表示当月新出生的兔子数量, 兔子出生以后都存活, 所以同一行对角线以后的元素都与出生的相同. 第 1 个月的 1 万对都是新生的兔子, 所以 $a_{1,j}=1$. 第 2 个月没有新出生的兔子, 所以 $a_{2,j}=0$. 第 3 个月新出生的兔子为 1 万对, 所以 $a_{3,j}=1\ (j=3,4,\cdots)$. 以后需要先确定 A 的对角线上的元素 $a_{i,i}$, 它是当月新生的兔子数量, 其数值 $a_{i,i}=\sum\limits_{j=1}^{i-2}a_{j,i}$, 第 i 行对角线以后的其他元素与 $a_{i,i}$ 相同. 再仔细观察一下每月小兔对数的变化情况, 我们发现从第 3 月开始, 每月兔子对数就是前两月的兔子对数之和. 若记 r_n 为第 n 月的兔子对数, 则我们发现的规律为

$$r_1=1, r_2=1,\ \cdots,\ r_n=r_{n-2}+r_{n-1},\quad n=3,4,\cdots. \tag{1.1.1}$$

为了说明 (1.1.1) 式给出的兔子增长规律是否正确, 我们注意到第 n 月的兔子分为两部分, 一部分是第 $n-1$ 月已有的兔子, 另一部分是第 n 月新出生的小兔, 而第 $n-1$ 月生的小兔在第 n 月还没有生育能力, 故第 n 月出生的小兔对数与第 $n-2$ 月的兔子对数相同. 递推关系 (1.1.1) 是通过前两月的值推算得到当月的值, 实际上就是一个差分方程.

递推关系的一般表达式 我们可以借助计算机由 $r_n = r_{n-2} + r_{n-1}$ 递推计算得到以后各月兔子的数量, 能否得到递推的一般表达式, 即差分方程的解呢? 猜想兔子第 n 月的数量 r_n 为 λ^n, 代入差分方程 (1.1.1) 整理后得到

$$\lambda^{n+1} = \lambda^n + \lambda^{n-1}, \quad 即 \quad \lambda^2 - \lambda - 1 = 0.$$

求解得

$$r_n = c_1 \left(\frac{1+\sqrt{5}}{2}\right)^n, \quad 或 \quad r_n = c_2 \left(\frac{1-\sqrt{5}}{2}\right)^n.$$

将这两个 r_n 的表达式相加得到的通解为

$$r_n = c_1 \left(\frac{1+\sqrt{5}}{2}\right)^n + c_2 \left(\frac{1-\sqrt{5}}{2}\right)^n.$$

利用初始条件 $r_1 = 1$ 和 $r_2 = 1$ 得到, 要求的特解为

$$r_n = \frac{1}{\sqrt{5}} \left(\frac{1+\sqrt{5}}{2}\right)^n - \frac{1}{\sqrt{5}} \left(\frac{1-\sqrt{5}}{2}\right)^n.$$

注意到当 n 较大时 $\frac{1}{\sqrt{5}} \left(\frac{1-\sqrt{5}}{2}\right)^n$ 很小, r_n 就与它的第一项很接近. 事实上, 当 n 较大时

$$r_n = \left\lceil \frac{1}{\sqrt{5}} \left(\frac{1+\sqrt{5}}{2}\right)^n \right\rceil.$$

其中 $\lceil x \rceil$ 表示不小于 x 的最小整数, 这个表达式实际上就是月份较大时的精确解.

在上面的分析和计算中, 我们默认了"兔子能长生不老", 这是不合理的. 事实上, 兔子总会死亡. 我们假设兔子的寿命均为 6 个月, 再来讨论兔子数量变化的规律. 与前面的分析类似, 先直接推算得到各月小兔数量的关系如表 1-2 所示.

表 1-2 与表 1-1 中的差别在于每一行只有 6 个非零元素, 这反映了兔子只能存活 6 个月. 仔细观察一下每月小兔对数的变化情况, 我们发现从第 7 月开始, 每月小兔对数就是当月及前 5 个月所生育的小兔对数之和. 而当月出生的小兔对数就是前 2 月到前 6 月内出生的小兔对数之和. 于是, 引入变量 $y(j)$, 它表示在第 j 月出生的小兔对数, 记 $z(j)$ 为第 j 月的小兔对数, 则我们发现的规律为

$$
\begin{aligned}
&z(1)=1,\quad z(2)=1,\ z(3)=2,\ z(4)=3,\ z(5)=5,\ z(6)=8,\\
&y(1)=1,\quad y(2)=0,\ y(3)=1,\ y(4)=1,\ y(5)=2,\ y(6)=3,\\
&y(j)=y(j-2)+y(j-3)+y(j-4)+y(j-5), \qquad (1.1.2)\\
&z(j)=y(j)+y(j-1)+y(j-2)+y(j-3)+y(j-4)+y(j-5),\\
&\quad j=7,8,9,\cdots.
\end{aligned}
$$

递推关系 (1.1.2) 是一个差分方程组, 通过前几月的小兔对数递推就可以得到以后各月兔子的对数.

表 1-2 兔子寿命为 6 个月时数量的变化/万对

月份	1	2	3	4	5	6	7	8	9	10	11	12
1	1	1	1	1	1	1						
2		1	1	1	1	1	1					
3			1	1	1	1	1	1				
4				1	1	1	1	1	1			
5					2	2	2	2	2	2		
6						3	3	3	3	3	3	
7							4	4	4	4	4	4
8								7	7	7	7	7
9									10	10	10	10
10										16	16	16
11											24	24
12												37
总数	1	1	2	3	5	8	11	18	27	42	64	98

我们还可以用另外一种方法更容易地给出兔子数量增长的变化规律. 记 $x_k(t)$ 为第 t 月寿命为 k 月的兔子数量. 则

$$x_1(1)=1,\ x_2(1)=0,\ x_3(1)=0,\ x_4(1)=0,\ x_5(1)=0,\ x_6(1)=0.$$

递推关系如下

$$
\begin{aligned}
x_1(t+1)&=x_2(t)+x_3(t)+x_4(t)+x_5(t),\\
x_2(t+1)&=x_1(t),\\
x_3(t+1)&=x_2(t),\\
x_4(t+1)&=x_3(t),\\
x_5(t+1)&=x_4(t),\\
x_6(t+1)&=x_5(t),\\
z(t+1)&=x_1(t+1)+x_2(t+1)+x_3(t+1)\\
&\quad+x_4(t+1)+x_5(t+1)+x_6(t+1).
\end{aligned}
\qquad (1.1.3)
$$

引入下面的矩阵和向量

$$L=\begin{pmatrix}0&1&1&1&1&0\\1&0&0&0&0&0\\0&1&0&0&0&0\\0&0&1&0&0&0\\0&0&0&1&0&0\\0&0&0&0&1&0\end{pmatrix},\quad \boldsymbol{x}(t)=\begin{pmatrix}x_1(t)\\x_2(t)\\x_3(t)\\x_4(t)\\x_5(t)\\x_6(t)\end{pmatrix},$$

则模型 (1.1.3) 就可以写为

$$\boldsymbol{x}(t+1)=L\boldsymbol{x}(t),\quad \boldsymbol{x}(0)=\boldsymbol{x}_0.$$

这是描述兔子数量变化的差分方程组. 逐步递推就可以得到这个差分方程组的解为 $\boldsymbol{x}(t)=L^t\boldsymbol{x}(0)$, 再将 $\boldsymbol{x}(t)$ 的 6 个分量相加就可以得到第 t 月兔子的数量. 这一计算过程利用 Matlab 语言可以很容易的实现.

Fibonacci 数列在自然界中也有奇妙的表现. 轮生叶植物 (如烟草、洋葱等) 的叶子及一些花的花瓣的分布, 当我们从下向上数叶片时, 就会发现沿顺时针 (或逆时钟) 方向转了 k 圈以后, 第 l 片叶子和开始那片叶子处于同一方向, 而 l 和 k 往往是 Fibonacci 数列中相邻的两项, 如 $k=5, l=8$ 等. 有人计算过, 这种排列是最有益于植物利用阳光的. 向日葵种子的排列也是一个有趣的例子, 可以明显地看到, 在花盘上有两组方向相反的螺线, 它们都是对数螺线. 这两组螺线围成的四边形就是葵花子的位置, 两组螺线的数目总是 Fibonacci 数列的连续两项, 在小花盘上, 它们常常是 (13,21) 或 (21,34); 在特别大的花盘上, 甚至可以看到 (89,144).

1.1.2 从两个简单问题导出的差分方程

下面给出两个简单例子, 一个是在一种规则下通过递推关系求三角形重心的坐标, 另一个是利用递推关系计算糖果的数量. 从这两个简单问题可以看到, 差分方程的引入使我们解决问题的过程更加方便.

例 1.1.2(三角形序列重心的坐标) 如图 1-1 所示, 设 A_4 是 $\Delta A_1A_2A_3$ 的重心坐标, 设 A_5 是 $\Delta A_2A_3A_4$ 的重心坐标, 设 A_6 是 $\Delta A_3A_4A_5$ 的重心坐标, …… 一直重复下去, 求这些三角形重心的坐标.

很自然地猜想, 这些三角形序列会收缩到一个点, 这些三角形重心点的坐标序列会收敛到一个极限值. 记原三角形三个顶点的坐标分别为 $A_1(x_1,y_1)$, $A_2(x_2,y_2)$, $A_3(x_3,y_3)$. 这些三角形序列所对应的重心的坐标为 $A_n(x_n,y_n)$, $n=4,5,6,\cdots$. 则有下面的递推公式

$$x_{n+3}=\frac{x_n+x_{n+1}+x_{n+2}}{3},\quad y_{n+3}=\frac{y_n+y_{n+1}+y_{n+2}}{3},\quad n=1,2,3,\cdots.$$

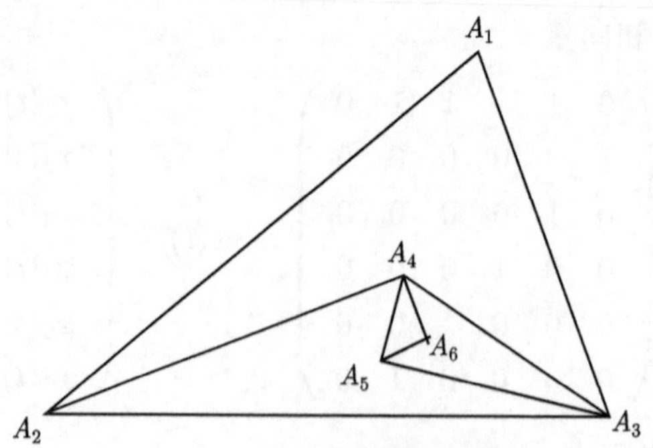

图 1-1　三角形重心坐标的序列

这两个递推关系就是三角形序列重心的坐标$A_n(x_n, y_n)$ 所满足的差分方程, 且它们的形式完全相同. 我们猜想差分方程 $x_{n+3} = \dfrac{x_n + x_{n+1} + x_{n+2}}{3}$ 有形如 $x_n = \lambda^n$ 的解, 将 $x_n = \lambda^n$ 代入方程 $x_{n+3} = \dfrac{x_n + x_{n+1} + x_{n+2}}{3}$, 再整理后得到

$$\lambda^3 - \frac{1}{3}(\lambda^2 + \lambda + 1) = 0.$$

这个 λ 所满足的方程的三个根分别为

$$\lambda_1 = 1, \quad \lambda_2 = \frac{-1 + i\sqrt{2}}{3}, \quad \lambda_3 = \frac{-1 - i\sqrt{2}}{3}.$$

容易验证, 对任意的常数 c_1, c_2 和 c_3, $x_n = c_1$, $x_n = c_2\left(\dfrac{-1 + i\sqrt{2}}{3}\right)^n$ 和 $x_n = c_3\left(\dfrac{-1 - i\sqrt{2}}{3}\right)^n$ 都是差分方程 $x_{n+3} = \dfrac{x_n + x_{n+1} + x_{n+2}}{3}$ 的解.

由于这些三角形重心的坐标都是实数, 我们利用复数的知识将 $\left(\dfrac{-1 + i\sqrt{2}}{3}\right)^n$ 写为

$$\left(\frac{-1 + i\sqrt{2}}{3}\right)^n = \left(\frac{1}{\sqrt{3}}\right)^n (\cos(n\theta) + i\sin(n\theta)),$$

其中, $\cos\theta = -\dfrac{1}{\sqrt{3}}$, $\sin\theta = \dfrac{\sqrt{2}}{\sqrt{3}}$. 通过仔细的计算可以验证 $x_n = c_2\left(\dfrac{1}{\sqrt{3}}\right)^n \cos(n\theta)$ 和 $x_n = c_3\left(\dfrac{1}{\sqrt{3}}\right)^n \sin(n\theta)$ 都是差分方程 $x_{n+3} = \dfrac{x_n + x_{n+1} + x_{n+2}}{3}$ 的解, 且

$$x_n = c_1 + c_2\left(\frac{1}{\sqrt{3}}\right)^n \cos(n\theta) + c_3\left(\frac{1}{\sqrt{3}}\right)^n \sin(n\theta)$$

也是该差分方程的解. 这个表达式中的系数 c_1, c_2 和 c_3 可以根据原三角形的三个顶点坐标来确定. 即通过求解 c_1, c_2 和 c_3 所满足的方程组

$$\begin{aligned}
&c_1 + c_2\frac{1}{\sqrt{3}}\cos(\theta) + c_3\frac{1}{\sqrt{3}}\sin(\theta) = x_1,\\
&c_1 + c_2\left(\frac{1}{\sqrt{3}}\right)^2\cos(2\theta) + c_3\left(\frac{1}{\sqrt{3}}\right)^2\sin(2\theta) = x_2,\\
&c_1 + c_2\left(\frac{1}{\sqrt{3}}\right)^3\cos(3\theta) + c_3\left(\frac{1}{\sqrt{3}}\right)^3\sin(3\theta) = x_3
\end{aligned}$$

来得到它们的值. 经过计算后我们得到

$$c_1 = \frac{1}{6}\left(x_1 + 2x_2 + 3x_3\right)$$

$$c_2 = \frac{1}{6}\left(-7x_1 - 8x_2 - 15x_3\right)$$

$$c_3 = \frac{1}{3\sqrt{2}}\left(4x_1 - x_2 + 3x_3\right)$$

将这些 c_1, c_2 和 c_3 代入 x_n 的表达式即可得到三角形重心序列的坐标 x_n. 根据解的表达式可以知道, 重心序列坐标 x_n 的变化趋势是

$$\lim_{n\to\infty} x_n = \frac{1}{6}\left(x_1 + 2x_2 + 3x_3\right).$$

同理, 重心序列坐标 y_n 的极限是

$$\lim_{n\to\infty} y_n = \frac{1}{6}\left(y_1 + 2x_2 + 3y_3\right).$$

这表明, 该三角形重心序列的坐标是由最初三角形三个顶点的坐标完全确定的.

例 1.1.3(分糖果问题) 有一位幼儿园老师给小朋友分糖果, 她打开糖盒看了看, 然后把盒里糖果的一半分给第一个小朋友. 接着从另一个糖盒中抓了 4 个糖果补充进来, 再将盒里糖果的三分之一分给第二个小朋友. 以后她都是先从别的糖盒中抓 4 块糖补充进来, 再将盒里糖果的 $\dfrac{1}{n+1}$ 分给第 n 个小朋友. 当第 20 个小朋友分过后盒里余下 40 块糖果. 问每个小朋友分得的糖果数是多少?

我们从递推的方法找规律, 但不从第一个小朋友开始, 而从后面的小朋友开始, 推算几次就可以得到规律. 下面用差分方程的方法来解决此问题.

设给第 n 个小朋友分了糖果以后还剩 x_n 块糖, 则第 $n+1$ 个小朋友分得的糖果为 $\dfrac{1}{n+2}(x_n+4)$, 剩下的糖果为 $\dfrac{n+1}{n+2}(x_n+4)$. 于是有递推关系 $x_{n+1} = \dfrac{n+1}{n+2}(x_n+4)$. 我们得到的差分方程模型为

$$x_{n+1} = \frac{n+1}{n+2}(x_n + 4), \quad x(20) = 40.$$

引入新的变量 $y_n = (n+1)x_n$, 得到下面的关系

$$y_{n+1} = y_n + 4(n+1), \quad y(20) = 840.$$

由该差分方程得到

$$\begin{aligned} y_{n+1} - y_n &= 4n + 4, \\ y_{n+2} - y_{n+1} &= 4n + 8, \\ y_{n+3} - y_{n+2} &= 4n + 12. \end{aligned}$$

由这三个方程中消去常数和 n 的一次项得到

$$\begin{aligned} &y_{n+3} - 3y_{n+2} + 3y_{n+1} - y_n = 0, \\ &y(20) = 840, \quad y(21) = 924, \quad y(22) = 1012. \end{aligned}$$

猜想差分方程 $y_{n+3} - 3y_{n+2} + 3y_{n+1} - y_n = 0$ 有形如 $y_n = \lambda^n$ 的解. 代入整理后得到 λ 满足 $\lambda^3 - 3\lambda^2 + 3\lambda - 1 = 0$. 容易看出, $\lambda = 1$ 是这个三次方程的三重根, 且 1, n 和 n^2 都是差分方程 $y_{n+3} - 3y_{n+2} + 3y_{n+1} - y_n = 0$ 的解. 对任意的常数 c_1, c_2 和 c_3, 可以验证 $y_n = c_1 + c_2 n + c_3 n^2$ 是差分方程 $y_{n+3} - 3y_{n+2} + 3y_{n+1} - y_n = 0$ 的解. 利用条件 $y(20) = 840$, $y(21) = 924$ 和 $y(22) = 1012$ 得到

$$\begin{aligned} c_1 + 20c_2 + 400c_3 &= 840, \\ c_1 + 21c_2 + 441c_3 &= 924, \\ c_1 + 22c_2 + 484c_3 &= 1012. \end{aligned}$$

这个关于 c_1, c_2 和 c_3 的线性方程组的解为 $c_1 = 0$, $c_2 = 2$ 和 $c_3 = 2$. 所以, 差分方程 $y_{n+3} - 3y_{n+2} + 3y_{n+1} - y_n = 0$ 的解是 $y_n = 2n + 2n^2$. 再利用x_n 和 y_n 的对应关系得到 $x_n = \dfrac{y_n}{n+1} = 2n$. 由 $x_1 = 2$ 和第一个小朋友分得的糖果是原来的一半知道第一个小朋友分得的糖果是 2 个, 由其余小朋友分得的糖果的表达式 $\dfrac{1}{n+2}(x_n + 4)$ 知道每个小朋友分得的糖果都是 2 个. 这个分糖果的方法很公平.

1.1.3 近似计算与差分方程

近年来计算机的广泛使用改变了我们对许多问题的研究方式, 从定性的描述到定量的刻画逐渐增加. 在解方程时, 人们以前是努力给出一个公式, 现在我们还需要尽量接近的数值. 近似可以通过逐步迭代实现, 这与差分方程的模式一致, 所以差分方程在近似计算中有着广泛的应用. 我们先介绍求一个具体方程近似解的迭代方法, 再分别讨论解代数方程和微分方程的一种常用方法.

例 1.1.4(方程的近似解) 求方程 $x = 1 + \dfrac{1}{2}\sin x$ 的近似解.

由于 $x=1+\dfrac{1}{2}\sin x$ 两端的函数都是连续可微函数, 所以我们可以用连续函数的介值定理和单调性证明 $x=1+\dfrac{1}{2}\sin x$ 有且仅有唯一的解. 为了得到解的近似值, 我们可以选取一个 x_0 作为解的初始值, 再利用递推关系

$$x_{n+1}=1+\frac{1}{2}\sin(x_n),\quad n=0,1,2,\cdots$$

计算几次就可以得到解的近似值. 例如, 取 $x_0=0$, 代入计算后立即得到 $x_1=1$, 再利用计算机计算得到

$$\begin{aligned}
&x_2=1.420735492, &&x_3=1.494380993, &&x_4=1.498540884,\\
&x_5=1.498695356, &&x_6=1.498700925, &&x_7=1.498701126,\\
&x_8=1.498701133, &&x_9=1.498701134, &&x_{10}=1.498701134.
\end{aligned}$$

我们看到, x_9 和 x_{10} 在小数点后 9 位内没有误差, 精度可以满足大部分实际问题的需要.

进行近似计算的迭代关系 $x_{n+1}=1+\dfrac{1}{2}\sin(x_n)$ 就是一个差分方程, 尽管无法求出这个差分方程解的精确表达式, 但我们可以利用差分方程的理论来估计近似解的误差, 并证明对任意给定的初始值, 差分方程的解都会很快收敛到精确解.

Newton 切线法是方程 $f(x)=0$ 求根时的一种十分有效的方法. 先选取初始值 x_0, 求出 $f(x_0)$, 过点 $(x_0,f(x_0))$ 的切线为$y-f(x_0)=f'(x_0)(x-x_0)$ (图 1-2). 将该切线与 x 轴的交点 $x_1=x_0-\dfrac{f(x)}{f'(x)}$ 作为方程 $f(x)=0$ 解的下一个近似值. 重复这个过程, 令 $x_{n+1}=x_n-\dfrac{f(x_n)}{f'(x_n)}$, $n=0,1,2,\cdots$, 迭代序列$\{x_n\}$ 就很快收敛到方程 $f(x)=0$ 的根. 例如求方程$f(x)=x^2-5=0$ 的根时, $f'(x)=2x$, 取 $x_0=2$, 迭代序列为 $x_{n+1}=x_n-\dfrac{x_n^2-5}{2x_n}$. 用计算机进行数值计算的结果为

$$\begin{aligned}
x_1&=2.2500000000000000000,\\
x_2&=2.2361111111111111111,\\
x_3&=2.2360679779158040028,\\
x_4&=2.2360679774997896964.
\end{aligned}$$

由此看出, x_3 与精确解 $\sqrt{5}$ 在 10 位数字内已经没有误差, x_4 与 $\sqrt{5}$ 在 20 位数字内也已经没有误差, 迭代的收敛速度非常快.

Euler 折线法 当一个微分方程的精确解求不出时, 我们往往通过数值方法在一系列点上求出方程的近似值, Euler 折线法就是常用的近似计算方法之一. 初始值问题 $y'=f(x,y),y(x_0)=y_0$ 的 Euler 折线法计算的迭代公式是

$$y_{n+1} = y_n + f(x_n, y_n)h, \quad \text{其中} \quad x_k = x_0 + kh.$$

改进的 Euler 折线法的计算公式是

$$y_{n+1} = y_n + f(x_n, y_n)h + \frac{1}{2}\left(f_x(x_n, y_n) + f_y(x_n, y_n)f(x_n, y_n)\right)h^2.$$

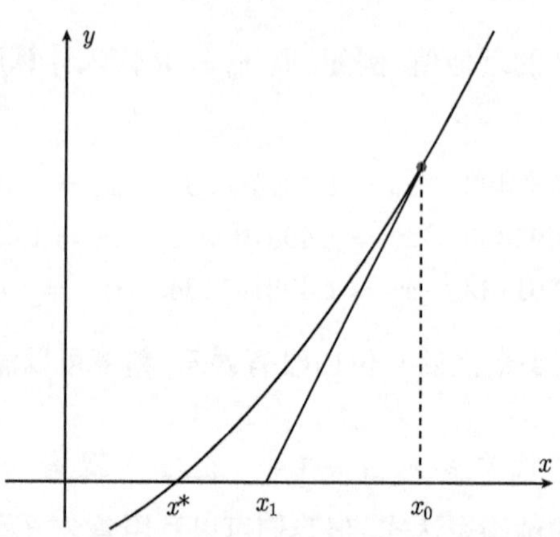

图 1-2 Newton 切线法示意图

利用数值方法求解微分方程的过程都是通过前一步或前几步的近似值来得到方程的解在当前时刻的近似值, 这些都是差分方程的形式. 例如对初始值问题 $y' = 1 + (y - x)^2, y(0) = 0.5$, 当我们取 $h = 0.1$ 时的计算结果与精确解的比较见表 1-3.

表 1-3 初始值问题 $y' = 1 + (y - x)^2, y(0) = 0.5$ 解的比较

x_n	y_n (Euler 折线法)	y_n (改进的 Euler 折线法)	y_n (精确值)
0	0.5	0.5	0.5
0.1	0.625	0.6262500000	0.6263157895
0.2	0.7525625	0.7554012980	0.7555555556
0.3	0.8830950316	0.8879616079	0.8882352941
0.4	1.017095013	1.024564070	1.025000000
0.5	1.155175638	1.166008399	1.166666667
0.6	1.298101150	1.313319313	1.314285714
0.7	1.446835672	1.467831300	1.469230769
0.8	1.602612024	1.631314654	1.633333333
0.9	1.767030630	1.806168142	1.809090909
1.0	1.942204841	1.995723127	2.000000000

表 1-3 中所给出的近似值和精确值之间还有一些误差, 但误差不大. 我们可以通过减小步长的办法来提高精度, 当然我们可以用更好的算法使得收敛速度更快.

1.1.4 经济学中两个问题

差分方程在经济学中有广泛的应用, 如复利的计算、还款数量的确定、经济的增长, 以及效益的评估等, 下面给出两个具体例子.

例 1.1.5(养老保险模型) 养老涉及每个人的切身利益, 养老保险是保险中的一个重要险种. 保险公司将提供不同的保险方案. 例如每月交费 200 元至 60 岁开始领取养老金, 男子若 25 岁起投保, 届时养老金每月 2000 元; 如 35 岁起保, 届时月养老金 1000 元; 试分析保险公司为了兑付保险责任, 每月至少应有多少投资收益率?

由于缴费和领取养老金都是按月进行的, 我们可以按月划分时间间隔, 且假设养老金的收缴和支付都是在月末进行. 记投保人每月所缴纳的养老费为 p, 到第 k 月止所交保费及收益的累计总额为 S_k, 保险公司每月的资金收益率为 r, 60 岁之后每月领取的养老金数为 q, n 表示停交保险费的月份, m 表示停领养老金的月份. 则可以建立下面的模型:

$$
\begin{aligned}
&S_1 = p, \quad S_2 = S_1(1+r) + p, \\
&S_{k+1} = S_k(1+r) + p, \quad k \leqslant n, \\
&S_{k+1} = S_k(1+r) - q, \quad n < k \leqslant m.
\end{aligned} \tag{1.1.4}
$$

按照上面的规律递推得到

$$
\begin{aligned}
&S_k = \frac{p((1+r)^k - 1)}{r}, && 1 \leqslant k \leqslant n, \\
&S_{n+k} = (1+r)^k S_n - \frac{q((1+r)^k - 1)}{r}, && 1 \leqslant k \leqslant m-n.
\end{aligned} \tag{1.1.5}
$$

这里 S_k 实际上表示从保险人开始交纳保险费以后, 保险人帐户上第 k 月末的资金数值. 我们关心的是, 在第 m 个月末时, 他的养老金账户是为正还是为负. 如果为正数, 则表明保险公司获得收益; 如为负数, 则表明保险公司出现亏损. 当为零时, 表明保险公司最后一无所有, 表明所有的收益全归保险人. 事实上保险公司有一定的成本, 但也有一些利润, 最后的养老金应该为正. 设一个人 25 岁起缴纳保险费, 他的寿命为 75 岁, 则 $n = 420$, $m = 600$, $m - n = 180$. 代入 (1.1.5) 计算得到

$$
S_{600} = (1+r)^{180}\left(\frac{200((1+r)^{420} - 1)}{r}\right) - \frac{2000\left((1+r)^{180} - 1\right)}{r}.
$$

整理后得

$$
S_{600} = \frac{200}{r}\left((1+r)^{600} - 11(1+r)^{180} + 10\right).
$$

利用数学软件可以求出, 当保险公司的月获益率 r 超过 0.00447526 时, S_{600} 为正, 小于 0.00447526 时为负. 月收益率大于 0.00447526 意味着年收益率应该大于 0.055, 考虑保险公司的运营成本和利润, 这个收益率还要提高.

例 1.1.6(经济学中的蛛网模型)　在市场经济中经常会看到一些商品价格的波动现象: 当商品的供给量大于需求时会引起价格下跌, 下跌的价格使得生产者无利可图而减少产量或转向经营其他产品; 过了一段时间以后, 随着产量的下降, 带来的供给不足又会导致价格上升, 又有很多生产者会开始该商品的生产; 随之而来的, 又会出现商品过剩, 价格下降. 在没有外界干扰的情况下, 这种现象将会反复出现.

我们可以用差分方程从定量的角度来描述上述现象. 将时间离散化分段, 一个时段相当于商品的一个生产周期. 设 k 时段商品数量为 x_k, 其价格为 y_k. 同一时段的商品的价格与该时段商品的数量有关, 记为 $y_k = f(x_k)$. 由于商品的数量越多, 其价格就越低, 故假设 $f(x_k)$ 是 x_k 的单调减函数. 下一时段商品数量与上一个时段的商品的价格有关, 记为 $x_{k+1} = g(y_k)$, 由于价格提高可以导致产量增大, 故假设供应函数 $g(y_k)$ 是 y_k 的单调增函数.

为了分析价格和产量之间的关系, 我们在同一个坐标系中做出函数 $f(x)$ 和 $g(y)$ 的图形 (图 1-3). 设两条曲线相交于 $P_0(x_0, y_0)$ 点, 则 $P_0(x_0, y_0)$ 为平衡点 (不动点). 即当 $x_k = x_0$, $y_k = y_0$ 时, 对所有 $j > k$ 总可推出 $x_j = x_0$, $y_j = y_0$. 这意味着商品的数量保持在 x_0, 价格保持在 y_0, 达到了一种平衡状态. 当开始时的价格和数量不在平衡点时, 价格和产品数量就会发生波动. 波动情况随着函数 f 和 g 的不同而有所区别: 或者波动逐渐减小, 逐渐达到平衡点; 或者波动维持周期变化; 或者波动不断增加. 第一种情况的示意图见图 1-3. 当商品的数量 x_1 给定后, 价格 y_1 由曲线 f 上的点 P_1 所决定; 下一个阶段的产量 x_2 由 g 上的点 P_2 所决定, 这时的价格 y_2 又由 f 曲线上的点 P_3 决定; 再下一个阶段的产量 x_3 由 g 上的点 P_4 所决定, 这时的价格 y_3 又由 f 曲线上的点 P_5 决定. 这样就得到了一系列点 P_1, P_2, P_3, P_4, P_5 等. 在图 1-3 中这些点按照顺时针方向趋于 P_0, P_0 是稳定的平衡点, 这意味着市场经济条件下一个商品的数量和价格会趋于稳定值.

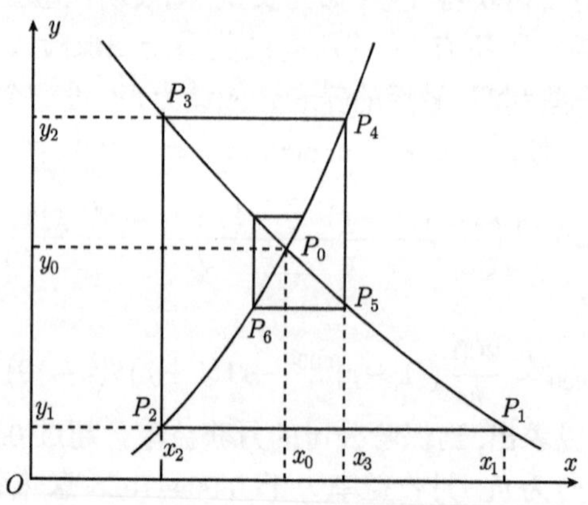

图 1-3　商品的数量和价格趋于稳定

当函数 f 和 g 的形状确定下来以后, 商品的价格与数量是否会趋于稳定值完全依赖于这两条曲线在 P_0 处的切线斜率, 我们用简单的特殊情形来说明. 假设 $y_k=-\alpha x_k+a$, $x_{k+1}=\beta y_k+b$. 再将 $y_k=-\alpha x_k+a$ 代入后一个方程得到

$$x_{k+1}=-\alpha\beta x_k+a\beta+b.$$

这个差分方程的平衡点是 $x_0=\dfrac{a\beta+b}{1+\alpha\beta}$. 递推计算得到

$$|x_{k+1}-x_0|=\alpha\beta|x_k-x_0|=\cdots=(\alpha\beta)^k|x_1-x_0|.$$

所以, 当 $\alpha\beta<1$ 时, $\lim\limits_{k\to\infty}|x_k-x_0|=0$, 平衡解是稳定的. $\alpha\beta<1$ 等价于 $\alpha<\dfrac{1}{\beta}$, 即 f 的斜率小于 g 的斜率时, 平衡点是稳定的. 其实际含义是当产量随着价格的增长率大于价格随着产品数量增长的减小率时, 该产品的价格和数量就会稳定到平衡解. 同理当 $\alpha\beta=1$ 时, 产品的数量和价格随着时间呈现周期性波动. 当 $\alpha\beta>1$ 时, 产品的数量和价格就会出现越来越大的振荡.

当我们固定 g 中的 β 时, f 中的 α 越小, 价格相对于数量增加的敏感性越小, 对稳定市场越有利; 当我们固定 f 中的 α 时, g 中的 β 越小, 产品数量对于价格的敏感性越大, 对稳定市场越有利. 即当产品价格上升时, 我们可以很快组织生产, 或通过跨地区调用和进口增加商品供给量, 就可以平抑物价, 维持市场稳定.

1.1.5 随机现象中概率的递推

在讨论一些随机变量的概率分布时, 差分方程可以帮助我们较为方便地得到不同时间或者不同事件之间概率的一些递推关系, 从而得到这些事件发生的概率.

例 1.1.7(遗传模型) 动植物都会通过基因将本身的特征遗传给下一代. 在常染色体遗传中, 后代从每个亲体的基因对中各继承一个基因, 形成自己的基因对. 如果我们所考虑的遗传特征是由两个基因 A 和 a 控制的, 那么就有三种基因对, 记为 AA, Aa 和 aa. 例如, 金鱼草由两个遗传基因决定花的颜色, 基因型是 AA 的金鱼草开红花, Aa 型的开粉红色花, 而 aa 型的开白花. 又如人类眼睛的颜色也是通过常染色体遗传控制的. 基因型是 AA 或 Aa 型的人, 眼睛为棕色, 基因型是 aa 的人, 眼睛为蓝色. 因为 AA 和 Aa 都表示了同一外部特征, 我们认为基因 A 支配基因 a, 也可以认为基因 a 对于 A 来说是隐性的. 当一个亲本的基因型为 Aa , 而另一个亲本的基因型是 aa 时, 那么后代可以从 aa 型中得到基因 a, 从 Aa 型中或得到基因 A 或基因 a. 这样, 后代基因型为 Aa 或 aa 的可能性相等. 父本–母本的基因型与子代基因型之间的转换关系如表 1-4 所示.

植物基因的分布 设一农业研究所植物园中某植物的基因型为 AA, Aa 和 aa. 研究所计划采用 AA 型的植物与每种基因型植物相结合的方案培育植物后代. 问经过若干年后, 这种植物任意一代的三种基因型分布如何?

表 1-4 父本–母本的基因型与子代基因型之间的转换关系

	AA-AA	AA-Aa	AA-aa	Aa-Aa	Aa-aa	aa-aa
AA	1	1/2	0	1/4	0	0
Aa	0	1/2	1	1/2	1/2	0
aa	0	0	0	1/4	1/2	1

记 $x_1(k)$, $x_2(k)$ 和 $x_3(k)$ 分别为第 k 代植物中基因型为 AA, Aa 和 aa 的所占的比例. 则

$$\begin{aligned} &x_1(k+1) = x_1(k) + \frac{1}{2}x_2(k), \\ &x_2(k+1) = \frac{1}{2}x_2(k) + x_3(k), \quad k = 0, 1, 2, \cdots, \\ &x_3(k+1) = 0, \\ &x_1(0) = x_1^0, \quad x_2(0) = x_2^0, \quad x_3(0) = x_3^0. \end{aligned} \tag{1.1.6}$$

由于控制结合的原因, 以后的子代中没有基因型为 aa 的植物. 所以 (1.1.6) 可以简化为

$$\begin{aligned} &x_1(k+1) = x_1(k) + \frac{1}{2}x_2(k), \\ &x_2(k+1) = \frac{1}{2}x_2(k), \quad k = 1, 2, 3, \cdots, \\ &x_1(1) = x_1^0 + \frac{1}{2}x_2^0, \quad x_2(1) = \frac{1}{2}x_2^0 + x_3^0. \end{aligned} \tag{1.1.7}$$

利用矩阵的相似变换

$$\begin{pmatrix} 1 & \frac{1}{2} \\ 0 & \frac{1}{2} \end{pmatrix} = \begin{pmatrix} 1 & 1 \\ 0 & -1 \end{pmatrix} \begin{pmatrix} 1 & 0 \\ 0 & \frac{1}{2} \end{pmatrix} \begin{pmatrix} 1 & 1 \\ 0 & -1 \end{pmatrix},$$

计算和整理后得到

$$\begin{aligned} &x_1(k) = x_1^0 + \left(1 - \frac{1}{2^k}\right)x_2^0 + \left(1 - \frac{1}{2^{k-1}}\right)x_3^0, \\ &x_2(k) = \frac{1}{2^k}x_2^0 + \frac{1}{2^{k-1}}x_3^0, \quad k = 1, 2, 3, \cdots, \\ &x_3(k) = 0. \end{aligned} \tag{1.1.8}$$

所以当 $k \to \infty$ 时, $x_1(k) \to 1$, $x_2(k) \to 0$, $x_3(k) \to 0$. 即培育的植物 AA 型基因所占的比例在不断增加, 在极限状态下所有植物的基因型都会是 AA 型.

例 1.1.8(租车点的车辆比例) 一个汽车租赁公司有两个租车点, 客人租车后可以归还到任意一个租车点. 通过长期的观察和统计后发现: 从第 i 个租车点出租的汽车还到第 j 个租车点的概率为 p_{ij}, $i, j = 1, 2$. 设开始时每个租车点的汽车比例为 $x_1(0) = x_1^0$, $x_2(0) = x_2^0$, 且每个单位时间内这两个出租点上的车全部被租出, 然后被全部归还. 问这两个租车点上汽车的比例会怎样变化?

解 记 t 时间两个租车点所占的汽车比例分别为 $x_1(t)$ 和 $x_2(t)$. 根据假设有下面的递推关系

$$x_1(t+1)=p_{11}x_1(t)+p_{21}x_2(t),\quad x_2(t+1)=p_{12}x_1(t)+p_{22}x_2(t).$$

由于一个时间段内租出的车全部归还, 所以有

$$p_{11}+p_{12}=1,\quad p_{21}+p_{22}=1.$$

利用向量和矩阵的记号 $\boldsymbol{x}(t)=\begin{pmatrix} x_1(t) \\ x_2(t) \end{pmatrix}$ 和 $A=\begin{pmatrix} p_{11} & 1-p_{22} \\ 1-p_{11} & p_{22} \end{pmatrix}$, 把两个租车点所占汽车比例的递推关系记为

$$\boldsymbol{x}(t+1)=A\boldsymbol{x}(t),\quad \boldsymbol{x}(0)=\boldsymbol{x}_0.$$

矩阵 A 有特征值 $\lambda_1=1$ 和 $\lambda_2=p_{11}+p_{22}-1$, 它们对应的特征向量分别为 $\boldsymbol{v}_1=\begin{pmatrix} 1-p_{22} \\ 1-p_{11} \end{pmatrix}$ 和 $\boldsymbol{v}_2=\begin{pmatrix} 1 \\ -1 \end{pmatrix}$. 将初始的比例 $\boldsymbol{x}_0$ 分解为 $\boldsymbol{x}_0=c_1\boldsymbol{v}_1+c_2\boldsymbol{v}_2$. 利用递推关系 $\boldsymbol{x}(t+1)=A\boldsymbol{x}(t)$ 得到 $\boldsymbol{x}(t)=A^t\boldsymbol{x}_0$, 再利用矩阵特征值和特征向量的关系得到 $\boldsymbol{x}(t)=A^t\boldsymbol{x}_0=c_1\boldsymbol{v}_1+c_2\lambda_2^t\boldsymbol{v}_2$. 由 $|p_{11}+p_{22}-1|<1$ 得

$$\lim_{t\to\infty}\boldsymbol{x}(t)=c_1\boldsymbol{v}_1+c_2\boldsymbol{v}_2\lim_{t\to\infty}\lambda_2^t=c_1\boldsymbol{v}_1.$$

所以, 随着时间的推移, 两个租车点的汽车数量的比例会趋于一个稳定值. 例如当 $p_{11}=0.8, p_{12}=0.2, p_{21}=0.3, p_{22}=0.7$ 时, 这个稳定值为 $x_1^*=0.6, x_2^*=0.4$.

1.1.6 一个种群数量变化的描述

现在已经有许多离散模型来描述生物种群数量随时间变化的关系, 建模的主要思想就是从当前时间点上生物的数量来递推下一个时间点上生物的数量.

例 1.1.9(多阶段的种群模型) 在许多情况下, 一个生物的生长会经历几个不同的阶段. 如粉甲虫的生长过程经历幼虫、蛹和成虫三个阶段. 记第 t 个时间段粉甲虫的幼虫、蛹和成虫的数量分别为 $L(t)$, $P(t)$ 和 $A(t)$. 第 $t+1$ 时段粉甲虫的幼虫、蛹和成虫的数量简单可以用线性模型表示

$$\begin{aligned} L(t+1)&=bA(t),\\ P(t+1)&=(1-\mu_L)L(t),\\ A(t+1)&=(1-\mu_P)P(t)+(1-\mu_A)A(t), \end{aligned}\tag{1.1.9}$$

其中 b 是成虫的的生育率, μ_L, μ_P 和 μ_A 分别是幼虫、蛹和成虫的死亡率. 利用向量和矩阵的记号 $\boldsymbol{x}(t)=\begin{pmatrix} L(t) \\ P(t) \\ A(t) \end{pmatrix}$ 和 $M=\begin{pmatrix} 0 & 0 & b \\ 1-\mu_L & 0 & 0 \\ 0 & 1-\mu_P & 1-\mu_A \end{pmatrix}$, 把模型

(1.1.9) 写为 $\boldsymbol{x}(t+1) = M\boldsymbol{x}(t)$. 矩阵 M 的特征方程为

$$\lambda^3 - (1-\mu_A)\lambda^2 - b(1-\mu_L)(1-\mu_P) = 0.$$

显然, 0 不是这个特征方程的根, 我们将这个特征方程等价的写为

$$\phi(\lambda) = \frac{1-\mu_A}{\lambda} + \frac{b(1-\mu_L)(1-\mu_P)}{\lambda^3} = 1.$$

由于模型的参数都为正, 且死亡率 μ_L, μ_P 和 μ_A 都小于 1, 所以函数 $\phi(\lambda)$ 是 $(0,\infty)$ 的单调减连续函数. 利用连续函数的介值定理知道, $\phi(\lambda) = 1$ 有且仅有一个正根 λ_0. 从 $\phi(\lambda)$ 的表达式可以得到, $\phi(\lambda) = 1$ 的其他根的模都不会大于 λ_0. 根据线性代数的知识知道, 当 $1-\mu_A + b(1-\mu_L)(1-\mu_P) < 1$ 时, 粉甲虫的数量会不断减少而趋于零; 当 $1-\mu_A + b(1-\mu_L)(1-\mu_P) > 1$ 时, 粉甲虫的数量会不断增加而趋于无穷; 当 $1-\mu_A + b(1-\mu_L)(1-\mu_P) = 1$ 时, 粉甲虫的数量会趋于一个稳定的数量. 下面根据实验观察到的一些现象, 对这个模型进行改进.

实际统计数据表明, 只有很少的一部分蛹在蜕变为成虫前死亡, 故取 $\mu_P = 0$. 粉甲虫有自相残杀的情况, 当总量过大时, 成虫会吃掉一些蛹和未孵化的卵, 幼虫也会吃掉一些卵. 这种自相残杀的现象会影响下一代的数量, 所以将模型修改为

$$\begin{aligned} L(t+1) &= bA(t)e^{-c_a A(t)}e^{-c_l L(t)}, \\ P(t+1) &= (1-\mu_L)L(t), \\ A(t+1) &= P(t)e^{-c_p A(t)} + (1-\mu_A)A(t), \end{aligned} \tag{1.1.10}$$

其中 $e^{-c_a A(t)}$ 和 $e^{-c_l L(t)}$ 表示卵没有被数量为 $A(t)$ 的成虫和 $L(t)$ 的幼虫吃掉的概率, $e^{-c_p A(t)}$ 表示蛹变成成虫的概率. 模型 (1.1.10) 是一个非线性差分方程组, 它的解比较复杂, 可以用数值模拟的方法进行讨论. 当我们取 $b = 4.88$, $c_l = 0$, $c_a = 0.01$, $c_p = 0.05$, $\mu_L = 0.2$, $\mu_A = 0.1$ 时, 数值模拟显示, 模型的解收敛于正平衡解 $E^*(21.797, 15.977, 530.873)$. 而当我们取 $b = 4.88$, $c_l = 0$, $c_a = 0.01$, $c_p = 0.5$, $\mu_L = 0.2$, $\mu_A = 0.96$ 时, 对不同的初始值, 模型的解会有不同的变化趋势, 显示出非常复杂的情况.

1.2 差分方程的概念和求解

这一节我们先给出以后所要用到的一些记号, 接下来介绍作为差分方程基础的差分运算及其性质, 最后再给出差分方程中的一些基本概念. 差分的定义、运算性质和相关的定理与微积分中的微分类似, 在学习的时候可以类比着微积分的相关内容理解和记忆.

1.2.1 差分算子及其性质

以后我们用到以下记号:

实数集合: $R \triangleq \{x \mid x \in (-\infty, \infty)\}$,

整数集合: $Z \triangleq \{n \mid n = 0, \pm 1, \pm 2, \cdots\}$,

自然数集合: $N \triangleq \{n \mid n = 0, 1, \cdots\}$,

部分自然数集合: $N(a) \triangleq \{a, a+1,\ a+2,\ \cdots \mid a \in N\}$,

有限自然数集合: $N(a,b) \triangleq \{a,\ a+1, \cdots, b \mid a \in N,\ \ b \in N,\ \ a < b\}$.

我们讨论的函数都是定义在 R, Z 或 N 上的函数, 如 $f(k) = k!$ ($k \in N$, 容易验证 $f(k)$ 满足方程 $f(k+1) = (k+1)f(k)$. 我们用 x, y, f 等表示 R^1 中的变量或者函数, 用 $\boldsymbol{x}$, $\boldsymbol{y}$, $\boldsymbol{f}$ 等表示 R^n 中的变量或者函数, A 和 B 等表示 $n \times n$ 矩阵.

以后我们经常要用到求和 $\sum\limits_{k=n_1}^{n_2} f(k)$ 和连乘积 $\prod\limits_{k=n_1}^{n_2} f(k)$, 当 $n_2 \geqslant n_1$ 时, $\sum\limits_{k=n_1}^{n_2} f(k)$ 和 $\prod\limits_{k=n_1}^{n_2} f(k)$ 按通常的运算求和或相乘, 当 $n_2 < n_1$ 时, 我们约定 $\sum\limits_{k=n_1}^{n_2} f(k) = 0$, $\prod\limits_{k=n_1}^{n_2} f(k) = 1$.

定义 1.2.1 设 $f(x)$ 是定义在 R 上的函数, 则 $\Delta f(x) = f(x+1) - f(x)$ 称为 $f(x)$ 在 x 的差分, Δ 称为差分算子; $Ef(x) = f(x+1)$ 称为 $f(x)$ 在 x 的位移, E 称为位移算子; 用 I 表示恒等算子, 即 $If(x) = f(x)$.

差分算子、位移算子和恒等算子都是针对函数所定义的映射, 即把函数 f 映射成一个新的函数, 其定义域是一个函数的集合, 其值域中的一个函数经过映射后仍然是一个函数. 我们可以多次对其进行差分运算和位移运算. 如 $f(x) = x^2$, 则 $\Delta f(x) = (x+1)^2 - x^2 = 2x+1$, $Ef(x) = (x+1)^2$, $\Delta\Delta f(x) = 2$, $EEf(x) = (x+2)^2$. 以后记 $\Delta^{n+1} f(x) = \Delta(\Delta^n f(x))$, $E^{n+1} f(x) = E(E^n f(x))$. 直接计算可以得到, 如果 $f(x)$ 是 n 次多项式, 则差分算子每作用一次, 多项式的次数就降低一次. $\Delta f(x)$ 是 $n-1$ 次多项式, $\Delta^2 f(x)$ 是 $n-2$ 多项式, $\Delta^n f(x)$ 为常数, $\Delta^{n+1} f(x) = 0$.

容易验证, 差分算子、位移算子和恒等算子都是线性算子, 且满足

$$\Delta = E - I, \quad E = \Delta + I, \quad E\Delta = \Delta E.$$

进一步的计算可以得到

$$\Delta^n = (E-I)^n = \sum_{k=0}^{n} (-1)^k C_n^k E^{n-k},$$

$$E^n = (\Delta + I)^n = \sum_{k=0}^{n} C_n^k \Delta^{n-k},$$

其中, $C_n^k = \dfrac{n!}{k!(n-k)!}$, $\Delta^0 = E^0 = I$. 还可以证明

$$f(t+n) = E^n f(t) = \sum_{k=0}^{n} C_n^k \Delta^k f(t).$$

差分算子的定义与微积分中导数的定义类似, 也具有和导数类似的性质. 对任意常数 C 和函数 $f(x)$ 与 $g(x)$, 差分算子有下面一些性质.

性质 1 $\Delta(f(x)+g(x)) = \Delta f(x) + \Delta g(x)$.

性质 2 $\Delta(Cf(x)) = C\Delta f(x)$.

性质 3 $\Delta(f(x)g(x)) = Eg(x)\Delta f(x) + f(x)\Delta g(x)$.

性质 4 $\Delta\left(\dfrac{f(x)}{g(x)}\right) = \dfrac{g(x)\Delta f(x) - f(x)\Delta g(x)}{g(x)Eg(x)}$.

性质 1 和性质 2 说明了差分的线性性, 性质 3 是两函数之积的差分公式, 性质 4 是两函数之商的差分公式. 这些性质都是通过直接计算得到的, 例如对性质 3 和性质 4 的计算过程如下:

$$\begin{aligned}
\Delta(f(x)g(x)) &= f(x+1)g(x+1) - f(x)g(x) \\
&= f(x+1)g(x+1) - f(x)g(x+1) + f(x)g(x+1) - f(x)g(x) \\
&= Eg(x)\Delta f(x) + f(x)\Delta g(x), \\
\Delta\left(\frac{f(x)}{g(x)}\right) &= \frac{f(x+1)}{g(x+1)} - \frac{f(x)}{g(x)} = \frac{f(x+1)g(x) - f(x)g(x+1)}{g(x+1)g(x)} \\
&= \frac{(f(x+1)-f(x))g(x) - f(x)(g(x+1)-g(x))}{g(x)Eg(x)} \\
&= \frac{g(x)\Delta f(x) - f(x)\Delta g(x)}{g(x)Eg(x)}.
\end{aligned}$$

利用差分算子和位移算子的定义, 还可以得到下面的几个等式:

(1) $\displaystyle\sum_{k=n_0}^{n-1} \Delta x(k) = x(n) - x(n_0)$;

(2) $\displaystyle\Delta \sum_{k=n_0}^{n-1} x(k) = x(n)$;

(3) $p(E)b^n = b^n p(b)$, 其中 $p(E) = a_k E^k + a_{k-1}E^{k-1} + \cdots + a_1 E + a_0 I$;

(4) $p(E)(b^n g(n)) = b^n p(bE)g(n)$.

等式 (1) 可以直接按照差分算子的定义计算得到. 注意等式 (2) 是对函数 $\displaystyle\sum_{k=n_0}^{n-1} x(k)$ 求差分, 而不是对该和式的每一项求差分再求和的结果. 等式 (2) 中的

差分实际上是对和式的上限 $n-1$ 求差分, 只要这样理解就很容易得到结果. 利用 $P(E)$ 的定义, 整理一下就可以得到等式 (3). 等式 (4) 的验证与 (3) 类似, 但要用到

$$p(bE) = a_k b^k E^k + a_{k-1} b^{k-1} E^{k-1} + \cdots + a_1 bE + a_0 I.$$

例 1.2.1 设 $f(x) = x^2 + 2x - 1$, $g(x) = 2^x$, $h(k) = 2^k - 5 \cdot 3^k + k^2 + 4$. 计算 $\Delta f(x)$, $\Delta^2 f(x)$, $\Delta g(x)$, $\Delta^2 g(x)$, $\Delta h(k)$, $\Delta^2 h(k)$ $Eh(k)$.

解 直接计算得到

$$\begin{aligned}
&\Delta f(x) = f(x+1) - f(x) = 2x + 3,\\
&\Delta^2 f(x) = f(x+1) - f(x) = 2,\\
&\Delta g(x) = 2^{x+1} - 2^x = 2^x,\\
&\Delta^2 g(x) = 2^{x+1} - 2^x = 2^x,\\
&\Delta h(k) = 2^k - 10 \cdot 3^k + 2k + 1,\\
&\Delta^2 h(k) = 2^k - 20 \cdot 3^k + 2,\\
&Eh(k) = 2^{k+1} - 5 \cdot 3^{k+1} + (k+1)^2 + 4.
\end{aligned}$$

例 1.2.2 已知 $f(x)$ 为三次多项式, 且 $f(0) = -4$, $f(1) = -6$, $f(2) = -8$, $f(3) = -4$, 求 $f(4)$.

解 我们可以利用待定多项式系数的方法来求 $f(4)$, 也可以利用这些差分算子和位移算子来计算.

$$f(4) = E^4 f(0) = (\Delta + I)^4 f(0) = \Delta^4 f(0) + 4\Delta^3 f(0) + 6\Delta^2 f(0) + 4\Delta f(0) + f(0).$$

$$\begin{aligned}
&\Delta f(0) = f(1) - f(0) = -2,\\
&\Delta^2 f(0) = (E - I)^2 f(0) = E^2 f(0) - 2Ef(0) + f(0) = f(2) - 2f(1) + f(0) = 0,\\
&\Delta^3 f(0) = (E - I)^3 f(0) = f(3) - 3f(2) + 3f(1) - f(0) = 6,\\
&\Delta^4 f(0) = 0.
\end{aligned}$$

于是

$$f(4) = E^4 f(0) = 4\Delta^3 f(0) + 6\Delta^2 f(0) + 4\Delta f(0) + f(0) = 24 - 8 - 4 = 12.$$

在微积分中, 微分中值定理有着重要的应用. 对于定义在 N 上的函数, 我们也可以得到一些类似的结果. 设 $x(k)$ 定义在 $k \in N(a,b)$ 上, 若 $x(a) = 0$, 则称 a 为 $x(k)$ 的节点; 当 $k > a$ 时, 若 $x(k) = 0$, 或者 $x(k-1)x(k) < 0$, 称 k 为 $x(k)$ 的节点. 一个函数 $x(k)$ 的节点和它的差分的节点有一定的联系.

定理 1.2.1(离散的 Rolle 定理) 设 $x(k)$ 定义在 $k \in N(1,m)$ 上, 若 $x(k)$ 有 P_m 个节点. 则 $\Delta x(k)$ 定义在 $k \in N(1, m-1)$ 上, $\Delta x(k)$ 有 Q_m 个节点, 且满足 $Q_m \geqslant P_m - 1$.

证明　我们对 m 用数学归纳法来证明定理的结论. 当 $m=2$ 时, $N(1,2)$ 中仅有两个点, $\Delta x(k)$ 的定义域中仅有一个点. 若 $x(1)=x(2)=0$, $x(k)$ 有 2 个节点, $\Delta x(1)=0$, $\Delta x(k)$ 有 1 个节点, $Q_m \geqslant P_m - 1$ 成立. 在其他情况下, $x(k)$ 最多有 1 个节点, $\Delta x(k)$ 的节点个数也满足 $Q_m \geqslant P_m - 1$. 假设定理中的结论对 m 成立, 即 $Q_m \geqslant P_m - 1$, 我们来证明定理的结论对 $m+1$ 也成立, 即 $Q_{m+1} \geqslant P_{m+1} - 1$. 如果 $P_{m+1} = P_m$, $Q_{m+1} \geqslant P_{m+1} - 1$ 显然成立. 如果 $m+1$ 就是一个节点, $P_{m+1} = P_m + 1 > P_m$, 我们分 $P_m = 0$ 和 $P_m \neq 0$ 两种情况来考虑. 当 $P_m = 0$ 时, $Q_{m+1} \geqslant P_{m+1} - 1$ 显然成立, 当 $P_m \geqslant 1$ 时, 考虑下面几种情况: (1) $x(m) = x(m+1) = 0$: 此时 $P_{m+1} = P_m + 1$, $Q_{m+1} = Q_m + 1$, 由 $Q_m \geqslant P_m - 1$ 可以推出 $Q_{m+1} \geqslant P_{m+1} - 1$. (2) $x(m+1) = 0$, $x(m) > 0$: 令 j_0 是 $x(k)$ 当 $k \leqslant m$ 时最大的节点, $j_0 \leqslant m$, 则 $P_{j_0} = P_m$, $Q_{j_0} \geqslant P_{j_0} - 1 = P_m - 1$. 若 $x(j_0) = 0$, 则 $j_0 < m$, 且 $x(j_0+1) > 0$. 否则, 由 $x(m) > 0$ 知道, $x(k)$ 在 $j_0 + 1 \leqslant k \leqslant m$ 内还有节点, j_0 就不是 $x(k)$ 的最大节点. 于是 $\Delta x(j_0) > 0$, $\Delta x(m) < 0$. 所以, $\Delta x(k)$ 在 $j_0 + 1 \leqslant k \leqslant m$ 内至少有一个节点, 即 $Q_{m+1} \geqslant Q_{j_0} + 1 \geqslant P_m = P_{m+1} - 1$. 若 $x(j_0 - 1)x(j_0) < 0$, 由 $x(m) > 0$ 可以推出, $x(j_0 - 1) < 0$, $x(j_0) > 0$. 所以, $\Delta x(j_0 - 1) > 0$, 再由 $\Delta x(m) < 0$ 可以推出 $\Delta x(k)$ 的节点可以增加一个, 这也证明了 $Q_{m+1} \geqslant P_{m+1} - 1$. $x(m+1) = 0$, $x(m) < 0$ 的情况类似讨论. (3) $x(m+1)x(m) < 0$ 的情况: 可以分为 $x(m+1) < 0$, $x(m) > 0$ 和 $x(m+1) > 0$, $x(m) < 0$ 两种情况来讨论, 每一种情况下都可以类似 (2) 中的分析得到定理的结论. □

与微积分中格朗日微分中值定理类似的结果对函数的差分也成立, 且它的证明思路与连续的情况类似.

定理 1.2.2(差分中值定理)　设 $x(k)$ 定义在 $k \in N(a,b)$ 上, 则有 $c \in N(a+1, b-1)$, 使得下列不等式之一成立

(i) $\Delta x(c) \leqslant \dfrac{x(b)-x(a)}{b-a} \leqslant \Delta x(c-1)$;

(ii) $\Delta x(c) \geqslant \dfrac{x(b)-x(a)}{b-a} \geqslant \Delta x(c-1)$.

证明　定义一个辅助函数 $u(k) = x(k) - \dfrac{(x(b)-x(a))k}{b-a}$, $u(k)$ 满足 $u(a) = u(b) = \dfrac{bx(a)-ax(b)}{b-a}$. 于是, $u(k)$ 在 $N(a+1,b-1)$ 中必有最大值和最小值, 设 $u(k)$ 在 $c \in N(a+1,b-1)$ 中取得了最大值. 由于 $c-1 \in N(a,b)$, $c+1 \in N(a,b)$, 且 $u(c)$ 最大, 则可以得到

$$u(c-1) - u(c) \leqslant 0 \leqslant u(c) - u(c+1).$$

将 $u(k)$ 的表达式代入这个不等式, 再整理后得到

$$x(c-1)-x(c)+\frac{x(b)-x(a)}{b-a}\leqslant 0\leqslant x(c)-x(c+1)+\frac{x(b)-x(a)}{b-a}.$$

这个不等式的每一端都减去 $\dfrac{x(b)-x(a)}{b-a}$ 后得到

$$x(c-1)-x(c)\leqslant -\frac{x(b)-x(a)}{b-a}\leqslant x(c)-x(c+1).$$

再给不等式的每一项都乘以 -1 后得到

$$x(c+1)-x(c)\leqslant \frac{x(b)-x(a)}{b-a}\leqslant x(c)-x(c-1).$$

这就是离散差分中值定理中的前一个不等式, 再利用 $u(k)$ 在 $N(a+1,b-1)$ 中取得最小值就可以得到后一个不等式. □

1.2.2 初等函数的差分

我们先给出一些常用函数的差分公式, 再结合差分运算的一些性质, 设法计算更多函数的差分. 这种处理方法与微积分中计算函数微分的思路一样: 通过初等函数的微分和一些运算法则来计算函数的微分.

指数函数 a^x: $\Delta a^x=(a-1)a^x$, 特别 $\Delta 2^x=2^x$. 指数函数 2^x 与微积分中的 e^x 类似, 它的差分仍然是 2^x.

对数函数 $\log_a x$: $\Delta\log_a x=\log_a(x+1)-\log_a x=\log_a\left(1+\dfrac{1}{x}\right)$.

三角函数 $\sin ax,\ \cos ax$

$$\Delta\sin ax=\sin a(x+1)-\sin ax=2\sin\frac{a}{2}\cos\left(x+\frac{1}{2}\right)a,$$

$$\Delta\cos ax=\cos a(x+1)-\cos ax=-2\sin\frac{a}{2}\sin\left(x+\frac{1}{2}\right)a.$$

在微积分中, 最简单的是多项式的导数, 特别 $\dfrac{dx^n}{dx}=nx^{n-1}$. 在差分的计算中, 多项式的差分还是比较麻烦的. 例如

$$\Delta x^n=(x+1)^n-x^n=nx^{n-1}+\frac{n(n-1)}{2}x^{n-2}+\cdots+nx+1.$$

这个表达式比较复杂, 与 x^n 的微分的表达式 nx^{n-1} 有很大的差别. 能否得到与微分类似的公式呢? 注意到一个多项式可以有不同的表达式, 我们引入阶乘幂函数.

定义 1.2.2 对于非负整数 n,

$$x^{(0)}\triangleq 1,$$

$$x^{(n)}\triangleq x(x-1)(x-2)\cdots(x-(n-1))=\prod_{j=0}^{n-1}(x-j),$$

$$x^{(-n)}\triangleq\frac{1}{(x+n)(x+n-1)\cdots(x+1)}=\prod_{j=1}^{n}(x+j)^{-1}$$

称为阶乘幂函数. 如果 r 不是整数, 还可以定义分数阶乘幂函数 $x^{(r)}=\dfrac{\Gamma(x+1)}{\Gamma(x-r+1)}$, 其中, $\Gamma(x)=\displaystyle\int_0^{\infty}e^{-s}s^{x-1}ds$, 满足递推关系 $\Gamma(x+1)=x\Gamma(x)$ 和 $\Gamma(n+1)=n!$.

由阶乘幂函数的定义可得

$$
\begin{aligned}
&x^{(0)}=1,\ \ 1=x^{(0)}\\
&x^{(1)}=x,\ \ x=x^{(1)},\\
&x^{(2)}=x(x-1)=x^2-x,\\
\text{或者}\qquad &x^2=x^{(2)}+x=x^{(2)}+x^{(1)},\\
&x^{(3)}=x(x-1)(x-2)=x^3-3x^2+2x,\\
\text{或者}\qquad &x^3=x^{(3)}+3x^2-2x=x^{(3)}+3x^{(2)}+x^{(1)},\\
&\cdots,
\end{aligned}
$$

即阶乘幂函数 $x^{(n)}$ 都是 x 的多项式. 反之, x 的多项式可以用阶乘幂函数来表示. 一般地, x^n 的表达式为

$$x^n=\sum_{j=0}^{n}S_j^n x^{(j)},$$

其中, S_j^n 是 Stirling 数, 满足

$$S_j^{n+1}=S_{j-1}^n+jS_j^n,\quad S_n^n=S_1^n=1,\quad S_0^n=0\quad (n\neq 0).$$

事实上, $n=1$ 时, 该等式显然成立, 假设该等式对 n 成立, 则对 $n+1$ 有

$$
\begin{aligned}
x^{n+1}&=x\cdot x^n=x\sum_{j=0}^{n}S_j^n x^{(j)}=\sum_{j=0}^{n}S_j^n x x^{(j)}\\
&=\sum_{j=1}^{n}S_j^n x(x-1)\cdots(x-j+1)(x-j+j)\\
&=\sum_{j=1}^{n}\left(S_j^n x^{(j+1)}+jS_j^n x^{(j)}\right)\\
&=S_1^{n+1}x^{(1)}+\sum_{j=2}^{n}\left(S_{j-1}^n x^{(j)}+jS_j^n x^{(j)}\right)+S_{n+1}^{n+1}x^{(n+1)}\\
&=\sum_{j=1}^{n+1}S_j^{n+1}x^{(j)}.
\end{aligned}
$$

由此, 对多项式的差分可以等价的转化为阶乘幂多项式的差分, 这在计算时十分方便.

利用阶乘幂函数的定义可以得到 $n^{(k)}=\dfrac{n!}{(n-k)!}$, $n^{(n)}=n!$.

$$(-x)^{(k)}=(-1)^k x(x+1)\cdots(x+k-1)=(-1)^k(x+k-1)^{(k)}.$$

$$\Delta x^{(k)} = (x+1)^{(k)} - x^{(k)} = kx^{(k-1)}, \quad Ex^{(k)} = (x+1)^{(k)}.$$

利用阶乘幂函数和差分的定义, 通过计算可以得到

$$\begin{aligned}&\Delta x^{(0)} = 0,\\ &\Delta x^{(n)} = nx^{(n-1)},\\ &\Delta x^{(-n)} = -nx^{(-n-1)}.\end{aligned}$$

所以, 对任意的整数 n 有

$$\Delta x^{(n)} = nx^{(n-1)}, \quad \Delta^n x^{(k)} = k(k-1)\cdots(k-n+1)x^{(k-n)}, \quad \Delta^n x^{(n)} = n!.$$

该差分公式与微分公式完全一致. 进一步有下面的定理.

定理 1.2.3 如果 $f(x)$ 是一个 x 的 n 次多项式, 则有

$$f(x) = f(0) + \Delta f(0)x^{(1)} + \frac{\Delta^2 f(0)}{2!}x^{(2)} + \cdots + \frac{\Delta^{n-1} f(0)}{(n-1)!}x^{(n-1)} + \frac{\Delta^n f(0)}{n!}x^{(n)}.$$

证明 由于 $f(x)$ 是 x 的 n 次多项式, $x^{(n)}$ 也是 x 的 n 次多项式, 所以

$$f(x) = c_0 + c_1 x^{(1)} + c_2 x^{(2)} + \cdots + c_{n-1}x^{(n-1)} + c_n x^{(n)}.$$

将 $x=0$ 代入上面的等式两边得 $c_0 = f(0)$. 对上式两边分别计算一阶差分, 并将 $x=0$ 代入得 $c_1 = \Delta f(0)$. 依次对上式计算各阶差分, 并将 $x=0$代入两边就得到 $c_k = \dfrac{\Delta^k f(0)}{k!}$. □

定理 1.2.3 表明, 一个 x 的多项式可以用阶乘幂函数表示出来. 对一般的函数, 我们也可以利用差分算子的性质得到离散 Taylor 公式.

定理 1.2.4 当 $x(k)$ 定义在 $N(k_0)$ 时, 则对所有的 $k \in N(k_0)$ 和 $n \geqslant 1$, 有

$$x(k) = \sum_{j=0}^{n-1} \frac{(k-k_0)^{(j)}}{j!}\Delta^j x(k_0) + \frac{1}{(n-1)!}\sum_{j=k_0}^{k-n}(k-j-1)^{(n-1)}\Delta^n x(j).$$

证明 我们对 n 用归纳法来证明定理的结论. 当 $n=1$ 时,

$$x(k) = x(k_0) + \sum_{j=k_0}^{k-1}\Delta x(j) = x(k),$$

离散的 Taylor 公式成立. 假设离散的 Taylor 公式对 n 成立, 即

$$x(k) = \sum_{j=0}^{n-1} \frac{(k-k_0)^{(j)}}{j!}\Delta^j x(k_0) + \frac{1}{(n-1)!}\sum_{j=k_0}^{k-n}(k-j-1)^{(n-1)}\Delta^n x(j).$$

记 Δ_j 是关于变量 j 的差分, 对等式

$$\Delta_j\left((k-j)^{(n)}\Delta^n x(j)\right)=(k-j-1)^{(n)}\Delta^{n+1}x(j)+\Delta_j(k-j)^{(n)}\Delta^n x(j)$$

两边求和并整理后得到

$$\sum_{j=k_0}^{k-n}\Delta_j(k-j)^{(n)}\Delta^n x(j)=-(k-k_0)^{(n)}\Delta^n x(k_0)-\sum_{j=k_0}^{k-n}(k-j-1)^{(n)}\Delta^{n+1}x(j).$$

再由阶乘幂函数差分 $\Delta_j(k-j)^{(n)}=-n(k-j-1)^{(n-1)}$ 得到

$$\sum_{j=k_0}^{k-n}(k-j-1)^{(n-1)}\Delta^n x(j)=-\frac{1}{n}\sum_{j=k_0}^{k-n}\Delta_j(k-j)^{(n)}\Delta^n x(j).$$

所以, $x(k)$ 的表达式中的后一项为

$$\begin{aligned}&\frac{1}{(n-1)!}\sum_{j=k_0}^{k-n}(k-j-1)^{(n-1)}\Delta^n x(j)\\&=-\frac{1}{n!}\sum_{j=k_0}^{k-n}\Delta_j(k-j)^{(n)}\Delta^n x(j)\\&=\frac{1}{n!}\left((k-k_0)^{(n)}\Delta^n x(k_0)+\sum_{j=k_0}^{k-n}(k-j-1)^{(n)}\Delta^{n+1}x(j)\right).\end{aligned}$$

最后将这个表达式代入 $x(k)$ 的表达式, 利用 $j=k-n$ 时, $(k-(k-n)-1)^{(n)}=0$, 整理后得到

$$\begin{aligned}x(k)&=\sum_{j=0}^{n-1}\frac{(k-k_0)^{(j)}}{j!}\Delta^j x(k_0)+\frac{1}{(n-1)!}\sum_{j=k_0}^{k-n}(k-j-1)^{(n-1)}\Delta^n x(j)\\&=\sum_{j=0}^{n-1}\frac{(k-k_0)^{(j)}}{j!}\Delta^j x(k_0)+\frac{1}{n!}(k-k_0)^{(n)}\Delta^n x(k_0)\\&\quad+\frac{1}{n!}\sum_{j=k_0}^{k-(n+1)}(k-j-1)^{(n)}\Delta^{n+1}x(j)+\frac{1}{n!}(n-1)^{(n)}\Delta^{n+1}x(k-n)\\&=\sum_{j=0}^{n}\frac{(k-k_0)^{(j)}}{j!}\Delta^j x(k_0)+\frac{1}{n!}\sum_{j=k_0}^{k-(n+1)}(k-j-1)^{(n)}\Delta^{n+1}x(j).\end{aligned}$$

所以, 离散的 Taylor 公式对 $n+1$ 也成立. □

定理 1.2.4 给出了 $x(k)$ 的表达式, 它是 $x(k)$ 的离散 Taylor 公式. 我们可以对它两边求差分就可以得到

$$\Delta x(k)=\sum_{j=0}^{n-1}\frac{(k-k_0)^{(j-1)}}{(j-1)!}\Delta^j x(k_0)+\frac{1}{(n-2)!}\sum_{j=k_0}^{k-n+1}(k-j-1)^{(n-2)}\Delta^n x(j).$$

按照类似的方法可以计算更高阶的差分.

在微积分中, 对 $\frac{0}{0}$ 或者 $\frac{\infty}{\infty}$ 不定式的极限, 在一定的条件下, 我们可以通过导数之比的极限来计算. 这就是十分有效的 Hospital 法则. 定义在 $N(k_0)$ 上的函数也有类似的结论.

定理 1.2.5 设 $x(k)$ 和 $y(k)$ 在 $N(k_0)$ 定义, 且对所有的 $k \in N(k_0)$ 有 $x(k) > 0$ 和 $\Delta x(k)<0$. 若 $\lim\limits_{k\to+\infty} x(k) = \lim\limits_{k\to+\infty} y(k) = 0$, 则

$$\liminf_{k\to+\infty} \frac{\Delta y(k)}{\Delta x(k)} \leqslant \liminf_{k\to+\infty} \frac{y(k)}{x(k)} \leqslant \limsup_{k\to+\infty} \frac{y(k)}{x(k)} \leqslant \limsup_{k\to+\infty} \frac{\Delta y(k)}{\Delta x(k)}.$$

证明 不等式 $\liminf\limits_{k\to+\infty} \frac{y(k)}{x(k)} \leqslant \limsup\limits_{k\to+\infty} \frac{y(k)}{x(k)}$ 是显然的, 我们仅需要证明

$$\liminf_{k\to+\infty} \frac{\Delta y(k)}{\Delta x(k)} \leqslant \liminf_{k\to+\infty} \frac{y(k)}{x(k)} \text{ 和 } \limsup_{k\to+\infty} \frac{y(k)}{x(k)} \leqslant \limsup_{k\to+\infty} \frac{\Delta y(k)}{\Delta x(k)}.$$

设当 $k \geqslant k_0$ 时 $\frac{\Delta y(k)}{\Delta x(k)} \geqslant c$, 则有 $\Delta y(k) \leqslant c\Delta x(k)$, $\sum\limits_{j=k}^{k+p-1} \Delta y(k) \leqslant c \sum\limits_{j=k}^{k+p-1} \Delta x(k)$, $y(k+p) - y(k) \leqslant c(x(k+p) - x(k))$. 令 $p \to \infty$ 得到 $-y(k) \leqslant -cx(k)$, 即 $\frac{y(k)}{x(k)} \geqslant c$. 这意味着 $\liminf\limits_{k\to+\infty} \frac{\Delta y(k)}{\Delta x(k)} \leqslant \liminf\limits_{k\to+\infty} \frac{y(k)}{x(k)}$ 成立. 同理可以证明另一个不等式. □

当 Hospital 法则的条件成立, 且 $\lim\limits_{k\to+\infty} \frac{\Delta y(k)}{\Delta x(k)} = c$ 时, 我们就有 $\lim\limits_{k\to+\infty} \frac{y(k)}{x(k)} = c$. 这就与微积分中的 Hospital 法则完全一致: 从差分之比的极限可以得到函数之比的极限.

我们也可以证明下面关于 $\frac{\infty}{\infty}$ 型不定式极限的结论: 设 $x(k)$ 和 $y(k)$ 在 $N(k_0)$ 定义, 且对所有的 $k \in N(k_0)$ 有 $x(k) > 0$ 和 $\Delta x(k) > 0$. 若 $\lim\limits_{k\to+\infty} x(k) = \infty$, 则从 $\lim\limits_{k\to+\infty} \frac{\Delta y(k)}{\Delta x(k)} = c$ 可以推出 $\lim\limits_{k\to+\infty} \frac{y(k)}{x(k)} = c$.

1.2.3 不定和

我们希望把不定积分的概念和方法也平移到差分中来, 先用差分给出 1 周期函数和不定和的定义.

定义 1.2.3 如果 $\Delta p(x) \equiv 0$, 称 $p(x)$ 为 1 周期函数. 如果 $\Delta F(x) = f(x)$, 则称 $F(x) + p(x)$ 为 $f(x)$ 的不定和. 不定和用符号 Σ 表示, 即 $\Sigma f(x) = F(x) + p(x)$.

与微积分中求导和不定积分的运算类似, 不定和与差分算子不满足交换律, 作用的次序不同时, 得到的结果不一定相同.

$$\Delta\Sigma f(t) = f(t), \quad \Sigma\Delta f(t) = f(t) + p(t).$$

当函数的定义域是 $N=\{0,1,2,\cdots\}$ 时, 1 周期函数就是常数, 且 $\Sigma f(x)=F(x)+c$. 容易验证, Σ 是线性算子, 且类似于不定积分法的下列公式成立:

$$
\begin{aligned}
&\Sigma\left(f(x)+g(x)\right)=\Sigma f(x)+\Sigma g(x),\\
&\Sigma\left(cf(x)\right)=c\Sigma f(x),\\
&\Sigma\left(f(x)\Delta g(x)\right)=f(x)g(x)-\Sigma\left(Eg(x)\Delta f(x)\right),\\
&\Sigma\left(p(x)h(x)\right)=p(x)\Sigma h(x).
\end{aligned}
$$

前两个等式给出了不定和的线性性, 第三个公式对应于不定积分的分部积分法, 最后一个是分部积分公式应用于 1 周期函数的结果. 这几个公式都可以直接计算得到. 例如由差分公式得到

$$\Delta\left(f(x)g(x)\right)=f(x)\Delta g(x)+\Delta f(x)Eg(x),$$

对这个等式两边求不定和, 再利用不定和的性质得到

$$\Sigma\Delta\left(f(x)g(x)\right)=\Sigma\left(f(x)\Delta g(x)\right)+\Sigma\left(\Delta f(x)Eg(x)\right).$$

利用差分和不定和的定义及它们的关系, 移项整理后得到

$$\Sigma\left(f(x)\Delta g(x)\right)=f(x)g(x)-\Sigma\left(\Delta f(x)Eg(x)\right).$$

为了得到最后一个公式, 我们取 $g(x)=p(x)$, $p(x)$ 是周期为 1 的函数, 则 $\Delta g(x)=\Delta p(x)=0$, $Eg(x)=Ep(x)=p(x)$. 代入第三个公式后得到

$$\Sigma\left(p(x)\Delta f(x)\right)=p(x)f(x).$$

令 $h(x)=\Delta f(x)$, 注意到 $f(x)$ 是 $\Delta f(x)$ 不定和, 所以有 $f(x)=\Sigma h(x)$. 代入上面的等式即可得到

$$\Sigma\left(p(x)h(x)\right)=p(x)\Sigma h(x).$$

例 1.2.3 计算下列不定和: $\Sigma x^{(3)}$, $\Sigma(x^3-4x^2)$, $\Sigma x2^x$, $\Sigma f(n)$, $\Sigma^k 0$, $\Sigma^k 1$, 其中 Σ^k 表示重复计算不定和 k 次.

解 由于$\Delta\dfrac{1}{4}x^{(4)}=x^{(3)}$, 按照不定和的定义有 $\Sigma x^{(3)}=\dfrac{1}{4}x^{(4)}+p(x)$. 利用多项式函数与阶乘幂函数的关系 $x^3=x^{(3)}+3x^{(2)}+x^{(1)}$ 和 $x^2=x^{(2)}+x^{(1)}$ 得到 $x^3-4x^2=x^{(3)}-x^{(2)}-3x^{(1)}$. 再利用阶乘幂函数的差分和不定和的定义得到

$$\Sigma(x^3-4x^2)=\frac{1}{4}x^{(4)}-\frac{1}{3}x^{(3)}-\frac{3}{2}x^{(2)}+p(x).$$

利用 $\Delta 2^x=2^x$ 和不定和的分步计算公式得到

$$\Sigma x2^x=x2^x-\Sigma 2^{x+1}=(x-2)2^x+p(x).$$

由于$\Delta\sum_{k=0}^{n-1}f(k)=f(n)$, 所以 $\Sigma f(n)=\sum_{k=0}^{n-1}f(k)+c$. 由于常数的差分为零, 所以有 $\Sigma 0=c_1$, 利用差分公式 $\Delta n^{(1)}=1$ 可以得到 $\Sigma^2 0=\Sigma c_1=c_1n^{(1)}+c_2$. 再重复利用阶乘幂函数的差分公式得到 $\Sigma^3 0=\Sigma^2 c_1=\Sigma(c_1n^{(1)}+c_2)=c_1n^{(2)}+c_2n^{(1)}+c_3$, 其中 c_1, c_2 和 c_3 是任意常数. 用归纳法得到 $\Sigma^k 0=c_1n^{(k-1)}+c_2n^{(k-2)}+\cdots+c_{k-1}n^{(1)}+c_k$. 同理, 可以得到

$$\Sigma^k 1=\frac{n^{(k)}}{n!}+c_1n^{(k-1)}+c_2n^{(k-2)}+\cdots+c_{k-1}n^{(1)}+c_k.$$

表 1-5 中给出了一些函数的差分和不定和的表达式, 不定和的表达式中我们省略了任意周期为1的函数. 这些表达式都是通过差分及不定和的定义或者性质得到的. 这些函数的差分与不定和是我们计算其他复杂函数差分及不定和的基础.

表 1-5　一些常用函数的差分及不定和

函数 $f(x)$	差分 $\Delta f(x)$	不定和 $\sum f(x)$
c	0	cx
a^x	$(a-1)a^x$	$\dfrac{a^x}{a-1},\ a\neq 1$
xa^x	$(a-1)xa^x+a^{x+1}$	$\dfrac{a^x}{a-1}\left(x-\dfrac{a}{a-1}\right),\ a\neq 1$
$(x+b)^{(n)}$	$n(x+b)^{(n-1)}$	$\dfrac{(x+b)^{(n+1)}}{n+1}$
C_x^n	C_x^{n-1}	C_x^{n+1}
$\cos(ax+b)$	$-2\sin\dfrac{a}{2}\sin\left(ax+b+\dfrac{a}{2}\right)$	$\dfrac{\sin\left(ax+b-\dfrac{a}{2}\right)}{2\sin\dfrac{a}{2}}$
$\sin(ax+b)$	$2\sin\dfrac{a}{2}\cos\left(ax+b+\dfrac{a}{2}\right)$	$-\dfrac{\cos\left(ax+b-\dfrac{a}{2}\right)}{2\sin\dfrac{a}{2}}$
x^n	$\sum_{j=0}^{n-1}C_n^jx^j$	$\dfrac{B_{n+1}(x)}{n+1},\ n\neq -1$
$\log(x+a)$	$\log\left(1+\dfrac{1}{x+a}\right)$	$\log\Gamma(x+a)$

表 1-5 中的$B_n(x)$ 是 Bernoulli 多项式, 它由方程 $\dfrac{te^{xt}}{e^t-1}=\sum_{k=0}^{\infty}\dfrac{B_k(x)}{k!}t^k$ 定义. $B_n(x)$ 的前几项为 $B_0(x)=1$, $B_1(x)=x-\dfrac{1}{2}$, $B_2(x)=x^2-x+\dfrac{1}{6}$, $B_3(x)=x^3-\dfrac{3x^2}{2}+\dfrac{x}{2}$.

定理 1.2.6　如果函数 $F(x)$ 和 $G(x)$ 满足 $\Delta F(x)=\Delta G(x)$, 则 $F(x)=G(x)+p(x)$, 其中, $p(x)$ 是一个 1 周期函数.

证明　由于 $\Delta(F(x)-G(x))=0$, 所以 $F(x)-G(x)=p(x)$, 其中 $p(x)$ 满足 $\Delta p(x)=0$, 所以有 $F(x)=G(x)+p(x)$. □

我们也能得到类似定积分中的 Newton-Lebnitz 公式, 利用这个公式, 可以计算一些复杂和式的值.

定理 1.2.7　如果函数 $F(x)$ 和 $f(x)$ 满足 $\Delta F(x)=f(x)$, 则

$$\sum_{k=0}^{n-1} f(a+k)=F(a+n)-F(a)=F(x)\big|_{x=a}^{x=a+n}.$$

证明　由 $F(x)$ 和 $f(x)$ 满足的关系得, $f(a+k)=F(a+k+1)-F(a+k)$, 对 k 求和得到

$$\sum_{k=0}^{n-1} f(a+k)=\sum_{k=0}^{n-1}(F(a+k+1)-F(a+k))=F(a+n)-F(a). \quad \square$$

例 1.2.4　计算 $\sum\limits_{k=0}^{49}(k+7)^{(3)}$ 和 $\sum\limits_{k=-7}^{9} k2^k$.

解　由于 $\Delta \frac{1}{4}x^{(4)}=x^{(3)}$ 和 $\Delta(x-2)2^x=x2^x$, 利用定理 1.2.7 得到

$$\sum_{k=0}^{49}(k+7)^{(3)}=\frac{1}{4}x^{(4)}\Big|_{x=7}^{x=57}=\frac{1}{4}(57\cdot 56\cdot 55\cdot 54-7\cdot 6\cdot 5\cdot 4)=2369850,$$

$$\begin{aligned}\sum_{k=-7}^{9} k2^k&=\sum_{k=0}^{16}(-7+k)2^{-7+k}=(x-2)2^x\big|_{x=-7}^{x=-7+17}\\&=(10-2)2^{10}-(-7-2)2^{-7}=8\cdot 2^{10}+9\cdot 2^{-7}.\end{aligned}$$

利用不定和的 Newton-Lebnitz 公式及分步求和法, 还可以得到

$$\sum_{k=k_0}^{n-1}(u(k)\Delta v(k))=u(k)v(k)\Big|_{k=k_0}^{n}-\sum_{k=k_0}^{n-1} v(k+1)\Delta u(k).$$

事实上, $u(k)\Delta v(k)$ 的不定和为 $u(k)v(k)-\sum v(k+1)\Delta u(k)$, 且不定和 $\sum v(k+1)\Delta u(k)$ 为 $\sum\limits_{j=k_0}^{k-1} v(j+1)\Delta u(j)$. 即 $u(k)\Delta v(k)$ 的不定和为 $u(k)v(k)-\sum\limits_{j=k_0}^{k-1} v(j+1)\Delta u(j)$. 再利用 Newton-Lebnitz 公式就可以得到这个分步求和公式.

令 $u(k)=b(k)$, $v(k)=\sum\limits_{j=k_0}^{k-1} a(j)$, 代入上面的公式, 再注意到前面定义的 $\sum\limits_{j=k_0}^{k_0-1} a(j)=0$, 就可以得到 Abel 求和公式

$$\sum_{k=k_0}^{n-1} a(k)b(k)=b(n)\sum_{k=k_0}^{n-1} a(k)-\sum_{k=k_0}^{n-1}\left(\sum_{j=k_0}^{k} a(j)\right)\Delta b(k).$$

1.2.4 差分方程

定义 1.2.4 包含有未知函数及其差分的等式称为**差分方程**, 其形式是

$$g(k, x(k), \Delta x(k), \cdots, \Delta^n x(k)) = 0.$$

根据差分算子与位移算子的关系, 可以将 n 阶差分方程写为

$$f(k, x(k), Ex(k), \cdots, E^n x(k)) = 0,$$

或者

$$f(k, x(k), x(k+1), \cdots, x(k+n)) = 0.$$

我们称 f 不显含 k 时的方程为**自治差分方程**. 用 $x(k+1) = f(x(k))$ 或者

$$x(k+1) = f(x(k), x(k-1), \cdots, x(k-n)) \tag{1.2.1}$$

来表示一阶或 n 阶差分方程. 使得差分方程称为恒等式的序列称为**差分方程的解**.

$$x(k+1) = f(x(k)), \quad x(0) = x_0 \tag{1.2.2}$$

称为**自治差分方程的初始值问题**. 满足方程及初始值条件的序列称为初始值问题的解. 当 f 显含 k 时,

$$x(k+1) = f(k, x(k)), \quad x(0) = x_0 \tag{1.2.3}$$

称为**非自治差分方程的初始值问题**.

例 1.2.5 初始值问题

$$x(k+1) = x^2(k), \quad x(0) = 0.6$$

解序列的前几个为:

$$x(0) = 0.6, x(1) = 0.36, x(2) = 0.1296, x(3) = 0.01679616, \cdots.$$

这个初始值问题解的一般形式是 $x(k) = 0.6^{2^k}$. 现在来考虑这个差分方程满足其他初始条件的解. 容易验证, $x(k) = 0$ 和 $x(k) = 1$ 都是满足差分方程的解, 当 $x(0) = -1$ 和 $k \geqslant 1$ 时也有 $x(k) = 1$. 这个差分方程满足初始值 $x(0) = x_0$ 的解的形式是 $x(k) = x_0^{2^k}$. 所以, 我们可以得到该方程的解当 k 趋于无穷时的极限: 当 $|x(0)| < 1$ 时, $\lim\limits_{k\to\infty} x(k) = 0$; 而当 $|x(0)| > 1$ 时, $\lim\limits_{n\to\infty} x(k) = \infty$.

例 1.2.6 逐个计算初始值问题 $x(k+1) = a(k)x(k)$, $x(k_0) = x_0$, $k \geqslant k_0 \geqslant 0$ 前面的几个表达式, 然后再总结规律得到

$$\begin{aligned}
x(k_0+1) &= a(k_0)x(k_0) = a(k_0)x_0, \\
x(k_0+2) &= a(k_0+1)x(k_0+1) = a(k_0+1)a(k_0)x_0, \\
x(k_0+3) &= a(k_0+2)x(k_0+2) = a(k_0+2)a(k_0+1)a(k_0)x_0, \\
&\cdots \\
x(k_0+k) &= a(k_0+k-1)x(k_0+k-1) \\
&= a(k_0+k-1)a(k_0+k-2)\cdots a(k_0+1)a(k_0)x_0.
\end{aligned}$$

例 1.2.7 一阶线性差分方程的初始值问题 $y(k+1)=ay(k)+g(k)$, $y(0)=y_0$ 解序列的前面几个和一般项为

$$
\begin{aligned}
&y(1)=ay_0+g(0),\\
&y(2)=ay(1)+g(1)=a^2y_0+ag(0)+g(1),\\
&y(3)=ay(2)+g(2)=a^3y_0+a^2g(0)+ag(1)+g(2),\\
&y(4)=ay(3)+g(3)=a^4y_0+a^3g(0)+a^2g(1)+ag(2)+g(3),\\
&y(k)=a^ky_0+\sum_{j=0}^{k-1}a^{k-j-1}g(j).
\end{aligned}
$$

特别地, 当 $g(k)=b$ 时, $y(k)=a^ky_0+\sum\limits_{j=0}^{k-1}a^{k-j-1}b$. 则当 $a\neq 1$ 时, $y(k)=a^ky_0+\dfrac{b(1-a^k)}{1-a}$; 而当 $a=1$ 时, $y(k)=y_0+kb$.

例 1.2.8 求下面差分方程满足给定初始值问题的解

$$
y(k+2)-2y(k+1)+y(k)=k(k-1),\quad y(0)=-1,\quad y(1)=3.
$$

解 由差分和阶乘幂函数的定义看出, 差分方程的右端和左端分别满足 $y(k+2)-2y(k+1)+y(k)=\Delta^2y(k)$, $k(k-1)=k^{(2)}$. 所以, 这个差分方程可以简写为 $\Delta^2y(k)=k^{(2)}$. 按照差分和不定和的定义和关系, 我们只要对这个方程两边求两次不定和就可得到它的解. 对 $\Delta^2y(k)=k^{(2)}$ 两边求不定和得到 $\Delta y(k)=\dfrac{k^{(3)}}{3}+c_1$, 再求一次不定和得到 $y(k)=\dfrac{k^{(4)}}{12}+c_1k+c_2$. 利用初始条件得到 $c_2=-1$ 和 $c_1=4$, 代入后得到所给问题的解为

$$
y(k)=\frac{k^{(4)}}{12}+4k-1=\frac{k(k-1)(k-2)(k-3)}{12}+4k-1.
$$

差分方程的一个初始值问题, 有可能有唯一的解, 也可能没有解, 还有可能有许多解. 例如, 就没有满足 $kx(k+2)=x(k)$ 和初始条件 $x(0)=1$, $x(1)=1$ 的解. 而方程 $kx(k+2)=x(k)$ 总有零解 $x(k)=0$, 且对任意常数 c,

$$
x(k)=\begin{cases}0, & k=0,\quad k=2m-1,\quad m=1,2,\cdots,\\ \dfrac{c}{2^{m-1}(m-1)!}, & k=2m,\quad m=1,2,\cdots\end{cases}
$$

都是该方程满足 $x(0)=0$ 和 $x(1)=0$ 的解. 即差分方程 $kx(k+2)=x(k)$ 满足初始条件 $x(0)=0$ 和 $x(1)=0$ 的解有无限多个.

1.3 简单差分方程的复杂性态

当 $f(k,x(k),x(k+1),\cdots,x(k+n))$ 是 $x(k)$, $x(k+1)$, $\cdots$, $x(k+n)$ 的线性函数时, 称 $f(k,x(k),x(k+1),\cdots,x(k+n))=0$ 为**线性方程**, 否则, 称 $f(k,x(k),x(k+1),\cdots,x(k+n))=0$ 为**非线性方程**. 线性方程比非线性方程简单得多, 其求解和解的性态分析都比较容易. 大部分非线性方程无法求解, 解的性态也比较复杂.

例如, $x(k+1)=\dfrac{1}{x(k)}$ 的解除 $x(k)=1$ 和 $x(k)=-1$ 外都是周期为 2 的周期解: $x(0)=x_0$, $x(1)=\dfrac{1}{x_0}$, $x(2k)=x_0$, $x(2k+1)=\dfrac{1}{x_0}$. 差分方程 $x(k+1)=\sqrt{x(k)}$ 满足初始条件 $x(0)=x_0>0$ 的解为 $x(k)=x_0^{(1/2^k)}$, 且 $\lim\limits_{k\to\infty}x(k)=1$. 差分方程 $x(k+1)=a\sin(x(k))$ 的解, 就很复杂, 例如, 当 $x(0)=m\pi$ 时, $x(k)=0$ $(k=1,2,\cdots)$; 当 $|a|>m\pi$, $x(0)=\arcsin\left(\dfrac{m\pi}{a}\right)$ 时, 也有 $x(k)=0$ $(k=1,2,\cdots)$; 但该差分方程满足大部分初始值的解没有一般的表达式. 当 k 趋于无穷时, 这个解是否会有极限, 是否会趋于零, 都是十分复杂的问题.

1.3.1 差分方程的平衡解及其稳定性

为了叙述方便, 在这里对差分方程的平衡解和稳定性进行简单介绍, 更仔细的定义将在第 3 章给出.

定义 1.3.1 若有 x^*, 使得 $x^*=f(x^*)$, 则称 x^* 为差分方程 $x(t+1)=f(x(t))$ 的**平衡解**(不动点、平衡点、平衡态). 设 $x(t)$ 是差分方程 $x(t+1)=f(x(t))$ 的解, 若有 x^* 和正整数 r, 使得 $x(r)=x^*$, 但 $x(r-1)\neq x^*$, 则称 $x(0)$ 为差分方程 $x(t+1)=f(x(t))$ 的**最终平衡解**. 设 $x(t)$ 是差分方程 $x(t+1)=f(x(t))$ 的解, 若有正整数 T, 使得 $x(t+T)=x(t)$, 则称 $x(t)$ 为差分方程 $x(t+1)=f(x(t))$ 的**周期解**.

定义 1.3.2 设 x^* 是差分方程 $x(t+1)=f(x(t))$ 的平衡解, $x(t,x_0)$ 是差分方程 $x(t+1)=f(x(t))$ 满足 $x(0)=x_0$ 的解, 如果对任意给定的正数 ε, 有 $\delta>0$, 使得当 $|x_0-x^*|<\delta$ 时, $|x(t,x_0)-x^*|<\varepsilon$ 对所有的 $t\in N$ 都成立, 则称差分方程 $x(t+1)=f(x(t))$ 的平衡解 x^* 是**稳定**的, 否则, 称为**不稳定**的. 如果有正数 η, 使得满足 $|x_0-x^*|<\eta$ 的解 $x(t,x_0)$ 有 $\lim\limits_{t\to\infty}x(t,x_0)=x^*$, 则称 x^* 是**吸引**的, 当 η 为无穷大时, 称 x^* 是**全局吸引**的. 如果 x^* 是稳定的, 也是吸引的, 称 x^* 是**渐近稳定**的, 如果 x^* 是稳定的, 也是全局吸引的, 称 x^* 是**全局渐近稳定**的.

稳定和吸引具有不同的几何意义：稳定意味着初始值与平衡解很靠近的解总是离它很近, 吸引是指在一定区域内的解最终都会趋于平衡解; 稳定中要求从初始时刻以后的所有时刻, 解都离平衡解很近, 吸引仅要求这些解最终能趋于平衡解.

对于周期解, 我们也有类似的稳定、渐近稳定的概念.

定理 1.3.1　设 $f(x)$ 有连续的三阶导数, x^* 为差分方程 $x(t+1)=f(x(t))$ 的平衡解, 则当 $|f'(x^*)|<1$ 时, x^* 是渐近稳定的, 当 $|f'(x^*)|>1$ 时, x^* 是不稳定的. 当 $f'(x^*)=1$, $f''(x^*)\neq 0$ 时, x^* 是不稳定的. 当 $f'(x^*)=1$, $f''(x^*)=0$, $f'''(x^*)>0$ 时, x^* 是不稳定的, 当 $f'(x^*)=1$, $f''(x^*)=0$, $f'''(x^*)<0$ 时, x^* 是稳定的. 当 $f'(x^*)=-1$, $-f'''(x^*)-\dfrac{3}{2}(f''(x^*))^2<0$ 时, x^* 是稳定的, 当 $f'(x^*)=-1$, $-f'''(x^*)-\dfrac{3}{2}(f''(x^*))^2>0$, x^* 是不稳定的.

证明　当 $|f'(x^*)|<1$ 时, 由于 $f(x)$ 有连续的三阶导数, $f'(x)$ 必连续. 当 $|x-x^*|<\eta$ 时, 必有 $|f'(x)|<r<1$. 对任意 $\varepsilon>0$, 取 $\delta=\min\{\epsilon,\eta\}$, 当 $|x_0-x^*|<\delta$ 时, 有微分中值定理得到

$$|x(1)-x^*|=|f(x_0)-f(x^*)|=|f'(\xi)||x_0-x^*|<r|x_0-x^*|<|x_0-x^*|<\varepsilon,$$

其中, ξ 在 x_0 和 x^* 之间. 利用数学归纳法可以得到, 对所有的正整数 t, $|x(t)-x^*|<\varepsilon$, 且 $|x(t)-x^*|<r^t|x_0-x^*|$, 即差分方程 $x(t+1)=f(x(t))$ 的平衡解 $x=x^*$ 是渐近稳定的.

当 $|f'(x^*)|>1$ 时, 有正数 η 和大于 1的数 R, 当 $|x-x^*|<\eta$ 时, 必有 $|f'(x)|>R>1$. 对正数 $\varepsilon=\eta>0$, 无论 δ 多么小, 都有 $x_0=x^*+\dfrac{\min\{\varepsilon,\delta\}}{2}$, $|x_0-x^*|<\delta$ 满足. 由微分中值定理得到

$$|x(1)-x^*|=|f(x(0))-f(x^*)|=|f'(\xi_1)||x_0-x^*|>R|x_0-x^*|,$$

其中, ξ_1 在 x_0 和 x^* 之间. 如果 $R|x_0-x^*|>\varepsilon$, 这表明差分方程 $x(t+1)=f(x(t))$ 的平衡解 x^* 是不稳定的. 否则, 继续利用微分中值定理得到

$$|x(2)-x^*|=|f(x(1))-f(x^*)|=|f'(\xi_2)||x(1)-x^*|>R^2|x_0-x^*|,$$

其中, ξ_2 在 $x(1)$ 和 x^* 之间. 如果 $R^2|x_0-x^*|>\varepsilon$, 这表明差分方程 $x(t+1)=f(x(t))$ 的平衡解 x^* 是不稳定的. 否则, 重复这一过程可以得到

$$|x(t+1)-x^*|=|f(x(t))-f(x^*)|=|f'(\xi_{t+1})||x(t)-x^*|>R^{t+1}|x_0-x^*|.$$

由于 $R>1$, 当 t 充分大时, 必有 $R^{t+1}|x_0-x^*|>\varepsilon$. 这表明差分方程 $x(t+1)=f(x(t))$ 的平衡解 x^* 是不稳定的,

定理 1.3.1 中当 $f'(x^*)=1$, $f''(x^*)=0$, $f'''(x^*)<0$ 时 x^* 的稳定性证明与前面的类似. 接下来给出最后一种情况下的证明. 当 $f'(x^*)=-1$ 时, 考虑映射 $y(k+1)=g(y(k))$, 其中, $g(y)=f(f(y))$. 由函数 $g(y)$ 的定义可以看到: $x(k+1)=f(x(k))$ 的

平衡解 x^* 也是 $y(k+1)=g(y(k))$ 的平衡解; 对同一个初始值, $y(k+1)=g(y(k))$ 的解序列是 $x(k+1)=f(x(k))$ 的解序列的一个子集合; $y(k+1)=g(y(k))$ 和 $x(k+1)=f(x(k))$ 的平衡解 x^* 的稳定性等价. 所以我们讨论 $y(k+1)=g(y(k))$ 的平衡解 x^* 的稳定性. 直接计算得到

$$g'(x^*)=f'(x^*)f'(x^*)=1, \quad g''(x^*)=(f'(x^*)+1)f''(x^*)f'(x^*)=0.$$

$y(k+1)=g(y(k))$ 的平衡解 x^* 稳定的必要性满足, 下面计算 $g(y)$ 在平衡解 x^* 的三阶导数

$$\begin{aligned} g'''(x^*) &= f'''(f(x))f'(x)^3+3f''(f(x))^2f'(x)+f'''(x)f'(f(x))\big|_{x=x^*} \\ &= -2f'''(x^*)-3f''(x^*)^2. \end{aligned}$$

所以, 由定理 1.3.1 前面的结论知道, 当 $-f'''(x^*)-\dfrac{3}{2}(f''(x^*))^2<0$ 时, $g'''(x^*)<0$, x^* 是稳定的. 其他情况下平衡解的稳定性或者不稳定性的证明类似. □

我们给出差分方程 $x(t+1)=f(x(t))$ 的平衡解稳定或不稳定的几何说明. 在 $x-y$ 平面上分别画出 $y=x$ 和 $y=f(x)$ 的图形, 差分方程 $x(t+1)=f(x(t))$ 的平衡解就是这两条曲线的交点. 当 $|f'(x^*)|<1$ 时, 曲线 $y=f(x)$ 从 $y=x$ 的上面穿向下面 (图 1-4). 图 1-4 中的交点是 $(1,1)$, 差分方程 $x(t+1)=f(x(t))$ 的平衡解是 $x^*=1$, $0<f'(x^*)<1$. 如果 x_0 在 x^* 的右侧邻域内, $x_0>x^*$, $x(1)=f(x(0))<x(0)$. 过 $(x(0),x(1))$ 作平行于 x 轴的直线, 该直线与 $y=x$ 的交点的纵坐标和横坐标与 $x(1)$ 相等, 过这个交点做平行于 y 轴的直线与 $y=f(x)$ 相交. 该交点的纵坐标就是 $x(2)=f(x(1))$. 重复这个过程, 可以看到以 x_0 为初始值的解序列, 单调减少趋于平衡解. 当 x_0 在 x^* 的左侧邻域时, 以 x_0 为初始值的解序列, 单调增加趋于平衡解.

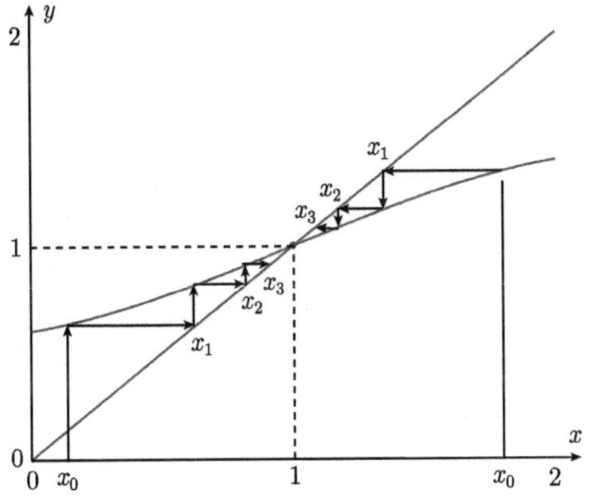

图 1-4 平衡解稳定的几何说明

当 $|f'(x^*)| > 1$ 时, 曲线 $y = f(x)$ 从 $y = x$ 的下方穿向上方 (图 1-5). 图 1-5 中, $f'(x^*) > 1$. 如果 x_0 在 x^* 的右侧邻域内, $x_0 > x^*$, $x(1) = f(x(0)) > x(0)$. 过 $(x(0), x(1))$ 作平行于 x 轴的直线, 该直线与 $y = x$ 的交点的纵坐标和横坐标与 $x(1)$ 相等, 过这个交点做平行于 y 轴的直线与 $y = f(x)$ 相交. 该交点的纵坐标就是 $x(2) = f(x(1))$. 重复这个过程, 可以看到以 x_0 为初始值的解序列, 单调增加离开平衡解. 同理当 x_0 在 x^* 的左侧邻域时, 以 x_0 为初始值的解序列, 单调减小离开平衡解. 差分方程 $x(t+1) = f(x(t))$ 的平衡解是不稳定的.

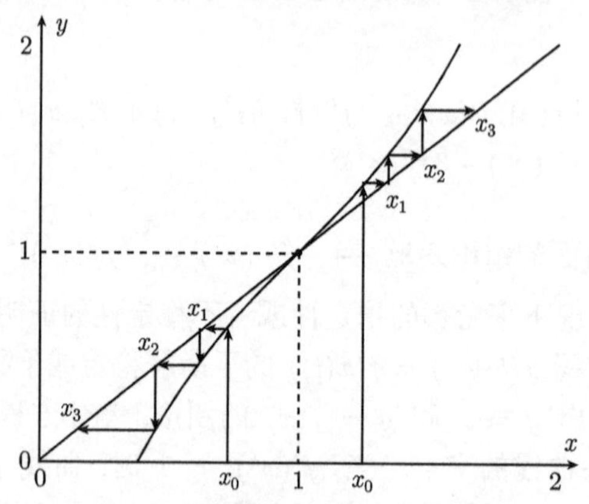

图 1-5　平衡解不稳定的几何说明

有些差分方程可能有多个平衡解, 对于每个平衡解, 我们分别利用定理 1.3.1 的条件判断其稳定性. 例如差分方程 $x(t+1) = x^2(t) + 3x(t)$ 有平衡解 0 和 -2, $f'(0) = 3 > 1$, 平衡解 0 不稳定. $f'(-2) = -1$, $-2f'''(-2) - 3\left(f''(-2)\right)^2 = -12 < 0$, 平衡解 -2 是稳定的. 平衡解邻域内解的情况见图 1-6, 在平衡解 0 的右侧邻域出发的解不断增加而远离它, 在平衡解 -2 的左侧邻域出发的解先增加, 再减小, 最后振荡趋于它.

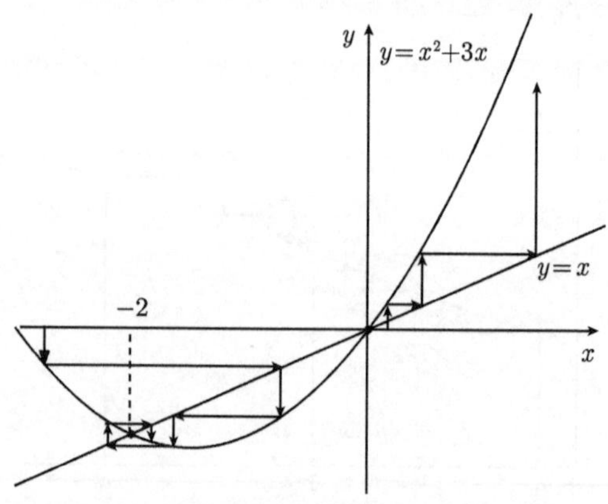

图 1-6　两个平衡解的稳定性的几何说明

差分方程 $x(t+1)=f(x(t))$ 周期解的稳定性的定义类似. 若

$$O(p)=\{x(0),x(1),x(2),\cdots,x(\omega-1)\}$$

是差分方程 $x(t+1)=f(x(t))$ 周期为 ω 的周期解, 则 $x(0)$ 必定是差分方程 $x(t+1)=g(x(t))=f^{\omega}(x(t))$ 的平衡解, 其中 $f^{\omega}(x)=f(f(\cdots f(x)))$ 为 f 复合 ω 次得到的函数. 周期解的稳定性可以通过 $x(t+1)=g(x(t))$ 的平衡解的稳定性来判断. 周期解的稳定性由下面的定理给出.

定理 1.3.2 设 $O(p)=\{x(0),x(1),x(2),\cdots,x(\omega-1)\}$ 是差分方程 $x(t+1)=f(x(t))$ 的一个 ω 周期解, 则当 $|f'(x(0))f'(x(1))\cdots f'(x(\omega-1))|<1$ 时, $O(p)$ 是稳定的, 当 $|f'(x(0))f'(x(1))\cdots f'(x(\omega-1))|>1$ 时, $O(p)$ 是不稳定的.

例 1.3.1 求差分方程 $x(t+1)=x^2(t)-0.85$ 的 2 周期解并讨论其稳定性.

解 方程的 2 周期解由方程 $x(t+2)=x(t)$ 给出, 我们通过求解方程 $x=(x^2-0.85)^2-0.85$ 得到这个周期解. 由于平衡解也是方程的周期解, 而平衡解满足的方程是 $x=x^2-0.85$. 由此信息我们可以将 2 周期解满足的方程分解因式得到 $(x^2-x-0.85)(x^2+x+0.15)=0$. 由此得到的 2 周期解为

$$x_0^*=\frac{-1+\sqrt{0.4}}{2},\quad x_1^*=\frac{-1-\sqrt{0.4}}{2}.$$

计算得 $f'(x)=2x$, 所以有 $f'\left(\frac{-1+\sqrt{0.4}}{2}\right)f'\left(\frac{-1-\sqrt{0.4}}{2}\right)=0.6<1$, 由定理 1.3.2 知, 该 2 周期解是渐近稳定的.

1.3.2 虫口方程的倍周期分叉

虫口方程是在研究种群增长问题中提出的一个简单模型, 它展示了十分复杂的动力学行为, 为差分方程复杂性的研究提供了一个范例. 虫口方程的模型为

$$x(t+1)=rx(t)(1-x(t)),\quad x(0)=x_0,\quad 0\leqslant x_0\leqslant 1,\quad 0\leqslant r\leqslant 4. \tag{1.3.1}$$

可以验证, 对所有的初始值 $0\leqslant x_0\leqslant 1$, 总有 $0\leqslant x(t)\leqslant 1$, 且 $x(t)=0$ 总是方程的解. 差分方程 (1.3.1) 的其他解不容易求得, 但我们可以对 $r=2$ 和 $r=4$ 的情况通过变换求出解的一般表达式.

令 $x(t)=\frac{1-y(t)}{2}$, 原方程变为 $y(t+1)=1-\frac{r}{2}(1-y^2(t))$. 当 $r=2$ 时, 方程为 $y(t+1)=y^2(t)$, 解为 $y(t)=y_0^{2t}$. 所以, $x(t)=\frac{1}{2}-\frac{y_0^{2t}}{2}=\frac{1}{2}-\frac{(1-2x_0)^{2t}}{2}$. 当 $r=4$ 时, 方程为 $y(t+1)=2y^2(t)-1$, 它的解可以用第一类 Chebyshev 多项式来表示.

对其他的情况, 可以进行数值模拟或者定性分析. 我们看几个具体的解: ① $r=0.5,\ x_0=0.8$; ② $r=2.6,\ x_0=0.1$; ③ $r=3.3,\ x_0=0.4$, ④ $r=3.52,\ x_0=0.9$.

通过数值求解, 我们发现这几个解呈现出不同的渐近性态 (见图 1-7). ①中的解序列趋于零; ② 中的解序列趋于一个正常数; ③ 中的解序列在两个点附近振动; ④中的解序列在四个点附近振动.

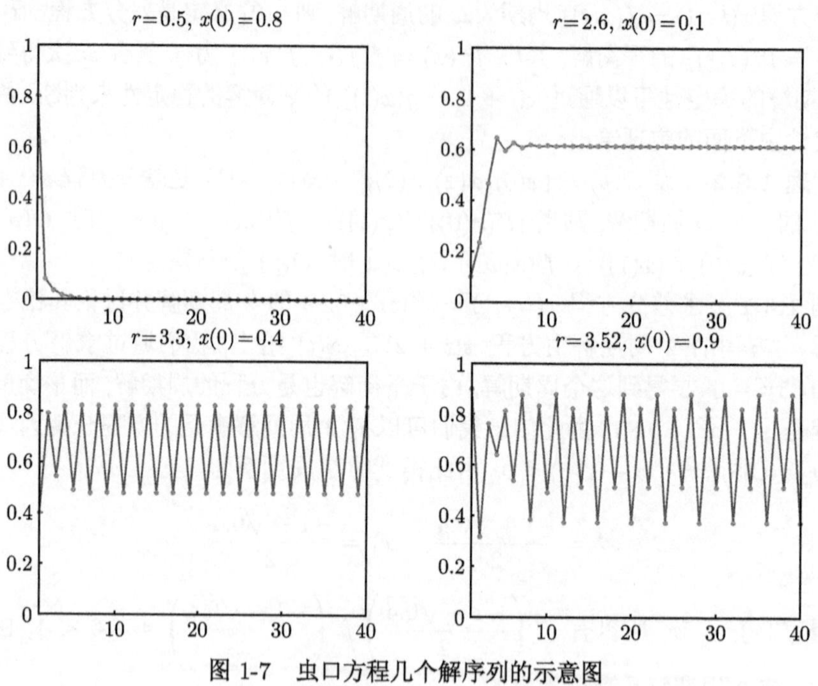

图 1-7　虫口方程几个解序列的示意图

当 $r<1$ 时, 虫口方程 (1.3.1) 仅有一个零平衡解, 且由于

$$x(t+1)=rx(t)(1-x(t))\leqslant rx(t)\leqslant r^2x(t-1)(1-x(t-1))\leqslant\cdots\leqslant r^{t+1}x_0,$$

有 $\lim\limits_{t\to\infty}x(t)=0$.

当 $r>1$ 时, 虫口方程 (1.3.1) 除过一个零平衡解外, 还有正平衡解 $x^*=1-\dfrac{1}{r}$. 且由于在零平衡点处, $f'(0)=r>1$, 我们知道零平衡解是不稳定的. 在平衡点 x^* 处, 由于 $f'(x^*)=2-r$, 我们得到正平衡解 x^* 当 $1<r<3$ 时是稳定的, 而当 $r>3$ 时是不稳定的. 由于

$$\begin{aligned}|x(t+1)-x^*|&=r|x(t)(1-x(t))-x^*(1-x^*)|\\&=r|1-x(t)-x^*||x(t)-x^*|\\&=|1-rx(t)||x(t)-x^*|,\end{aligned}$$

其中, $0\leqslant x(t)\leqslant 1$. 所以当 $r<2$ 时, $|1-rx(t)|<1$, 即

$$|x(t+1)-x^*|<|x(t)-x^*|.$$

这意味着解序列到正平衡态的距离在减少, 利用分析的手法就可以证明, 当 $1 < r < 2$ 时, 从任何初始值 $0 < x_0 < 1$ 开始的 (1.3.1) 的解都满足 $\lim\limits_{t\to\infty} x(t) = x^* = 1 - \dfrac{1}{r}$.

利用几何的方法可以证明当 $1 < r < 3$ 时, 极限 $\lim\limits_{t\to\infty} x(t) = x^* = 1 - \dfrac{1}{r}$ 也成立. 下面用分析的方法来证明当 $2 < r < \dfrac{8}{3}$ 时, 模型的正平衡解也是全局渐近稳定的. 当 $2 < r < \dfrac{8}{3} < 3$ 时, 由函数 $rx(1-x)$ 的性质知道, 当 $t \geqslant 2$ 后都有, $x(t) \leqslant \dfrac{3}{4}$. 由 $|1 - rx(t)| < 1$ 等价的不等式 $0 < rx(t) < 2$ 得到, 当 $r < \dfrac{8}{3}$ 时, $0 < rx(t) < 2$ 对 $t \geqslant 2$ 成立, 即

$$|x(t+1) - x^*| = |1 - rx(t)||x(t) - x^*| < |x(t) - x^*|.$$

这表明, 虫口方程的正平衡解当 $2 < r < \dfrac{8}{3}$ 时是全局渐近稳定的.

我们来说明利用几何的方法证明虫口方程正平衡解稳定的思路. 画出曲线 $y = rx(1-x)$ 和直线 $y = x$, 给定 $x(0)$ 后, 连接点 $(x(0), 0)$ 和 $(x(0), x(1))$, 再连接点 $(x(0), x(1))$ 和 $(x(1), x(1))$, 接下来连接点 $(x(1), x(1))$ 和 $(x(1), x(2))$, 以此类推, 就得到了虫口方程的迭代序列的点列, 看出解序列的渐近情况 (图 1-8).

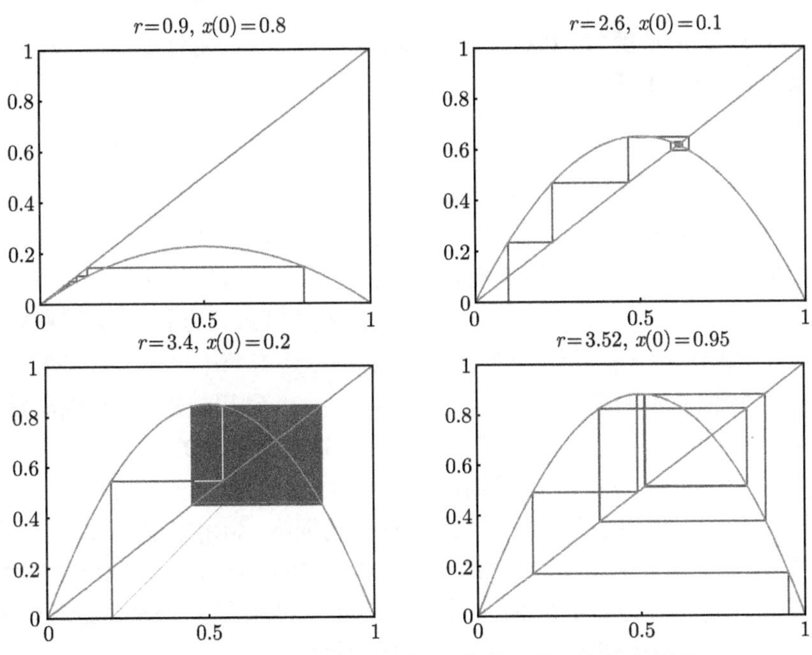

图 1-8 虫口方程不同参数时解序列的渐近性态示意图

当 $r > 3$ 时, 正平衡解不稳定, 而虫口方程的解序列都落在 $[0,1]$ 区间内, 这些解序列有没有极限或者什么规律? 图 1-7 显示虫口方程出现了周期解.

虫口方程尽管简单, 但它的动力学性态十分复杂, 它呈现倍周期分叉现象. 当 $1 < r < 3$ 时, 仅有一个稳定的正周期解. 当 $r > 3$ 时, 此正平衡态变为不稳定, 出现了周期为 2 的周期解. 为了计算得到虫口方程当 $r > 3$ 时的周期解, 将 $x(t+1) = rx(t)(1-x(t))$ 迭代两次, 得到

$$x(t+2) = r^2x(t)(1-x(t))(1-rx(t)(1-x(t))).$$

虫口方程的 2 周期解满足方程

$$x = r^2x(1-x)(1-rx(1-x)).$$

由于平衡解必是 2 周期解, 上面的方程中必含有 0 和 $1-\dfrac{1}{r}$ 的因子. 对其分解因式得到

$$rx\left(x-1+\frac{1}{r}\right)\left(r^2x^2-(r^2+r)x+1+r\right) = 0.$$

令最后一个因子为零, 求解得到 2 周期解为

$$x_0 = \frac{r+1+\sqrt{(1+r)(r-3)}}{2r}, \quad x_1 = \frac{r+1-\sqrt{(1+r)(r-3)}}{2r}.$$

即虫口方程的 2 周期解为 $x(2k) = x_0$, $x(2k+1) = x_1$. 利用定理 1.3.2 来判断这个 2 周期解的稳定性, 计算得到

$$f'(x_0)f'(x_1) = 4+2r-r^2.$$

当 $r > 3$ 时, $4+2r-r^2$ 关于 r 单调减, $r = 3$ 时, $4+2r-r^2 = 1$; 当 $r = 1+\sqrt{6}$ 时, $4+2r-r^2 = -1$. 所以当 $3 < r < 1+\sqrt{6}$ 时, 2 周期解稳定; 当 $r > 1+\sqrt{6} \approx 3.449490$ 时, 2 周期解不稳定. 此 2 周期解丧失稳定性后, 我们将 $f(x) = rx(1-x)$ 复合 4 次, 由方程 $x = f^4(x) = f(f(f(f(x))))$ 来计算虫口方程的 4 周期解. 方程 $x = f^4(x)$ 一共有 8 个根, 两个平衡解 0 和 $1-\dfrac{1}{r}$, 还有两个组成 2 周期解的 x_0 和 x_1, 另外 4 个形成 4 周期解的 x_{41}, x_{42}, x_{43} 和 x_{44}. 利用定理 1.3.2 判断得到, 当 $1+\sqrt{6} \approx 3.449490 < r < 3.544090$ 时, 这个 4 周期解是稳定的.

当 $r > 3.544090$ 时, 此 4 周期解的稳定性丧失, 进一步将函数 $f(x)$ 复合 8 次, 计算 $x = f^8(x)$ 的根得到了虫口方程的 8 周期解. 利用定理 1.3.2 判断得到这个 8 周期解当 $3.544090 < r < 3.564407$ 时是稳定的, 而当 $r > 3.564407$ 时, 此 8 周期解是不稳定的. 计算平衡解、2 周期解、4 周期解和 8 周期解的几何意义见图 1-9. 这几个子图中都给出了 $y = x$ 和分别给出了 $y = f(x)$, $y = f^2(x)$, $y = f^4(x)$, $y = f^8(x)$ 的曲线, $y = x$ 与这些曲线的交点就对应着虫口方程的平衡解或周期解.

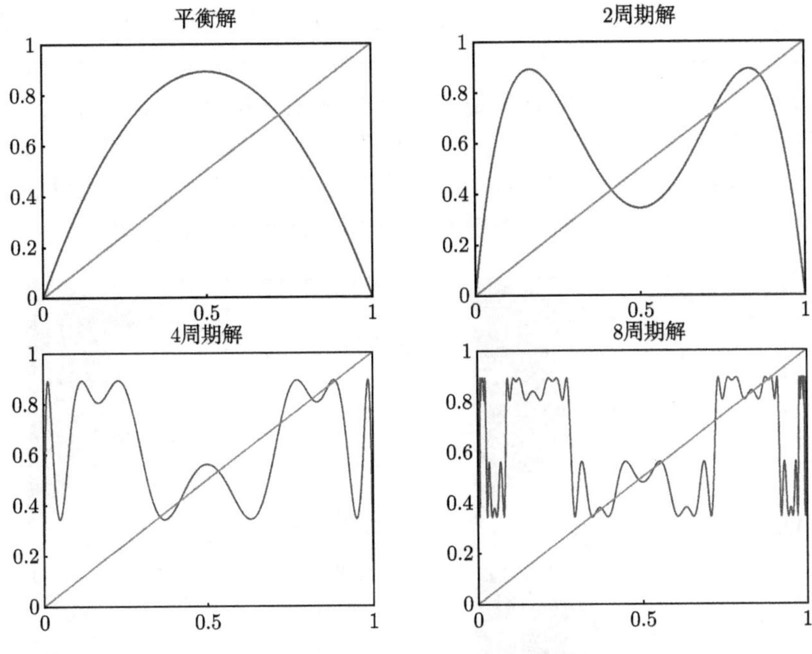

图 1-9 虫口方程的平衡解或周期解

进一步的分析表明, 当 $r > 3.564407$ 时, 8 周期解的稳定性丧失, 出现了周期为 16 的稳定周期解; 当 $r > 3.568759$ 时, 这个 16 周期解的稳定性丧失, 出现了周期为 32 的稳定周期解; 当 $r > 3.569692$ 时, 这个 32 周期解的稳定性丧失, 出现了周期为 64 的稳定周期解; 当 $r > 3.569981$ 时, 这个 64 周期解的稳定性丧失, 出现了周期为 128 的稳定周期解; 在 r 趋于 3.569946 的过程中, 虫口方程 (1.3.1) 会经历所有以 2^k 为周期的周期解. 而当 $r > 3.569946$ 时, 虫口方程 (1.3.1) 的解序列的性态十分复杂.

我们可以通过计算机的数值模拟和图形显示来观察虫口方程当参数 r 增加时解序列的渐近性态. 我们在具体计算时, 取比较小的步长, 让参数 r 由 2.5 到 4 等间隔的增加. 对参数 r 每一个固定的值, 取相同的初始值和相当大的 n, 循环计算虫口方程 $x(t+1) = rx(t)(1-x(t))$ 解序列中 t 从 1 到 n 的值. 根据前面的分析, 我们知道当 t 很大时, $x(t)$ 与稳定的平衡解或周期解的值很接近. 对任意一个参数 r 值, 我们舍去所对应虫口方程解序列中 t 比较小的那些点, 以 r 为横坐标轴, 将 t 很大时的 $x(t)$ 画出来. 例如我们舍去解序列中 t 从 1 到 $0.95n$ 的那些点, 而只画出解序列中 t 从 $0.95n+1$ 到 n 的那些点 (图 1-10). 对任意一个固定的 r, 解序列中 t 从 $0.95n+1$ 到 n 的那些点就给出了虫口方程稳定的平衡解或者周期解的值.

从图 1-10 的左上子图看到, 当 $2.5 < r < 3$ 时, 解序列 $x(t)$ 中 t 很大的那些点

都在一起, 这就是平衡解. 当 $3 < r < 3.449490$ 时, 解序列 $x(t)$ 中 t 很大的那些点在两点处振荡, 这就是 2 周期解. 当 $3.449490 < r < 3.544090$ 时, 解序列 $x(t)$ 中 t 很大的那些点在 4 点处振荡, 这就是 4 周期解. 随着 r 的增加, 解序列 $x(t)$ 中 t 很大的那些点在 8, 16, 32, 64, 128, $\cdots$ 点处振荡, 这对应这虫口方程的 8, 16, 32, 64, 128, $\cdots$ 等周期解. 而当 $r > 3.569946$ 时, 虫口方程解序列 $x(t)$ 中 t 很大的那些点就分布在一个区间, 而且随着 r 的增加, 这个区间接近于 [0,1] 区间.

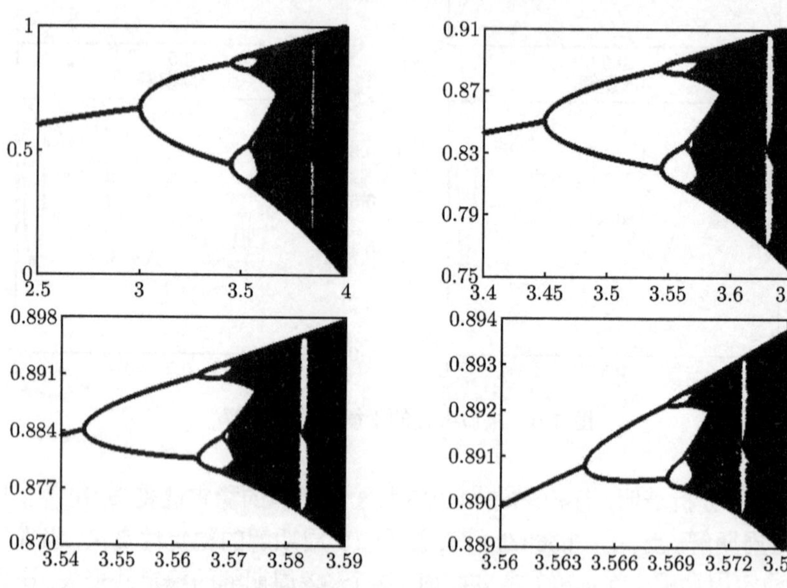

图 1-10　虫口方程当 r 变化时的周期倍分叉现象

虫口方程 (1.3.1) 周期倍分叉过程展示出有趣的自相似现象. 图 1-10 的左上子图显示的是参数 $2.5 < r < 4$ 和解 $0 < x(t) < 1$ 时稳定的平衡解或者周期解. 图 1-10 的右上子图显示的是参数 $3.4 < r < 3.65$ 和解 $0.75 < x(t) < 0.91$ 时, 稳定周期解上的一部分点, 它是左上子图的局部放大. 图 1-10 的左下子图显示的是参数 $3.54 < r < 3.59$ 和解 $0.87 < x(t) < 0.898$ 时, 稳定周期解上的一部分点, 它是右上子图的局部放大. 图 1-10 的右下子图显示的是参数 $3.56 < r < 3.578$ 和解 $0.889 < x(t) < 0.894$ 时, 稳定周期解上的一部分点, 它是左下子图的局部放大. 这几个图的特点都相似：从 1 个分为 2 个, 从 2 个分成 4 个,……

Feigenbaum 进一步研究发现分支参数的间隔之比有极限：$\lim\limits_{k\to\infty}\dfrac{r_k - r_{k-1}}{r_{k+1} - r_k} = 4.669201609$. 该极限称为 Feigenbaum 常数, 它反映了相邻两个分支点之间距离之比的大小, 4.669201609 表明分支间隔会很快地缩小. Feigenbaum 常数也具有一定的普适性, 即将一个区间映射到本身的满足一些比较一般条件的映射的分支过程有相同的极限. 特别地, 对 2 次函数 $Q(x) = ax^2 + bx + c$ 所得到的映射, 很容易得到与虫口方程类似的结果. 例如, 对映射 $y(t+1) = y^2(n) + c$, 我们可以利用变换 $y(t) = -rx(t) + \dfrac{r}{2}, c = \dfrac{r}{2} - \dfrac{r^2}{4}$ 把它直接变为 $x(t+1) = rx(t)(1 - x(t))$ 的形式.

当 r 超过 3.569946 以后会出现什么情况? 从分支图 1-10 看出, 虫口方程当参数 $3.569946 < r < 4$ 时, 会出现一些复杂的性态, 对参数值 r 的一些值, 虫口方程的解序列中的点会逐渐充满一个区间, 且这些区间的宽度随着参数 r 的增加而增加, 当 r 接近 4 时, 可以充满 $[0,1]$ 区间. 还有参数 r 的一些小区间, 这些区间中的 r 对应着一些稳定的周期解. 最大的一个区间大概在 3.828427 附近, 此时有一个周期为 3 的稳定周期解, 还可以观察到这个稳定的 3 周期解随着 r 的增加而失去稳定性, 出现 6 周期解. 与 $r < 3.569946$ 的情况类似, 随着 r 的增加, 这些周期解由稳定变得不稳定, 并出现周期倍分叉现象, 只是这些区间太小, 我们需要反复放大后才有可能看到. 图 1-11 分别给出了参数 $r = 3.65$ (左上子图)、$r = 3.83$ (右上子图)、$r = 3.845$ (左下子图) 和 $r = 3.95$ (右下子图) 所对应的虫口方程解的情况. 其中横坐标轴为时间 t, 纵坐标轴是解 $x(t)$, 图中的星号就是点 $(t, x(t))$. 我们的初始

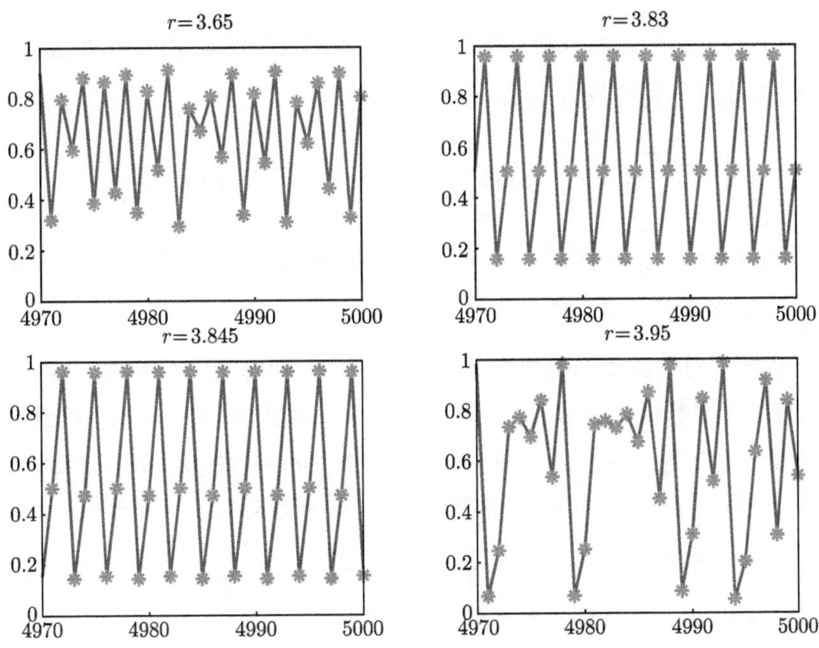

图 1-11 虫口方程不同参数 r 时的解序列

值都是 $x_0 = 0.3$, 迭代计算了 5000 次, 丢弃了前面的解, 只显示了最后 30 个点. 虫口方程当 $r = 3.83$ 时的解最后趋于一个周期为 3 的周期解 (右上子图); $r = 3.845$ 时的解最后趋于一个周期为 6 的周期解 (左下子图). $r = 3.65$ 时的解 (左上子图)

和 $r=3.95$ 时的解 (右下子图) 看不出什么规律, 但 $r=3.95$ 时的解分布的区间要比 $r=3.65$ 时的解大很多.

1.3.3　一个非线性模型的混沌性态

通过数值模拟我们看到虫口方程当 r 较大时就出现了混沌现象. 混沌是一个十分有趣和复杂的性态, 在一本基础教材中我们不准备给出混沌的定义和判断方法, 仅通过具体的差分方程例子给出混沌现象一些主要特征. 许多学者认为, 一个差分方程的解出现混沌性态时的主要特征包括:

(i) 具有任意周期的周期解;

(ii) 解对初始值的变化十分敏感;

(iii) 具有有界但非周期的轨道;

(iv) 对解空间的任意开集 $\mathscr{A}$ 和 $\mathscr{B}$, 有 x_0 和 k, 使得 $x_0\in\mathscr{A}$, $x(k,k_0,x_0)\in\mathscr{B}$.

我们通过模 1 相等来定义一个非线性差分方程

$$x(k+1)=2x(k)\qquad \bmod 1. \tag{1.3.2}$$

显然, $x(k)=0$ 是 (1.3.2) 的平衡解, 有一些解最终都等于零, 如初始值为 $x(0)=\dfrac{1}{2^m}$ 的解. 再注意到初始值为 $x(0)=\dfrac{2}{3}$ 的解满足:

$$x(1)=\frac{4}{3}\quad \bmod 1=\frac{1}{3},\quad x(2)=\frac{2}{3}=x(0).$$

即初始值为 $x(0)=\dfrac{2}{3}$ 的解是一个周期为 2 的周期解. 进一步可以证明, 始值为 $x(0)=\dfrac{1}{2^k-1}$ 的解是 1 个周期为 k 的周期解.

为了说明解对初始值的敏感性, 我们考虑初始值为 $x(0)=\varepsilon$ 的解. 当 ε 充分小时, $x(0)$ 与零平衡解很近, 但是 $x(k)=\varepsilon 2^k$, 当 k 足够大时, $x(k)=\varepsilon 2^k$ 就会大于 $\dfrac{1}{2}$. 且对任意给定的正数 $\varepsilon<1$, 在 $[0,1)$ 中任意一个点的 ε 邻域内, 至少都有初始值为 $x(0)=\dfrac{\varepsilon}{2}$ 的解序列 $x(k)=\varepsilon 2^{k-1}$ 中的一个点. 另一方面, 当 m 充分大时, $[0,1)$ 中任意一个点的 ε 邻域中至少有集合 $\left\{\dfrac{1}{2^m},\dfrac{2}{2^m},\dfrac{3}{2^m},\cdots,\dfrac{2^m-1}{2^m}\right\}$ 一个点, 记为 $\dfrac{j}{2^m}$. 同理, $[0,1)$ 中任意一个点的 ε 邻域中至少有集合

$$\left\{\frac{1}{2^m-1},\frac{2}{2^m-1},\frac{3}{2^m-1},\cdots,\frac{2^m-2}{2^m-1}\right\}$$

中的一个点, 记为 $\dfrac{i}{2^m-1}$. 再注意到差分方程 (1.3.2) 以初始值 $x(0)=\dfrac{j}{2^m}$ 的解为 $x(k)=\dfrac{2^kj}{2^m}\ \bmod 1$. 当 k 充分大时, $x(k)=0$. 差分方程 (1.3.2) 以初始值

$x(0)=\dfrac{i}{2^m-1}$ 的解为$x(k)=\dfrac{2^k i}{2^m-1} \mod 1$, 它是周期解. 即至少有从 $[0,1)$ 中任意一个点的 ε 邻域中出发的两个解, 一个最终为 0, 另一个为周期解, 这说明解对初始值十分敏感.

下面说明差分方程 (1.3.2) 存在有界且非周期的解. 我们用 2 进制的数比较方便. 取初始值为 $x(0)=0.1010010001000010000010000000\cdots$, 其规律是每增加一个 1 后, 相邻两个 1 中间 0 的个数都增加 1. 利用 2 进制数的特点, 小数后第 j 位数的大小是 $\dfrac{1}{2^j}$ 与它相乘, 所以每乘一个 2, 小数点向右移一位, 且舍去小数点前的整数部分. 即 $x(1)=0.010010001000010000010000000\cdots$, $x(2)=0.10010001000010000010000000\cdots$, $x(3)=0.0010001000010000010000000010\cdots$. 显然, 解序列 $x(k)$ 有界, $x(k)$ 不是周期函数.

最后我们说明当 $\mathscr{A}$ 和 $\mathscr{B}$ 是开区间时必有 $a\in\mathscr{A}$, 且 $\left(a-\dfrac{1}{2^m},a+\dfrac{1}{2^m}\right)\in\mathscr{A}$. 令 a 的 2 进制表示为 $a=0.a_1a_2a_3\cdots a_ma_{m+1}a_{m+2}\cdots$, 取 $c=0.a_1a_2a_3\cdots a_m$, $x(0)=x_0=c+2^{-m}b$, 其中 $b\in\mathscr{B}$. 则 $a-\dfrac{1}{2^m}<c<a$, $c\in\mathscr{A}$, $c<x_0<a+\dfrac{1}{2^m}$, $x_0\in\mathscr{A}$. 差分方程(1.3.2) 满足初始值 $x(0)=x_0$ 的解当 $k=m$ 时的值为 $x(m)=2^m\left(c+\dfrac{b}{2^m}\right)=b\in\mathscr{B}$. 这就说明了差分方程 (1.3.2) 具有混沌的特性.

就这样一个简单的非线性差分方程, 它的解是非常复杂的, 展示了混沌的一些主要特征.

1.3.4 帐篷映射

现在我们来考察一个特殊的映射 —— 帐篷映射 (temp map) 所对应的差分方程

$$x(n+1)=T(x(n)),\quad x(0)=x_0,\quad 0\leqslant x_0\leqslant 1,$$

其中

$$T(x)=\begin{cases}2x, & 0\leqslant x\leqslant\dfrac{1}{2},\\ 2(1-x), & \dfrac{1}{2}<x\leqslant 1.\end{cases}\tag{1.3.3}$$

这也是一个非线性函数 $T(x)$ 给出的映射, 由此产生的差分方程的迭代序列有比较复杂的性态. 先看一些具体的例子.

$$x(0)=\frac{1}{2},\quad x(1)=1,\quad x(n)=0,\quad n=2,3,\cdots,$$

$$x(0)=\frac{1}{4},\quad x(1)=\frac{1}{2},\quad x(2)=1,\quad x(n)=0,\quad n=3,4,\cdots,$$

$$x(0)=\frac{3}{4},\ \ x(1)=\frac{1}{2},\ \ x(2)=1,\ \ x(n)=0,\ \ n=3,4,\cdots,$$

$$x(0)=\frac{1}{8},\ \ x(1)=\frac{1}{4},\ \ x(2)=\frac{1}{2},\ \ x(3)=1,\ \ x(n)=0,\ \ n=4,5,\cdots,$$

$$x(0)=\frac{5}{8},\ \ x(1)=\frac{3}{4},\ \ x(2)=\frac{1}{2},\ \ x(3)=1,\ \ x(n)=0,\ \ n=4,5,\cdots,$$

$$x(0)=\frac{7}{8},\ \ x(1)=\frac{1}{4},\ \ x(2)=\frac{1}{2},\ \ x(3)=1,\ \ x(n)=0,\ \ n=4,5,\cdots.$$

可以证明, 当 $x(0)=\dfrac{k}{2^n}$, $1\leqslant k\leqslant 2^n$ 时, 只有有限项 $x(n)$ 非零, 最后都有 $x(n)=0$.

注意到 $T\left(\dfrac{2}{7}\right)=\dfrac{4}{7}$, $T\left(\dfrac{4}{7}\right)=2-\dfrac{8}{7}=\dfrac{6}{7}$, $T\left(\dfrac{6}{7}\right)=2-\dfrac{12}{7}=\dfrac{2}{7}$, 这表明 $\dfrac{2}{7}$, $\dfrac{4}{7}$, $\dfrac{6}{7}$ 是 3 周期解.

帐篷映射 (1.3.3) 的平衡解从 $T(x)=x$ 中解出, n 周期解从 $T^n(x)=x$ 中解出. 如帐篷映射的复合后得到的 $T^2(x)$ 为

$$T^2(x)=\begin{cases}4x, & 0\leqslant x\leqslant\dfrac{1}{4},\\[2mm] 2(1-2x) & \dfrac{1}{4}<x\leqslant\dfrac{1}{2},\\[2mm] 4\left(x-\dfrac{1}{2}\right), & \dfrac{1}{2}<x\leqslant\dfrac{3}{4},\\[2mm] 4(1-x), & \dfrac{3}{4}<x\leqslant 1.\end{cases}$$

几何上, 帐篷映射 $T(x)$ 对应着一个帐篷, $T^2(x)$ 对应着两个帐篷, $T^3(x)$ 对应着 4 个帐篷, $T^4(x)$ 对应着 8 个帐篷, $T^n(x)$ 对应着 2^{n-1} 个帐篷. 帐篷映射 (1.3.3) 的平衡解和周期解几何上对应着 T^n 的图像与对角线的交点, T^n 的图像与对角线相交 2^n 个点, 这些点都是 $T^n(x)=x$ 的不动点 (图 1-12).

帐篷映射 (1.3.3) 的不动点和周期解的个数见表 1-6. $T(x)$ 有 2 个不动点, 显然没有周期更少的周期解, 第三列为 0, 周期解中的点数是 2, 这两个 1 周期解分别属于不同的轨道, 所以第五列为 2. $T^2(x)$ 有 4 个不动点, 但由于 $T(x)$ 有 2 个不动点也是 $T^2(x)$ 的不动点, 第三列是 2, 表示 $T^2(x)$ 有两个周期 1 的周期解, 第四、五列中的数为 2 和 1, 表示 $T^2(x)$ 有 1 个周期为 2 的周期解. n 等于 3, 4, 5 的情况类似讨论. $n=6$ 时, $T^6(x)$ 有 64 个不动点, 但由于 6 能被 1, 2, 3 整除, 在所有不动点中必须扣除周期为 1, 2, 3 的不动点的才能得到 6 周期解. $64-(2+2+6)=54$, 且每个 6 周期解上必须有 6 个点, 所以有 9 个独立的周期轨道.

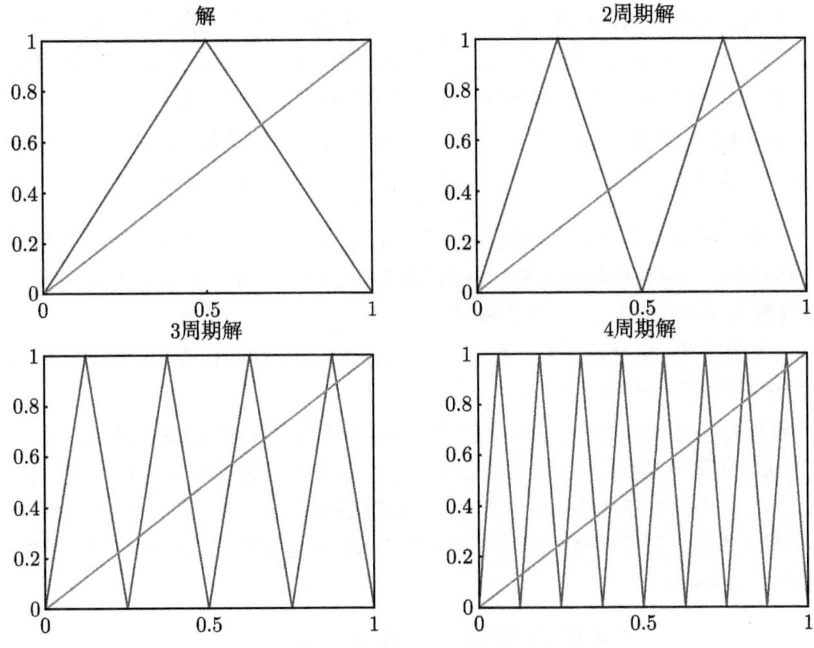

图 1-12　帐篷映射的平衡解和周期解

表 1-6　帐篷映射 (1.3.3) 的不动点和周期解个数

n	T^n 的不动点	小于 n 的周期解	n 周期解的点数	n 周期解的个数
1	2	0	2	2
2	4	2	2	1
3	8	2	6	2
4	16	2+2	12	3
5	32	2	30	6
6	64	2+2+6	54	9

习　题　1

1.1　设放射性物质在一个单位时间内的衰变量和该时间单位开始时所有的量成比例. 已知开始时镭元素的量为 $m(0)$, 且镭元素的半衰期为 1600 年. 以年为时间单位, 求镭元素的量随时间变化的关系.

1.2　利用幂级数法求解常微分方程的初始值问题

$$y''(x) = xy(x), \quad y(0) = y_0, \quad y'(0) = y_1$$

时, 令 $y(x) = \sum_{k=0}^{\infty} a_k x^k$, 求这些系数 a_k 的表达式.

1.3　设兔子出生后总共存活 12 月, 从第 7 个月后就开始生小兔, 在第 7, 8 这两个月中每月每一对兔子恰好生 1 对小兔, 从 9, 10 两个月内每一对兔子恰好生 2 对小兔, 然后停止生育, 在第 12 月末死亡. 给出第 k 月和第 $k+1$ 月兔子数量之间的关系.

1.4　对 Fibonacci 数列 $r_1=1, r_2=1, r_n=r_{n-1}+r_{n-2}$, 证明 $r_{n+k}=r_{n-1}r_k+r_nr_{k+1}$, 其中 n 和 k 为自然数, 且 n 大于 1. 并证明 $\lim\limits_{n\to\infty}\dfrac{r_{n+1}}{r_n}$ 存在, 并求其值.

1.5　一种药物每 4 小时服用一次, 每次服用的量为 A_0. 假设身体每四小时内由于代谢和吸收所消耗的药物与现有的量成比例, 比例系数为 k $(0<k<1)$. 如果记第 n 时段该患者体内药物的含量为 $x(n)$, 计算 $x(n)$ 及其极限.

1.6　一杯温度为 82 度的茶水放在一个温度为 26 度的房间内, 在一分钟后杯中的茶冷却到 80 度, 问以后每分钟茶的温度是多少?

1.7　银行公布的个人住房公积金贷款月利率和个人住房商业性贷款月利率在表 1-7 中给出. 王先生家要购买一套商品房, 需要贷款 25 万元, 其中公积金贷款 10 万, 分 12 年还清, 商业性贷款 15 万, 分 15 年还清. 每种贷款按月等额还款. 问: (1) 王先生每月应还款多少? (2) 每年年底王先生欠款是多少? (3) 在第 12 年还清公积金贷款, 如果他想把余下的商业性贷款一次还清, 应还多少?

表 1-7　个人住房公积金贷款和商业性贷款月利率 (1/1000)

贷款年限	公积金贷款	商业贷款	贷款年限	公积金贷款	商业贷款
1	3.54	4.65	2	3.63	4.875
3	3.72	4.875	4	3.78	4.95
5	3.87	4.95	6	3.96	5.025
7	4.05	5.025	8	4.14	5.025
9	4.2075	5.025	10	4.275	5.025
11	4.365	5.025	12	4.455	5.025
13	4.545	5.025	14	4.635	5.025
15	4.725	5.025	16	4.805	5.025

1.8　汉诺塔问题: n 个大小不同的圆盘依其半径大小套在桩 A 上, 大的在下, 小的在上. 现要将其 n 个盘移动到空桩 B 或 C 上, 但要求一次只能移动一个盘且移动过程中, 始终保持大盘在下、小盘在上. 移动过程中桩 A 也可以利用. 设移动 n 个盘的次数为 x_n, 试建立关于 x_n 的差分方程, 并计算其值.

1.9　一个家庭计划通过每月存款的方法积累子女的教育费用, 每个月从工资收入中拿出 a 元存入银行, 并计划 20 年后每个月从账户中取出 1000 元用于子女教育, 需要连续支取 10 年. 假设银行的月利率是 0.3%, 问该家庭每月需要存入多少元?

1.10　遗传性疾病是常染色体的基因缺陷由父母代传给子代的疾病. 常染色体遗传的正常基因记为 A, 非正常的基因记为 a, 并以 AA, Aa, aa 分别表示正常人、隐性患者、显性患者的基因型. 若在开始时的一代人口中 AA, Aa, aa 型基因的人所占百分比分别为 a_0, b_0, c_0. 讨论在下列两种情况下第 n 代中三类基因型人口所占的比例. (1) 控制结合: 显性患者不能生育后代, 且为了使每个儿童至少有一个正常的父亲或母亲, 正常人、隐性患者必须与一个正常人结合生育后代; (2) 自由结合: 这三种基因的人任意结合生育后代.

1.11 记 $x(k)$ 是 k 条直线把平面分成区域的数量, 其中要求任意两条直线不平行, 任意三条直线没有公共交点. 证明

$$x(3)=7, \quad 且\ x(k+1)=x(k)+k+1.$$

1.12 设函数 $E_n(x)\ (x>0)$ 是由含参数的积分 $E_n(x)=\int_1^{\infty}\frac{e^{-xt}}{t^n}dt,\ x>0$ 所定义的, 其中, n 为正整数. 证明: $E_n(x)$ 满足

$$E_{n+1}(x)=\frac{1}{n}\left(e^{-x}-xE_n(x)\right).$$

1.13 计算下列函数的差分:

(1) $\Delta\sinh ax$, (2) $\Delta\tan x$, (3) $\Delta\arctan x$, (4)$\Delta 3^x\cos x$.

1.14 计算下列函数的差分:

(1) $\Delta^2 k!$, (2) $\Delta^3 7^k$, (3) $\Delta k!2^k$, (4) $\Delta\frac{k!}{2^k}$.

1.15 计算下列不定和:

(1) $\Sigma x^2 3^x$, (2) $\Sigma C_x^2 C_x^7$, (3) $\Sigma\left(C_x^2\right)^2$, (4) $\Sigma x\sin x$.

1.16 计算下列和式的值:

(1) $\sum\limits_{k=1}^{n-1}\left(\frac{2}{3}\right)^k$, (2) $\sum\limits_{k=1}^{n}k^2$, (3) $\sum\limits_{k=1}^{n-1}k3^k$, (4) $\frac{1}{2}+\sum\limits_{k=1}^{n-1}\cos ak$.

1.17 计算下列和式的值:

(1)$\sum\limits_{k=1}^{n-1}\frac{k}{2^k}$, (2) $\sum\limits_{k=2}^{n-1}k^2(k-1)$, (3) $\sum\limits_{k=1}^{10}\frac{1}{(k+1)(k+2)(k+3)}$, (4) $\sum\limits_{k=m}^{n-1}C_{k+b}^a$.

1.18 **Bernoulli 数** 利用下面的等式定义多项式

$$\sum_{j=0}^{n-1}C_n^j B_j(x)=nx^{n-1},\quad n=1,2,\cdots,\qquad B_0(x)=1.$$

则称 $B_j=B_j(0)$ 为 Bernoulli 数.

(1) 给出 $B_j(x),\ j=1,2,3,4,5$ 的表达式;

(2) 证明 $\Delta B_n(x)=nx^{n-1}$;

(3) 证明 $\sum\limits_{x=0}^{m}x^{n-1}=\frac{1}{n}\left(B_n(m+1)-B_n\right)$, 并计算 $\sum\limits_{x=1}^{m}x^2$.

1.19 将$C_n^m=\dfrac{n!}{m!(n-m)!}$ 中的 n 看作变量对 C_n^m 求差分, 利用这个结果证明 $C_{n+1}^m-C_n^m=C_n^{m-1}$ 及求和公式

$$C_n^m+C_{n+1}^m+\cdots+C_{n+p}^m=C_{n+p+1}^{m+1}-C_n^{m+1}.$$

1.20 当 r 和 t 是实数时, 定义 $C_t^r=\dfrac{t^{(r)}}{\Gamma(r+1)}$. 证明

(1) $C_t^r=C_t^{t-r}$;

(2) $C_t^r=\dfrac{t}{r}C_{t-1}^{r-1}$;

(3) $C_t^r = C_{t-1}^r + C_{t-1}^{r-1}$;

(4) $\Delta_t C_t^r = C_t^{r-1}$;

(5) $\Delta_t C_{t+r}^t = C_{t+r}^{t+1}$.

1.21 求解下面两个差分方程

(1) $x(k+1) - x(k) = k^{(3)} + 3^k$;

(2) $x(k+2) - 2x(k+1) + x(k) = C_k^5$.

1.22 设 $x(k)$ 和 $y(k)$ 满足下面的差分方程组

$$x(k+1) = \frac{x(k)+y(k)}{2}, \quad y(k+1) = \frac{2x(k)y(k)}{x(k)+y(k)}, \quad x(0) = x_0 > 0, \quad y(0) = y_0 > 0.$$

讨论当 $k \to \infty$ 时 $x(k)$ 和 $y(k)$ 的极限.

1.23 袋中有黑白球各一个, 每次从袋中任取一球, 取出的球不放回, 但再放进一只白球. 求第 k 次取到白球的概率.

1.24 一个口袋中有 r 比例的红球、w 比例的白球, 每次随机的从口袋中取出一球, 记下颜色后再放回袋中, 这样的过程重复 k 次. 证明在 k 次抽取中出现 j 个红球的可能次数 $U(k,j)$ 满足差分方程

$$U(k,j) = rU(k-1,j-1) + wU(k-1,j),$$

且 $U(k,j) = C_k^j r^j w^{k-j}$.

1.25 **酵母菌的增长** 某一个试验中观测得到的酵母菌的数量随着时间增长的数据如表 1-8 所示, 记第 t 小时酵母菌的数量为 $x(t)$, 建立模型描述酵母菌数量的变化规律, 并分析模型的解当时间 t 趋于无穷时的性态.

表 1-8 酵母菌增长的统计数据 (时间单位为小时)

时间	0	1	2	3	4	5	6
数量	9.6	18.3	29.0	47.2	71.1	119.1	174.6
增量	8.7	10.7	18.2	23.9	48.0	55.5	82.7
时间	7	8	9	10	11	12	13
数量	257.3	350.7	441.0	513.3	559.7	594.8	629.4
增量	93.4	90.3	72.3	46.4	35.1	34.6	11.4
时间	14	15	16	17	18	19	20
数量	640.8	651.1	655.9	659.6	661.8		
增量	10.3	4.8	3.7	2.2			

1.26 求差分方程 $x(k+1) = \frac{1}{2}\left(x(k) + x(k)^3\right)$ 的平衡解, 判断各平衡解的稳定性.

1.27 求差分方程 $x(k+1) = -x(k) + x(k)^3$ 的平衡解, 并判断这些平衡解的稳定性.

1.28 求含参数的差分方程 $x(k+1) = \mu x(k)(1-x(k))$ 的平衡解, 并判断这些平衡解的稳定性, 对稳定的平衡解给出其吸引集合.

第 2 章　线性差分方程

线性差分方程是差分方程中比较简单、理论和求解方法比较完整的一类, 也是比较重要的一类. 因为实际中建立的许多模型就是线性方程, 有较多的方法对线性差分方程进行求解或者解的性态进行分析, 这些求解和分析方法为研究非线性方程提供了基础和范例. 这一章我们介绍线性差分方程和差分方程组的基本理论和求解方法, 也包括解的稳定性和一些应用例子.

2.1　线性差分方程解的一般理论

线性差分方程的理论与线性微分方程的类似, 我们可以清楚地知道一个线性差分方程解的结构, 它是若干个线性无关解的组合, 线性差分方程的任意一个解都在这个组合中, 这为我们后面的求解提供了理论基础.

2.1.1　n 阶线性差分方程及其解的存在唯一性

$N=\{0,1,2,\cdots\}$ 是非负整数组成的集合, 定义在 N 上的所有实函数集合 V_∞ 连同通常的函数相加及函数与常数的乘积运算组成了一个向量空间.

如果 $f\in V_\infty$, 则由位移算子和差分算子作用后所得的序列 $Ef(k)=f(k+1)$ 和 $\Delta f(k)=f(k+1)-f(k)$ 也属于 V_∞. 如 $f(k)=k^2$, $Ef(k)=(k+1)^2$, $\Delta f(k)=(k+1)-k^2=2k+1$.

设 $p_j(k)\in V_\infty$, 则

$$L=E^n+p_1(k)E^{n-1}+\cdots+p_{n-1}(k)E+p_n(k)I$$

定义了一个从 V_∞ 到 V_∞ 的线性算子:

$$Lf(k)=E^nf(k)+p_1(k)E^{n-1}f(k)+\cdots+p_{n-1}(k)Ef(k)+p_n(k)f(k).$$

例 2.1.1　设 $L=E^3+k^{(2)}E^2+7E+kI$, $f(k)=5^k$, 求 $Lf(k)$.

解　根据位移算子和 L 的定义, 可以得到

$$\begin{aligned}Lf(k)&=E^35^k+k^{(2)}E^25^k+7E5^k+k5^k\\&=5^{k+3}+k(k-1)5^{k+2}+7\cdot5^{k+1}+k5^k\\&=5^k(25k^2-24k+160).\end{aligned}$$

定义 2.1.1 设 $p_j(k) \in V_\infty$, $f(k) \in V_\infty$, 且对所有的 $k \in N$, $p_n(k) \neq 0$, 则称

$$E^n y + p_1(k)E^{n-1}y + \cdots + p_{n-1}(k)Ey + p_n(k)y = f(k), \quad 或 Ly = f(k)$$

为一个 n **阶线性差分方程**. 若 $f(k) = 0$, 则称 $Ly = 0$ 为**线性齐次差分方程**.

差分方程的解是定义在 N 上的函数 $y(k)$, 使得 $Ly(k) = f(k)$ 成为恒等式. 这里的线性是指方程关于未知函数 y 是线性的. 如方程 $y(k+1) + (k+1)y(k) = 2$ 是线性方程, 而 $y(k+1) - \sin y(k) = 0$ 不是线性方程.

例 2.1.2 将方程 $z(j) = \cos(j+2)\pi z(j-1) + (j+4)^{(2)}z(j-2)$ 通过变换化为一个标准的线性差分方程.

解 令 $j = k+1$, 则 $z(j) = \cos(j+2)\pi z(j-1) + (j+4)^{(2)}z(j-2)$ 可以写为 $z(k+1) = \cos(k+3)\pi z(k) + (k+5)^{(2)}z(k-1)$, 再令 $y(k) = z(k-1)$ 得到 $y(k+2) = \cos(k+3)\pi y(k+1) + (k+5)^{(2)}y(k)$. 最后利用位移算子得到 $E^2y(k) - \cos(k+3)\pi Ey(k) - (k+5)^{(2)}y(k) = 0$, 这就是一个标准形式的差分方程.

给定了一个差分方程后, 很自然的一个问题是它是否有解, 有解时是一个解还是有多个解. 例如, 差分方程 $y(k+1) = ay(k)$ 有解, 且对于任意的常数 c, $y(k) = ca^k$ 都是该方程的解, 即差分方程 $y(k+1) = ay(k)$ 有无穷多解. 而 $y(k+1) = ay(k)$ 满足条件 $y(1) = a$ 的解只有 $y(k) = a^k$, 即这个解是存在唯一的. 在许多应用问题中, 我们建立模型的时候也给定适当的条件, 使得差分方程的解存在唯一. 线性差分方程解的存在唯一性由下面的定理给出.

定理 2.1.1 初始值问题

$$Ly = f(k), \quad y(0) = a_0, \quad Ey(0) = a_1, \ \cdots, \ E^{n-1}y(0) = a_{n-1} \tag{2.1.1}$$

有唯一的解.

证明 初始值问题 (2.1.1) 的证明思路是通过逐步递推的方法直接完成的. 将原方程写为

$$E^n y(k) = f(k) - \left(p_1(k)E^{n-1}y(k) + \cdots + p_{n-1}(k)Ey(k) + p_n(k)y(k)\right),$$

当 $k = 0$ 时得到

$$E^n y(0) = f(0) - \left(p_1(0)E^{n-1}y(0) + \cdots + p_{n-1}(0)Ey(0) + p_n(0)y(0)\right).$$

一般地, 当我们知道 $E^{m+1}y(0), E^{m+2}y(0), \cdots, E^{m+n}y(0)$ 时, 利用

$$E^{n+m+1}y(0) = f(m+1) - \left(p_1(m+1)E^{m+n}y(0) + \cdots + p_n(m+1)E^{m+1}y(0)\right)$$

就可以求得 $E^{n+m+1}y(0)$. 即解序列 $E^m y(0)$ 由方程和初始值唯一地确定. □

例 2.1.3 求初始值问题 $Ey(k)+p_1(k)y(k)=0$ 的解, 当 $p_1(k)=-\dfrac{k+2}{k+1}$ 时, 给出解的具体形式.

解 该方程的形式为 $y(k+1)=-p_1(k)y(k)$, 逐步递推得到

$$\begin{aligned}
&y(1)=-p_1(0)y(0),\\
&y(2)=(-1)^2p_1(1)p_1(0)y(0),\\
&y(3)=(-1)^3p_1(2)p_1(1)p_1(0)y(0),\\
&\qquad\cdots\\
&y(k)=(-1)^kp_1(k-1)p_1(k-2)\cdots p_1(1)p_1(0)y(0).
\end{aligned}$$

当 $p_1(k)=-\dfrac{k+2}{k+1}$ 时, 解的具体形式为 $y(k)=(k+1)y(0)$.

定理 2.1.2 设对于所有的 $k\in N$ 有 $p_1(k)\neq 0$, 则一阶差分方程

$$Ey(k)+p_1(k)y(k)=f(k) \tag{2.1.2}$$

的通解为

$$y(k)=S(k)\sum_{j=0}^{k-1}\frac{f(j)}{S(j+1)}+cS(k),\quad 其中\ \ S(k)=(-1)^k\prod_{j=0}^{k-1}p_1(j).$$

证明 由假设知道, 对所有的 $k\in N$ 有 $S(k)\neq 0$, 对方程两边同时除以 $S(k+1)$ 得到

$$\frac{y(k+1)}{S(k+1)}+\frac{p_1(k)y(k)}{S(k+1)}=\frac{f(k)}{S(k+1)}.$$

注意到 $S(k+1)=-p_1(k)S(k)$ 和 $\Delta\left(\dfrac{y(k)}{S(k)}\right)=\dfrac{y(k+1)}{S(k+1)}-\dfrac{y(k)}{S(k)}$, 可以将上面的方程写为

$$\Delta\left(\frac{y(k)}{S(k)}\right)=\frac{f(k)}{S(k+1)},\qquad 或者\ \ \Sigma\frac{f(k)}{S(k+1)}=\frac{y(k)}{S(k)}+c.$$

再由不定和的定义计算得到 $\Sigma\dfrac{f(k)}{S(k+1)}=\displaystyle\sum_{j=0}^{k-1}\frac{f(j)}{S(j+1)}$. 所以, 一阶线性差分方程的通解为

$$y(k)=S(k)\sum_{j=0}^{k-1}\frac{f(j)}{S(j+1)}+cS(k).$$

□

例 2.1.4 求一阶差分方程 $Ey(k)-\dfrac{k+2}{k+1}y(k)=k(k+2)2^k$ 的解.

解 递推计算得到 $S(k)=k+1$, 由定理 2.1.2 给出的求解公式得到

$$y(k)=(k+1)\sum_{j=0}^{k-1}\frac{j(j+2)2^j}{j+2}+c(k+1)=(k+1)\sum_{j=0}^{k-1}j2^j+c(k+1).$$

利用差分等式 $\Delta(k-2)2^k=\Delta\sum_{j=0}^{k-1}j2^j=k2^k$ 和离散 Newton-Leibniz 公式得到 $\sum_{j=0}^{k-1}j2^j=(k-2)2^k+2$. 代入整理后得到原方程的解为

$$y(k)=(k+1)(k-2)2^k+c(k+1).$$

如果我们要计算满足初始条件 $y(0)=3$ 的解, 代入解的表达式即可得到 $c=5$, $y(k)=(k+1)(k-2)2^k+5(k+1)$.

对于差分方程而言, 我们可以通过逐次递推的办法, 计算出方程的解在给定点的数值. 例如求满足下面的方程和初始条件的解在 $k=6$ 时的值

$$E^2y(k)-\frac{k+1}{k+2}Ey(k)-\frac{2}{(k+1)(k+2)}y(k)=0,\quad y(0)=2,\quad y(1)=4.$$

我们可以把方程写为

$$y(k+2)=\frac{k+1}{k+2}y(k+1)+\frac{2}{(k+1)(k+2)}y(k),\quad y(0)=2,\quad y(1)=4.$$

则递推得到

$$\begin{aligned}
y(2)&=\frac{1}{2}y(1)+y(0)=2+2=4,\\
y(3)&=\frac{2}{3}y(2)+\frac{1}{3}y(1)=4,\\
y(4)&=\frac{3}{4}y(3)+\frac{1}{6}y(2)=\frac{11}{3},\\
y(5)&=\frac{4}{5}y(4)+\frac{1}{10}y(3)=\frac{10}{3},\\
y(6)&=\frac{5}{6}y(5)+\frac{1}{15}y(4)=\frac{136}{45}.
\end{aligned}$$

2.1.2　函数组的线性相关

我们希望得到与线性常微分方程解理论类似的结果：齐次方程的解是一些基本解的线性组合, 非齐次方程的解是齐次的通解与非齐次的一个特解之和. 为此, 我们先定义函数线性相关和无关.

定义 2.1.2　设 $f_j(k)\in V_\infty$ $(j=1,2,\cdots,n)$, 如果有不全为零的常数 c_j $(j=1,2,\cdots,n)$, 满足

$$c_1f_1(k)+c_2f_2(k)+\cdots+c_nf_n(k)\equiv 0,$$

则称 $f_j(k) \in V_\infty$ $(j = 1,2,\cdots,n)$ 是线性相关的, 否则, 称 $f_j(k) \in V_\infty$ $(j = 1,2,\cdots,n)$ 线性无关.

例如, 函数组 $f_1(k) = 1$, $f_2(k) = k$, $f_3(k) = k^{(2)}$ 是线性无关的, 而函数组 $f_1(k) = 1$, $f_2(k) = k$, $f_3(k) = k^{(2)}$, $f_4(k) = 2k^{(2)} - 1$ 是线性相关的. 类似地也可以验证函数组 3^k, $k3^k$, $k^2 3^k$ 是线性无关的.

定义 2.1.3 设 $f_j(k) \in V_\infty$ $(j = 1,2,\cdots,n)$, 称矩阵

$$C(k) = \begin{pmatrix} f_1(k) & f_2(k) & \cdots & f_n(k) \\ Ef_1(k) & Ef_2(k) & \cdots & Ef_n(k) \\ \vdots & \vdots & & \vdots \\ E^{n-1}f_1(k) & E^{n-1}f_2(k) & \cdots & E^{n-1}f_n(k) \end{pmatrix}$$

为函数组 $f_j(k) \in V_\infty$ $(j = 1,2,\cdots,n)$ 的**Casorati 矩阵**, $\det(C(k))$ 为**Casorati 行列式**.

对于给定的函数组 $f_j(k) \in V_\infty$ $(j=1,2,\cdots,n)$, $C(k)$ 是一个矩阵函数, $\det(C(k))$ 是一个定义在 N 上的一个实函数. $\det(C(k))$ 的值可以决定该函数组是否线性相关.

定理 2.1.3 若 $f_j(k) \in V_\infty (j = 1,2,\cdots,n)$, 且它们线性相关, 则 $\det(C(k))=0$.

证明 由 $f_j(k) \in V_\infty$ $(j = 1,2,\cdots,n)$ 线性相关的定义知道, 有不全为零的常数 c_j $(j = 1,2,\cdots,n)$, 使得

$$c_1 f_1(k) + c_2 f_2(k) + \cdots + c_n f_n(k) = 0.$$

对正整数 $j = 1,2,\cdots,n-1$ 和 $k \in N$, 都有

$$c_1 E^j f_1(k) + c_2 E^j f_2(k) + \cdots + c_n E^j f_n(k) = 0.$$

$\det(C(k))$ 就是关于 $c_1, c_2, \cdots, c_n$ 的线性齐次方程组

$$c_1 E^j f_1(k) + c_2 E^j f_2(k) + \cdots + c_n E^j f_n(k) = 0, \quad j = 0,1,2,\cdots,n-1$$

的系数行列式. 由于这个关于 c_1, c_2, $\cdots$, c_n 的线性齐次方程组有非零解, 所以有 $\det(C(k)) = 0$. □

定理 2.1.3 的一个直接推论是: 如果有某个 $k \in N$, 使得 $\det(C(k)) \neq 0$, 则函数组 $f_j(k) \in V_\infty$ $(j = 1,2,\cdots,n)$ 是线性无关的. 还需要指出, $\det(C(k)) = 0$ 并不是函数组 $f_j(k) \in V_\infty$ $(j = 1,2,\cdots,n)$ 线性相关的充分条件. 例如, 令

$$f_1(k) = \begin{cases} 0, & \text{当} k \neq 4, \\ 1, & \text{当} k = 4, \end{cases} \qquad f_2(k) = \begin{cases} 0, & \text{当} k \geqslant 1, \\ 1, & \text{当} k = 0. \end{cases}$$

可以证明, 这两个函数 $f_1(k)$ 和 $f_2(k)$ 是线性无关的, 而

$$\det(C(k))=\begin{vmatrix} f_1(k) & f_2(k) \\ Ef_1(k) & Ef_2(k) \end{vmatrix}=f_1(k)f_2(k+1)-f_2(k)f_1(k+1)=0.$$

2.1.3 齐次线性差分方程解的一般理论

先给出一个线性齐次方程零解的一个结论.

定理 2.1.4 设 $\phi(k)$ 是线性齐次方程 $Ly(k)=0$ 的解, 如果有 $m\in N$, 使得

$$\phi(m)=0,\ E\phi(m)=0,\ E^2\phi(m)=0,\ \cdots,E^{n-1}\phi(m)=0.$$

则对所有 $k\in N$ 有 $\phi(k)=0$.

证明 若 $m=0$, 则初始值问题

$$Ly(k)=0,\quad \phi(m)=0,\ E\phi(m)=0,\ E^2\phi(m)=0,\ \cdots,\ E^{n-1}\phi(m)=0$$

有唯一的解. 且显然 $\phi(k)=0$ 是一个解, 所以对所有 $k\in N$ 有 $\phi(k)=0$. 如果 $m>0$, 则由方程 $L\phi(k)=0$ 得到

$$\phi(m-1)=-\frac{\left(E^n+p_1(m-1)E^{n-1}+\cdots+p_{n-1}(m-1)E\right)\phi(m-1)}{p_n(m-1)}=0.$$

重复这一过程可以得到

$$\phi(0)=0,\ \phi(1)=0,\ \cdots,\ \phi(m)=0,\ \phi(m+1)=0,\ \cdots,\ \phi(m+n)=0.$$

再用解的存在唯一性可以得到对所有 $k\in N$ 有 $\phi(k)=0$. □

记 n 阶线性差分方程 $Ly(k)=0$ 的所有解组成的集合为 H, 则当且仅当 $L\phi(k)=0$ 时, $\phi(k)\in H$. 由于 L 是线性算子, 所以 $Ly(k)=0$ 的任意有限个解的线性组合仍然是 $Ly(k)=0$ 的解, H 就是一个线性空间, 它是 V_∞ 的一个子空间. 我们希望用一种简单的方法把 n 阶线性差分方程 $Ly(k)=0$ 的所有解表示出来, 这就需要弄清 n 阶线性差分方程 $Ly(k)=0$ 的所有解组成的线性空间 H 的维数是多少.

定理 2.1.5 设 $y_j(k), j=1,2,\cdots,n$ 是线性齐次方程 $Ly(k)=0$ 的 n 个解, 如果有 $m\in N$, 使得这 n 个解的 Casorati 矩阵的行列式满足 $\det(C(m))=0$, 则这 n 个解是线性相关的.

证明 由于有 $m\in N$, 使得 $\det(C(m))=0$, 则方程组

$$\begin{pmatrix} y_1(m) & y_2(m) & \cdots & y_n(m) \\ Ey_1(m) & Ey_2(m) & \cdots & Ey_n(m) \\ \vdots & \vdots & & \vdots \\ E^{n-1}y_1(m) & E^{n-1}y_2(m) & \cdots & E^{n-1}y_n(m) \end{pmatrix}\begin{pmatrix} c_1 \\ c_2 \\ \vdots \\ c_n \end{pmatrix}=\begin{pmatrix} 0 \\ 0 \\ \vdots \\ 0 \end{pmatrix}$$

有非零解 $c_1^*, c_2^*, \cdots, c_n^*$. 令 $\phi(k) = c_1^* y_1(k) + c_2^* y_2(k) + \cdots + c_n^* y_n(k)$. $\phi(k)$ 是差分方程 $Ly(k) = 0$ 的解. 从上面的这个方程组可以推出 $\phi(m) = 0$, $E\phi(m) = 0, \cdots$, $E^{n-1}\phi(m) = 0$, 由定理 2.1.4 可得, 对所有的 $k \in N$, 有 $\phi(k) = 0$, 即 $\phi(k)$ 是一个零函数. 这意味着有不全为零的函数 $c_1^*, c_2^*, \cdots, c_n^*$, 使得 $c_1^* y_1(k) + c_2^* y_2(k) + \cdots + c_n^* y_n(k) = 0$ 对所有的 $k \in N$ 成立, 按定义, $y_j(k)$ $(j = 1, 2, \cdots, n)$ 是线性相关的. □

函数线性相关的定义中要求有不全为零的 c_j 使得

$$c_1 f_1(k) + c_2 f_2(k) + \cdots + c_n f_n(k) = 0$$

对所有的 $k \in N$ 成立. 对一般的函数, 该等式可能对一些 k 成立, 对另外一些 k 不成立. 但如果 $y_j(k)$ $(j = 1, 2, \cdots, n)$ 是一个线性差分方程的解时, 在一点线性相关等价于线性相关. 这就简化了我们判断解函数线性相关和线性无关的过程. 如果有 $m \in N$, 使得这 n 个解的 Casorati 矩阵的行列式满足 $\det(C(m)) \neq 0$, 则这 n 个解是线性无关的. 这一事实在下面的 Abel 引理中给出了更清楚的表述.

定理 2.1.6(Abel 引理) 设 $y_j(k)$ $(j = 1, 2, \cdots, n)$ 是线性齐次方程 $Ly(k) = 0$ 的 n 个解, $m \in N$, 则这 n 个解的 Casorati 矩阵的行列式满足

$$\det(C(k)) = (-1)^{n(k-m)} \left(\prod_{j=m}^{k-1} p_n(j) \right) \det(C(m)).$$

证明 为了清楚和便于阅读理解, 我们仅对 $n = 3$ 的情况给出证明, 其余情况的证明类似.

$$\det(C(k+1)) = \det \begin{pmatrix} Ey_1(k) & Ey_2(k) & Ey_3(k) \\ E^2 y_1(k) & E^2 y_2(k) & E^2 y_3(k) \\ E^3 y_1(k) & E^3 y_2(k) & E^3 y_3(k) \end{pmatrix}.$$

由解所满足的方程得

$$E^3 y_j(k) = -p_3(k) y_j(k) - p_2(k) E y_j(k) - p_1(k) E^2 y_j(k), \quad j = 1, 2, 3.$$

将 $E^3 y_j(k)$ 的表达式代入 $\det(C(k+1))$ 中, 再利用行列式的性质得到

$$\begin{aligned} \det(C(k+1)) &= \det \begin{pmatrix} Ey_1(k) & Ey_2(k) & Ey_3(k) \\ E^2 y_1(k) & E^2 y_2(k) & E^2 y_3(k) \\ -p_3(k) y_1(k) & -p_3(k) y_2(k) & -p_3(k) y_3(k) \end{pmatrix} \\ &= -p_3(k)(-1)^2 \det \begin{pmatrix} y_1(k) & y_2(k) & y_3(k) \\ Ey_1(k) & Ey_2(k) & Ey_3(k) \\ E^2 y_1(k) & E^2 y_2(k) & E^2 y_3(k) \end{pmatrix} \\ &= p_3(k)(-1)^3 \det(C(k)). \end{aligned}$$

即 $\det(C(m+1)) = (-1)^3 p_3(m)\det(C(m))$. 重复这个过程可以得到

$$\begin{aligned}\det(C(m+2) &= p_3(m+1)(-1)^3\det(C(m+1))\\ &= (-1)^6 p_3(m+1)p_3(m)\det(C(m)).\end{aligned}$$

最后得到

$$\det(C(k)) = (-1)^{3(k-m)} p_3(k-1)p_3(k-2)\cdots p_3(m)\det(C(m)). \qquad \square$$

Abel 引理和常微分方程中的 Liouville 公式类似. 当所有的 $p_n(k)\neq 0$ 时, 由 Abel 引理可以推出：线性齐次方程 $Ly(k)=0$ 的 n 个解 $y_j(k), j=1,2,\cdots,n$ 组成的 Casorati 矩阵的行列式的值或者恒等于零, 或者恒不等于零. 这样就把检查 $\det C(k)$ 是否对所有的 k 为零转化为在某一点为零, 我们选取一个简单的点去计算 $\det C(k)$ 的值即可. 这一结果所隐含的更深入的思想是：对任意 n 个函数而言, $\det C(k)$ 是否为零对每个 $k\in N$ 会不一样, 但对线性齐次方程 $Ly(k)=0$ 的 n 个解而言, $\det C(k)$ 是否为零对每个 $k\in N$ 完全相同. 这意味着满足方程 $Ly(k)=0$ 的函数自由度减少, 有了比较整齐的性质.

定理 2.1.7 设 $y_j(k), j=1,2,\cdots,n$ 是线性齐次方程 $Ly(k)=0$ 的 n 个线性无关的解, 则 $Ly(k)=0$ 的任意一个解都可以表示为这 n 个解的线性组合.

证明 由于 $y_j(k), j=1,2,\cdots,n$ 是线性齐次方程 $Ly(k)=0$ 的 n 个线性无关的解, 则必存在一个 $m\in N$, 使得它的 Casorati 矩阵 $C(k)$ 在 m 点不等于零, 即 $\det(C(m))\neq 0$. 设 $\phi(k)$ 是线性齐次方程 $Ly(k)=0$ 的一个解, 则 $\phi(k)$ 在 m 点的值及它的位移 $E\phi(k)$, $E^2\phi(k)$, $\cdots$, $E^{n-1}\phi(k)$ 是确定的数. 方程组

$$\begin{pmatrix} y_1(m) & y_2(m) & \cdots & y_n(m)\\ Ey_1(m) & Ey_2(m) & \cdots & Ey_n(m)\\ \vdots & \vdots & & \vdots\\ E^{n-1}y_1(m) & E^{n-1}y_2(m) & \cdots & E^{n-1}y_n(m)\end{pmatrix}\begin{pmatrix} c_1\\ c_2\\ \vdots\\ c_n\end{pmatrix} = \begin{pmatrix}\phi(m)\\ E\phi(m)\\ \vdots\\ E^{n-1}\phi(m)\end{pmatrix}$$

有唯一的一组解 $c_1^*, c_2^*, \cdots, c_n^*$. 我们可以定义函数 $\psi(k) = c_1^*y_1(k)+c_2^*y_2(k)+\cdots+c_n^*y_n(k)$. 则 $\psi(k)$ 是线性齐次差分方程 $Ly(k)=0$ 的一个解, 满足 $\phi(m)=\psi(m)$, $E\phi(m)=E\psi(m)$, $E^2\phi(k)=E^2\psi(m)$, $\cdots$, $E^{n-1}\phi(k)=E^{n-1}\psi(m)$. 由线性齐次差分方程 $Ly(k)=0$ 解的存在唯一性可以得到, $\phi(k)=\psi(k)=c_1^*y_1(k)+c_2^*y_2(k)+\cdots+c_n^*y_n(k)$. 这就证明了定理 2.1.7 的结论. $\square$

从定理 2.1.7 知道, 只要我们找到了线性齐次方程 $Ly(k)=0$ 的 n 个线性无关的解后, 我们就可以通过线性组合的方法给出它的任意一个解. n 个线性无关的解在线性齐次方程 $Ly(k)=0$ 的求解过程中有着重要的作用. 所以我们给出下面的定义.

定义 2.1.4 线性齐次方程 $Ly(k) = 0$ 的 n 个线性无关的解 $y_j(k)$ $(j = 1, 2, \cdots, n)$ 称为线性差分方程 $Ly(k) = 0$ 的**基本解组**.

由 Abel 引理知道, 线性齐次方程 $Ly(k) = 0$ 的 n 个解 $y_j(k)$ $(j = 1, 2, \cdots, n)$ 是 $Ly(k) = 0$ 的基本解组的充要条件是: 有 $k_0 \in N$, 使得 $\det C(k_0) \neq 0$.

例 2.1.5 验证 $y_1(k) = k$, $y_2(k) = 2^k$ 是线性齐次方程

$$y(k+2) - \frac{3k-2}{k-1}y(k+1) + \frac{2k}{k-1}y(k) = 0, \quad k = 2, 3, \cdots$$

的基本解组.

证明 将 $y_1(k) = k$ 和 $y_2(k) = 2^k$ 代入后计算得到它们都是方程的解, 按照定义直接计算 $y_1(k) = k$ 和 $y_2(k) = 2^k$ 的 Casorati 矩阵的行列式得

$$\det(C(k)) = \begin{vmatrix} k & 2^k \\ k+1 & 2^{k+1} \end{vmatrix} = k2^{k+1} - (k+1)2^k = (k-1)2^k \neq 0.$$

所以, $y_1(k) = k$ 和 $y_2(k) = 2^k$ 是这个齐次差分方程的基本解组.

同样的过程可以验证 $y_1(k) = 2^k$, $y_2(k) = (-2)^k$ 和 $y_3 = (-3)^k$ 是线性齐次方程

$$y(k+3) + 3y(k+2) - 4y(k+1) - 12y(k) = 0$$

的基本解组.

2.1.4 非齐次线性差分方程解的叠加原理

由于非齐次差分方程 $Ly(k) = f(k)$ 任意两个解都是齐次差分方程 $Ly(k) = 0$ 的解, 且非齐次差分方程 $Ly(k) = f(k)$ 一个解与齐次差分方程 $Ly(k) = 0$ 一个解的和仍然是非齐次差分方程 $Ly(k) = f(k)$ 的解, 我们就可以通过齐次差分方程的通解和非齐次差分方程一个解的和来得到非齐次差分方程的解. 下面的定理给出了具体的结论.

定理 2.1.8 设 $y_j(k)$ $(j = 1, 2, \cdots, n)$ 是线性齐次方程 $Ly(k) = 0$ 的 n 个线性无关的解, $z(k)$ 是非齐次方程 $Ly = f(k)$ 的一个解. 则 $Ly(k) = f(k)$ 的任意一个解都可以表示为

$$y(k) = c_1y_1(k) + c_2y_2(k) + \cdots + c_ny_n(k) + z(k).$$

证明 由于 $y(k)$ 和 $z(k)$ 都是方程 $Ly = f(k)$ 的解, 则 $y(k) - z(k)$ 必是齐次方程 $Ly = 0$ 的解. 由定理 2.1.7 知, $y(k) - z(k)$ 可以表示为 $y_j(k), j = 1, 2, \cdots, n$ 的线性组合. 即有一组常数 c_1, c_2, $\cdots$, c_n, 满足

$$y(k) - z(k) = c_1y_1(k) + c_2y_2(k) + \cdots + c_ny_n(k).$$

移项整理后即得定理的结论. □

到此为止, 我们建立了线性差分方程解的一般理论: $Ly = f(k)$ 的解由齐次方程的通解和非齐次方程的一个特解组成. 这就是线性方程解的结构定理. 在此定理的指导下, 求解非齐次方程的解需要分别求出齐次的通解, 再求出非齐次的特解, 最后将它们相加即可.

例 2.1.6　求方程 $y(k+2)-3y(k+1)+2y(k)=3^k$ 满足初始条件 $y(0)=3$ 和 $y(1)=1$ 解.

解　计算 $y(k+2)-3y(k+1)+2y(k)=0$ 满足条件 $y(0)=1$ 和 $y(1)=1$ 的解得到齐次方程的一个解 $y_1(k)=1$, 再计算 $y(k+2)-3y(k+1)+2y(k)=0$ 满足条件 $y(0)=1$ 和 $y(1)=2$ 的解得到齐次方程的另一个解 $y_2(k)=2^k$. 容易验证 $y_1(k)$ 和 $y_2(k)$ 线性无关, 它们可以作为齐次方程的一个基本解组. 对非齐次方程, 我们猜想 $z(k)=a3^k$ 可能是它的解, 代入得 $a=\dfrac{1}{2}$ 和 $z(k)=\dfrac{3^k}{2}$. 原方程的通解为

$$y(k)=c_1+c_2 2^k+\frac{3^k}{2}.$$

利用初始条件确定常数后得到原方程的解为

$$y(k)=\frac{11}{2}-3\cdot 2^k+\frac{3^k}{2}.$$

在这节的最后, 我们给出伴随算子和转置算子. 对算子

$$L=\sum_{j=0}^{n}p_j(k)E^{n-j}=p_0(k)E^n+p_1(k)E^{n-1}+\cdots+p_{n-1}(k)E+p_n(k)I,$$

称

$$L^*=\sum_{j=0}^{n}p_j(k+j)E^j=p_0(k)E^0+p_1(k+1)E^1+\cdots+p_n(k+n)E^n$$

为 L 的伴随算子,

$$\begin{aligned}L^\tau&=\sum_{j=0}^{n}p_j(k-n+j)E^j\\&=p_0(k-n)E^0+p_1(k-n+1)E^1+\cdots+p_n(k)E^n\end{aligned}$$

为 L 的转置算子. 即伴随算子和转置算子作用在 $y(k)$ 的结果分别为

$$L^*y(k)=p_0(k)y(k)+p_1(k+1)y(k+1)+\cdots+p_n(k+n)y(k+n),$$

$$L^\tau y(k)=p_0(k-n)y(k)+p_1(k-n+1)y(k+1)+\cdots+p_n(k)y(k).$$

2.2 n 阶常系数线性差分方程

对一般的线性差分方程, 我们没有有效的方法给出通解中那些线性无关的解, 甚至连一个解的表达式都无法得到. 我们只能对常系数线性齐次差分方程和比较特殊的非齐次方程给出解的表达式. n 阶常系数线性差分方程为

$$Ly = \left(E^n + p_1E^{n-1} + \cdots + p_{n-1}E + p_nI\right) y(k) = q(k), \tag{2.2.1}$$

其中, $p_j\ (j = 1, 2, \cdots, n)$ 为常数, $q(k)$ 为已知函数. 按照 2.1 节中的一般理论, 我们把方程 (2.2.1) 的求解分为两步: 第一步是求齐次方程

$$Ly = \left(E^n + p_1E^{n-1} + \cdots + p_{n-1}E + p_nI\right) y(k) = 0 \tag{2.2.2}$$

的通解, 第二步是求原方程的 (2.2.1) 一个特解.

2.2.1 常系数线性齐次差分方程的解

由于齐次方程 (2.2.2) 的系数都是常数, 我们猜想 $y(k) = r^k$ 是它的解. 将 $y(k) = r^k$ 代入方程 (2.2.2), 整理后得到

$$\phi(r) = r^n + p_1r^{n-1} + \cdots + p_{n-1}r + p_n = 0. \tag{2.2.3}$$

(2.2.3) 中给出的方程 $\phi(r) = 0$ 称为 (2.2.2) 的**特征方程**, (2.2.2) 的解与特征方程的根有密切的关系.

情形 1 特征方程 (2.2.3) 有 n 个互不相等的实根: $r_1, r_2, \cdots, r_n$. 齐次方程 (2.2.2) 的基本解组为

$$y_1(k) = r_1^k,\quad y_2(k) = r_2^k,\quad \cdots,\quad y_n(k) = r_n^k.$$

代入直接验证它们是方程 (2.2.2) 的解. 这一组解的 Casorati 行列式在 $k = 0$ 为一个 Vandermonde 行列式

$$\det(C(0)) = \begin{vmatrix} 1 & 1 & \cdots & 1 \\ r_1 & r_2 & \cdots & r_n \\ \vdots & \vdots & & \vdots \\ r_1^{n-1} & r_2^{n-1} & \cdots & r_n^{n-1} \end{vmatrix} = \prod_{1\leqslant i<j\leqslant n} (r_j - r_i).$$

当特征方程 (2.2.3) 的这 n 个根互不相同时, 它的值非零. 所以 $y_1(k) = r_1^k$, $y_2(k) = r_2^k$, $\cdots$, $y_n(k) = r_n^k$ 就是齐次方程 (2.2.2) 的基本解组.

情形 2　特征方程 (2.2.3) 仅有 $s<n$ 个互不相等的实根：$r_1, r_2, \cdots, r_s$. 此时, $y_1(k)=r_1^k, y_2(k)=r_2^k, \cdots, y_s(k)=r_s^k$ 是齐次方程 (2.2.2) 的解. 但这些解只有 $s<n$ 个, 无法组成齐次方程 (2.2.2) 的基本解组. 我们需要另外找到与这 s 个解线性无关的 $n-s$ 个解, 以构成它的基本解组.

设 $r_j\ (j=1,2,\cdots,s)$ 是特征方程 (2.2.3) 的 m_j 重根, 则特征方程可以写为

$$\phi(r)=(r-r_1)^{m_1}(r-r_2)^{m_2}\cdots(r-r_s)^{m_s}=0.$$

齐次方程 $Ly=0$ 相应地可以写为

$$Ly(k)=(E-r_1I)^{m_1}(E-r_2I)^{m_2}\cdots(E-r_sI)^{m_s}y(k)=0.$$

当 r_j 是 $\phi(r)=0$ 的 m_j 重根时, r_j^k 是方程 $(E-r_jI)^{m_j}r_j^k=0$ 的解. 注意到任何两个解的线性组合仍然是齐次方程的解, 方程的重根 r_j 可以看作另一个根 r 无限趋于 r_j 时的极限. 估计极限 $\lim\limits_{r\to r_j}\dfrac{r^k-r_j^k}{r-r_j}=kr_j^{k-1}$ 是方程的解, 代入验证确认 kr_j^{k-1} 是方程的解. 一般地, 线性算子 L 和微分算子 $\dfrac{d^m}{dr_j^m}$ 可以交换次序, $\dfrac{d^mLr_j^k}{dr_j^m}=L\dfrac{d^mr_j^k}{dr_j^m}=0$. 所以, 估计 $\dfrac{d^mr_j^k}{dr_j^m}$ 可能是解. 代入后验证知, 当 r_j 是特征方程的 m_j 重根时, $\dfrac{d^mr_j^k}{dr_j^m}$ $(1\leqslant m\leqslant m_j)$ 确实是方程 $Ly(k)=0$ 的解. 于是, 对特征方程的 m_j 重根 r_j,

$$r_j^k,\quad kr_j^{k-1},\quad \frac{k(k-1)}{2!}r_j^{k-2},\ \cdots,\quad \frac{k(k-1)\cdots(k-m_j+2)}{(m_j-1)!}r_j^{k-m_j+1}$$

是方程的解. 下面说明这 m_j 个解是线性无关的. 事实上, 这 m_j 个解在 $k=0$ 的 Casorati 行列式的值为

$$\det(C_j(0))=\begin{vmatrix}1 & 0 & 0 & \cdots & 0\\ r_j & 1 & 0 & \cdots & 0\\ r_j^2 & 2r_j & 1 & \cdots & 0\\ \vdots & \vdots & \vdots & & \vdots\\ r_j^{m_j-1} & \dfrac{(m_j-1)}{1!}r_j^{m_j-2} & \dfrac{(m_j-1)(m_j-2)}{2!}r_j^{m_j-3} & \cdots & 1\end{vmatrix}=1\neq 0.$$

所以, 这 m_j 个解是线性无关的.

最后, 这样得到的属于特征方程的不同特征值的解的组合就是齐次方程的基本解组. 严格地讲, 还应该验证这些解的线性无关, 有兴趣的读者可以参阅文献 [10]. 证明的基本思路是对特征根的重数利用归纳法验证. 定义广义的 Vandermonde 行列式

$$V=\begin{vmatrix}1 & 0 & \cdots & 1 & 0 & \cdots\\ r_1 & 1 & \cdots & r_s & 1 & \cdots\\ r_1^2 & 2r_1 & \cdots & r_s^2 & 2r_s & \cdots\\ \cdots & \cdots & \cdots & \cdots & \cdots & \cdots\\ r_1^{n-1} & \frac{(n-1)}{1!}r_1^{n-2} & \cdots & r_s^{n-1} & \frac{(n-1)}{1!}r_s^{n-2} & \cdots\end{vmatrix}.$$

其中, V 是 $n\times n$ 行列式, 第一列的元素是 $1, r_1, r_1^2, \cdots, r_1^{n-1}$, 第二列的元素是 $0, 1, 2r_1, 3r_1^2, \cdots, (n-1)r_1^{n-2}, \cdots$. 可以验证广义的 Vandermonde 行列式的值为

$$V=\prod_{1\leqslant i<j\leqslant n}(r_j-r_i)^{m_im_j}.$$

当所有的重数是 1 时 V 就是普通的 Vandermonde 行列式, 结果自然成立. 一般情况下的证明比较复杂, 我们以下面具体的例子来说明证明过程.

设 r_1 是 3 重根, r_2 是 2 重根. 假设广义的 Vandermonde 行列式的计算公式对二重根的情况都成立, 则

$$V(t)=\begin{vmatrix}1 & 0 & 1 & 1 & 0\\ r_1 & 1 & t & r_2 & 1\\ r_1^2 & 2r_1 & t^2 & r_2^2 & 2r_2\\ r_1^3 & 3r_1^2 & t^3 & r_2^3 & 3r_2^2\\ r_1^4 & 4r_1^3 & t^4 & r_2^4 & 4r_2^3\end{vmatrix}=(t-r_1)^2(r_2-t)^2(r_2-r_1)^4.$$

计算 $V(t)$ 的二阶导数, 再除以 2, 并用 $t=r_1$ 代入后得到

$$\frac{1}{2}\frac{d^2V(t)}{dt^2}\bigg|_{t=r_1}=\begin{vmatrix}1 & 0 & 0 & 1 & 0\\ r_1 & 1 & 0 & r_2 & 1\\ r_1^2 & 2r_1 & 1 & r_2^2 & 2r_2\\ r_1^3 & 3r_1^2 & 3r_1 & r_2^3 & 3r_2^2\\ r_1^4 & 4r_1^3 & 6r_1^2 & r_2^4 & 4r_2^3\end{vmatrix}=(r_2-r_1)^6.$$

这表明当 r_1 是 3 重根和 r_2 是 2 重根时, 我们所给出的解是线性无关的. 其他情况类似证明.

当特征方程有重根时, (2.2.2) 的通解的表达形式为

$$y(k)=\sum_{j=1}^{s}\left(c_{j,0}r_j^k+c_{j,1}kr_j^{k-1}+\cdots+c_{j,m_j-1}\frac{k(k-1)\cdots(k-m_j+2)}{(m_j-1)!}r_j^{k-m_j+1}\right),$$

在这种情况下, (2.2.2) 通解更简单的表达形式为

$$y(k)=\sum_{j=1}^{s}r_j^k\left(c_{j,0}+c_{j,1}k+c_{j,2}k^2+\cdots+c_{j,m_j-1}k^{m_j-1}\right).$$

由前一种通解的表达形式, 利用解的线性性和 k^i 与 $k^{(i)}$ 的关系, 就可以得到后一种通解的表达式. 当 r_j 是 (2.2.2) 特征方程 $\phi(r)=0$ 的 m_j 重根时, 可以直接验证 $k^i r_j^k$ $(i=0,1,\cdots,m_j-1)$ 是 (2.2.2) 的解. 事实上, 当 r_j 是特征方程 $\phi(r)=0$ 的 m_j 重根时, 方程 $L(y(k))=0$ 中一定有因子 $(E-r_jI)^{m_j}$, 且对 $i=0,1,\cdots,m_j$,

$$\begin{aligned}(E-r_jI)^{m_j}k^ir_j^k&=\sum_{l=0}^{m_j}C_{m_j}^l(-r_j)^{m_j-l}E^l(k^ir_j^k)\\&=\sum_{l=0}^{m_j}C_{m_j}^l(-r_j)^{m_j-l}r_j^{k+l}E^lk^i=\sum_{l=0}^{m_j}C_{m_j}^l(-1)^{m_j-l}r_j^{k+m_j}E^lk^i\\&=r_j^{k+m_j}(E-I)^{m_j}k^i=r_j^{k+m_j}\Delta^{m_j}k^i=0.\end{aligned}$$

例 2.2.1　求下面初始值问题的解

$$y(k+3)-7y(k+2)+16y(k+1)-12y(k)=0,\quad y(0)=0,\quad y(1)=1,\quad y(2)=1.$$

解　齐次方程的特征方程 $r^3-7r^2+16r-12=0$ 的三个根分别为 $r_1=r_2=2$, $r_3=3$. 按照前面的分析知道, 方程的通解为

$$y(k)=c_12^k+c_2k2^k+c_33^k.$$

利用初始值得到方程组

$$\begin{cases}c_1+c_3=0,\\2c_1+2c_2+3c_3=1,\\4c_1+8c_2+9c_3=1.\end{cases}$$

由此方程组得到 $c_1=3$, $c_2=2$, $c_3=-3$. 最后, 将这些常数值代入方程通解的表达式得初始值问题的解是

$$y(k)=3\cdot2^k+2k\cdot2^k-3\cdot3^k.$$

情形 3　特征方程 (2.2.3) 有一对共轭复根：$r_1=\alpha+i\beta$, $r_2=\alpha-i\beta$. 此时, $y_1(k)=r_1^k=(\alpha+i\beta)^k$, $y_2(k)=r_2^k=(\alpha-i\beta)^k$ 是齐次方程 (2.2.2) 的解. 利用复数的性质, 将 $\alpha+i\beta$ 表示为 $\rho e^{i\theta}$, 其中, $\rho=\sqrt{\alpha^2+\beta^2}$, $\cos\theta=\dfrac{\alpha}{\sqrt{\alpha^2+\beta^2}}$, $\sin\theta=\dfrac{\beta}{\sqrt{\alpha^2+\beta^2}}$. 同理, 将 $\alpha-i\beta$ 表示为 $\rho e^{-i\theta}$. 齐次方程的两个解为

$$\begin{aligned}y_1(k)&=(\alpha+i\beta)^k=\rho^k\left(\cos(k\theta)+i\sin(k\theta)\right),\\y_2(k)&=(\alpha-i\beta)^k=\rho^k\left(\cos(k\theta)-i\sin(k\theta)\right).\end{aligned}$$

利用线性齐次方程解的性质得, $y_1(k)$ 和 $y_2(k)$ 的线性组合 $\bar{y}_1(k)=\rho^k\cos(k\theta)$ 和 $\bar{y}_2(k)=\rho^k\sin(k\theta)$ 都是齐次方程的解. $\bar{y}_1(k)$ 和 $\bar{y}_2(k)$ 都是实函数, 我们就用 $\bar{y}_1(k)$ 和 $\bar{y}_2(k)$ 来作为齐次方程基本解组中的两个解函数.

例 2.2.2 求方程 $y(k+2)-2y(k+1)+2y(k)=0$ 的通解.

解 这个差分方程的特征方程 $r^2-2r+2=0$ 的根为共轭复数, $r_1=1+i$, $r_2=1-i$. 按照前面的分析知道, 方程的通解为

$$y(k)=c_1 2^{k/2}\cos\frac{k\pi}{4}+c_2 2^{k/2}\sin\frac{k\pi}{4}.$$

进一步整理可以得到 $y(k)=a2^{k/2}\cos\left(\frac{k\pi}{4}+\phi\right)$, 其中 a 和 ϕ 是常数.

切比雪夫 (Chebyshev) 多项式 与差分方程的解相关的函数

$$\begin{aligned}T_n(x)&=\cos(n\arccos(x)),\\ U_n(x)&=\frac{1}{\sqrt{1-x^2}}\sin((n+1)\arccos(x))\end{aligned}$$

分别称为第一类和第二类 Chebyshev 多项式. $T_n(x)$ 和 $U_n(x)$ 都满足差分方程

$$y(n+2)-2xy(n+1)+y(n)=0,\quad |x|<1.$$

利用三角函数的和差化积公式得到

$$\begin{aligned}T_{n+2}(x)+T_n(x)&=\cos((n+2)\arccos(x))+\cos(n\arccos(x))\\ &=2\cos((n+1)\arccos(x))\cos(\arccos(x))\\ &=2x\cos((n+1)\arccos(x)).\end{aligned}$$

$$\begin{aligned}U_{n+2}(x)+U_n(x)&=\frac{1}{\sqrt{1-x^2}}(\sin((n+3)\arccos(x))+\sin((n+1)\arccos(x)))\\ &=\frac{2}{\sqrt{1-x^2}}\sin((n+2)\arccos(x))\cos(\arccos(x))\\ &=\frac{2x}{\sqrt{1-x^2}}\sin((n+2)\arccos(x)).\end{aligned}$$

所以, $T_n(x)$ 和 $U_n(x)$ 满足给定的方程.

当 $|x|<1$ 时, 线性差分方程 $y(n+2)-2xy(n+1)+y(n)=0$ 的通解为

$$y(n)=c_1\cos(n\arccos(x))+\frac{c_2\sin((n+1)\arccos(x))}{\sqrt{1-x^2}}.$$

注意到 $T_n(x)$ 和 $U_n(x)$ 满足 $T_0(x)=1$, $T_1(x)=x$, $U_0(x)=1$, $U_1(x)=2x$, 利用这些条件, 分别确定出常数, 就是前面给出的函数 $T_n(x)$ 和 $U_n(x)$. 我们可以利用解的存在唯一性得到 $T_n(x)$ 和 $U_n(x)$ 的一些具体形式.

$$\begin{aligned}&T_0(x)=1, && U_0(x)=1,\\ &T_1(x)=x, && U_1(x)=2x,\\ &T_2(x)=2x^2-1, && U_2(x)=4x^2-1,\\ &T_3(x)=4x^3-3x, && U_3(x)=8x^3-4x,\\ &T_4(x)=8x^4-8x^2+1, && U_4(x)=16x^4-12x^2+1,\\ &T_5(x)=16x^5-20x^3+5x, && U_5(x)=32x^5-32x^3+6x.\end{aligned}$$

在这一小节的最后, 我们给出一个渐近自治系统相关的结论, 有兴趣的读者可以从文献 [5] 中得到详细的证明.

定理 2.2.1(Poincaré 定理) 假设 $\lim\limits_{k\to\infty} p_j(k) = p_j,\ j=1,2,\cdots,n$, 若特征方程 $\sum\limits_{j=0}^{n} p_j\lambda^{n-j} = 0\ (p_0=1)$ 所有根 λ_j 的模均不相同, 则方程

$$p_0(k)y(k+n)+p_1(k)y(k+n-1)+\cdots+p_{n-1}(k)y(k+1)+p_n(k)y(k)=0$$

的所有非零解 $y(k)$ 满足 $\lim\limits_{k\to\infty}\dfrac{y(k+1)}{y(k)}=\lambda_j$, 其中 λ_j 是特征方程的某一个根.

2.2.2 常系数线性非齐次差分方程

由前面的分析知道, 非齐次方程的解就是齐次方程的通解加上非齐次方程的特解. 齐次方程的通解我们已经解决, 关键就是求非齐次方程的一个特解. 非齐次方程的解一般通过待定系数法或常数变易法得到. 待定系数法相对简单, 可以求得非齐次项为下列形式的 (2.2.1) 的解

$$a^k,\ \sin(\alpha k),\ \cos(\alpha k),\ k^m,\ a^k\sin(\alpha k),\ a^k k^m\cos(\alpha k),\ a^k k^m,\cdots.$$

定义 2.2.1 设 $N(E)$ 是位移算子 E 的多项式, 如果 $N(E)g(k)=0$, 则称 $N(E)$ 为 $g(k)$ 的零化算子.

例如, $E-3$ 是 3^k 的零化算子, E^2+1 是 $\cos\left(\dfrac{k\pi}{2}\right)$ 的零化算子.

求非齐次差分方程特解的一种思路就是利用零化算子将非齐次方程化为一个高阶的齐次方程. 具体的实施方法是方程 $Ly(k)=q(k)$ 两边同时让 $q(k)$ 的零化算子作用, $N(E)Ly(k)=N(E)q(k)$, 得到齐次方程 $N(E)Ly(k)=0$. 求解这个高阶的齐次方程后, 从中挑选得到原来非齐次方程的特解.

齐次方程 $N(E)Ly(k)=0$ 的特征方程为 $\psi(r)\phi(r)=0$, 其中, $\phi(r)$ 是由 (2.2.3) 定义的多项式, $\psi(r)$ 是由零化算子 $N(E)$ 所决定的. 设 $\phi(r)=0$ 的根为 $r_j,\ j=1,2,\cdots,n$, $\psi(r)=0$ 的根为 $u_i,\ i=1,2,\cdots,m$, 如果 r_j 与 u_i 都不相同, 则非齐次方程的特解的形式在表 2-1 给出.

表 2-1 r_j 与 u_i 互不相同时非齐次方程的特解的形式

$q(k)$ 的形式	非齐次方程的特解的形式
a^k	c_1a^k
k^m	$c_0+c_1k+\cdots+c_{m-1}k^{m-1}+c_kk^m$
k^ma^k	$(c_0+c_1k+\cdots+c_{m-1}k^{m-1}+c_kk^m)a^k$
$\sin k\alpha,\quad \cos k\alpha$	$c_1\sin k\alpha+c_2\cos k\alpha$
$a^k\sin k\alpha,\quad a^k\cos k\alpha$	$(c_1\sin k\alpha+c_2\cos k\alpha)a^k$
$k^ma^k\sin k\alpha$ $k^ma^k\cos k\alpha$	$(c_0+c_1k+\cdots+c_{m-1}k^{m-1}+c_kk^m)a^k\sin k\alpha$ $+(d_0+d_1k+\cdots+d_{m-1}k^{m-1}+d_kk^m)a^k\cos k\alpha$

将表 2-1 中的形式代入原方程中去, 比较得到这些常数, 就得到了非齐次方程的特解. 如果 r_j 与 u_i 有些相同, 则我们分别求出齐次方程 $Ly(k)=0$ 的解和齐次方程 $N(E)Ly(k)=0$ 的解, 从 $N(E)Ly(k)=0$ 的解中去掉 $Ly(k)=0$ 的解, 将 $Ly(k)=q(k)$ 的解写为这些剩余解函数的线性组合, 代入方程 $Ly(k)=q(k)$, 比较系数确定出这些常数得到非齐次方程的一个解.

例 2.2.3 求差分方程 $y(k+2)-3y(k+1)+2y(k)=3^k$ 的通解.

解 由线性差分方程解的一般理论知道, $y(k+2)-3y(k+1)+2y(k)=3^k$ 的通解等于齐次方程 $y(k+2)-3y(k+1)+2y(k)=0$ 的通解加上非齐次的一个特解. 齐次方程的特征方程 $r^2-3r+2=0$ 有两个根 $r_1=1$ 和 $r_2=2$, 所以齐次方程的通解为 $y_c(k)=c_1+c_2 2^k$. 注意到 $(E-3I)$ 是 3^k 的零化算子, $(E-3)(E^2-3E+2I)y(k)=0$ 的特征方程为 $(r-3)(r^2-3r+2)=0$. $(E-3)(E^2-3E+2I)y(k)=0$ 的三个线性无关的解是 $1^k, 2^k, 3^k$. 其中前两个解构成了齐次方程 $y(k+2)-3y(k+1)+2y(k)=0$ 的基本解组, 后一个不是该齐次方程的解. 所以原方程的解可能是 $y_p(k)=c_3 3^k$, 将其代入原方程中比较系数得到 $c_3=\dfrac{1}{2}$. 所以原方程的解为

$$y(k)=y_c(k)+y_p(k)=c_1+c_2 2^k+\frac{1}{2}3^k.$$

例 2.2.4 求差分方程 $y(k+2)+y(k+1)-12y(k)=k\cdot 2^k$ 的通解.

解 齐次方程$y(k+2)+y(k+1)-12y(k)=0$ 的解为 $y_c(k)=c_1 3^k+c_2(-4)^k$. 注意到 $(E-2I)^2$ 是 $k\cdot 2^k$ 的零化算子, $(E-2I)^2(E^2+E-12I)y(k)=0$ 的特征方程为 $(r-2)^2(r^2+r-12)=0$. $(E-2I)^2(E^2+E-12I)y(k)=0$ 的四个线性无关的解是 $3^k, (-4)^k, 2^k, k2^k$. 其中前两个组成方程 $y(k+2)+y(k+1)-12y(k)=0$ 的基本解组, 后两个不是该齐次方程的解. 所以原方程的解可能是 $y_p(k)=c_3 2^k+c_4 k2^k$, 将其代入原方程中得到

$$c_3 2^{k+2}+c_4(k+2)2^{k+2}+c_3 2^{k+1}+c_4(k+1)2^{k+1}-12(c_3 2^k+c_4 k2^k)=k2^k.$$

比较系数得到

$$-6c_3+10c_4=0,\quad -6c_4=1.$$

所以

$$c_4=-\frac{1}{6},\quad c_3=-\frac{5}{18}.$$

故原方程的解为

$$y(k)=y_c(k)+y_p(k)=c_1 3^k+c_2(-4)^k-\frac{1}{6}\cdot 2^k-\frac{5}{18}\cdot k\cdot 2^k.$$

例 2.2.5 求差分方程 $y(k+2)+4y(k)=8\cdot 2^k\cos\dfrac{k\pi}{2}$ 的通解.

解 齐次方程 $y(k+2)+4y(k)=0$ 的特征根为 $r_1=2i$, $r_2=-2i$, 通解为 $y_c(k)=2^k\left(c_1\cos\dfrac{k\pi}{2}+c_2\sin\dfrac{k\pi}{2}\right)$. 方程非齐次项中的 $\cdot 2^k\cos\dfrac{k\pi}{2}$ 是 $(2i)^k$ 的实部. 再注意到 $E-2iI$ 是 $(2i)^k$ 零化算子, $(E-2iI)(E^2+4I)y(k)=0$ 的特征方程为 $(r-i2)^2(r+2i)=0$. $(E-2iI)(E^2+4I)y(k)=0$ 的线性无关的解是 $2^k\cos\dfrac{k\pi}{2}$, $2^k\sin\dfrac{k\pi}{2}$, $k\cdot 2^k\cos\dfrac{k\pi}{2}$. 其中前两个组成方程 $y(k+2)+4y(k)=0$ 的基本解组, 后一个不是该齐次方程的解. 所以原方程的解可能是 $y_p(k)=c_3k\cdot 2^k\cos\dfrac{k\pi}{2}$, 将其代入原方程中得到 $c_3=-1$. 所以原方程的解为

$$y(k)=y_c(k)+y_p(k)=2^k\left(c_1\cos\frac{k\pi}{2}+c_2\sin\frac{k\pi}{2}\right)-k\cdot 2^k\cos\frac{k\pi}{2}.$$

利用零化算子的思想方法, 还可以求解差分方程组. 例如对差分方程组

$$\begin{aligned}&y(k+2)-3y(k)+z(k+1)-z(k)=5^k,\\&y(k+1)-3y(k)+z(k+1)-3z(k)=2\cdot 5^k,\end{aligned}$$

先用位移算子 E 和恒等算子 I 将原差分方程组写为

$$\begin{aligned}&(E^2-3I)y(k)+(E-I)z(k)=5^k,\\&(E-3I)y(k)+(E-3I)z(k)=2\cdot 5^k.\end{aligned}$$

分别将 $(E-3I)$ 和 $E-I$ 作用于第一个和第二个方程, 然后相减得到

$$[(E-3I)(E^2-3I)-(E-I)(E-3I)]y(k)=(E-3I)5^k-(E-I)2\cdot 5^k,$$

即

$$(E-3I)(E-2I)(E+I)y(k)=-6\cdot 5^k.$$

由于 $E-5I$ 是 5^k 的零化算子, 将 $E-5I$ 作用于 $y(k)$ 的方程两端得到

$$(E-5I)(E-3I)(E-2I)(E+I)y(k)=0.$$

该方程的通解为

$$y(k)=c_1(-1)^k+c_2\cdot 2^k+c_3\cdot 3^k+c_4\cdot 5^k.$$

其中, $c_1(-1)^k+c_2\cdot 2^k+c_3\cdot 3^k$ 是齐次差分方程 $(E-3I)(E-2I)(E+I)y(k)=0$ 的通解. 需要适当的选取 c_4, 使得 $c_4\cdot 5^k$ 是非齐次差分方程$(E-3I)(E-2I)(E+I)y(k)=-6\cdot 5^k$ 的特解. 将 $c_4\cdot 5^k$ 代入方程后得到 $c_4=-\dfrac{1}{6}$. 所以

$$y(k)=c_1(-1)^k+c_2\cdot 2^k+c_3\cdot 3^k-\frac{1}{6}\cdot 5^k.$$

将 $y(k)$ 代入 $(E-3I)y(k)+(E-3I)z(k)=2\cdot 5^k$, 整理后得到 $z(k)$ 满足的方程为

$$(E-3I)z(k)=4c_1(-1)^k+c_2\cdot 2^k+\frac{7}{3}\cdot 5^k.$$

用零化算子 $(E+I)(E-2I)(E-5I)$ 作用于方程两端得到

$$(E+I)(E-2I)(E-5I)(E-3I)z(k)=0.$$

这个关于 $z(k)$ 的齐次差分方程的通解为

$$z(k)=c_5\cdot 3^k+c_6(-1)^k+c_7\cdot 2^k+c_8\cdot 5^k.$$

将这个 $z(k)$ 代入差分方程 $(E-3I)z(k)=4c_1(-1)^k+c_2\cdot 2^k+\frac{7}{3}\cdot 5^k$, 得到 $c_6=-c_1$, $c_7=-c_2$, $c_8=\frac{7}{6}$, 即

$$z(k)=c_5\cdot 3^k-c_1(-1)^k-c_2\cdot 2^k+\frac{7}{6}\cdot 5^k.$$

由于原来的差分方程组关于 $y(k)$ 是 2 阶的, 关于 $z(k)$ 是一阶的, 所以 $y(k)$ 和 $z(k)$ 的解中只应该有 3 个任意常数. 将 $y(k)$ 和 $z(k)$ 的表达式代入到原差分方程组的第一个方程中, 计算整理后得到

$$(E^2-3I)y(k)+(E-I)z(k)=(6c_3+2c_5)\cdot 3^k+5^k=5^k.$$

所以, $c_5=-c_3$. 原差分方程组的解为

$$\begin{aligned}
y(k)&=c_1(-1)^k+c_2\cdot 2^k+c_3\cdot 3^k-\frac{1}{6}\cdot 5^k,\\
z(k)&=-c_1(-1)^k-c_2\cdot 2^k-3c_3\cdot 3^k+\frac{7}{6}\cdot 5^k.
\end{aligned}$$

常数变易法 在求解常微分方程时, 常数变易法是求非齐次方程特解的一种有效方法, 常数变易法对差分方程仍然有效.

先看一阶方程 $y(k+1)+p(k)y(k)=q(k)$. 齐次方程的解为

$$y(k+1)=(-1)^{k+1}\left(\prod_{j=0}^{k}p(j)\right)c,$$

其中

$$c=y(0),\quad k=0,1,2,\cdots.$$

我们猜想当 c 选为适当的函数时有可能满足非齐次方程, 于是取

$$y(k)=(-1)^k\left(\prod_{j=0}^{k-1}p(j)\right)c(k),$$

代入原方程得到

$$(-1)^{k+1}\left(\prod_{j=0}^{k}p(j)\right)\Delta c(k)=q(k),\quad \text{或}\quad c(k+1)-c(k)=\frac{(-1)^{k+1}q(k)}{\prod\limits_{j=0}^{k}p(j)}.$$

递推求解得到

$$c(k+1)=c(0)+\sum_{j=0}^{k}(-1)^{j+1}\frac{q(j)}{\prod\limits_{i=0}^{j}p(i)}.$$

再用 c 代替 $c(0)$, k 代替 $k+1$, 代入 $y(k)$ 的表达式得到原方程的解为

$$y(k)=(-1)^{k}\left(\prod_{j=0}^{k-1}p(j)\right)\left(c+\sum_{j=0}^{k-1}(-1)^{j+1}\frac{q(j)}{\prod\limits_{i=0}^{j}p(i)}\right).$$

再进一步整理后得到

$$y(k)=(-1)^{k}\left(\prod_{j=0}^{k-1}p(j)\right)\cdot c+\sum_{j=0}^{k-1}(-1)^{k+j+1}q(j)\prod_{i=j+1}^{k-1}p(i).$$

我们也可以用常数变易法求二阶差分方程 $y(k+2)+p_1(k)y(k+1)+p_2(k)y(k)=g(k)$ 的特解. 设 $y_1(k)$ 和 $y_2(k)$ 是齐次方程的两个线性无关的解, 我们希望适当选取函数 $u_1(k)$ 和 $u_2(k)$, 使得 $y_p(k)=u_1(k)y_1(k)+u_2(k)y_2(k)$ 是非齐次方程的一个解. 为了将 $y_p(k)=u_1(k)y_1(k)+u_2(k)y_2(k)$ 代入原差分方程确定 $u_1(k)$ 和 $u_2(k)$, 先计算 $y_p(k+1)$ 和 $y_p(k+2)$.

$$\begin{aligned}y_p(k+1)&=u_1(k+1)y_1(k+1)+u_2(k+1)y_2(k+1)\\&=u_1(k)y_1(k+1)+u_2(k)y_2(k+1)+y_1(k+1)\Delta u_1(k)+y_2(k+1)\Delta u_2(k).\end{aligned}$$

我们选取 $y_1(k+1)\Delta u_1(k)+y_2(k+1)\Delta u_2(k)=0$ 时, 进一步计算得到

$$\begin{aligned}y_p(k+2)&=u_1(k+1)y_1(k+2)+u_2(k+1)y_2(k+2)\\&=u_1(k)y_1(k+2)+u_2(k)y_2(k+2)+y_1(k+2)\Delta u_1(k)+y_2(k+2)\Delta u_2(k).\end{aligned}$$

将 $y_p(k)$, $y_p(k+1)$ 和 $y_p(k+2)$ 代入原方程, 利用 $y_1(k)$ 和 $y_2(k)$ 是齐次方程的两个解得到, $y_1(k+2)\Delta u_1(k)+y_2(k+2)\Delta u_2(k)=g(k)$. 由此得到方程组

$$\begin{aligned}y_1(k+1)\Delta u_1(k)+y_2(k+1)\Delta u_2(k)&=0,\\y_1(k+2)\Delta u_1(k)+y_2(k+2)\Delta u_2(k)&=g(k).\end{aligned}$$

求解这个关于 $\Delta u_1(k)$ 和 $\Delta u_2(k)$ 的线性方程组得到

$$\Delta u_1(k) = -\frac{y_2(k+1)g(k)}{\det C(k+1)}, \quad \Delta u_2(k) = \frac{y_1(k+1)g(k)}{\det C(k+1)},$$

其中, $\det C(k+1) = \begin{vmatrix} y_1(k+1) & y_2(k+1) \\ y_1(k+2) & y_2(k+2) \end{vmatrix} = y_1(k+1)y_2(k+2) - y_1(k+2)y_2(k+1)$.
通过计算不定和的办法可以得到

$$u_1(k) = \sum_{j=0}^{k-1} -\frac{y_2(j+1)g(j)}{\det C(j+1)}, \quad u_2(k) = \sum_{j=0}^{k-1} \frac{y_1(j+1)g(j)}{\det C(j+1)}.$$

最后得到的非齐次方程的特解为

$$y_p(k) = y_1(k)\sum_{j=0}^{k-1} -\frac{y_2(j+1)g(j)}{\det C(j+1)} + y_2(k)\sum_{j=0}^{k-1} \frac{y_1(j+1)g(j)}{\det C(j+1)}.$$

例 2.2.6 用常数变易法求差分方程 $y(k+2) - 7y(k+1) + 6y(k) = k$ 的特解.

解 齐次方程的两个线性无关的解为 $y_1(k) = 1, y_2(k) = 6^k$. 计算得 $\det(C(j+1)) = 5 \cdot 6^{j+1}$, 利用常数变易法公式得到

$$y_p(k) = \sum_{j=0}^{k-1} -\frac{6^{j+1}j}{5 \cdot 6^{j+1}} + 6^k \sum_{j=0}^{k-1} \frac{j}{5 \cdot 6^{j+1}} = \sum_{j=0}^{k-1} -\frac{j}{5} + \frac{6^k}{5}\sum_{j=0}^{k-1} j \cdot 6^{-(j+1)}.$$

利用不定和的计算公式得到 $\sum j \cdot 6^{-(j+1)} = -\frac{6}{5} \cdot j \cdot 6^{-(j+1)} - \frac{36}{25} \cdot 6^{-(j+2)}$, 再整理就可以得到

$$y_p(k) = -\frac{k^2}{10} + \frac{3k}{50} - \frac{1}{125} + \frac{6^k}{125}.$$

例 2.2.7 求下面 2 阶常系数非齐次差分方程

$$\left(E^2 - 2qE + I\right) y(k) = g(k) \tag{2.2.4}$$

的特解, 其中 q 为常量.

解 该方程的特征方程 $r^2 - 2qr + 1 = 0$ 的两个解分别为

$$r_1 = q + \sqrt{q^2 - 1}, \quad r_2 = q - \sqrt{q^2 - 1}.$$

齐次方程的通解为

$$y_c(k) = c_1 r_1^k + c_2 r_2^k = c_1(q + \sqrt{q^2 - 1})^k + c_2(q - \sqrt{q^2 - 1})^k.$$

利用常数变易法来计算非齐次方程 (2.2.4) 的特解 $y_p(k)$ 得到

$$y_p(k) = r_1^k \sum_{j=0}^{k-1} -\frac{r_2^{j+1} g(j)}{\det C(j+1)} + r_2^k \sum_{j=0}^{k-1} \frac{r_1^{j+1} g(j)}{\det C(j+1)}.$$

进一步计算得到

$$y_p(k) = r_1^k \sum_{j=0}^{k-1} -\frac{r_1^{-(j+1)} g(j)}{r_2 - r_1} + r_2^k \sum_{j=0}^{k-1} \frac{r_2^{-(j+1)} g(j)}{r_2 - r_1}.$$

从这几个例子看出, 利用待定系数法和常数变异法都能得到非齐次差分方程的特解. 待定系数法比较简单, 但它只能适用于一些特殊的情形; 常数变易法稍微复杂一些, 但它能给出齐次差分方程的通解已知时非齐次差分方程的特解.

2.2.3 算子法

在求解线性代数方程组 $A\boldsymbol{x} = \boldsymbol{b}$ 时, 我们可以将 A 看作一个算子, 在 A 可逆的情况下, 求出 A 的逆算子 A^{-1}, 方程组 $A\boldsymbol{x} = \boldsymbol{b}$ 的解就可以通过 A 的逆算子 A^{-1} 表示出来: $\boldsymbol{x} = A^{-1}\boldsymbol{b}$. 利用算子法解方程时, 我们需要定义适当的算子, 并求出算子的逆, 将解用逆算子的形式表示出来. 在差分方程求解过程中, 我们利用算子 Δ, E 和 I 将方程表示为一个算子作用于未知函数 $y(k)$, 再求出这个算子的逆算子, 就可以得到这个方程的解. 下面介绍利用算子法求解一些常系数线性差分方程的过程.

令 $P(E) = E^n + p_1 E^{n-1} + \cdots + p_{n-1} E + p_n I$ 是算子 E 的多项式, 则 n 阶线性常系数方程和它对应的齐次方程可以写为

$$P(E)y(k) = g(k), \quad P(E)y(k) = 0.$$

容易验证

$$P(E)z^k = z^k P(z), \quad P(E) = \prod_{j=1}^{n} (E - z_j I),$$

其中, z_j $(j = 1, 2, \cdots, n)$ 是 $P(z) = 0$ 的根. 当 $P(z) = 0$ 有 s 个根, 第 j 个根的重数为 m_j $(j = 1, 2, \cdots, s)$ 时, 线性齐次方程 $P(E)y(k) = 0$ 就可以写为 $\prod_{j=1}^{s} (E - z_j I)^{m_j} y(k) = 0$. 方程 $P(E)y(k) = 0$ 就可以分解为 s 个独立的方程 $(E - z_j I)^{m_j} y(k) = 0$ $(j = 1, 2, \cdots, s)$. 容易证明 $(E - z_j I)^{m_j} y(k) = 0$ 的解一定是 $P(E)y(k) = 0$ 的解. 所以原齐次差分方程的求解就可以转化为分别对每一个低阶的方程求解.

为了求解方程 $(E - z_j I)^{m_j} y(k) = 0$, 先定义 $(E - zI)$ 的逆算子 $(E - zI)^{-1}$. 满足 $(E - zI)(E - zI)^{-1} = I$ 的算子 $(E - zI)^{-1}$ 称为 $(E - zI)$ 的**逆算子**. 由于

$$z^{k-1} \Sigma z^{-k} = z^{k-1} \cdot \frac{z^{-k}}{z^{-1} - 1} = \frac{z^{-1}}{z^{-1} - 1},$$

$$(E-zI)z^{k-1}\Sigma z^{-k}=(E-zI)\frac{z^{-1}}{z^{-1}-1}=I,$$
$$z^{k-m}\Sigma^m z^{-k}=z^{k-m}\cdot\frac{z^{-k}}{(z^{-1}-1)^m}=\frac{z^{-m}}{(z^{-1}-1)^m},$$
$$(E-zI)^m z^{k-m}\Sigma^m z^{-k}=(E-zI)^m\frac{z^{-m}}{(z^{-1}-1)^m}=I,$$

所以有

$$(E-zI)^{-1}=z^{k-1}\Sigma z^{-k},\quad (E-zI)^{-m}=z^{k-m}\Sigma^m z^{-k}.$$

于是, 齐次差分方程 $(E-z_jI)^{m_j}y(k)=0$ 的解为

$$y(k)=(E-z_jI)^{-m_j}0=z_j^{k-m_j}\Sigma^m z_j^{-k}\cdot 0=z_j^{k-m_j}\Sigma^m 0=z_j^{k-m_j}p_j(k),$$

其中 $p_j(k)$ 是 k 的 m_j-1 次多项式. 注意到 $z_j^{m_j}$ 与 k 无关, 所以可以将 $z_j^{m_j}$ 合并到 $p_j(k)$ 中去, 最后得到原齐次方程 $P(E)y(k)=0$ 的解为

$$y(k)=\sum_{j=1}^{s}c_jz_j^kp_j(k)=c_1z_1^kp_1(k)+c_2z_2^kp_2(k)+\cdots+c_sz_s^kp_s(k).$$

非齐次方程$P(E)y(k)=g(k)$ 可以用类似的方法求解. 我们先需要给出算子多项式的逆. 设 $f(z)$ 是 z 的 n 次多项式, 且 $f(z)\neq 0$, 则 $f(E)\dfrac{z^k}{f(z)}=\dfrac{f(E)z^k}{f(z)}=z^k$, 所以 $f^{-1}(E)z^k=\dfrac{z^k}{f(z)}$. 如果$z_j$ 是 $f(z)$ 的 m_j 重根, 则可以通过 $(z-z_j)^{m_j}h(z)=f(z)$ 定义 $h(z)$, 即 $h(z)=(z-z_j)^{-m_j}f(z)$, 且 $h(z)\neq 0$. 由 f 与 h 的关系得到

$$\begin{aligned}f(E)\frac{z_j^{k-m_j}k^{(m_j)}}{h(z_j)m_j!}&=\frac{z_j^{k-m_j}f(z_jE)k^{(m_j)}}{h(z_j)m_j!}\\&=\frac{z_j^kh(z_jE)(E-I)^{m_j}k^{(m_j)}}{h(z_j)m_j!}=\frac{z_j^kh(z_jE)1}{h(z_j)}=z_j^k.\end{aligned}$$

所以, $f^{-1}(E)z_j^k=\dfrac{z_j^{k-m_j}k^{(m_j)}}{h(z_j)m_j!}$. 再由等式

$$f(E)z^kf^{-1}(zE)h(k)=z^kf(zE)f^{-1}(zE)h(k)=z^kh(k),$$

得到 $f^{-1}(E)z^kh(k)=z^kf^{-1}(zE)h(k)$.

根据 E 的多项式算子和它的逆算子的表达式, 可以给出几种情况下 $P(E)y(k)=g(k)$ 的特解 $y_p(k)$.

(i) $g(k)=g$ 为常数, $P(1)\neq 0$, 则

$$y_p(k)=P^{-1}(E)g=\frac{g}{P(1)}=\frac{g}{p_0+p_1+\cdots+p_n}.$$

(ii) $g(k)=\sum_{j=0}^{m}g_jz_j^k$, $P(z_j)\neq 0$, 则

$$y_p(k)=\sum_{j=0}^{m}g_jP^{-1}(E)z_j^k=\sum_{j=0}^{m}g_j\frac{z_j^k}{P(z_j)}.$$

(iii) $g(k)=\sum_{j=0}^{m}g_jz_j^k$, 当 $j\neq i$ 时 $P(z_j)\neq 0$, z_i 是 $P(z)=0$ 的 m_i 重根, 则

$$y_p(k)=\sum_{j=0}^{m}g_jP^{-1}(E)z_j^k=\frac{g_iz_i^{k-m_i}k^{(m_i)}}{h(z_i)m_i!}+\sum_{j=0,j\neq i}^{m}g_j\frac{z_j^k}{P(z_j)},$$

其中, $P(z)=(z-z_i)^{m_i}h(z)$.

当 $g(k)$ 中有 $\sin\alpha k$ 和 $\cos\alpha k$ 时, 我们可以考虑 $z=e^{i\alpha k}$, 先求解, 再分离出这个解的实部或虚部.

2.2.4 可以转换为线性方程的情形

还有一些非线性差分方程, 经过适当的变量替换可以变为线性方程或者常系数的线性方程.

Riccati 方程 对于下面的非线性差分方程

$$y(k+1)y(k)+p(k)y(k+1)+q(k)y(k)=0, \tag{2.2.5}$$

利用变量替换 $z(k)=\dfrac{1}{y(k)}$ 可以把 (2.2.5) 化为

$$q(k)z(k+1)+p(k)z(k)+1=0. \tag{2.2.6}$$

对于非线性的非齐次方程

$$y(k+1)y(k)+p(k)y(k+1)+q(k)y(k)=g(k), \tag{2.2.7}$$

利用变量替换 $y(k)=\dfrac{z(k+1)}{z(k)}-p(k)$ 可以把 (2.2.7) 化为

$$z(k+2)+(q(k)-p(k+1))z(k+1)-(g(k)+p(k)q(k))z(k)=0. \tag{2.2.8}$$

Logistic 方程 连续的 Logistic 方程 $\dfrac{dx}{dt}=x(a-bx)$ 有解 $x(t)=\dfrac{ac}{bc+e^{-at}}$. 在 $t+1$ 时

$$x(t+1)=\frac{ac}{bc+e^{-a(t+1)}}=\frac{ace^a}{bce^a+e^{-at}}.$$

利用关系式$e^{-at}=\dfrac{ac}{x(t)}-bc$ 代入到 $x(t+1)$ 后得到

$$x(t+1)=\frac{ace^a}{bc(e^a-1)+\dfrac{ac}{x(t)}}=\frac{e^a x(t)}{1+\dfrac{b}{a}(e^a-1)x(t)}.$$

记 $\alpha=e^a$, $\beta=\dfrac{b(e^a-1)}{a}$, 该方程化为

$$x(t+1)=\frac{\alpha x(t)}{1+\beta x(t)}. \tag{2.2.9}$$

利用变换 $z(k)=\dfrac{1}{x(k)}$ 可以把 (2.2.9) 化为

$$z(k+1)=\frac{z(k)}{\alpha}+\frac{\beta}{\alpha}. \tag{2.2.10}$$

当 $\alpha\neq 1$ 时, 方程 (2.2.10) 的解为

$$z(k)=\left(C-\frac{\beta}{\alpha-1}\right)\alpha^{-k}+\frac{\beta}{\alpha-1}. \tag{2.2.11}$$

当 $\alpha=1$ 时, 方程 (2.2.10) 的解为 $z(k)=C+\beta k$. 再代入后得到原方程的解为

$$x(k+1)=\begin{cases}\dfrac{\alpha^k(\alpha-1)}{\beta\alpha^k+C(\alpha-1)-\beta}, & \alpha\neq 1,\\ \dfrac{1}{C+\beta k}, & \alpha=1.\end{cases}$$

一般的 Riccati 方程 对下面的差分方程

$$y(k+1)=\frac{a(k)y(k)+b(k)}{c(k)y(k)+d(k)},\quad c(k)\neq 0,\quad a(k)d(k)-b(k)c(k)\neq 0, \tag{2.2.12}$$

令

$$c(k)y(k)+d(k)=\frac{z(k+1)}{z(k)},\quad y(k)=\frac{z(k+1)}{c(k)z(k)}-\frac{d(k)}{c(k)},$$

代入后得到

$$\frac{z(k+2)}{c(k+1)z(k+1)}-\frac{d(k+1)}{c(k+1)}=\frac{a(k)\left(\dfrac{z(k+1)}{c(k)z(k)}-\dfrac{d(k)}{c(k)}\right)+b(k)}{\dfrac{z(k+1)}{z(k)}}.$$

再整理得到线性方程

$$z(k+2)+p_1(k)z(k+1)+p_2(k)z(k)=0,$$

其中

$$p_1(k) = -\frac{c(k)d(k+1) + a(k)c(k+1)}{c(k)}, \quad p_2(k) = \frac{(a(k)d(k) - b(k)c(k))c(k+1)}{c(k)}.$$

另外, 还需要增加初始值 $z(0) = 1$, $z(1) = c(0)y(0) + d(0)$.

例 2.2.8 求方程 $y(k+1) = \dfrac{2y(k)+3}{3y(k)+2}$ 的通解.

解 按照前面的分析, 令 $y(k) = \dfrac{z(k+1)}{3z(k)} - \dfrac{2}{3}$, 代入原方程整理后得到, $z(k)$ 满足方程

$$z(k+2) - 4z(k+1) - 5z(k) = 0, \quad z(0) = 1, \quad z(1) = 3y(0) + 2.$$

利用特征根的方法得到 $z(k) = c_1 5^k + c_2(-1)^k$. 代入初始条件确定出常数 c_1 和 c_2 得到

$$z(k) = \frac{1}{2}(1 + y(0))5^k + \frac{1}{2}(1 - y(0))(-1)^k.$$

再将 $z(k)$ 的表达式代入变换, 进行整理后得到

$$y(k) = \frac{(1+y(0))5^k - (1-y(0))(-1)^k}{(1+y(0))5^k + (1-y(0))(-1)^k}.$$

用 $1 + y(0)$ 除以分子和分母中的各项, 再记 $c = \dfrac{1-y(0)}{1+y(0)}$, 原方程的解为

$$y(k) = \frac{5^k - c(-1)^k}{5^k + c(-1)^k}.$$

对一些形如 $f\left(\dfrac{y(k+1)}{y(k)}\right) = 0$ 的方程, 引入变换 $z(k) = \dfrac{y(k+1)}{y(k)}$, 也可以将其化为能够求解的一些线性方程.

例 2.2.9 求下面方程的解

$$y^2(k+1) - 3y(k+1)y(k) + 2y^2(k) = 0. \tag{2.2.13}$$

解 令 $z(k) = \dfrac{y(k+1)}{y(k)}$, 原方程化为

$$z^2(k) - 3z(k) + 2 = 0, \quad \text{或} \quad (z(k) - 1)(z(k) - 2) = 0.$$

关于 $z(k)$ 的解为 $z(k) = 1$ 或 $z(k) = 2$. 于是, 原方程的的解为

$$y(k) = y(0), \quad \text{或} \quad y(k) = 2^k y(0).$$

对形如 $y^{r_1}(k+m)y^{r_2}(k+m-1)\cdots y^{r_{m+1}}(k) = g(k)$ 的方程, 可以利用变换 $z(k) = \ln y(k)$ 将它变为

$$r_1 z(k+m)+r_2 z(k+m-1)+\cdots+r_{m+1}z(k)=\ln g(k).$$

例 2.2.10 求下面方程的解

$$y(k+2)=\frac{y^2(k+1)}{y^2(k)}.$$

解 方程两边取对数, 再令 $z(k)=\ln y(k)$ 得到

$$z(k+2)-2z(k+1)+2z(k)=0.$$

这个差分方程的特征方程的两个根分别为 $r_1=1+i$ 和 $r_2=1-i$, 它的通解为

$$z(k)=c_1(\sqrt{2})^k\cos\frac{k\pi}{4}+c_2(\sqrt{2})^k\sin\frac{k\pi}{4}.$$

原方程的解为

$$y(k)=\exp\left(c_1(\sqrt{2})^k\cos\frac{k\pi}{4}+c_2(\sqrt{2})^k\sin\frac{k\pi}{4}\right).$$

对非自治的线性方程

$$y(k+1)-p(k)y(k)=q(k),\quad y(0)=y_0,$$

定义 $P(0)=1,\ P(k)=p(k-1)p(k-2)\cdots p(0)$. 用 $P(k+1)$ 除以方程中的各项得到

$$\frac{y(k+1)}{P(k+1)}-\frac{y(k)}{P(k)}=\frac{q(k)}{P(k+1)},\quad \frac{y(0)}{P(0)}=\frac{y_0}{P(0)}.$$

再令 $z(k)=\dfrac{y(k)}{P(k)},\ g(k)=\dfrac{q(k)}{P(k+1)}$, 原方程就变为

$$z(k+1)-z(k)=g(k),\quad 或\quad \Delta z(k)=g(k),\quad z(0)=z_0.$$

所以

$$z(k)-z(0)=\sum_{j=0}^{k-1}g(j),\quad y(k)=P(k)\sum_{j=0}^{k-1}g(j)+z(0)P(k).$$

整理后得到

$$y(k)=P(k)\sum_{j=0}^{k-1}\frac{q(j)}{P(j+1)}+y(0)P(k)=\sum_{j=0}^{k-1}q(j)\prod_{i=j+1}^{k-1}p(i)+y(0)\prod_{i=0}^{k-1}p(i).$$

对于下面的非自治二阶线性差分方程的初始值问题

$$(k+1)(k-2)y(k+1)-k(k^2-k-1)y(k)+(k-1)^3y(k-1)=0,\quad k\geqslant 2,$$

$$y(2) = 1, \quad y(3) = 1.$$

先令 $z(k) = ky(k)$, 将方程化为

$$(k-2)z(k+1) - (k^2-k-1)z(k) + (k-1)^2 z(k-1) = 0, \quad k \geqslant 2.$$

将其整理为

$$\frac{z(k+1)-z(k)}{k-1} - (k-1)\frac{z(k)-z(k-1)}{k-2} = 0.$$

再引入 $x(k) = \dfrac{z(k+1)-z(k)}{k-1}$, 方程就简化为 $x(k) = (k-1)x(k-1)$. 利用初始条件代入求解得 $x(k) = (k-1)!$. 由 $x(k)$ 和 $z(k)$ 的关系 $x(k) = \dfrac{z(k+1)-z(k)}{k-1}$ 得到 $z(k)$ 满足的方程为

$$\frac{z(k+1)-z(k)}{k-1} = (k-1)!, \quad 即 \quad z(k+1)-z(k) = k! - (k-1)!.$$

对这个 $z(k)$ 的一阶线性差分方程求解得到 $z(k) = (k-1)! + c$. 利用初始条件 $z(2) = 2y(2) = 2$ 得到 $c = 1$, $z(k) = (k-1)! + 1$. 最后再利用 $z(k) = ky(k)$ 得到原方程的解为 $y(k) = \dfrac{(k-1)!+1}{k}$.

2.2.5 线性差分方程的应用举例

差分方程适合描述一些时间离散的变化过程, 线性差分方程可以作为实际问题的一种近似, 通过逐步递推反映一些系统的变化过程. 下面分别给出几个应用例子.

例 2.2.11(植物数量的增长) 考虑自然界中草本植物的繁衍过程, 种子在每年春季发芽生长, 到秋季成熟结籽, 然后死亡. 秋季成熟的种子仅有一部分能在来年春季发芽生长, 也有些种子因为散落的环境可能隔一年后的春季发芽生长, 开始和重复下一个生命周期. 设每个发芽生长的植物都能长到秋季, 且每个植物所生产的种子数量为 a. 记种子能存活且在来年春季发芽生长的比例为 b_1, 种子能熬过两个冬季后发芽生长的比例为 b_2, 记第 k 年该植物的数量为 $y(k)$, 则植物数量增长的模型为

$$y(k+2) = ab_1 y(k+1) + ab_2 y(k), \quad y(0) = y_0, \quad y(1) = y_1. \tag{2.2.14}$$

差分方程方程 (2.2.14) 的特征方程为 $r^2 - ab_1 r - ab_2 = 0$. 特征方程的两个根为

$$r_1 = \frac{ab_1 + \sqrt{a^2b_1^2 + 4ab_2}}{2}, \quad r_2 = \frac{ab_1 - \sqrt{a^2b_1^2 + 4ab_2}}{2}.$$

方程的通解为

$$y(k) = c_1\left(\frac{ab_1 + \sqrt{a^2b_1^2 + 4ab_2}}{2}\right)^k + c_2\left(\frac{ab_1 - \sqrt{a^2b_1^2 + 4ab_2}}{2}\right)^k.$$

代入初始条件得到

$$y(k) = \frac{y_1 - r_2 y_0}{\sqrt{a^2b_1^2 + 4ab_2}} \left(\frac{ab_1 + \sqrt{a^2b_1^2 + 4ab_2}}{2} \right)^k + \frac{r_1 y_0 - y_1}{\sqrt{a^2b_1^2 + 4ab_2}} \left(\frac{ab_1 - \sqrt{a^2b_1^2 + 4ab_2}}{2} \right)^k.$$

由于 $r_1 > 0, r_2 < 0, r_1 > |r_2|$, r_1 关于 a 单调增, 且当 $a = \dfrac{1}{b_1 + b_2}$ 时 $r_1 = 1$, 所以我们知道, 当 $a < \dfrac{1}{b_1 + b_2}$ 时, 该植物的数量会衰减到 0, 即该植物会逐渐绝灭; 当 $a > \dfrac{1}{b_1 + b_2}$ 时, 该植物的数量会无限增长, 可能会带来生态问题; 当 $a = \dfrac{1}{b_1 + b_2}$ 时, 该植物的数量会稳定, 这是我们所希望的结果.

$a(b_1 + b_2)$ 的大小决定了解的极限状态, 即植物数量衰减、增加或稳定都是由 $a(b_1 + b_2)$ 的大小决定的. $a(b_1 + b_2)$ 的实际含义是一个植物所能产生的后代数量, 当 $a(b_1 + b_2) < 1$ 时, 植物最终会灭绝; 当 $a(b_1 + b_2) > 1$ 时, 植物的数量会无限增长; 当且仅当 $a(b_1 + b_2) = 1$ 时, 植物的数量会稳定. 条件 $a(b_1 + b_2) = 1$ 比 $a = \dfrac{1}{b_1 + b_2}$ 具有更好的实际解释.

例 2.2.12 (赌博者的终结) 一个人持续玩一个赌博游戏, 每次赌注 1 元. 从以前的统计数据得知他每次取胜的概率是 p, 失败的概率是 $1 - p$. 如果他失掉所有的赌资, 他与对手的赌博将终结, 另一种情况是如果他手中的赌资达到期望的 N 时也将停止赌博, 估计他的赌博在失掉所有赌资后终结的概率.

用 $y(k)$ 表示他有 k 元时赌博终止的概率. 他现有 k 元赌资, 赌博一次后可能变为 $k+1$ 元, 也可能变为 $k-1$ 元, 其概率分别为 p 和 $1-p$. 而当他的赌资变为 $k+1$ 后, 他因失掉所有的赌资而停止赌博的概率为 $p(k+1)$. 同理, 当他的赌资变为 $k-1$ 后, 他因失掉所有的赌资而停止赌博的概率为 $p(k-1)$. 利用概率之间的转换关系得到

$$y(k) = py(k+1) + (1-p)y(k-1), \quad k = 0, 1, \cdots, N.$$

将这个差分方程整理为

$$py(k+2) - y(k+1) + (1-p)y(k) = 0, \quad k = 0, 1, 2, \cdots, N. \tag{2.2.15}$$

该二阶方程的特征方程为

$$r_1 = \frac{1 + \sqrt{1 - 4p(1-p)}}{2p}, \quad r_2 = \frac{1 - \sqrt{1 - 4p(1-p)}}{2p}.$$

由于$p + 1 - p = 1, 0 < p < 1$, 所以这两个特征值都是正数. 事实上, 这两个特征值

分别为 $\dfrac{1-p}{p}$ 和 1, 方程的通解为

$$y(k)=c_1+c_2\left(\frac{1-p}{p}\right)^k,\quad p\neq\frac{1}{2},\quad y(k)=c_1+c_2k,\quad p=\frac{1}{2}.$$

利用定解条件 $y(0)=1$ 和 $y(N)=0$ 得到

$$\begin{aligned}&y(k)=\frac{(1-p)^N}{(1-p)^N-p^N}+\frac{p^N}{p^N-(1-p)^N}\left(\frac{1-p}{p}\right)^k, && p\neq\frac{1}{2},\\ &y(k)=1-\frac{k}{N}, && p=\frac{1}{2}.\end{aligned}$$

例如, 当这个赌徒有 4 元, 获胜的概率为 0.3, 他期望有 10 元时停止, 此时他输光所有钱后终结的概率为

$$y(4)=\frac{0.7^{10}}{0.7^{10}-0.3^{10}}+\frac{0.3^{10}}{0.3^{10}-0.7^{10}}\left(\frac{0.7}{0.3}\right)^4=0.994.$$

例如, 当他有 20 元, 获胜的概率为 0.5, 他期望有 100 元时停止, 此时他失光所有的钱终结的概率为

$$y(20)=1-\frac{20}{100}=\frac{4}{5}.$$

由此看到, 当 $p\leqslant 0.5$ 和 N 比较大时, 一个赌徒失光而终结的概率很大. 一个赌徒达到他的期望值而停止的概率是

$$\begin{aligned}&z(k)=1-y(k)=\frac{1-\left(\dfrac{1-p}{p}\right)^k}{1-\left(\dfrac{1-p}{p}\right)^N}, && p\neq\frac{1}{2},\\ &z(k)=1-y(k)=\frac{k}{N}, && p=\frac{1}{2}.\end{aligned}$$

例 2.2.13 (国民收入的推算)　经济学中用国民收入 (national income)、国内生产总值 (gross domestic product) 和国民生产总值 (gross national product) 等术语来描述一个国家在一定时期内所生产的最终产品的价值总量. 国民收入由消费支出、投资和政府支出几部分组成, 经济学中一般假设消费支出与上年度的国民收入成比例, 投资与消费支出的增长量成比例, 政府支出为常量.

记第 k 年的国民收入为 $y(k)$, 则第 k 年的消费为 $\alpha y(k-1)$, 第 k 年的投资为 $\beta(\alpha y(k-1)-\alpha y(k-2))$. 再选取适当的单位, 将政府的支出取为 1. 我们就得到了模型

$$y(k+2)-\alpha(1+\beta)y(k+1)+\alpha\beta y(k)=1. \tag{2.2.16}$$

方程 (2.2.16) 的特征方程为 $r^2-\alpha(1+\beta)r+\alpha\beta=0$, 它的两个根为

$$r_1=\frac{\alpha(1+\beta)+\sqrt{\alpha^2(1+\beta)^2-4\alpha\beta}}{2},\quad r_2=\frac{\alpha(1+\beta)-\sqrt{\alpha^2(1+\beta)^2-4\alpha\beta}}{2}.$$

当 $\alpha\neq 1$ 时, 方程 (2.2.16) 的通解为

$$y(k)=c_1r_1^k+c_2r_2^k+\frac{1}{1-\alpha}.$$

当$\alpha<1$, $\alpha\beta<1$ 和 $\alpha>\dfrac{4\beta}{(1+\beta)^2}$ 时, 方程的两个特征根 r_1 和 r_2 都是实根, 且 $|r_2|<r_1<1$. 所以, 该方程的解满足

$$\lim_{k\to\infty}y(k)=\lim_{k\to\infty}\left(c_1r_1^k+c_2r_2^k+\frac{1}{1-\alpha}\right)=\frac{1}{1-\alpha}.$$

即所有的解都趋于平衡解$y^*=\dfrac{1}{1-\alpha}$. 当 $\alpha<1$, $\alpha\beta<1$ 和 $\alpha<\dfrac{4\beta}{(1+\beta)^2}$ 时, 方程的两个特征根 r_1 和 r_2 都是复根, 且 $|r_2|<1$, $|r_1|<1$, 所有的解都振荡趋于平衡解 $y^*=\dfrac{1}{1-\alpha}$. 这两种情况意味着国民收入每年会稳定. 对于 $\alpha=1$ 和其他情况, 读者也可以分析解的极限性态.

例 2.2.14(信息传播的数量) 设某种类型的信息由两种不同的信号 s_1 和 s_2 组成, 传输时 s_1 需要 n_1 个时间单位, s_2 需要 n_2 个时间单位. 记在 k 个时间单位内所传输的信息数量为 $y(k)$, 这些信息中可能有一部分是以 s_1 结束, 另一部分是以 s_2 结束. 当 k 时间内最后一个传输的信息是 s_1 时, 在前面传播的信息是 $y(k-n_1)$, 当 k 时间内最后一个传输的信息是 s_2 时, 在前面传播的信息是 $y(k-n_2)$. 在 k 个时间单位内所传输的信息数量 $y(k)$ 满足

$$y(k)=y(k-n_1)+y(k-n_2).$$

特别地, 当 $n_1=1$, $n_2=2$ 时, 模型为

$$y(k+2)=y(k+1)+y(k).\tag{2.2.17}$$

差分方程 (2.2.17) 的解是

$$y(k)=c_1\left(\frac{1+\sqrt{5}}{2}\right)^k+c_2\left(\frac{1-\sqrt{5}}{2}\right)^k.$$

当我们给出初始值 $y(0)=0$ 和 $y(1)=1$ 时, $c_1=\dfrac{1}{\sqrt{5}}$, $c_2=\dfrac{-1}{\sqrt{5}}$, 其结果为 0, 1, 1, 2, 3, 5, 8, $\cdots$. 这是标准的 Fibonacci 数列. 这个例子表明, 许多背景完全不同的实际问题, 其数量变化可能服从相同的规律.

在信息传输中, 信道的容量定义为 $C=\lim\limits_{k\to\infty}\dfrac{\log_2 y(k)}{k}$. 将由初始值确定的常数代入得

$$y(k)=\frac{1}{\sqrt{5}}\left(\frac{1+\sqrt{5}}{2}\right)^k-\frac{1}{\sqrt{5}}\left(\frac{1-\sqrt{5}}{2}\right)^k.$$

经过计算后得到

$$C=\lim_{k\to\infty}\left(\frac{-\log_2\sqrt{5}}{k}+\log_2\frac{1+\sqrt{5}}{2}+\frac{1}{k}\log_2\left(1+\left(\frac{1-\sqrt{5}}{1+\sqrt{5}}\right)^k\right)\right)\approx 0.7.$$

例 2.2.15 (单通道排队问题)　在服务系统和信息处理中, 由于顾客或者信息到来与处理的差别, 会引起等待排队现象. 我们以服务系统为例来介绍差分方程的应用.

记 t 时刻系统中有 k 个顾客的概率为 $P_k(t)$, 在长度为 Δt 的时间区间内新到来一个顾客的概率为 $\gamma\Delta t$, 一个服务结束的概率为 $\mu\Delta t$. 我们将时间间隔取的非常小, 使得在长度为 Δt 的时间区间内不会有两个到来或服务结束事件. 则 t 时刻和 $t+\Delta t$ 时刻 $P_k(t)$ 的关系为

$$P_k(t+\Delta t)=P_k(t)(1-\gamma\Delta t)(1-\mu\Delta t)+P_{k+1}(t)\mu\Delta t+P_{k-1}(t)\gamma\Delta t.$$

整理后令 $\Delta t\to 0$ 得到

$$\frac{dP_k(t)}{dt}=\gamma P_{k-1}(t)-(\mu+\gamma)P_k(t)+\mu P_{k+1}(t),\quad k=1,2,\cdots.$$

当 $k=0$ 时,

$$\frac{dP_0(t)}{dt}=-\gamma P_0(t)+\mu P_1(t).$$

假设这个系统运行了很长时间后, 该系统达到了一个稳定状态, 即 $\lim\limits_{t\to\infty}P_k(t)=P_k$, 系统中有 k 个顾客的概率不再随时间变化. 令 $P_k(t)$ 的导数为零, 得到递推关系

$$\mu P_{k+1}-(\mu+\gamma)P_k+\gamma P_{k-1}=0,\quad \mu P_1=\gamma P_0.$$

$\rho=\dfrac{\gamma}{\mu}$, 则 $P_1=\rho P_0$,

$$P_{k+1}-(1+\rho)P_k+\rho P_{k-1}=0.$$

这个二阶线性常系数差分方程的通解为$P_k=c_1+c_2\rho^k$. 又由于 $P_1=P_0\rho$, 所以 $c_1=0$, $c_2=P_0$. 再根据概率的性质 $\sum\limits_{j=0}^{\infty}P_0\rho^j=1$ 得到 $P_0=1-\rho$. 所以 $P_k=(1-\rho)\rho^k$.

进一步可以得到数学期望 E、方差 V 和平均排队人数 L 如下:

$$
\begin{aligned}
E &= \sum_{k=0}^{\infty} kP_k = (1-\rho)\rho\sum_{k=0}^{\infty}\frac{d\rho^k}{d\rho} = \frac{\rho}{1-\rho},\\
V &= \sum_{k=0}^{\infty}(k-E)^2P_k = \sum_{k=0}^{\infty}k^2P_k - E^2 = E+E^2,\\
L &= \sum_{k=0}^{\infty}(k-1)P_k = \rho E.
\end{aligned}
$$

2.3　线性差分方程组

前面我们介绍的线性差分方程只有一个未知函数, 这类方程只能描述比较简单的变化过程. 在稍微复杂的实际问题中, 往往会涉及多个未知量, 这就需要我们处理包含多个未知量的差分方程. 例如在研究多个生物种群的数量变化时或几个相互联系的运动时, 都会涉及多个未知变量. 此外, 我们经常还将高阶线性差分方程通过引入新的变量转化为差分方程组, 这在理论分析中会有一些方便之处.

例如, 用 $x_1(k)=y(k)$, $x_2(k)=y(k+1)$, $\cdots$, $x_n(k)=y(k+n-1)$, 可以将高阶线性差分方程

$$
y(k+n)+p_1y(k+n-1)+p_2y(n+k-2)+\cdots+p_{n-1}y(k+1)+p_ny(k)=0
$$

化为下面的差分方程组

$$
\begin{aligned}
x_1(k+1) &= x_2(k),\\
x_2(k+1) &= x_3(k),\\
&\cdots\\
x_{n-1}(k+1) &= x_n(k),\\
x_n(k+1) &= -p_1x_n(k)-p_2x_{n-1}(k)-\cdots-p_{n-1}x_2(k)-p_nx_1(k).
\end{aligned}
\tag{2.3.1}
$$

我们在这一节中先讨论线性常系数齐次方程组的求解, 然后再给出线性差分方程组的一般理论.

2.3.1　线性常系数齐次差分方程组

设 a_{ij} 都是常数, 从最简单的线性常系数齐次差分方程组开始, 我们讨论下面这个差分方程组的求解问题.

$$
\begin{aligned}
x_1(k+1) &= a_{11}x_1(k)+a_{12}x_2(k)+\cdots+a_{1n}x_n(k),\\
x_2(k+1) &= a_{21}x_1(k)+a_{22}x_2(k)+\cdots+a_{2n}x_n(k),\\
&\cdots\\
x_n(k+1) &= a_{n1}x_1(k)+a_{n2}x_2(k)+\cdots+a_{nn}x_n(k).
\end{aligned}
\tag{2.3.2}
$$

为了以后陈述和分析方便, 我们引入下面的矩阵和向量

$$\boldsymbol{x}(k)=\begin{pmatrix} x_1(k) \\ x_2(k) \\ \vdots \\ x_n(k) \end{pmatrix},\quad A=\begin{pmatrix} a_{11} & a_{12} & \cdots & a_{1n} \\ a_{21} & a_{22} & \cdots & a_{2n} \\ \vdots & \vdots & & \vdots \\ a_{n1} & a_{n2} & \cdots & a_{nn} \end{pmatrix},$$

将差分方程组 (2.3.2) 写为

$$\boldsymbol{x}(k+1)=A\boldsymbol{x}(k). \tag{2.3.3}$$

经过反复递推可以得到差分方程组 (2.3.3) 的解为

$$\boldsymbol{x}(k)=A^k\boldsymbol{x}(0).$$

这个形式的表达式非常简单, 但在应用中我们必须给出 A^k 的具体表达式或者计算方法. 这需要线性代数中学到的一些知识.

如果矩阵 A 是对角矩阵, $A=D=\operatorname{diag}(\lambda_1,\lambda_2,\cdots,\lambda_n)$. 这里, $\operatorname{diag}(\lambda_1,\lambda_2,\cdots,\lambda_n)$ 表示对角线上的元素分别是 $\lambda_1,\lambda_2,\cdots,\lambda_n$, 其他元素为零的矩阵. 对角矩阵 D 的 k 次方就是其对角线上元素的 k 次方, 即 $D^k=\operatorname{diag}(\lambda_1^k,\lambda_2^k,\cdots,\lambda_n^k)$. 所以, 在此特殊情况下差分方程组的解为

$$\boldsymbol{x}(k)=\begin{pmatrix} \lambda_1^k & 0 & \cdots & 0 \\ 0 & \lambda_2^k & \cdots & 0 \\ \vdots & \vdots & & \vdots \\ 0 & 0 & \cdots & \lambda_n^k \end{pmatrix}\boldsymbol{x}(0).$$

如果矩阵 A 可以对角化, $A=BDB^{-1}$, 我们也可以方便地得到 $A^k=BD^kB^{-1}$.

例 2.3.1 求方程组 $\boldsymbol{x}(k+1)=A\boldsymbol{x}(k)$ 的通解, 其中 $A=\begin{pmatrix} 2 & -1 & -1 \\ 1 & 0 & -1 \\ -1 & 1 & 2 \end{pmatrix}$.

解 利用线性代数的知识, 我们求得矩阵 A 的特征方程和特征值分别为 $(\lambda-1)^2(\lambda-2)=0$ 和 $\lambda_1=1$, $\lambda_2=1$, $\lambda_3=2$. 三个线性无关的特征向量是 $(1,0,1)^\tau$, $(1,1,0)^\tau$, $(1,1,-1)$. 于是

$$B^{-1}=\begin{pmatrix} 1 & 1 & 1 \\ 0 & 1 & 1 \\ 1 & 0 & -1 \end{pmatrix},\quad D=\begin{pmatrix} 1 & 0 & 0 \\ 0 & 1 & 0 \\ 0 & 0 & 2 \end{pmatrix},\quad B=\begin{pmatrix} 1 & -1 & 0 \\ -1 & 2 & 1 \\ 1 & -1 & -1 \end{pmatrix}.$$

仔细计算后得到方程组的通解为

$$\boldsymbol{x}(k)=\begin{pmatrix}2^k & 1-2^k & 1-2^k\\ -1+2^k & 2-2^k & 1-2^k\\ 1-2^k & -1+2^k & 2^k\end{pmatrix}\begin{pmatrix}x_1^0\\ x_2^0\\ x_3^0\end{pmatrix}.$$

对一些对角化有困难的矩阵, 我们可以用下面的方法计算 A^k, 其思想与常微分方程组中计算 e^{At} 的过程类似. 矩阵 A 的特征方程为

$$p(\lambda)=\lambda^n+a_1\lambda^{n-1}+a_2\lambda^{n-2}+\cdots+a_{n-1}\lambda+a_n=0.$$

记特征方程的根为 $\lambda_j\ (j=1,2,\cdots,n)$, 则矩阵 A 的特征多项式可以写为

$$p(\lambda)=\prod_{j=1}^{n}(\lambda-\lambda_j).$$

由 **Cayley-Hamilton 定理** 知, 每一个矩阵 A 满足它的特征方程, 即

$$p(A)=A^n+a_1A^{n-1}+a_2A^{n-2}+\cdots+a_{n-1}A+a_nI=0,$$

或者

$$p(A)=\prod_{j=1}^{n}(A-\lambda_jI)=0.$$

这表明, A^n 可以通过 A^{n-1}, A^{n-2}, $\cdots$, A 和 I 的线性组合表示:

$$A^n=-a_1A^{n-1}-a_2A^{n-2}-\cdots-a_{n-1}A-a_nI.$$

注意到

$$A^{n+1}=AA^n=-a_1A^n-a_2A^{n-1}-\cdots-a_{n-1}A^2-a_nA.$$

再将 A^n 的表达式代入后得到

$$A^{n+1}=(a_1^2-a_2)A^{n-1}+(a_1a_2-a_3)A^{n-2}+\cdots+(a_1a_{n-1}-a_n)A+a_1a_nI.$$

重复这个过程, 我们可以将 $A^k\ (k>n-1)$ 用 A^{n-1}, A^{n-2}, $\cdots$, A 和 I 的线性组合表示出来.

为了便于计算, 定义

$$M(0)=I,\quad M(j)=(A-\lambda_jI)M(j-1),\quad j=1,2,\cdots.$$

由 $M(1)=(A-\lambda_1I)M(0)=A-\lambda_1I$ 得到, $A=M(1)+\lambda_1I$. 同理

$$M(2)=(A-\lambda_2I)M(1)=(A-\lambda_2I)(A-\lambda_1I)=A^2-(\lambda_1+\lambda_2)A+\lambda_1\lambda_2I.$$

所以, A^2 是 $M(0)$, $M(1)$ 和 $M(2)$ 的线性组合. 同理可以归纳得到 $A^{n-1}, A^{n-2}, \cdots$, A 和 I 都可以由 $M(n-1), M(n-2), \cdots, M(1)$ 和 $M(0)$ 的线性组合表示出来. 所以, 我们可以把A^k 用 $M(n-1), M(n-2), \cdots, M(1)$ 和 $M(0)$ 的线性组合表示出来, 这些组合的系数当然和 k 有关. 记 $A^k = \sum\limits_{j=1}^{n} u_j(k)M(j-1)$. 只要能给出$u_j(k)$ 的表达式, 就可以给出 A^k, 从而得到常系数线性齐次差分方程组解的具体形式. 注意到等式

$$A^0 = I = u_1(0)M(0) + u_2(0)M(1) + u_3(0)M(2) + \cdots + u_n(0)M(n-1).$$

我们可以取

$$u_1(0) = 1, \quad u_2(0) = 0, \quad \cdots, \quad u_n(0) = 0.$$

由 $A^{k+1} = AA^k$ 和 A^k 的表达式得到

$$A^{k+1} = \sum_{j=1}^{n} u_j(k+1)M(j-1) = AA^k = \sum_{j=1}^{n} u_j(k)AM(j-1),$$

再利用 $M(j)$ 的递推关系得到 $AM(j-1) = M(j) + \lambda_j M(j-1)$. 代入上面的等式得到

$$\sum_{j=1}^{n} u_j(k+1)M(j-1) = \sum_{j=1}^{n} u_j(k)(M(j) + \lambda_j M(j-1)).$$

比较此式中 $M(j)$ 的系数得到

$$\begin{aligned}
&u_1(k+1) = \lambda_1 u_1(k), && u_1(0) = 1, \\
&u_2(k+1) = \lambda_2 u_2(k) + u_1(k), && u_2(0) = 0, \\
&u_3(k+1) = \lambda_3 u_3(k) + u_2(k), && u_3(0) = 0, \\
&\cdots \\
&u_n(k+1) = \lambda_n u_n(k) + u_{n-1}(k), && u_n(0) = 0.
\end{aligned} \tag{2.3.4}$$

方程组 (2.3.4) 的解为

$$\begin{aligned}
&u_1(k) = \lambda_1^k, && k = 0, 1, 2, \cdots, \\
&u_j(k) = \sum_{i=0}^{k-1} \lambda_j^{k-1-i} u_{j-1}(i), && j = 2, 3, \cdots, n.
\end{aligned} \tag{2.3.5}$$

利用这些表达式, 就可以推得 A^k 的表达式.

例 2.3.2 已知 $A=\begin{pmatrix}0&1&1\\-2&3&1\\-3&1&4\end{pmatrix}$, 求 A^k, 并解方程组 $\boldsymbol{x}(k+1)=A\boldsymbol{x}(k)$.

解 A 的特征方程为

$$p(\lambda)=\lambda^3-7\lambda^2+16\lambda-12=(\lambda-2)^2(\lambda-3)=0.$$

$p(\lambda)=0$ 的三个根分别为 $\lambda_1=2, \lambda_2=2, \lambda_3=3$. 按照前面的流程和方法计算得到

$$M(0)=\begin{pmatrix}1&0&0\\0&1&0\\0&0&1\end{pmatrix},\quad M(1)=(A-2I)M(0)=\begin{pmatrix}-2&1&1\\-2&1&1\\-3&1&2\end{pmatrix},$$

$$M(2)=(A-\lambda_2 I)M(1)=(A-2I)\begin{pmatrix}-2&1&1\\-2&1&1\\-3&1&2\end{pmatrix}=\begin{pmatrix}-1&0&1\\-1&0&1\\-2&0&2\end{pmatrix}.$$

分别计算 $u_j(k)$ 得到

$$\begin{aligned}
u_1(k)&=2^k,\\
u_2(k)&=\sum_{i=0}^{k-1}2^{k-1-i}\cdot 2^i=k2^{k-1},\\
u_3(k)&=\sum_{i=0}^{k-1}3^{k-1-i}\cdot i2^{i-1}=\frac{3^{k-1}}{2}\sum_{i=0}^{k-1}i\left(\frac{2}{3}\right)^i=3^k-k\cdot 2^{k-1}-2^k.
\end{aligned}$$

再代入后得到 A^k 的表达式如下:

$$\begin{aligned}
A^k&=\sum_{j=1}^{3}u_j(k)M(j-1)\\
&=\begin{pmatrix}2^{k+1}-3^k-k2^{k-1} & k2^{k-1} & -2^k+3^k\\ 2^k-3^k-k2^{k-1} & (k+2)2^{k-1} & -2^k+3^k\\ 2^{k+1}-2\cdot 3^k-k2^{k-1} & k2^{k-1} & -2^k+2\cdot 3^k\end{pmatrix}.
\end{aligned}$$

从 A^k 的表达式就容易得到 $\boldsymbol{x}(k)=A^k\boldsymbol{x}(0)$.

例 2.3.3 已知$A=\begin{pmatrix}4&1&2\\0&2&-4\\0&1&6\end{pmatrix}$, 求 A^k, 并解方程组 $\boldsymbol{x}(k+1)=A\boldsymbol{x}(k)$.

解 A 的特征方程为

$$p(\lambda)=\begin{vmatrix}\lambda-4 & -1 & -2\\ 0 & \lambda-2 & 4\\ 0 & -1 & \lambda-6\end{vmatrix}=(\lambda-4)^3=0.$$

$\lambda=4$ 是特征方程的三重根. 按照 $M(j)$ 的定义方法计算得到 $M(0)=I$,

$$M(1)=(A-4I)M(0)=\begin{pmatrix}0 & 1 & 2\\ 0 & -2 & -4\\ 0 & 1 & 2\end{pmatrix},$$

$$M(2)=(A-4I)M(1)=\begin{pmatrix}0 & 0 & 0\\ 0 & 0 & 0\\ 0 & 0 & 0\end{pmatrix}.$$

由 $u_j(k)$ 满足的方程组得到

$$u_1(k)=4^k,\quad u_2(k)=k4^{k-1}\quad u_3(k)=\frac{k(k-1)}{2}\cdot 4^{k-2}.$$

再代入后得到 A^k 的表达式

$$A^k=\sum_{j=1}^{3}u_j(k)M(j-1)=u_1(k)I+u_2(k)M(1).$$

代入 $M(j)$ 和 $u_j(k)$ 具体的表达式计算后得到方程组的解为

$$\boldsymbol{x}(k)=A^k\boldsymbol{x}(0)=\begin{pmatrix}4^k & k4^{k-1} & 2k4^{k-1}\\ 0 & 4^k-2k4^{k-1} & -k4^k\\ 0 & k4^{k-1} & 4^k+2k\cdot 4^{k-1}\end{pmatrix}\boldsymbol{x}(0).$$

2.3.2　线性差分方程组的一般理论

考虑下面的非齐次线性方程组

$$\boldsymbol{x}(k+1)=A(k)\boldsymbol{x}(k)+\boldsymbol{g}(k) \tag{2.3.6}$$

和它所对应的齐次方程组

$$\boldsymbol{x}(k+1)=A(k)\boldsymbol{x}(k). \tag{2.3.7}$$

我们假设矩阵 $A(k)$ 对所有的 $k\in N(k_0)$ 都是非奇异的, 即 $\det A(k)\neq 0$ ($k=k_0,k_0+1,k_0+2,\cdots$) . 在这个假设下我们将给出这两个方程组解的结构, 这有助于求它们的通解或特解. 先看下面的一个例子.

例 2.3.4 求下面的线性方程组

$$\boldsymbol{x}(k+1)=\begin{pmatrix} 2 & k+1 \\ 2^{-k} & 2 \end{pmatrix}\boldsymbol{x}(k)+\begin{pmatrix} -k(k+1)2^k \\ 2^{k+1}-1 \end{pmatrix}$$

满足 $x_1(0)=1$ 和 $x_2(0)=0$ 的解.

解 将初始值 $\boldsymbol{x}(0)=(1,0)^\tau$ 代入递推计算得到

$$\boldsymbol{x}(1)=\begin{pmatrix} 2 & 1 \\ 1 & 2 \end{pmatrix}\begin{pmatrix} 1 \\ 0 \end{pmatrix}+\begin{pmatrix} 0 \\ 1 \end{pmatrix}=\begin{pmatrix} 2 \\ 2 \end{pmatrix},$$

$$\boldsymbol{x}(2)=\begin{pmatrix} 2 & 2 \\ 2^{-1} & 2 \end{pmatrix}\begin{pmatrix} 2 \\ 2 \end{pmatrix}+\begin{pmatrix} -4 \\ 3 \end{pmatrix}=\begin{pmatrix} 4 \\ 8 \end{pmatrix},$$

$$\boldsymbol{x}(3)=\begin{pmatrix} 2 & 3 \\ 2^{-2} & 2 \end{pmatrix}\begin{pmatrix} 4 \\ 8 \end{pmatrix}+\begin{pmatrix} -24 \\ 7 \end{pmatrix}=\begin{pmatrix} 8 \\ 24 \end{pmatrix}.$$

总结规律, 再验证得到该差分方程组满足给定初始条件的解为 $x_1(k)=2^k$, $x_2(k)=k\cdot 2^k$.

线性差分方程组的一般理论与线性微分方程组的十分类似, 可以平行地移植过来. 差分方程组初始值问题解的存在唯一性显然, 即对任意给定的 $\boldsymbol{x}_0\in R^n$ 和 $k_0\in N$, 方程组 (2.3.6) 有唯一的解 $\boldsymbol{x}=\boldsymbol{x}(k,k_0,\boldsymbol{x}_0)$. 解对初始值及参数的依赖性也不难得到. 我们主要针对解的结构和可加性进行讨论. 先给出向量函数组线性相关和线性无关的定义.

定义 2.3.1 (线性无关) 设 $\boldsymbol{x}_1(k), \boldsymbol{x}_2(k),\cdots,\boldsymbol{x}_n(k)$ 是线性齐次差分方程组 (2.3.7) 的 n 个解, 若对所有的 $k\geqslant k_0$, 当 $c_1\boldsymbol{x}_1(k)+c_2\boldsymbol{x}_2(k)+\cdots+c_n\boldsymbol{x}_n(k)=0$ 时必定能推出 $c_1=c_2=\cdots=c_n=0$, 则称这 n 个解 $\boldsymbol{x}_1(k), \boldsymbol{x}_2(k),\cdots,\boldsymbol{x}_n(k)$ 是线性无关的.

对方程组 (2.3.7) 的解 $\boldsymbol{x}_1(k), \boldsymbol{x}_2(k),\cdots,\boldsymbol{x}_n(k)$, 定义矩阵

$$\Phi(k)=(\boldsymbol{x}_1(k),\boldsymbol{x}_2(k),\cdots,\boldsymbol{x}_n(k)).$$

由于矩阵 $\Phi(k)$ 第 j $(j=1,2,\cdots,n)$ 列的函数 $\boldsymbol{x}_j(k)$ 满足 $\boldsymbol{x}_j(k+1)=A(k)\boldsymbol{x}_j(k)$, 所以矩阵 $\Phi(k)$ 满足方程

$$\Phi(k+1)=A(k)\Phi(k).$$

定义 2.3.2(基本解矩阵) 当 $\Phi(k)$ 对所有的 $k\geqslant k_0$ 是非奇异矩阵时, 称 $\Phi(k)$ 是齐次方程组 (2.3.7) 的基本解矩阵.

首先指出, 齐次方程组 (2.3.7) 一定有基本解矩阵. 事实上,

$$\Phi(k)=\prod_{j=k_0}^{k-1}A(j),\quad \Phi(k_0)=I$$

就是一个基本解矩阵. 还必须指出, 齐次方程组 (2.3.7) 的基本解矩阵有很多. 当 $\Phi(k)$ 是基本解矩阵时, 对所有的非奇异矩阵 C, $\Phi(k)C$ 也是基本解矩阵. 对于一个基本解矩阵 $\Phi(k)$, 可以选取 $C=\Phi^{-1}(k_0)$, 使得 $\Psi(k)=\Phi(k)\Phi^{-1}(k_0)$, 满足 $\Psi(k_0)=I$. 而且, 满足 $\Phi(k_0)=I$ 的基本解矩阵是唯一的. 我们称满足 $\Psi(k_0)=I$ 的基本解矩阵 $\Psi(k)$ 为标准基本解矩阵.

定理 2.3.1　设 $\Phi(k)$ 是方程组 (2.3.7) 的基本解矩阵, 则

$$\det(\Phi(k))=\left(\prod_{j=k_0}^{k-1}\det(A(j))\right)\det(\Phi(k_0)).$$

特别地, 当 $A(k)=A$ 是一个常数矩阵时,

$$\det(\Phi(k))=(\det A)^{k-k_0}\det(\Phi(k_0)).$$

证明　由基本解矩阵的定义知道, $\prod\limits_{j=k_0}^{k-1}A(j)$ 也是方程组 (2.3.7) 的基本解矩阵. 容易验证, $\prod\limits_{j=k_0}^{k-1}A(j)\Phi(k_0)$ 也是方程组 (2.3.7) 的基本解矩阵. 当 $k=k_0$ 时, $\prod\limits_{j=k_0}^{k-1}A(j)\Phi(k_0)=\Phi(k_0)$, 且 $\Phi(k)=\Phi(k_0)$. 由差分方程组初始值问题解的存在唯一性知道, $\Phi(k)=\prod\limits_{j=k_0}^{k-1}A(j)\Phi(k_0)$. 再利用行列式的性质, 就可以得到定理 2.3.1 的结论. □

对任意一个基本解矩阵 $\Phi(k)$, 当 $k\geqslant m\geqslant k_0$ 时, 我们定义 $\Phi(k)$ 的一个变换矩阵 $\Phi(k,m)=\Phi(k)\Phi^{-1}(m)$, 则 $\Phi(k,m)=\Phi(k)\Phi^{-1}(m)$ 具有下面的性质.

定理 2.3.2　设 $\Phi(k)$ 是方程组 (2.3.7) 的基本解矩阵, 则

(i) $\Phi(k,m)$满足矩阵方程 $\Phi(k+1,m)=A(k)\Phi(k,m)$;

(ii) $\Phi(k,m)=\prod\limits_{j=m}^{k-1}A(j)$;

(iii) 当 $k\geqslant r\geqslant m$ 时, $\Phi(k,m)=\Phi(k,r)\Phi(r,m)$.

证明　由基本解矩阵的定义知道, $\Phi(k)$ 满足 $\Phi(k+1)=A(k)\Phi(k)$.

$$\Phi(k+1,m)=\Phi(k+1)\Phi^{-1}(m)=A(k)\Phi(k)\Phi^{-1}(m)=A(k)\Phi(k,m),$$

定理 2.3.2 的 (i) 满足. 由于 $\prod\limits_{j=k_0}^{k-1}A(j)$ 是方程组 (2.3.7) 的一个基本解矩阵, $\Phi(k_0)$ 是一个非奇异常数矩阵, $\prod\limits_{j=k_0}^{k-1}A(j)\Phi(k_0)$ 也是方程组 (2.3.7) 的一个基本解矩阵. 注意到

$k=k_0$ 时, $\Phi(k)=\Phi(k_0)$, 且 $\prod_{j=k_0}^{k-1}A(j)\Phi(k_0)=\Phi(k_0)$. 所以有 $\Phi(k)=\prod_{j=k_0}^{k-1}A(j)\Phi(k_0)$.

$$\Phi(k,m)=\prod_{j=k_0}^{k-1}A(j)\Phi(k_0)\left(\prod_{j=k_0}^{m-1}A(j)\Phi(k_0)\right)^{-1}=\prod_{j=m}^{k-1}A(j).$$

定理 2.3.2 的 (ii) 成立. 定理 2.3.2 的 (iii) 可以由 (ii) 直接推出. □

下面讨论齐次差分方程组的含有 n 个任意常数的通解, 方程组的任意一个解可以通过适当的选取这些常数用通解表示出来.

定理 2.3.3 差分方程组 (2.3.7) 一定有 n 个线性无关的解, 它的任意一个解可以由这些解的线性组合得到.

证明 令 $\boldsymbol{e}_1, \boldsymbol{e}_2, \cdots, \boldsymbol{e}_n$ 是 R^n 中的单位基向量, 即

$$\boldsymbol{e}_1=\begin{pmatrix}1\\0\\\vdots\\0\end{pmatrix},\quad \boldsymbol{e}_2=\begin{pmatrix}0\\1\\\vdots\\0\end{pmatrix},\quad \cdots,\quad \boldsymbol{e}_n=\begin{pmatrix}0\\0\\\vdots\\1\end{pmatrix}.$$

记差分方程组 (2.3.7) 满足初始值 $\boldsymbol{x}(k_0)=\boldsymbol{e}_j$ 的解为 $\boldsymbol{x}_j(k)$ $(j=1,2,\cdots,n)$. 这些解存在唯一, 且它们是线性无关的. 事实上, 如果有常数 $c_1, c_2, \cdots, c_n$, 使得

$$c_1\boldsymbol{x}_1(k)+c_2\boldsymbol{x}_2(k)+\cdots+c_n\boldsymbol{x}_n(k)=0$$

对所有的 $k\geqslant k_0$ 成立, 则该等式当 $k=k_0$ 必须成立. 由 $\boldsymbol{x}_j(k_0)=\boldsymbol{e}_j$ 的选取推出, 所有常数 c_j 都必须为零.

若 $\boldsymbol{x}(k)$ 是齐次差分方程组 (2.3.7) 的任意一个解, 则 $\boldsymbol{x}(k_0)$ 是确定的常数向量. 考虑关于未知元 c_j 的方程组

$$c_1\boldsymbol{x}_1(k_0)+c_2\boldsymbol{x}_2(k_0)+\cdots+c_n\boldsymbol{x}_n(k_0)=\boldsymbol{x}(k_0).$$

这个方程组的系数行列式为单位矩阵, 所以它有唯一的解 $c_j=c_j^*$ $(j=1,2,\cdots,n)$. 令

$$\boldsymbol{\phi}(k)=c_1^*\boldsymbol{x}_1(k)+c_2^*\boldsymbol{x}_2(k)+\cdots+c_n^*\boldsymbol{x}_n(k).$$

由于每个 $\boldsymbol{x}_j(k)$ 是方程组 (2.3.7) 的解, 且 (2.3.7) 是线性齐次方程组, 所以 $\boldsymbol{\phi}(k)$ 也是该方程组的解, 且 $\boldsymbol{\phi}(k_0)=\boldsymbol{x}(k_0)$. 由差分方程组初始值问题解的存在唯一性知道, $\boldsymbol{\phi}(k)=\boldsymbol{x}(k)$, 即方程组的解 $\boldsymbol{x}(k)$ 是这些线性无关解 $\boldsymbol{x}_j(k)$ 的一个组合. □

将定理 2.3.3 证明过程中得到的 n 个解 $\boldsymbol{x}_j(k)$ 作为列向量, 就得到了线性齐次差分方程组 (2.3.7) 的一个基本解矩阵,

$$\Psi(k)=(\boldsymbol{x}_1(k),\boldsymbol{x}_2(k),\cdots,\boldsymbol{x}_n(k)).$$

而且 $\Psi(k)$ 是一个标准基本解矩阵. 方程组 (2.3.7) 的通解可以写为

$$\boldsymbol{x}(k)=\Psi(k)\boldsymbol{c},$$

其中, $\boldsymbol{c}$ 是常数向量. 由于方程组 (2.3.7) 任意 n 个线性无关的解都可以组成它的基本解矩阵 $\Phi(k)$, 且有常数矩阵 B, 使得 $\Phi(k)B=\Psi(k)$. 由于方程组 (2.3.7) 的任意一个解都可以表示为 $\boldsymbol{x}(k)=\Psi(k)\boldsymbol{c}$, 这个解可以表示为 $\boldsymbol{x}(k)=\Phi(k)B\boldsymbol{c}$. 即线性齐次方程组 (2.3.7) 的一个解可以由任意 n 个线性无关解的组合表示. 所以 (2.3.7) 求解的主要任务是寻找它的 n 个线性无关的解, 这 n 个无关解的线性组合就是方程组的通解. 在解决了线性齐次差分方程组的求解问题之后, 我们给出非齐次差分方程组解的结构定理.

定理 2.3.4 设 $\Phi(k)$ 是齐次差分方程组 (2.3.7) 的一个基本解矩阵, 则非齐次差分方程组 (2.3.6) 的通解为

$$\boldsymbol{x}(k)=\Phi(k)\boldsymbol{c}+\boldsymbol{x}_p(k),$$

其中, $\boldsymbol{c}$ 是常数向量, $\boldsymbol{x}_p(k)$ 是非齐次差分方程组 (2.3.6) 的一个解.

证明 由 $\Phi(k)$, $\boldsymbol{c}$ 和 $\boldsymbol{x}_p(k)$ 的定义知道,

$$\boldsymbol{x}(k+1)=\Phi(k+1)\boldsymbol{c}+\boldsymbol{x}_p(k+1)=A\Phi(k)\boldsymbol{c}+A\boldsymbol{x}_p(k)+\boldsymbol{g}(k)=A\boldsymbol{x}(k)+\boldsymbol{g}(k).$$

所以, $\boldsymbol{x}(k)=\Phi(k)\boldsymbol{c}+\boldsymbol{x}_p(k)$ 是非齐次差分方程组 (2.3.6) 的一个解.

另一方面, 若 $\boldsymbol{y}(k)$ 是非齐次差分方程组 (2.3.6) 的一个解, 则 $\boldsymbol{z}(k)=\boldsymbol{y}(k)-\boldsymbol{x}_p(k)$ 是齐次差分方程组 (2.3.7) 的一个解. 由定理 2.3.3 知, 一定有常数向量 $\boldsymbol{c}$, 使得 $\boldsymbol{z}(k)=\Phi(k)\boldsymbol{c}$. 所以

$$\boldsymbol{y}(k)=\boldsymbol{z}(k)+\boldsymbol{x}_p(k)=\Phi(k)\boldsymbol{c}+\boldsymbol{x}_p(k).$$

这表明, 非齐次差分方程组 (2.3.6) 的任意一个解都可以表示为齐次方程组的通解和非齐次方程组的特解之和. □

定理 2.3.4 给出了线性非齐次差分方程组解的结构: 非齐次方程组的解是齐次的通解与非齐次的特解之和. 这也告诉我们求解非线性齐次差分方程组的求解步骤: 先求出对应的齐次方程组的通解, 再求出非齐次差分方程组的一个解, 最后写出它们的和即可.

2.3.3 常系数线性齐次差分方程组的解

当 $A(k)$ 是常数矩阵时, 差分方程组 (2.3.7) 就是常系数的线性齐次差分方程组 $\boldsymbol{x}(k+1)=A\boldsymbol{x}(k)$. 除了这一节开始时介绍的通过计算 A^k 来寻求方程组 $\boldsymbol{x}(k+1)=A\boldsymbol{x}(k)$ 的通解外, 我们根据经验和适当的猜想来求出方程组 $\boldsymbol{x}(k+1)=A\boldsymbol{x}(k)$ 的通解.

我们猜想方程组 $\boldsymbol{x}(k+1)=A\boldsymbol{x}(k)$ 有形如 $\boldsymbol{x}(k)=\boldsymbol{v}\lambda^k$ 的解, 其中, λ 是常数, $\boldsymbol{v}$ 为常数向量. 将 $\boldsymbol{x}(k)=\boldsymbol{v}\lambda^k$ 代入方程组 $\boldsymbol{x}(k+1)=A\boldsymbol{x}(k)$ 得到

$$\boldsymbol{x}(k+1)=\boldsymbol{v}\lambda^{k+1}=A\boldsymbol{x}(k)=A\boldsymbol{v}\lambda^k.$$

整理后得到, $\boldsymbol{v}$ 和 λ 满足的方程为 $A\boldsymbol{v}=\lambda\boldsymbol{v}$. 这表明, λ 和 $\boldsymbol{v}$ 分别是矩阵 A 的特征值和特征向量. 反之, 如果 $\boldsymbol{v}$ 是矩阵 A 属于特征值 λ 的特征向量, 则, $\boldsymbol{x}(k)=\boldsymbol{v}\lambda^k$ 一定是方程组 $\boldsymbol{x}(k+1)=A\boldsymbol{x}(k)$ 的解. 这样, 我们就把方程组 $\boldsymbol{x}(k+1)=A\boldsymbol{x}(k)$ 的求解转化为寻找矩阵 A 的特征值和特征向量的问题. 根据矩阵 A 的特征值和特征向量的不同情况, 分下面几种情况介绍.

情形 1 A 的特征值是实数, 且 A 有 n 个线性无关的特征向量.

当矩阵 A 的特征值都是实数, 且有 n 个线性无关的特征向量时, 方程组 $\boldsymbol{x}(k+1)=A\boldsymbol{x}(k)$ 的通解就可以通过它们的线性组合给出. 其具体形式为

$$\boldsymbol{x}(k)=c_1\boldsymbol{v}_1\lambda_1^k+c_2\boldsymbol{v}_2\lambda_2^k+\cdots+c_n\boldsymbol{v}\lambda_n^k.$$

其中, λ_j 是矩阵 A 的特征值, $\boldsymbol{v}_j$ 是矩阵 A 属于 λ_j 的特征向量. 这包括了两种情况, 矩阵 A 的特征值 λ_j 互不相同, 或者矩阵 A 的特征方程有重根 λ_j, 但矩阵 A 属于重根 λ_j 的线性无关的特征向量的个数与 λ_j 的重数相同. 下面的例子给出矩阵 A 的特征根是互不相同的实根时的求解过程.

例 2.3.5 求方程组 $\boldsymbol{x}(k+1)=A\boldsymbol{x}(k)$ 的通解, 其中 $A=\begin{pmatrix}6&-3\\2&1\end{pmatrix}$.

解 矩阵 A 的特征方程为

$$|A-\lambda I|=\lambda^2-7\lambda+12=(\lambda-3)(\lambda-4)=0.$$

矩阵 A 的两个特征根分别为 $\lambda_1=3$ 和 $\lambda_2=4$. 由特征向量所满足的方程组得到属于特征值 $\lambda_1=3$ 和 $\lambda_2=4$ 的特征向量分别为

$$\boldsymbol{v}_1=\begin{pmatrix}1\\1\end{pmatrix},\quad \boldsymbol{v}_2=\begin{pmatrix}3\\2\end{pmatrix}.$$

所以, 方程组 $\boldsymbol{x}(k+1)=A\boldsymbol{x}(k)$ 的通解为

$$\boldsymbol{x}(k)=c_1\begin{pmatrix}1\\1\end{pmatrix}3^k+c_2\begin{pmatrix}3\\2\end{pmatrix}4^k.$$

接下来给出矩阵 A 的特征方程有重根 λ_j, 并且属于重根的线性无关的特征向量的个数与重数相同时的求解过程.

例 2.3.6 求方程组 $\boldsymbol{x}(k+1)=A\boldsymbol{x}(k)$ 的通解, 其中 $A=\begin{pmatrix}2&2&1\\1&3&1\\1&2&2\end{pmatrix}$.

解　矩阵 A 的特征方程为 $|A-\lambda I|=(\lambda-1)^2(\lambda-5)=0$. 特征值为 $\lambda_1=\lambda_2=1$, $\lambda_3=5$. 特征向量分别为

$$v_1=\begin{pmatrix}1\\0\\-1\end{pmatrix},\quad v_2=\begin{pmatrix}0\\1\\-2\end{pmatrix},\quad v_3=\begin{pmatrix}1\\1\\1\end{pmatrix}.$$

1 是矩阵 A 的特征方程的二重根, 并且属于特征值 1 的线性无关的特征向量有两个, 它们是 v_1 和 v_2, v_1 和 v_2 线性无关. 于是, 方程组的通解为

$$x(k)=c_1\begin{pmatrix}1\\0\\-1\end{pmatrix}+c_2\begin{pmatrix}0\\1\\-2\end{pmatrix}+c_3\begin{pmatrix}1\\1\\1\end{pmatrix}5^k.$$

情形 2　A 的特征值中有复根, 且 A 有 n 个线性无关的特征向量.

按照情形 1 的方法可以给出方程组 $x(k+1)=Ax(k)$ 的通解. 但这样得到的通解中往往有复数, 我们再将其重新组合, 给出实的通解即可. 在具体实施时, 一般是取一个复解的实部和虚部来组成线性无关的解.

例 2.3.7　求方程组 $x(k+1)=Ax(k)$ 的通解, 其中 $A=\begin{pmatrix}1&-5\\2&-1\end{pmatrix}$.

解　矩阵 A 的特征方程为

$$|A-\lambda I|=\lambda^2+9=(\lambda-3i)(\lambda+3i)=0.$$

矩阵 A 的两个特征根分别为 $\lambda_1=3i$ 和 $\lambda_2=-3i$. 由特征向量所满足的方程组得到属于特征值 $\lambda_1=3i$ 和 $\lambda_2=-3i$ 的特征向量分别为

$$v_1=\begin{pmatrix}5\\1-3i\end{pmatrix},\quad v_2=\begin{pmatrix}5\\1+3i\end{pmatrix}.$$

所以, 方程组 $x(k+1)=Ax(k)$ 的通解为

$$x(k)=c_1\begin{pmatrix}5\\1-3i\end{pmatrix}(3i)^k+c_2\begin{pmatrix}5\\1+3i\end{pmatrix}(-3i)^k.$$

我们习惯上总是给出实的通解, 在这个通解中出现了复数, 就需要根据复数的运算规律进行一点转换. 注意到

$$\begin{pmatrix}5\\1-3i\end{pmatrix}(3i)^k=3^k\left(\begin{pmatrix}5\\1\end{pmatrix}-\begin{pmatrix}0\\3\end{pmatrix}i\right)\left(\cos\left(\frac{k\pi}{2}\right)+i\sin\left(\frac{k\pi}{2}\right)\right).$$

进一步整理得到这个复函数的实部和虚部分别为

$$\boldsymbol{u}(k)=3^k\left(\begin{pmatrix}5\\1\end{pmatrix}\cos\left(\frac{k\pi}{2}\right)+\begin{pmatrix}0\\3\end{pmatrix}\sin\left(\frac{k\pi}{2}\right)\right),$$
$$\boldsymbol{v}(k)=3^k\left(\begin{pmatrix}5\\1\end{pmatrix}\sin\left(\frac{k\pi}{2}\right)-\begin{pmatrix}0\\3\end{pmatrix}\cos\left(\frac{k\pi}{2}\right)\right).$$

原方程组实的通解为

$$\boldsymbol{x}(k)=c_1\boldsymbol{u}(k)+c_2\boldsymbol{v}(k).$$

例 2.3.8 求方程组 $\boldsymbol{x}(k+1)=A\boldsymbol{x}(k)$ 的通解, 其中 $A=\begin{pmatrix}-2&1&0\\-5&2&1\\-2&-2&2\end{pmatrix}$.

解 矩阵 A 的特征方程为 $|A-\lambda I|=(\lambda+1)(\lambda^2-2\lambda+5)=0$. 矩阵 A 的特征值分别为 $\lambda_1=-1$, $\lambda_2=1+2i$ 和 $\lambda_3=1-2i$. 属于特征值 -1 的特征向量是 $\boldsymbol{w}=(1,1,2)^\tau$. 从 $\lambda_2=1+2i$ 得特征向量所满足的方程

$$A(\boldsymbol{u}+i\boldsymbol{v})=(1+2i)(\boldsymbol{u}+i\boldsymbol{v})$$

得到 $\boldsymbol{u}=(1,3,-2)^\tau$, $\boldsymbol{v}=(0,2,4)^\tau$. 同理求得属于特征值 $\lambda_3=1-2i$ 的特征向量为 $\boldsymbol{u}-i\boldsymbol{v}$. 于是, 方程组的通解为

$$\boldsymbol{x}(k)=c_1\boldsymbol{w}(-1)^k+c_2(\boldsymbol{u}+i\boldsymbol{v})(1+2i)^k+c_3(\boldsymbol{u}-i\boldsymbol{v})(1-2i)^k.$$

这个通解中也含有复变量, 习惯上我们需要给出其实的形式. 这就需要我们对后面的两个复解重新组合, 或者分离出复解的实部和虚部. 注意到

$$(\boldsymbol{u}+i\boldsymbol{v})(1+2i)^k=(\boldsymbol{u}+i\boldsymbol{v})\left(\sqrt{5}e^{i\theta}\right)^k=5^{k/2}(\boldsymbol{u}+i\boldsymbol{v})(\cos(k\theta)+i\sin(k\theta)).$$

其中, $\tan\theta=2$. $(\boldsymbol{u}+i\boldsymbol{v})(1+2i)^k$ 的实部和虚部为别为

$$5^{k/2}(\boldsymbol{u}\cos(k\theta)-\boldsymbol{v}\sin(k\theta)) \quad 和 \quad 5^{k/2}(\boldsymbol{u}\sin(k\theta)+\boldsymbol{v}\cos(k\theta)).$$

将 $\boldsymbol{w}$, $\boldsymbol{u}$ 和 $\boldsymbol{v}$ 的值代入得到原方程组三个线性无关的解分别为

$$\boldsymbol{x}_1(k)=(-1)^k\begin{pmatrix}1\\1\\2\end{pmatrix},\quad \boldsymbol{x}_2(k)=5^{k/2}\left(\cos k\theta\begin{pmatrix}1\\3\\-2\end{pmatrix}-\sin k\theta\begin{pmatrix}0\\2\\4\end{pmatrix}\right),$$

$$\boldsymbol{x}_3(k)=5^{k/2}\left(\sin k\theta\begin{pmatrix}1\\3\\-2\end{pmatrix}+\cos k\theta\begin{pmatrix}0\\2\\4\end{pmatrix}\right).$$

最后, 方程组实的通解是

$$\boldsymbol{x}(k) = c_1x_1(k) + c_2x_2(k) + c_3x_3(k).$$

对线性齐次差分方程组 $\boldsymbol{x}(k+1) = A\boldsymbol{x}(k)$, 其中 $A = \begin{pmatrix} 1 & -5 \\ 1 & -1 \end{pmatrix}$, 用类似的方法可以得到特征值分别为 $\lambda_1 = 2i$ 和 $\lambda_2 = -2i$. 方程组有解 $\boldsymbol{x}(k) = (2i)^k \begin{pmatrix} \frac{1}{5} - \frac{2i}{5} \\ 1 \end{pmatrix}$, 重新组合后得到其通解为

$$\boldsymbol{x}(k) = 2^k \begin{pmatrix} \left(\frac{c_1}{5} - \frac{2c_2}{5}\right)\cos\frac{k\pi}{2} + \left(\frac{2c_1}{5} + \frac{c_2}{5}\right)\sin\frac{k\pi}{2} \\ c_1\cos\frac{k\pi}{2} + c_2\sin\frac{k\pi}{2} \end{pmatrix}.$$

情形 3 A 的特征值有重根, 且 A 的线性无关的特征向量的个数小于 n.

这种情况发生在矩阵 A 的特征方程有重根, 但这个根所对应的线性无关的特征向量的个数小于根的重数. 此时, 与这个特征根所对应的差分方程组 $\boldsymbol{x}(k+1) = A\boldsymbol{x}(k)$ 线性无关解的个数就少于根的重数, 我们需要寻找其他解.

设 λ_1 是矩阵 A 的 r 重特征根, 矩阵 A 属于 λ_1 的线性无关特征向量的个数小于 r. 为了得到方程组 $\boldsymbol{x}(k+1) = A\boldsymbol{x}(k)$ 与 λ_1 相关的 r 个线性无关的解, 我们猜想形如 $(\boldsymbol{u} + k\boldsymbol{v})\lambda_1^k$ 的函数可能是方程组 $\boldsymbol{x}(k+1) = A\boldsymbol{x}(k)$ 的解. 将 $(\boldsymbol{u} + k\boldsymbol{v})\lambda_1^k$ 代入方程组 $\boldsymbol{x}(k+1) = A\boldsymbol{x}(k)$ 后得到

$$(\boldsymbol{u} + (k+1)\boldsymbol{v})\lambda_1^{k+1} = A(\boldsymbol{u} + k\boldsymbol{v})\lambda_1^k.$$

消去这个方程中的因子 λ_1^k, 比较等式两边 k 的同次幂的系数得到

$$A\boldsymbol{v} = \lambda_1\boldsymbol{v}, \quad A\boldsymbol{u} = \lambda_1\boldsymbol{u} + \lambda_1\boldsymbol{v}.$$

或者

$$(A - \lambda_1 I)\boldsymbol{v} = 0, \quad (A - \lambda_1 I)\boldsymbol{u} = \lambda_1\boldsymbol{v}.$$

这表明, $\boldsymbol{v}$ 是矩阵 A 属于特征值 λ_1 的特征向量, $\boldsymbol{u}$ 是矩阵 A 属于特征值 λ_1 的广义的特征向量. 所以, 在这种情况下, 我们用 $(\boldsymbol{u}+k\boldsymbol{v})\lambda_1^k$ 来得到方程组 $\boldsymbol{x}(k+1) = A\boldsymbol{x}(k)$ 的解, 以弥补线性无关的解的不足. 如果形如 $(\boldsymbol{u} + k\boldsymbol{v})\lambda_1^k$ 的解还不足时, 我们可以进一步寻找形如 $(\boldsymbol{u} + k\boldsymbol{v} + k^2\boldsymbol{w})\lambda_1^k$ 的解. 这个过程可以反复进行, 直到最后得到 r 个线性无关的解.

例 2.3.9 求方程组 $\boldsymbol{x}(k+1) = A\boldsymbol{x}(k)$ 的通解, 其中 $A = \begin{pmatrix} 11 & -25 \\ 4 & -9 \end{pmatrix}$.

解 矩阵 A 的特征方程为

$$|A-\lambda I|=(\lambda-11)(\lambda+9)+100=(\lambda-1)^2=0.$$

矩阵 A 的特征根 $\lambda=1$ 是二重根. 对应于矩阵 A 的特征根 $\lambda=1$ 的特征向量的两个分量所满足的方程为

$$10v_1-25v_2=0,\quad 4v_1-10v_2=0.$$

矩阵 A 属于这个 2 重特征值 1 的线性无关的特征向量只有一个, 记为 $\boldsymbol{v}=\begin{pmatrix}5\\2\end{pmatrix}$. 再由方程组 $(A-\lambda I)\boldsymbol{u}=\boldsymbol{v}$ 得到

$$10u_1-25u_2=5,\quad 4u_1-10u_2=2.$$

这个方程组的一个解是 $u_1=3$ 和 $u_2=1$. 所以原方程组的通解为

$$\boldsymbol{x}(k)=c_1\begin{pmatrix}5\\2\end{pmatrix}+c_2\left(\begin{pmatrix}3\\1\end{pmatrix}+k\begin{pmatrix}5\\2\end{pmatrix}\right).$$

例 2.3.10 求方程组 $\boldsymbol{x}(k+1)=A\boldsymbol{x}(k)$ 的通解, 其中 $A=\begin{pmatrix}4&1&2\\0&2&-4\\0&1&6\end{pmatrix}$.

解 矩阵 A 的特征方程为

$$|A-\lambda I|=-(\lambda-4)(\lambda^2-8\lambda+16)=0.$$

该特征方程有一个三重根 $\lambda_1=\lambda_2=\lambda_3=4$. 矩阵 A 属于特征值 4 的特征向量的三个分量所满足的方程为

$$v_2+2v_3=0,\quad -2v_2-4v_3=0,\quad v_2+2v_3=0.$$

该方程组有两个线性无关的解, 即属于特征值 4 的两个独立的特征向量 $\boldsymbol{v}_1$ 和 $\boldsymbol{v}_2$ 分别为

$$\boldsymbol{v}_1=\begin{pmatrix}0\\-2\\1\end{pmatrix},\quad \boldsymbol{v}_2=\begin{pmatrix}1\\-2\\1\end{pmatrix}.$$

这里, 特征值 4 对应的线性无关的特征向量只有两个, 小于它的重数 3. 所以需要计算广义的特征向量 $\boldsymbol{u}$. 矩阵 A 广义的特征向量 $\boldsymbol{u}$ 满足的方程为 $(A-4I)\boldsymbol{u}=4\boldsymbol{v}$, 其中 $\boldsymbol{v}$ 是矩阵 A 的特征向量. 这个问题中有两个线性无关的特征向量, 应该将它

们进行线性组合, $\boldsymbol{v}=\alpha_1\boldsymbol{v}_1+\alpha_2\boldsymbol{v}_2$, 以保证 $(A-4I)\boldsymbol{u}=4\boldsymbol{v}$ 有解. 在这个例子中选取 $\alpha_1=0, \alpha_2=\dfrac{1}{4}$, 广义的特征向量 $\boldsymbol{u}$ 满足的方程为 $(A-4I)\boldsymbol{u}=\boldsymbol{v}_2$, $\boldsymbol{u}$ 的三个分量所满足的方程组为

$$u_2+2u_3=1, \quad -2u_2-4u_3=-2, \quad u_2+2u_3=1.$$

求解得到它的一个解为 $u_1=0, u_2=-1$ 和 $u_3=1$. 所以方程组的通解为

$$\boldsymbol{x}(k)=c_1\begin{pmatrix}0\\-2\\1\end{pmatrix}4^k+c_2\begin{pmatrix}1\\-2\\1\end{pmatrix}4^k+c_3\left(\begin{pmatrix}0\\-1\\1\end{pmatrix}+\frac{k}{4}\begin{pmatrix}1\\-2\\1\end{pmatrix}\right)4^k.$$

整理后得到

$$\boldsymbol{x}(k)=\begin{pmatrix}0 & 4^k & k\cdot 4^k\\ -2\cdot 4^k & -2\cdot 4^k & -2k\cdot 4^k-4^k\\ 4^k & 4^k & k\cdot 4^k+4^k\end{pmatrix}\begin{pmatrix}c_1\\c_2\\c_3\end{pmatrix}.$$

例 2.3.11　求方程组 $\boldsymbol{x}(k+1)=A\boldsymbol{x}(k)$ 的通解, 其中 $A=\begin{pmatrix}1 & 1 & 1\\1 & 3 & -1\\0 & 2 & 2\end{pmatrix}$.

解　矩阵 A 的特征方程为

$$|A-\lambda I|=-(\lambda-2)^3=0.$$

A 的特征根 $\lambda=2$ 是三重根. 特征向量 $\boldsymbol{v}$ 所满足的方程组为

$$\begin{aligned}&-v_1+v_2+v_3=0,\\&v_1+v_2-v_3=0,\\&2v_2=0.\end{aligned}$$

求解得到一个特征向量为 $\boldsymbol{v}=(1,0,1)^\tau$. 方程组 $\boldsymbol{x}(k+1)=A\boldsymbol{x}(k)$ 形如 $\boldsymbol{v}2^k$ 的线性无关的解仅有一个, 我们需要寻找形如 $(\boldsymbol{u}+\boldsymbol{v}k)2^k$ 的解, 代入后比较得到 $\boldsymbol{v}$ 和 $\boldsymbol{u}$ 满足的方程分别为 $(A-2I)\boldsymbol{v}=0$ 和 $(A-2I)\boldsymbol{u}=2\boldsymbol{v}$. 所以, $\boldsymbol{v}$ 和 $\boldsymbol{u}$ 是矩阵 A 的特征向量和广义的特征向量. $\boldsymbol{u}$ 所满足的方程组

$$\begin{aligned}&-u_1+u_2+u_3=2,\\&u_1+u_2-u_3=0,\\&2u_2=2\end{aligned}$$

有一个线性无关的解 $\boldsymbol{u}=(0,1,1)^\tau$. 我们得到方程组的第二个解 $(\boldsymbol{u}+\boldsymbol{v}k)2^k$. 即该方程组的前两个解分别为

$$\boldsymbol{x}_1(k)=\begin{pmatrix}1\\0\\1\end{pmatrix}2^k,\quad \boldsymbol{x}_2(k)=\left(\begin{pmatrix}0\\1\\1\end{pmatrix}+\begin{pmatrix}1\\0\\1\end{pmatrix}k\right)2^k.$$

接下来我们寻找方程组形如 $(\boldsymbol{w}+\boldsymbol{u}k+\boldsymbol{v}k^2)2^k$ 的解. 将这个解代入方程组, 进行整理, 比较 k 的同次幂的系数得到

$$(A-2I)\boldsymbol{v}=0,\quad (A-2I)\boldsymbol{u}=4\boldsymbol{v},\quad (A-2I)\boldsymbol{w}=2\boldsymbol{u}+2\boldsymbol{v}.$$

$\boldsymbol{v}=(1,0,1)^\tau$ 满足 $(A-2I)\boldsymbol{v}=0$, $\boldsymbol{u}=(0,2,2)^\tau$ 满足 $(A-2I)\boldsymbol{u}=4\boldsymbol{v}$, $\boldsymbol{w}=(1,3,0)^\tau$ 满足 $(A-2I)\boldsymbol{w}=2\boldsymbol{u}+2\boldsymbol{v}$. 该方程组的第三个解为

$$\boldsymbol{x}_3(k)=\left(\begin{pmatrix}1\\3\\0\end{pmatrix}+\begin{pmatrix}0\\2\\2\end{pmatrix}k+\begin{pmatrix}1\\0\\1\end{pmatrix}k^2\right)2^k.$$

最后得到该方程组的通解为

$$\boldsymbol{x}(k)=c_1\boldsymbol{x}_1(k)+c_2\boldsymbol{x}_2(k)+c_3\boldsymbol{x}_3(k).$$

2.3.4 线性非齐次差分方程组的解

非齐次差分方程组 (2.3.6) 的任意一个解是齐次方程组的通解和非齐次方程组的特解之和. 一般地, 当我们得到了齐次方程的基本解矩阵后, 可以利用常数变易法得到非齐次差分方程组的特解, 对常系数的方程组和一些特殊的非齐次项, 我们可以用待定系数法求出特解.

常数变易法的基本思想是将线性齐次方程通解的常数变为函数, 代入非齐次方程组, 确定出该函数的具体形式. 设 $\Phi(k,k_0)$ 是齐次差分方程组 $\boldsymbol{x}(k+1)=A(k)\boldsymbol{x}(k)$ 的基本解矩阵, 则它的通解为 $\boldsymbol{x}(k)=\Phi(k,k_0)\boldsymbol{c}$, $\boldsymbol{c}$ 为常数向量. 为了得到非齐次方程组 $\boldsymbol{x}(k+1)=A(k)\boldsymbol{x}(k)+\boldsymbol{g}(k)$ 的一个解, 令 $\boldsymbol{x}_p(k)=\Phi(k,k_0)\boldsymbol{c}(k)$, 我们希望通过适当的选取 $\boldsymbol{c}(k)$ 使得 $\boldsymbol{x}_p(k)=\Phi(k,k_0)\boldsymbol{c}(k)$ 成为非齐次差分方程组的解.

将 $\boldsymbol{x}_p(k)=\Phi(k,k_0)\boldsymbol{c}(k)$ 代入方程组 $\boldsymbol{x}(k+1)=A(k)\boldsymbol{x}(k)+\boldsymbol{g}(k)$ 后得到

$$\Phi(k+1,k_0)\boldsymbol{c}(k+1)=A(k)\Phi(k,k_0)\boldsymbol{c}(k)+\boldsymbol{g}(k).$$

由于 $A(k)\Phi(k,k_0)=\Phi(k+1,k_0)$, 所以

$$\boldsymbol{c}(k+1)=\boldsymbol{c}(k)+\Phi^{-1}(k+1,k_0)\boldsymbol{g}(k)=\boldsymbol{c}(k)+\Phi(k_0,k+1)\boldsymbol{g}(k).$$

求解这个关于 $\boldsymbol{c}(k)$ 的差分方程满足 $\boldsymbol{c}(k_0)=0$ 的解得到

$$\boldsymbol{c}(k)=\boldsymbol{c}(k_0)+\sum_{j=k_0}^{k-1}\Phi(k_0,j+1)\boldsymbol{g}(j),\quad k=k_0+1,k_0+2,\cdots.$$

再与 $\Phi(k,k_0)$ 相乘就得到非齐次方程组满足 $\boldsymbol{x}_p(k_0)=0$ 的特解为

$$\boldsymbol{x}_p(k)=\sum_{j=k_0}^{k-1}\Phi(k,j+1)\boldsymbol{g}(j). \tag{2.3.8}$$

进一步可以得到非齐次方程组初始值问题

$$\boldsymbol{x}(k+1)=A(k)\boldsymbol{x}(k)+\boldsymbol{g}(k),\quad \boldsymbol{x}(k_0)=\boldsymbol{x}_0$$

的解为

$$\boldsymbol{x}(k,k_0,\boldsymbol{x}_0)=\Phi(k,k_0)\boldsymbol{x}_0+\sum_{j=k_0}^{k-1}\Phi(k,j+1)\boldsymbol{g}(j).$$

再利用齐次方程组基本解矩阵的表达式 $\Phi(k,k_0)=\prod\limits_{j=k_0}^{k-1}A(j)$, 就可以给出解更具体的形式

$$\boldsymbol{x}(k,k_0,\boldsymbol{x}_0)=\left(\prod_{j=k_0}^{k-1}A(j)\right)\boldsymbol{x}_0+\sum_{j=k_0}^{k-1}\left(\prod_{i=j+1}^{k-1}A(i)\right)\boldsymbol{g}(j).$$

当 $A(k)=A$ 为常数矩阵时,

$$\boldsymbol{x}(k,k_0,\boldsymbol{x}_0)=A^{k-k_0}\boldsymbol{x}_0+\sum_{j=k_0}^{k-1}A^{k-j-1}\boldsymbol{g}(j).$$

例 2.3.12 求方程组 $\boldsymbol{x}(k+1)=A\boldsymbol{x}(k)+\boldsymbol{g}(k)$ 的特解, 其中

$$A=\begin{pmatrix}2&1\\0&2\end{pmatrix},\quad \boldsymbol{g}(k)=\begin{pmatrix}k\\1\end{pmatrix},\quad \boldsymbol{x}(0)=\begin{pmatrix}1\\0\end{pmatrix}.$$

解 利用前面的方法计算得到 $A^k=\begin{pmatrix}2^k & k\cdot 2^{k-1}\\0&2^k\end{pmatrix}$. 所以, 方程组的解为

$$\boldsymbol{x}(k)=\begin{pmatrix}2^k & k\cdot 2^{k-1}\\0&2^k\end{pmatrix}\begin{pmatrix}1\\0\end{pmatrix}+\sum_{j=0}^{k-1}\begin{pmatrix}2^{k-j-1} & (k-j-1)\cdot 2^{k-j-2}\\0&2^{k-j-1}\end{pmatrix}\begin{pmatrix}j\\1\end{pmatrix}.$$

再经过仔细的计算和整理得到

$$\boldsymbol{x}(k)=\begin{pmatrix}2^k+k\cdot 2^{k-1}-k\\2^k-1\end{pmatrix}.$$

我们也可以用齐次常系数方程组的求解方法和待定系数法来得到该方程组的解. 矩阵 A 的特征方程为 $|A-\lambda I|=(2-\lambda)^2=0$, 2 是特征方程的一个二重根. 特

征值 2 仅有一个线性无关的特征向量 $\boldsymbol{v}=(1,0)^{\tau}$, 特征值 2 的一个广义的特征向量为 $\boldsymbol{u}=(0,2)^{\tau}$. 所以齐次方程组的通解为

$$\boldsymbol{x}_c(k)=c_1\begin{pmatrix}1\\0\end{pmatrix}2^k+c_2\left(\begin{pmatrix}0\\2\end{pmatrix}+\begin{pmatrix}1\\0\end{pmatrix}k\right)2^k.$$

由于方程组的非齐次项 $\boldsymbol{g}(k)$ 是 k 的线性函数, 我们猜想非齐次方程组有形如 $\boldsymbol{a}+\boldsymbol{b}k$ 的解, 将这个解代入方程组得到

$$\boldsymbol{a}+\boldsymbol{b}(k+1)=A(\boldsymbol{a}+\boldsymbol{b}k)+\boldsymbol{g}(k).$$

比较 k 的同次幂的系数得到

$$\boldsymbol{b}=A\boldsymbol{b}+\begin{pmatrix}1\\0\end{pmatrix},\quad \boldsymbol{a}+\boldsymbol{b}=A\boldsymbol{a}+\begin{pmatrix}0\\1\end{pmatrix}.$$

求解得到 $\boldsymbol{a}$, $\boldsymbol{b}$ 和方程组的特解为

$$\boldsymbol{a}=\begin{pmatrix}0\\-1\end{pmatrix},\quad \boldsymbol{b}=\begin{pmatrix}-1\\0\end{pmatrix},\quad \boldsymbol{x}_p(k)=\begin{pmatrix}0\\-1\end{pmatrix}+\begin{pmatrix}-1\\0\end{pmatrix}k.$$

原非齐次方程组的通解为

$$\boldsymbol{x}(k)=c_1\begin{pmatrix}1\\0\end{pmatrix}2^k+c_2\left(\begin{pmatrix}0\\2\end{pmatrix}+\begin{pmatrix}1\\0\end{pmatrix}k\right)2^k+\begin{pmatrix}0\\-1\end{pmatrix}+\begin{pmatrix}-1\\0\end{pmatrix}k.$$

利用初始条件得到 $c_1=1$ 和 $c_2=\dfrac{1}{2}$, 最后得到该方程组满足初始条件的解为

$$\boldsymbol{x}(k)=\begin{pmatrix}1\\0\end{pmatrix}2^k+\left(\begin{pmatrix}0\\2\end{pmatrix}+\begin{pmatrix}1\\0\end{pmatrix}k\right)2^{k-1}+\begin{pmatrix}0\\-1\end{pmatrix}+\begin{pmatrix}-1\\0\end{pmatrix}k.$$

有兴趣的读者可以比较这两种方法的优劣, 根据自己的特点适当地选择. 在这一部分的最后, 我们给出一个例子, 用不同的方法求解, 让读者体会求解非线性方程组的一些技巧.

例 2.3.13 求方程组 $\boldsymbol{x}(k+1)=A\boldsymbol{x}(k)+\boldsymbol{g}(k)$ 的通解, 其中

$$A=\begin{pmatrix}0&1\\2&-1\end{pmatrix},\quad \boldsymbol{g}(k)=\begin{pmatrix}2-2k\\1\end{pmatrix}.$$

解 我们分别用常数变易法、待定系数法、线性变换法和消元法来求该方程组的通解, 关键是非齐次方程的特解.

常数变易法 矩阵 A 的特征方程为

$$|A-\lambda I|=\lambda^2+\lambda-2=(\lambda+2)(\lambda-1)=0.$$

矩阵 A 的特征值为 $\lambda_1=1$ 和 $\lambda_2=-2$, 利用线性代数的方法求得对应的特征向量分别为

$$\boldsymbol{v}_1=\begin{pmatrix}1\\1\end{pmatrix},\quad \boldsymbol{v}_2=\begin{pmatrix}1\\-2\end{pmatrix}.$$

齐次方程组的基本解矩阵为 $\Phi(k)=\begin{pmatrix}1 & (-2)^k\\ 1 & (-2)^{k+1}\end{pmatrix}$. 按照常数变易法的思路, 令非齐次方程的特解为

$$\boldsymbol{x}_p(k)=\Phi(k)\boldsymbol{c}(k)=\begin{pmatrix}1 & (-2)^k\\ 1 & (-2)^{k+1}\end{pmatrix}\begin{pmatrix}c_1(k)\\ c_2(k)\end{pmatrix}.$$

代入原方程组得到

$$\begin{pmatrix}1 & (-2)^{k+1}\\ 1 & (-2)^{k+2}\end{pmatrix}\boldsymbol{c}(k+1)=A\begin{pmatrix}1 & (-2)^k\\ 1 & (-2)^{k+1}\end{pmatrix}\boldsymbol{c}(k)+\begin{pmatrix}2-2k\\ 1\end{pmatrix}.$$

由于 $A\begin{pmatrix}1 & (-2)^k\\ 1 & (-2)^{k+1}\end{pmatrix}=\begin{pmatrix}1 & (-2)^{k+1}\\ 1 & (-2)^{k+2}\end{pmatrix}=\Phi(k+1)$, 用 $\Phi(k+1)^{-1}$ 乘上面的等式的两边得到

$$\boldsymbol{c}(k+1)=\boldsymbol{c}(k)+\frac{1}{3}\begin{pmatrix}2 & 1\\ \dfrac{1}{(-2)^{k+1}} & \dfrac{-1}{(-2)^{k+1}}\end{pmatrix}\begin{pmatrix}2-2k\\ 1\end{pmatrix}.$$

分离这两个方程, 再加上初始条件得到

$$c_1(k+1)=c_1(k)+\frac{5}{3}-\frac{4k}{3},\qquad c_1(0)=0,$$

$$c_2(k+1)=c_2(k)+\frac{1}{3}\cdot\frac{1-2k}{(-2)^{k+1}},\quad c_2(0)=0.$$

利用不定和与差分的关系得到

$$c_1(k)=\frac{k(7-2k)}{3},\quad c_2(k)=\frac{1}{9}\left(-\frac{1}{2}\right)^k\left(\frac{5}{3}-2k\right)-\frac{5}{27}.$$

再计算后 $\Phi(k)\boldsymbol{c}(k)$ 得到特解为

$$\boldsymbol{x}_p(k)=\begin{pmatrix}-\dfrac{2k^2}{3}+\dfrac{19k}{9}+\dfrac{5}{27}-\dfrac{5}{27}(-2)^k\\ -\dfrac{2k^2}{3}+\dfrac{25k}{9}-\dfrac{10}{27}-\dfrac{5}{27}(-2)^{k+1}\end{pmatrix}.$$

最后代入得方程组的解为

$$x_1(k) = c_1 + c_2(-2)^k - \frac{2k^2}{3} + \frac{19k}{9} + \frac{5}{27} - \frac{5}{27}(-2)^k,$$

$$x_2(k) = c_1 + c_2(-2)^{k+1} - \frac{2k^2}{3} + \frac{25k}{9} - \frac{10}{27} - \frac{5}{27}(-2)^{k+1}.$$

待定系数法 齐次方程组的通解已经在上面求出, 下面主要是求非齐次方程的特解. 注意到 $\boldsymbol{g}(k)$ 是 k 的一次函数, 且 1 是线性齐次方程的特征值, 我们令非齐次方程的特解的形式为

$$\boldsymbol{x}_p(k) = \boldsymbol{u} + \boldsymbol{v}k + \boldsymbol{w}k^2 = \begin{pmatrix} u_1 \\ u_2 \end{pmatrix} + \begin{pmatrix} v_1 \\ v_2 \end{pmatrix} k + \begin{pmatrix} w_1 \\ w_2 \end{pmatrix} k^2.$$

将这个解代入方程中得

$$\boldsymbol{u} + \boldsymbol{v}(k+1) + \boldsymbol{w}(k+1)^2 = A(\boldsymbol{u} + \boldsymbol{v}k + \boldsymbol{w}k^2) + \boldsymbol{g}(k).$$

比较等式两边 k 的同次幂的系数得到

$$(A-I)\boldsymbol{w} = 0,\ (A-I)\boldsymbol{v} = 2\boldsymbol{w} + \begin{pmatrix} 2 \\ 0 \end{pmatrix}, \quad (A-I)\boldsymbol{u} = \boldsymbol{w} + \boldsymbol{v} - \begin{pmatrix} 2 \\ 1 \end{pmatrix}.$$

由 $(A-I)\boldsymbol{w} = 0$ 得到 $w_2 = w_1$, 代入 $\boldsymbol{v}$ 所满足的方程组得到

$$-v_1 + v_2 = 2w_1 + 2, \quad 2v_1 - 2v_2 = 2w_1.$$

这个关于 v_1 和 v_2 的方程组只有当 $w_1 = -\dfrac{2}{3}$ 时才有解, 代入求解后得到 $v_2 = v_1 + \dfrac{2}{3}$. 将这些值代入到 $\boldsymbol{u}$ 所满足的方程后得到

$$-u_1 + u_2 = -\frac{2}{3} + v_1 - 2, \quad 2u_1 - 2u_2 = -\frac{2}{3} + v_1 + \frac{2}{3} - 1.$$

对这个方程整理后知道, 只有 $v_1 = \dfrac{19}{9}$ 时它才有解. 代入求解后得到 $u_2 = u_1 - \dfrac{5}{9}$. 选取 $v_1 = \dfrac{5}{9}$ 后得到 $u_2 = 0$. 所以, 所求的特解为

$$\boldsymbol{x}_p(k) = \begin{pmatrix} \frac{5}{9} \\ 0 \end{pmatrix} + \begin{pmatrix} \frac{19}{9} \\ \frac{25}{9} \end{pmatrix} k + \begin{pmatrix} -\frac{2}{3} \\ -\frac{2}{3} \end{pmatrix} k^2.$$

原方程组的通解为

$$\boldsymbol{x}(k) = \begin{pmatrix} 1 & (-2)^k \\ 1 & (-2)^{k+1} \end{pmatrix} \begin{pmatrix} c_1 \\ c_2 \end{pmatrix} + \begin{pmatrix} \frac{5}{9} \\ 0 \end{pmatrix} + \begin{pmatrix} \frac{19}{9} \\ \frac{25}{9} \end{pmatrix} k - \begin{pmatrix} \frac{2}{3} \\ \frac{2}{3} \end{pmatrix} k^2.$$

变量替换法 变量替换法是通过非奇异线性变换将原来的方程组化为两个独立的方程, 分别求解, 再用逆变换得到原来的未知函数. 当矩阵 A 的特征值是互不相同的实根时, 我们往往用其特征向量组成的矩阵进行变换. 令

$$\boldsymbol{x}(k)=T\boldsymbol{y}(k),\quad 或\quad \boldsymbol{y}(k)=T^{-1}\boldsymbol{x}(k),$$

其中 $T=\begin{pmatrix}1 & 1\\ 1 & -2\end{pmatrix}$, $T^{-1}=\frac{1}{3}\begin{pmatrix}2 & 1\\ 1 & -1\end{pmatrix}$. 代入原方程组后得到

$$\boldsymbol{y}(k+1)=T^{-1}AT\boldsymbol{y}+T^{-1}\boldsymbol{g}(k).$$

进行计算后得到关于新变量 $\boldsymbol{y}(k)$ 的方程组是

$$\boldsymbol{y}(k+1)=\begin{pmatrix}1 & 0\\ 0 & -2\end{pmatrix}\boldsymbol{y}(k)+\frac{1}{3}\begin{pmatrix}5-4k\\ 1-2k\end{pmatrix}.$$

这就是两个独立的方程

$$\begin{aligned}y_1(k+1)&=y_1(k)+\frac{1}{3}(5-4k),\\ y_2(k+1)&=-2y_2(k)+\frac{1}{3}(1-2k).\end{aligned}$$

记 $y_1(0)=c_1$ 和 $y_2(0)=c_2$, 分别对这两个线性非齐次方程求解得到

$$\begin{aligned}y_1(k)&=c_1+\frac{k(7-2k)}{3},\\ y_2(k+1)&=c_2(-2)^k+\frac{1}{9}\left(\frac{5}{3}-2k\right)-\frac{5(-2)^k}{27}.\end{aligned}$$

再利用 $\boldsymbol{x}(k)=T\boldsymbol{y}(k)$ 就得到了原方程组的解

$$\begin{aligned}x_1(k)&=c_1+c_2(-2)^k+\frac{k(7-2k)}{3}+\frac{1}{9}\left(\frac{5}{3}-2k\right)-\frac{5(-2)^k}{27},\\ x_2(k+1)&=c_1+c_2(-2)^{k+1}+\frac{k(7-2k)}{3}-\frac{2}{9}\left(\frac{5}{3}-2k\right)-\frac{5(-2)^{k+1}}{27}.\end{aligned}$$

消元法 消元法就是从两个方程中先消去一个未知元, 得到一个未知量满足的高阶方程, 求得这个高阶方程的解以后再代入得到另一个变量的表达式. 原方程组为

$$\begin{aligned}x_1(k+1)&=x_2(k)+2-2k,\\ x_2(k+1)&=2x_1(k)-x_2(k)+1.\end{aligned}$$

将第一个方程代入第二式得到

$$x_2(k+1)=2(x_2(k-1)+2-2(k-1))-x_2(k)+1.$$

对这个方程进行整理, 并令 $k=t+1$, 得到关于 $x_2(t)$ 的二阶差分方程

$$x_2(t+2)+x_2(t+1)-2x_2(t)=5-4t.$$

利用位移算子 E 和恒等算子 I, 将上面的方程写为

$$(E^2+E-2I)x_2(t)=5-4t.$$

再用 $5-4t$ 的零化算子 $(E-I)^2$ 将该方程化为齐次方程

$$(E-I)^2(E^2+E-2I)x_2(t)=0.$$

这个齐次方程的特征方程为 $(\lambda-1)^2(\lambda^2+\lambda-2)=0$, 特征方程有一个三重根 1 和一个单根 -2. 所以, 方程 $(E-I)^2(E^2+E-2I)x_2(t)=0$ 的通解为

$$x_2(t)=c_1+c_2(-2)^t+c_3t+c_4t^2.$$

由于 c_1 和 $c_2(-2)^t$ 就是方程 $x_2(t+2)+x_2(t+1)-2x_2(t)=0$ 的解, 非齐次方程 $x_2(t+2)+x_2(t+1)-2x_2(t)=5-4t$ 的特解就在 $c_3t+c_4t^2$ 中. 将 $c_3t+c_4t^2$ 代入方程 $x_2(t+2)+x_2(t+1)-2x_2(t)=5-4t$ 中, 比较 t 的同次幂的系数得到 $c_4=-\dfrac{2}{3}$ 和 $c_3=\dfrac{25}{9}$. 所以, 非齐次方程 $x_2(t+2)+x_2(t+1)-2x_2(t)=5-4t$ 的通解是

$$x_2(t)=c_1+c_2(-2)^t-\frac{2t^2}{3}+\frac{25t}{9}.$$

代入第一个方程得

$$x_1(t+1)=c_1+c_2(-2)^t-\frac{2t^2}{3}+\frac{25t}{9}+2-2t.$$

再整理后得到

$$x_1(t)=c_1+c_2(-2)^{t-1}-\frac{2t^2}{3}+\frac{19t}{9}+\frac{5}{9}.$$

2.3.5 线性周期差分方程组

在线性方程组的最后, 我们介绍周期方程组的相关理论. 类似于连续问题的 Floquet 理论, 我们可以把周期差分方程组

$$\boldsymbol{x}(k+1)=A(k)\boldsymbol{x}(k),\quad A(k+\omega)=A(k),\quad \omega\in N \tag{2.3.9}$$

转化为一个常系数方程组来讨论. 先给出线性代数中的一个结果:

定理 2.3.5 设 B 是一个非奇异常数矩阵, m 是一个正整数, 则有一个常数矩阵 C, 使得 $C^m=B$.

证明 利用相似变换得到 B 的 Jordan 标准型 J, 即 $B = PJP^{-1}$, J 为分块对角矩阵:

$$J = \begin{pmatrix} J_1 & 0 & 0 & \cdots & 0 \\ 0 & J_2 & 0 & \cdots & 0 \\ \vdots & \vdots & \vdots & & \vdots \\ 0 & 0 & 0 & \cdots & J_s \end{pmatrix},$$

其中, $J_l = \lambda_l \left(I_l + \dfrac{1}{\lambda_l} U_l \right)$ 是 $r_l \times r_l$ 阶的矩阵, $U_l = \begin{pmatrix} 0 & 1 & 0 & \cdots & 0 \\ 0 & 0 & 1 & \cdots & 0 \\ \vdots & \vdots & \vdots & & \vdots \\ 0 & 0 & 0 & \cdots & 1 \\ 0 & 0 & 0 & \cdots & 0 \end{pmatrix}$, 且 $U_l^{r_l} = 0$. 定义 $r_l \times r_l$ 阶的矩阵

$$H_l = \exp\left(\frac{1}{m} \ln J_l \right) = \exp\left(\frac{1}{m} \left(\ln \lambda_l I_l + \sum_{i=1}^{\infty} \frac{(-1)^{i+1}}{i} \left(\frac{U_l}{\lambda_l} \right)^i \right) \right).$$

由 U_l 的定义知道, H_l 的表达式只有有限项, 所以 H_l 是一个确定的矩阵, 且 $H_l^m = J_l$. 先根据 $J_1, J_2, \cdots, J_s$ 定义 $H_1, H_2, \cdots, H_s$, 再令 H 是以 $H_1, H_2, \cdots, H_s$ 为对角元素的矩阵, 最后再定义 $C = PHP^{-1}$, 就得到了所需要的结果. □

记周期差分方程组的基本解矩阵为 $\Phi(k)$, 则 $\Phi(k+\omega)$ 也是它的基本解矩阵, 即 $\Phi(k+\omega)$ 与 $\Phi(k)$ 都满足矩阵方程组: $\Phi(k+1) = A(k)\Phi(k)$, $\Phi(k+\omega+1) = A(k+\omega)\Phi(k+\omega)$. 注意到 $\Phi(k,k_0) = \Phi(k)\Phi^{-1}(k_0)$ 和 $\Phi(k+\omega, k_0+\omega) = \Phi(k+\omega)\Phi^{-1}(k_0+\omega)$ 都是矩阵方程组 $\Phi(k+1) = A(k)\Phi(k)$ 的解, 且满足相同的初始条件 $\Phi(k_0,k_0) = I$, $\Phi(k_0+\omega, k_0+\omega) = I$. 由解的存在唯一性知道, $\Phi(k+\omega, k_0+\omega) = \Phi(k,k_0)$, 即 $\Phi(k+\omega) = \Phi(k)\Phi^{-1}(k_0)\Phi(k_0+\omega)$. 记 $C = \Phi^{-1}(k_0)\Phi(k_0+\omega)$, 则 C 是一个非奇异矩阵. 所以我们有结论: 存在一个非奇异矩阵 C, 使得 $\Phi(k+\omega) = \Phi(k)C$. 同理, 也可以得到 $\Phi(k+\omega,\omega) = \Phi(k,0)$.

与周期常微分方程组的 Floquet 理论相同, 我们有下面的结论:

定理 2.3.6 设 $\Phi(k)$ 是周期差分方程组 (2.3.9) 的基本解矩阵, 则有一个常数矩阵 B 和一个周期矩阵 $P(k)$ $(P(k+\omega) = P(k))$, 满足 $\Phi(k) = P(k)B^k$.

证明 由前面的分析, 我们知道 $\Phi(k+\omega) = \Phi(k)C$, 令 B 是满足 $B^\omega = C$ 的常数矩阵, 再取 $P(k) = \Phi(k)B^{-k}$. 则有 $\Phi(k) = P(k)B^k$, 且

$$\begin{aligned} P(k+\omega) &= \Phi(k+\omega)B^{-(k+\omega)} \\ &= \Phi(k)B^\omega B^{-(k+\omega)} = \Phi(k)B^{-k} = P(k). \end{aligned}$$

□

这样, 周期差分方程组就可以转化为常系数差分方程组. 事实上, 令 $\boldsymbol{x}(k) = P(k)\boldsymbol{y}(k)$, 或 $\boldsymbol{y}(k) = P^{-1}(k)\boldsymbol{x}(k)$, 则

$$\begin{aligned}\boldsymbol{y}(k+1) &= P^{-1}(k+1)\boldsymbol{x}(k+1) = P^{-1}(k+1)\Phi(k+1)\boldsymbol{c}\\ &= P^{-1}(k+1)P(k+1)B^{k+1}\boldsymbol{c} = BB^k\boldsymbol{c}.\end{aligned}$$

这意味着 $\boldsymbol{y}(k) = B^k\boldsymbol{c}$ 满足常系数差分方程组 $\boldsymbol{y}(k+1) = B\boldsymbol{y}(k)$. 由于 $\boldsymbol{x}(k)$ 和 $\boldsymbol{y}(k)$ 就差一个周期因子, $\boldsymbol{x}(k)$ 的有界性、稳定性、渐近稳定性与 $\boldsymbol{y}(k)$ 的相同, 而 $\boldsymbol{y}(k)$ 满足的是常系数线性差分方程组, $\boldsymbol{y}(k)$ 的性态完全由 B 的元素确定. 我们就把周期系统解的性态转化为常系数系统解的性态来研究.

定义 2.3.3 B 的特征值 λ 称为 Floquent 特征指数, C 的特征值 λ^ω 称为 Floquent 特征乘数.

Floquent 特征指数反映了经过一个时间单位后, $\boldsymbol{x}(k+1)$ 相对于 $\boldsymbol{x}(k)$ 的增长率, Floquent 特征乘数反映了经过一个周期后, $\boldsymbol{x}(k+\omega)$ 相对于 $\boldsymbol{x}(k)$ 的增长率. 我们可以用 $A(k) = A$ 为常数矩阵的特殊情况来理解这一事实: 取 $\boldsymbol{x}(0) = \boldsymbol{v}_0$ 是矩阵 A 的特征向量, 则对 (2.3.9) 满足 $\boldsymbol{x}(0) = \boldsymbol{v}_0$ 的解 $\boldsymbol{x}(k)$ 有, $\boldsymbol{x}(k+1) = \lambda\boldsymbol{x}(k)$, $\boldsymbol{x}(k+\omega) = \lambda^\omega\boldsymbol{x}(k)$.

我们还应该说明, Floquent 特征指数不依赖于具体的基本解矩阵, 或者说, 从任意的基本解矩阵得到的 C 和 B, 其 Floquent 特征指数都相同. 事实上, 若 $\Phi_1(k)$ 和 $\Phi_2(k)$ 都是差分方程组 (2.3.9) 的基本解矩阵, $\Phi_1(k+\omega) = \Phi_1(k)C_1$ 和 $\Phi_2(k+\omega) = \Phi_2(k)C_2$, 则有非奇异的常数矩阵 M, 使得 $\Phi_2(k) = \Phi_1(k)M$. 于是, $\Phi_2(k+\omega) = \Phi_2(k)C_2 = \Phi_1(k)MC_2$, 又因为 $\Phi_2(k+\omega) = \Phi_1(k+\omega)M = \Phi_1(k)C_1M$. 由这两个表达式得到 $C_1 = MC_2M^{-1}$, 即矩阵 C_1 和 C_2 有相同的特征根.

定理 2.3.7 λ 是周期差分方程组 (2.3.9) 的 Floquent 特征指数的充要条件是: (2.3.9) 有形如 $\lambda^k\boldsymbol{u}(k)$ 的解, 其中 $\boldsymbol{u}(k+\omega) = \boldsymbol{u}(k)$.

证明 如果 λ 是周期差分方程组 (2.3.9) 的 Floquent 特征指数, 则有向量 $\boldsymbol{x}_0$, 使得 $(B-\lambda I)\boldsymbol{x}_0 = 0$ 和 $(B^k - \lambda^k I)\boldsymbol{x}_0 = 0$. 于是, $P(k)B^k\boldsymbol{x}_0 = \lambda^k P(k)\boldsymbol{x}_0$, $\boldsymbol{x}(k, k_0, x_0) = \Phi(k)\boldsymbol{x}_0 = P(k)B^k\boldsymbol{x}_0 = \lambda^k P(k)\boldsymbol{x}_0$ 是差分方程组 (2.3.9) 的解, 令 $\boldsymbol{u}(k) = P(k)\boldsymbol{x}_0$, 则 $\boldsymbol{u}(k)$ 是周期函数, $\lambda^k\boldsymbol{u}(k)$ 是差分方程 (2.3.9) 的解.

反之, 若差分方程组 (2.3.9) 有形如 $\lambda^k\boldsymbol{u}(k)$ 的解, 其中 $\boldsymbol{u}(k+\omega) = \boldsymbol{u}(k)$. 则必有 $\lambda^k\boldsymbol{u}(k) = P(k)B^k\boldsymbol{x}_0$, $\boldsymbol{x}_0$ 为这个解的初始值. $\lambda^{k+\omega}\boldsymbol{u}(k+\omega) = P(k+\omega)B^{k+\omega}\boldsymbol{x}_0 = P(k)B^{k+\omega}\boldsymbol{x}_0$, 另一方面, $\lambda^{k+\omega}\boldsymbol{u}(k+\omega) = \lambda^\omega P(k)B^k\boldsymbol{x}_0$. 由这两式相等得到

$$P(k)B^k\left(B^\omega - \lambda^\omega I\right)\boldsymbol{x}_0 = 0, \quad 或者 \quad \det\left(B^\omega - \lambda^\omega I\right) = 0.$$

所以, λ 是周期差分方程组 (2.3.9) 的 Floquent 特征指数. □

当 C 有特征值 1 时, 差分方程组有 ω 周期解, 当 C 有特征值 -1 时, 差分方程组有 2ω 周期解. 利用关系式 $\Phi(k+\omega)=\Phi(k)C$, 可以得到 $C=\Phi(k)^{-1}\Phi(k+\omega)$. 特别, 在具体计算中 $\Phi(0)=I$, $\Phi(k)=A(k-1)A(k-2)\cdots A(1)A(0)$, $C=\Phi(\omega)=A(\omega-1)A(\omega-2)\cdots A(1)A(0)$.

例 2.3.14 已知 $A(k)=\begin{pmatrix} 0 & 1+\dfrac{(-1)^k}{2} \\ 1-\dfrac{(-1)^k}{2} & 0 \end{pmatrix}$, 计算方程 $\boldsymbol{x}(k+1)=A(k)\boldsymbol{x}(k)$ 的特征指数和特征乘数.

解 $A(k)$ 是周期为 2 的矩阵, $\omega=2$, $C=A(1)A(0)=\begin{pmatrix} \dfrac{1}{4} & 0 \\ 0 & \dfrac{9}{4} \end{pmatrix}$. 所以, 方程 $\boldsymbol{x}(k+1)=A(k)\boldsymbol{x}(k)$ 的特征乘数为 $\dfrac{1}{4}$ 和 $\dfrac{9}{4}$, 特征指数为 $\dfrac{1}{2}$ 和 $\dfrac{3}{2}$.

下面给出周期差分方程组周期解的存在性. 设 $A(k)$ 和 $g(k)$ 都是以 ω 为周期的周期函数, 则齐次差分方程 $\boldsymbol{y}(k+1)=A(k)\boldsymbol{y}(k)$ 的基本解矩阵 $\Phi(k,k_0)=A(k-1)A(k-2)\cdots A(k_0+1)A(k_0)$ 满足

$$\Phi(k+\omega,\omega)=\Phi(k,0),\quad \Phi(k+\omega,0)=\Phi(k,0)\Phi(\omega,0).$$

定理 2.3.8 当齐次差分方程 $\boldsymbol{y}(k+1)=A(k)\boldsymbol{y}(k)$ 仅有零周期解时, 非齐次差分方程 $\boldsymbol{y}(k+1)=A(k)\boldsymbol{y}(k)+\boldsymbol{g}(k)$ 有唯一的 ω 周期解.

证明 设 $\boldsymbol{\phi}(k)$ 和 $\boldsymbol{\psi}(k)$ 分别是方程组 $\boldsymbol{y}(k+1)=A(k)\boldsymbol{y}(k)$ 和 $\boldsymbol{y}(k+1)=A(k)\boldsymbol{y}(k)+\boldsymbol{g}(k)$ 的 ω 周期解, 初始值分别为 $\boldsymbol{y}_0$ 和 $\boldsymbol{y}_0^*$. 则由 $\phi(\omega)=\phi(0)$ 和 $\psi(\omega)=\psi(0)$ 可以得到

$$\Phi(\omega)\boldsymbol{y}_0=\boldsymbol{y}_0,\quad \Phi(\omega)\boldsymbol{y}_0^*+\sum_{j=0}^{\omega-1}\Phi(\omega,j+1)\boldsymbol{g}(j)=\boldsymbol{y}_0^*.$$

这等价于

$$(I-\Phi(\omega))\boldsymbol{y}_0=0,\quad (I-\Phi(\omega))\boldsymbol{y}_0^*=\sum_{j=0}^{\omega-1}\Phi(\omega,j+1)\boldsymbol{g}(j).$$

这两个周期解的初始值 $\boldsymbol{y}_0$ 和 $\boldsymbol{y}_0^*$ 满足的方程组分别是齐次和非齐次的线性方程组. 所以当齐次方程组 $(I-\Phi(\omega))\boldsymbol{y}_0=0$ 仅有零解时, 非齐次方程组 $(I-\Phi(\omega))\boldsymbol{y}_0^*=\sum\limits_{j=0}^{\omega-1}\Phi(\omega,j+1)\boldsymbol{g}(j)$ 有唯一的解. 这就证明了定理的结论. □

当 $\det(I-\Phi(\omega))=0$ 时, 齐次方程组 $\boldsymbol{y}(k+1)=A(k)\boldsymbol{y}(k)$ 有非零周期解, 我们可以利用线性代数中齐次方程组和非齐次方程组的关系来讨论非齐次方程组周期解的存在性, 得到一些结论.

2.4 线性差分方程组的应用举例

线性差分方程组可以用来描述许多现象, 在一些实际问题中有着广泛的应用, 下面给出一些例子.

2.4.1 Markov 链

在一个试验中总共有 n 个可能的状态 $S_1, S_2, \cdots, S_n$, 在第 $k+1$ 次试验中, 每一个状态发生的概率仅仅与第 k 次的状态有关, 而与第 k 次以前的状态没有关系, 即无记忆性: 下一次的状态仅与当前状态有关, 而与以前的状态无关. 在第 k 次状态为 S_j 时第 $k+1$ 次试验中 S_i 发生的概率为 a_{ij}. 第 k 次状态为 S_j 时, $S_1, S_2, \cdots, S_n$ 有一个在第 $k+1$ 次试验中发生, 所以

$$a_{1j} + a_{2j} + a_{3j} + \cdots + a_{n-1j} + a_{nj} = 1, \quad j = 1, 2, \cdots, n. \tag{2.4.1}$$

记 $x_j(k)$ 表示第 k 次试验中 S_j 发生的概率, 则有下面的方程组

$$\boldsymbol{x}(k+1) = A\boldsymbol{x}(k), \quad A = (a_{ij})_{n\times n}, \tag{2.4.2}$$

且由于在第 k 次试验中, $S_1, S_2, \cdots, S_n$ 中有一个发生, 所以有

$$x_1(k_1) + x_2(k) + \cdots + x_n(k) = 1, \quad k = 0, 1, 2, \cdots. \tag{2.4.3}$$

模型(2.4.1) 中的矩阵 A 是非负的, 且满足 $\sum\limits_{i=1}^{n} a_{ij} = 1$, 这样的矩阵称为 Markov 矩阵. 由于 Markov 矩阵的列和都为 1, 所以它有特征值 1, 且 A 的谱半径为 1. Markov 链的进一步分析需要下面的结论:

定理 2.4.1(Perron 定理) 若 A 是一个 $n\times n$ 正矩阵, 则 $\rho(A)$ 是矩阵 A 的一个实的单重正特征值, 且 A 的其他特征值的模都严格小于 $\rho(A)$, $\rho(A)$ 有正的特征向量.

定理 2.4.1 的证明在许多涉及非负矩阵理论的教材和专著中都可以找到. 利用 Perron 定理, 我们找到矩阵 A 的 Jordan 标准型 $J = \begin{pmatrix} 1 & 0 \\ 0 & J_{n-1} \end{pmatrix}$, 其中 J_{n-1} 是 $(n-1)\times(n-1)$ 的矩阵, J_{n-1} 的特征值为 $\lambda_2, \cdots, \lambda_n$, $|\lambda_j| < 1$ $(j = 2, 3, \cdots, n)$. 当 k 趋于无穷大时, 方程的解有极限

$$\lim_{k\to\infty} \boldsymbol{x}(k) = \lim_{k\to\infty} A^k \boldsymbol{x}(0) = c\boldsymbol{v}_1,$$

其中, $\boldsymbol{v}_1$ 是矩阵 A 属于 1 的特征向量, c 是一个常数. 由于对所有的 k 而言,

$x_1(k_1)+x_2(k)+\cdots+x_n(k)=1$, 我们可以简单的计算出 $c=\dfrac{1}{v_{1,1}+v_{2,1}+\cdots+v_{n,1}}$.

例 2.4.1(基因变化) 假设一动物的某种性态是由一个基因对决定的, G 为显性基因, g 为隐性基因. 子代从父亲和母亲各得到一个基因而形成自己的基因对. 在长期的繁殖过程中, 每一代动物的基因对必定为 GG, Gg 和 gg 之一, 而且我们假设用控制结合的办法培育后代, 在繁育过程中结合的双亲中总有一个亲本的基因对为 Gg 型. 记第 k 代动物的基因为 GG, Gg 和 gg 的比例分别是 $x_1(k)$, $x_2(k)$ 和 $x_3(k)$, 则 $x_1(k)+x_2(k)+x_3(k)=1$. 子代从一个基因对为 GG, Gg 和 gg 的父母亲获得一个 G 基因的概率分别为 1, 1/2 和 0. 记 a_{11}为一个亲本的基因型为 GG, 另一个为Gg 而生育的后代基因型为 GG 的概率, 所以 $a_{11}=\dfrac{1}{2}$. 记 a_{12} 为一个亲本的基因型为 Gg, 另一个为 Gg 而生育的后代基因型为 GG 的概率, 所以 $a_{12}=\dfrac{1}{4}$. 记 a_{13} 为一个亲本的基因型为 gg, 另一个为Gg 而生育的后代基因型为 GG 的概率, 所以 $a_{13}=0$. 同理可以得到: $a_{21}=\dfrac{1}{2}$, $a_{22}=\dfrac{1}{2}$, $a_{23}=\dfrac{1}{2}$, $a_{31}=0$, $a_{32}=\dfrac{1}{4}$, $a_{33}=\dfrac{1}{2}$. 用 $x_1(k)$, $x_2(k)$ 和 $x_3(k)$ 分别表示第k 代基因型为 GG, Gg 和 gg 的动物所占的比例, 则 Markov 链模型为

$$\boldsymbol{x}(k+1)=A\boldsymbol{x}(k),\quad A=\begin{pmatrix}0.5 & 0.25 & 0\\ 0.5 & 0.5 & 0.5\\ 0 & 0.25 & 0.5\end{pmatrix}. \tag{2.4.4}$$

矩阵 A 的三个特征根分别为 $\lambda_1=1$, $\lambda_2=\dfrac{1}{2}$, $\lambda_3=0$, 属于 1 的一个特征向量为 $(1,2,1)^\tau$. 由此计算得到 $c=\dfrac{1}{4}$, 且

$$\lim_{k\to\infty}\boldsymbol{x}(k)=\lim_{k\to\infty}A^k\boldsymbol{x}(0)=\frac{1}{4}\begin{pmatrix}1\\2\\1\end{pmatrix}.$$

即在这样的控制结合的策略下三种基因组的动物数量所占的比例的极限分别为 25%, 50%, 25%.

例 2.4.2(醉汉走路) 一个醉汉在一条有 5 个路口的街道随机行走, 路口 1 是一个酒吧, 路口 5 是他的家. 到每一个路口时, 他都以相同的概率向左或向右行走, 但如果到达酒吧或家时, 他就停留在那儿. 我们用模型来刻画该醉汉的行走过程.

这里有 5 个状态 S_1,S_2,S_3,S_4,S_5, S_j 对应着路口 j. 从 S_j 走到 S_i 的概率为 $\dfrac{1}{2}$ 或 1. 用 $x_j(k)$ 表示他在 k 时段位于 j 路口的概率, 我们得到的模型为

$$\boldsymbol{x}(k+1)=A\boldsymbol{x}(k),$$

其中

$$A=\begin{pmatrix} 1 & \frac{1}{2} & 0 & 0 & 0 \\ 0 & 0 & \frac{1}{2} & 0 & 0 \\ 0 & \frac{1}{2} & 0 & \frac{1}{2} & 0 \\ 0 & 0 & \frac{1}{2} & 0 & 0 \\ 0 & 0 & 0 & \frac{1}{2} & 1 \end{pmatrix}. \tag{2.4.5}$$

此时, 矩阵 A 的特征根为 $\lambda_1=1, \lambda_2=1, \lambda_3=\sqrt{1/2}, \lambda_4=-\sqrt{1/2}, \lambda_5=0$. 出现了两个特征值为 1 的情况, 我们用分块矩阵的方法来处理.

$$A=\begin{pmatrix} 1 & A_{12} & 0 \\ 0 & A_{22} & 0 \\ 0 & A_{32} & 1 \end{pmatrix}, \qquad \begin{aligned} A_{12}&=(1/2 \quad 0 \quad 0), \\ A_{32}&=(0 \quad 0 \quad 1/2), \end{aligned} \qquad A_{22}=\begin{pmatrix} 0 & 1/2 & 0 \\ 1/2 & 0 & 1/2 \\ 0 & 1/2 & 0 \end{pmatrix},$$

令 $\boldsymbol{y}(k)=(x_2(k), x_3(k), x_4(k))^{\tau}$, 模型 (2.4.1) 就可以写为

$$\begin{aligned} x_1(k+1)&=x_1(k)+A_{12}\boldsymbol{y}(k), \\ \boldsymbol{y}(k+1)&=A_{22}\boldsymbol{y}(k), \\ x_5(k+1)&=x_5(k)+A_{32}\boldsymbol{y}(k). \end{aligned} \tag{2.4.6}$$

由 (2.4.6) 的第二式得到 $\boldsymbol{y}(k)=A_{22}^k\boldsymbol{y}(0)$. A_{22} 的三个特征根为 $\lambda_3=\sqrt{1/2}$, $\lambda_4=-\sqrt{1/2}$, $\lambda_5=0$, 所以有 $\lim\limits_{k\to\infty}\boldsymbol{y}(k)=0$. 由 (2.4.6) 的第一式得到

$$x_1(k+1)=x_1(k)+A_{12}A_{22}^k\boldsymbol{y}(0)=x_1(k-1)+A_{12}A_{22}^{k-1}\boldsymbol{y}(0)+A_{12}A_{22}^k\boldsymbol{y}(0).$$

进一步计算得到

$$x_1(k+1)=x_1(0)+A_{12}\left(I+A_{22}+A_{22}^2+\cdots+A_{22}^k\right)\boldsymbol{y}(0).$$

对上式两边取极限得到

$$\lim_{k\to\infty}x_1(k+1)=x_1(0)+A_{12}(I-A_{22})^{-1}\boldsymbol{y}(0).$$

经过计算得到

$$(I-A_{22})^{-1}=\begin{pmatrix} 3/2 & 1 & 1/2 \\ 1 & 2 & 1 \\ 1/2 & 1 & 3/2 \end{pmatrix}, \quad A_{12}(I-A_{22})^{-1}=\left(\frac{3}{4}, \frac{1}{2}, \frac{1}{4}\right).$$

所以

$$\lim_{k\to\infty} x_1(k+1) = x_1(0) + \frac{3x_2(0)}{4} + \frac{x_3(0)}{2} + \frac{x_4(0)}{4}.$$

同理得到

$$\lim_{k\to\infty} x_5(k+1) = x_5(0) + \frac{x_2(0)}{4} + \frac{x_3(0)}{2} + \frac{3x_4(0)}{4}.$$

最后的结论是：当醉汉开始在酒吧时，他就停留在酒吧；在路口 2 时，他最终到酒吧的概率为 3/4，回到家的概率为 1/4；在路口 3 时，他最终到酒吧或回到家的概率均为 1/2；在路口 4 时，他最终到酒吧的概率为 1/4，回到家的概率为 3/4；当醉汉开始在家时，他就停留在家. 这样的结果与我们的直观经验相符.

2.4.2　两个国家的国民收入和贸易

当考虑国家间的贸易时，国民收入由消费支出、投资、出口和进口几个主要因素组成. 我们假设一个国家这一年度的消费支出与下年度的国民收入成比例，这一年度的进口也与下年度的国民收入成比例，并假设在所考虑的时间内每个国家的投资为常量. 记 $x_1(k)$ 和 $x_2(k)$ 分别为第 k 年国家 1 和 2 的国民收入，根据经济学的原理和我们的假设得到下面的模型：

$$\begin{pmatrix} x_1(k+1) \\ x_2(k+1) \end{pmatrix} = \begin{pmatrix} a_{11} & a_{12} \\ a_{21} & a_{22} \end{pmatrix} \begin{pmatrix} x_1(k) \\ x_2(k) \end{pmatrix} + \begin{pmatrix} b_1 \\ b_2 \end{pmatrix}, \tag{2.4.7}$$

其中，$a_{11}x_1(k)$ 表示国家 1 的国内消费，$a_{12}x_2(k)$ 表示国家 1 的出口额，b_1 表示投资，第 2 个方程的意义类似.

该方程的解为

$$\boldsymbol{x}(k) = A^k\boldsymbol{x}(0) + \sum_{j=0}^{k-1} A^{k-j-1}\boldsymbol{b}, \quad A = \begin{pmatrix} a_{11} & a_{12} \\ a_{21} & a_{22} \end{pmatrix}, \quad \boldsymbol{b} = \begin{pmatrix} b_1 \\ b_2 \end{pmatrix}.$$

由于每个国家的经济发展过程中总的消费和进口之和小于国民收入，再注意到两个国家的贸易中，1 的出口就等于 2 的进口，所以有

$$a_{11} + a_{21} < 1, \quad a_{12} + a_{22} < 1.$$

当 k 趋于无穷时，$I + A + \cdots + A^{k-1}$ 收敛于 $(I - A)^{-1}$，所以

$$\lim_{k\to\infty} \boldsymbol{x}(k) = (I - A)^{-1}\boldsymbol{b}.$$

这种情况意味着两个国家的国民收入最终的极限值与初始状态无关.

如果有多个国家，或者经济情况变化时，就需要考虑多个变量组成的方程组或变系数的方程组，理论分析会困难一些.

2.4.3 热传导方程

考虑热量在一个均匀杆中的传导, 我们把这根杆等分为长度为 Δx 的一些小段, 也把时间等分成长度为 Δt 的小区间, 记第 j 段杆在 k 时段的温度为 $T_j(k)$. 假设杆在一端的温度始终为 b, 另一端的温度始终为 c, 且杆的边缘有很好的绝热性, 没有热量损失. 这就只需要考虑相邻两个小段间的热量交换, 它与这两个小段的温度有关. 根据热传导定律, 热量变化与温度差成比例, 而热量的变化会导致温度的变化. 对中间的小段, 温度变化的关系为

$$T_j(k+1)-T_j(k)=\alpha(T_{j+1}(k)-T_j(k))-\alpha(T_j(k)-T_{j-1}(k)).$$

对两边的情况有

$$T_0(k)=b,\quad T_1(k+1)-T_1(k)=\alpha(T_2(k)-T_1(k))-\alpha(T_1(k)-b),$$

$$T_{n+1}(k)=c,\quad T_n(k+1)-T_n(k)=\alpha(c-T_n(k))-\alpha(T_n(k)-T_{n-1}(k)).$$

归纳得到热传导方程组如下

$$\begin{aligned}
&T_0(k)=b,\\
&T_1(k+1)=(1-2\alpha)T_1(k)+\alpha T_2(k)+\alpha b,\\
&T_j(k+1)=\alpha T_{j-1}(k)+(1-2\alpha)T_j(k)+\alpha T_{j+1}(k),\\
&T_n(k+1)=\alpha T_{n-1}(k)+(1-2\alpha)T_n(k)+\alpha c,\\
&T_{n+1}(k)=c.
\end{aligned}\tag{2.4.8}$$

将上面的模型写为向量和矩阵形式

$$\boldsymbol{T}(k+1)=A\boldsymbol{T}(k)+\boldsymbol{g},\tag{2.4.9}$$

其中, $\boldsymbol{T}(k)=(T_1(k),T_2(k),\cdots,T_n(k))^{\tau}$,

$$A=\begin{pmatrix}1-2\alpha & \alpha & 0 & \cdots & 0\\ \alpha & 1-2\alpha & \alpha & \cdots & 0\\ 0 & \alpha & 1-2\alpha & \cdots & 0\\ \vdots & \vdots & \vdots & & \vdots\\ 0 & 0 & 0 & \cdots & 1-2\alpha\end{pmatrix},\quad \boldsymbol{g}=\begin{pmatrix}\alpha b\\ 0\\ 0\\ \vdots\\ \alpha c\end{pmatrix}.$$

由 (2.4.9) 得到

$$\boldsymbol{T}(k)=A^k\boldsymbol{T}(0)+\sum_{j=0}^{k-1}A^j\boldsymbol{g}.$$

A 是一个 Toeplitz 矩阵, 它的特征值为[11]

$$\lambda_j = 1 - 2\alpha + 2\alpha\cos\left(\frac{j\pi}{n+1}\right), \quad j = 1, 2, \cdots, n.$$

当 $0 < \alpha < \dfrac{1}{2}$ 时, 对所有的 $|\lambda_j| < 1$, $\lim\limits_{k\to\infty} A^k = 0$.

$$\lim_{k\to\infty} \boldsymbol{T}(k) = \lim_{k\to\infty} A^k\boldsymbol{T}(0) + \lim_{k\to\infty}\sum_{j=0}^{k-1} A^{k-j}\boldsymbol{g} = (I - A)^{-1}\boldsymbol{g}.$$

这表明, 方程组的解趋于它的平衡解, 温度分布趋于稳定. 例如, 当 $n = 3$, $\alpha = 0.4$, $b = 10$, $c = 20$ 时,

$$A = \begin{pmatrix} 0.2 & 0.4 & 0 \\ 0.4 & 0.2 & 0.4 \\ 0 & 0.4 & 0.2 \end{pmatrix}, \quad \boldsymbol{g} = \begin{pmatrix} 4 \\ 0 \\ 8 \end{pmatrix},$$

$$(I - A)^{-1} = \begin{pmatrix} 0.8 & -0.4 & 0 \\ -0.4 & 0.8 & -0.4 \\ 0 & -0.4 & 0.8 \end{pmatrix}^{-1} = \begin{pmatrix} 15/8 & 5/4 & 5/8 \\ 5/4 & 5/2 & 5/4 \\ 5/8 & 5/4 & 15/8 \end{pmatrix},$$

$$\lim_{k\to\infty} \boldsymbol{T}(k) = \begin{pmatrix} 15/8 & 5/4 & 5/8 \\ 5/4 & 5/2 & 5/4 \\ 5/8 & 5/4 & 15/8 \end{pmatrix}\begin{pmatrix} 4 \\ 0 \\ 8 \end{pmatrix} = \begin{pmatrix} 25/2 \\ 15 \\ 35/2 \end{pmatrix}.$$

习 题 2

2.1 设 $y(k+3) = \dfrac{k}{k+1}y(k+2) - ky(k+1) + 3y(k) + k$, $y(1) = 0$, $y(2) = -1$, $y(3) = 1$, 求 $y(4)$, $y(5)$, $y(6)$, $y(7)$.

2.2 证明 $x(k) = (k-1)!\left(\displaystyle\sum_{j=1}^{k-1}\frac{1}{j!} + x(1)\right)$ 是差分方程 $x(k+1) = kx(k)+1$, $k = 1, 2, \cdots$ 的解.

2.3 求解下列差分方程

(1) $x(k+1) = \dfrac{k}{k+1}x(k)$;

(2) $x(k+1) = \dfrac{3k+1}{3k+7}x(k)$;

(3) $x(k+1) = e^{3k}x(k)$;

(4) $x(k+1) = e^{\cos 2k}x(k)$;

(5) $x(k+1) = 2x(k) + 5$;

(6) $x(k+1)=4x(k)+3\cdot 2^k$.

2.4 记 $x(n)$ 为计算 n 阶行列式时所进行的乘法次数, 证明 $x(n)$ 满足差分方程 $x(n+1)=(n+1)(x(n)+1)$, 并求出 $x(n)$.

2.5 设微分方程 $y'(x)=y(x)+e^x$ 的解为 $y(x)=\sum\limits_{k=0}^{\infty}a_kx^k$, 求 a_k 所满足的差分方程, 并计算 a_k.

2.6 设 $C(k)$ 是函数 $f_1(k), f_2(k), \cdots, f_n(k)$ 的 Casorati 矩阵, 如果还定义

$$\tilde{C}(k)=\begin{pmatrix} f_1(k) & f_2(k) & \cdots & f_n(k) \\ \Delta f_1(k) & \Delta f_2(k) & \cdots & \Delta f_n(k) \\ \vdots & \vdots & & \vdots \\ \Delta^{n-1}f_1(k) & \Delta^{n-1}f_2(k) & \cdots & \Delta^{n-1}f_n(k) \end{pmatrix},$$

证明 $\det(\tilde{C}(k))=\det(C(k))$.

2.7 设 $y_1(k), y_2(k), \cdots, y_n(k)$ 是方程

$$E^ny(k)+p_1(k)E^{n-1}y(k)+\cdots+p_{n-1}(k)Ey(k)+p_n(k)y(k)=0$$

的解, $\det(C(k))$ 是 $y_1(k), y_2(k), \cdots, y_n(k)$ 的 Casorati 矩阵. 若有 $m\in N$, 使得该方程的系数 $p_n(m)=0$, 则当 $k\geqslant m$ 时, $\det(C(k))$ 是什么?

2.8 证明 2 阶差分方程 $\Delta^2y(k)=p(k)y(k+1)$ 有一组基本解, 该基本解的 Casorati 矩阵的行列式等于 -1.

2.9 证明 $x_1(k)=k^2+2$, $x_2(k)=k^2-3k$ 和 $x_3(k)=2k-1$ 是差分方程 $\Delta^3x(k)=0$ 的解. 计算这三个函数的 Casorati 行列式的值, 并判断这三个函数是否线性无关.

2.10 函数 $x_1(k)=2^k\sin\dfrac{2\pi k}{3}$ 和 $x_2(k)=2^k\cos\dfrac{2\pi k}{3}$ 是否为差分方程 $x(k+2)+2x(k+1)+4x(k)=0$ 的两个线性无关的解?

2.11 已知函数

(1) $(k+\sqrt{2})^2$, (2) k^5, (3) $k\cdot(-3)^k$, (4) $2^{-k}k^2$

分别是一个一阶线性齐次差分方程的解, 求这些差分方程.

2.12 已知 $y_1(k)$ 是差分方程 $y(k+2)+p_1(k)y(k+1)+p_2(k)y(k)=0$ 的解, 利用常数变易法求它的另一个解.

2.13 利用差分方程求 n 阶行列式 $\det(D(n))$ 的值, 其中

$$D(n)=\begin{vmatrix} b & a & 0 & \cdots & 0 & 0 \\ a & b & a & \cdots & 0 & 0 \\ 0 & a & b & \cdots & 0 & 0 \\ \vdots & \vdots & \vdots & & \vdots & \vdots \\ 0 & 0 & 0 & \cdots & b & a \\ 0 & 0 & 0 & \cdots & a & b \end{vmatrix}.$$

2.14 求下面差分方程的解

(1) $y(k+4)-16y(k)=0$.

(2) $y(k+2)+9y(k)=0$.

(3) $(E-3I)(E+4I)^2y(k)=0$.

(4) $3(E^2-6E+12I)^3(E+7)^4y(k)=0$.

2.15　求下面差分方程的解

(1) $y(k+1)=1.08y(k)+2160$.

(2) $y(k+1)-ky(k)=(1+k)!$.

(3) $y(k+2)+5y(k+1)+6y(k)=1+k$.

(4) $y(k+2)-5y(k+1)+4y(k)=4^k+k^2$.

(5) $y(k+2)-y(k)=k\cos\dfrac{k\pi}{2}$.

(6) $y(k+2)+18y(k+1)+81y(k)=\sin\dfrac{k\pi}{2}-\cos\dfrac{k\pi}{2}$.

2.16　求差分方程 $y(k+2)+y(k)=f(k)$ 的解, 其中 $y(0)=0$, $y(1)=1$, $f(0)=f(1)=f(2)=1$, 其余, $f(k)=-1$.

2.17　求差分方程 $y(k+2)-4y(k+1)+3y(k)=k\cdot 4^k$ 满足条件 $y(1)=\dfrac{2}{9}$ 和 $y(2)=\dfrac{1}{9}$ 的解.

2.18　已知 $x(k)$ 和 $y(k)$ 满足差分方程组

$$x(k+2)-3x(k)+2y(k)=0,\quad x(k)+y(k+2)-2y(k)=0,$$

求 $x(k)$ 和 $y(k)$.

2.19　已知 $x(k)$ 和 $y(k)$ 满足差分方程组

$$x(k+1)-4x(k)-y(k)=3^k,\quad x(k+1)-2x(k)+y(k+1)-2y(k)=2,$$

求 $x(k)$ 和 $y(k)$.

2.20　求方程 $y(k+2)-2xy(k+1)+y(k)=0$ $(|x|<1)$ 满足条件 $y(0)=0$ 和 $y(K)=0$ 的解.

2.21　用常数变易法求差分方程初始值问题 $y(k+2)-5y(k+1)+6y(k)=2^k$, $y(1)=0, y(2)=0$ 的特解.

2.22　求解下列差分方程

(1) $x(k+1)x(k)+2x(k+1)+4x(k)+9=0$, 利用变换 $x(k)=\dfrac{y(k+1)}{y(k)}-2$.

(2) $x(k+2)=\dfrac{x(k+1)}{x(k)}$, 利用变换 $y(k)=\ln x(k)$.

2.23　设 $x_1(k)$, $x_2(k)$, $\cdots$ 和 $x_n(k)$ 是差分方程

$$p_n(k)x(k+n)+p_{n-1}(k)x(k+n-1)+\cdots+p_1(k)x(k+1)+p_0(k)x(k)=0$$

的解组, 其 Casorati 行列式为 $\det(C(k))$, 且 $p_n(k)$ 和 $p_0(k)$ 恒不为零. 证明

$$\det(C(k+1))=(-1)^n\frac{p_0(k)}{p_n(k)}\det(C(k)).$$

2.24 设 $x_1(k)$ 和 $x_2(k)$ 是 2 阶差分方程

$$x(k+2)+p_1(k)x(k+1)+p_0(k)x(k)=0$$

的解, 且 $x_1(k)$ 恒不为零. 证明 $x_2(k)$ 满足

$$x_2(k)=x_1(k)\sum_{r=0}^{k-1}\frac{\det(C(r))}{x_1(r)x_1(r+1)}.$$

2.25 已知 $x_1(k)=k+1$ 是差分方程

$$x(k+2)-x(k+1)-\frac{x(k)}{k+1}=0$$

的解, 求该差分方程通解的表达式.

2.26 给出 A^k 的表达式, 其中

(1) $A=\begin{pmatrix}1&1\\-2&4\end{pmatrix}$,

(2) $A=\begin{pmatrix}-1&2\\3&0\end{pmatrix}$,

(3) $A=\begin{pmatrix}1&2&-1\\0&1&0\\4&-4&5\end{pmatrix}$, (4) $A=\begin{pmatrix}2&1&0\\0&2&1\\0&0&2\end{pmatrix}$.

2.27 求方程组 $\boldsymbol{x}(k+1)=A\boldsymbol{x}(k)+\boldsymbol{g}(k)$ 的通解和满足 $\boldsymbol{x}(0)=\boldsymbol{x}_0$ 的解, 其中

$A=\begin{pmatrix}2&1\\2&0\end{pmatrix}$, $\boldsymbol{g}(k)=\begin{pmatrix}k\\1\end{pmatrix}$, $\boldsymbol{x}_0=\begin{pmatrix}1\\0\end{pmatrix}$.

2.28 求方程组 $\boldsymbol{x}(k+1)=A\boldsymbol{x}(k)$ 满足 $\boldsymbol{x}(0)=\boldsymbol{x}_0$ 的解, 其中

$$\boldsymbol{x}_0=\begin{pmatrix}1\\1\\1\end{pmatrix},\quad A=\begin{pmatrix}3/2&1/2&1/2\\1/2&5/2&-1/2\\0&1&2\end{pmatrix}.$$

2.29 求方程组 $\boldsymbol{x}(k+1)=A\boldsymbol{x}(k)$ 的通解, 其中

(1) $A=\begin{pmatrix}3&4&-10\\2&1&-2\\2&2&-5\end{pmatrix}$, (2) $A=\begin{pmatrix}0&0&1\\-1&1&1\\-1&0&2\end{pmatrix}$.

2.30 投掷硬币 k 次, 第一次出现正面的概率为 c, 第二次后每次出现与前一次相同的表面的概率为 p, 求第 k 次出现正面的概率 $x(k)$.

2.31 求差分方程 $y(k+1)-ay(k)=q(k)$ 的通解, 并证明当 $|a|<1$ 和 $q(k)$ 有界时, 该方程的所有解有界, 而当 $|a|>1$ 和 $q(k)$ 有界时, 该方程有一个有界解, 并给出这个解的表达式.

2.32 如果有函数 $b_j(k)$ $(j=0,1,\cdots,n-1)$, 使得

$$\Delta\left(\sum_{j=0}^{n-1} b_j(k)x(k+j)\right)=\sum_{j=0}^{n} a_j(k)x(k+j),$$

则称 $\sum\limits_{j=0}^{n} a_j(k)x(k+j)=0$ 为恰当方程. 证明 $\sum\limits_{j=0}^{n} a_j(k)x(k+j)=0$ 为恰当方程的充分必要条件是

$$\begin{aligned}&a_0(k)=-b_0(k),\\&a_j(k)=b_{j-1}(k+1)-b_j(k),\quad j=1,2,\cdots,n-1,\\&a_n(k)=b_{n-1}(k+1).\end{aligned}$$

2.33 如果有函数 $u(k)$, 使得 $\sum\limits_{j=0}^{n} u(k)a_j(k)x(k+j)=0$ 为恰当方程, 我们称 $u(k)$ 为 $\sum\limits_{j=0}^{n} a_j(k)x(k+j)=0$ 的差分乘子. 证明 $u(k)$ 为 $\sum\limits_{j=0}^{n} a_j(k)x(k+j)=0$ 的差分乘子的充分必要条件为 $\sum\limits_{j=0}^{n} a_{n-j}(k+j)u(k+j)=0$.

2.34 一个人正在玩一个转轮赌博游戏. 该转轮划分为 37 个区域: 18 个区域是红色, 18 区域是黑色的, 一个区域是绿色的. 他每次下赌注 100 美元, 可以选择红色或黑色, 如果转轮旋转后的颜色与他的选择相同, 他就赢得 100 美元, 如果转轮旋转后的颜色与他的选择不同, 他就失去这 100 美元. 假设庄家有一百万美元, 他有 5000 美元, 分别计算他输光或庄家输光的概率.

2.35 一个住户每天晚上 9 点到上午 9 点给他们的草坪浇水 q 吨, 早上 9 点到晚上 9 点之间该草坪会因蒸发和渗漏损失一半的水分. 记 $x(k)$ 为第 k 个 12 小时段该草坪的含水量, 且设在开始浇水前草坪的含水量是 A. 求该草坪的含水量 $x(k)$.

2.36 计划用宽为 1 个单位、长为 2 个单位的瓷砖铺设一块宽为 3 个单位、长为 $2k$ 个单位的地面, 问一共有多少种铺设方式?

2.37 设最初的三角形的三个顶点为 $P(0)=(0,0)$, $P(1)=\left(\dfrac{1}{2},\dfrac{1}{2}\right)$, $P(2)=\left(\dfrac{1}{2},0\right)$. 以后的三角形的顶点为 $P(k)=(x(k),y(k))$, $P(k+1)=(x(k+1),y(k+1))$, $P(k+2)=(x(k+2),y(k+2))$, 其中

$$x(k+3)=\frac{1}{2}(x(k)+x(k+1)),\quad y(k+3)=\frac{1}{2}(y(k)+y(k+1)).$$

求出 $x(k)$ 和 $y(k)$, 并计算 $\lim\limits_{k\to\infty} P(k)$.

2.38 在求解线性方程组 $A\boldsymbol{x}=\boldsymbol{b}$ 时可以先用逐步迭代法进行近似, 再取极限得到精确解. 当 A 是非奇异矩阵, 且 A 的对角线元素都非零时, 人们可以通过 $\boldsymbol{x}(k+1)=B\boldsymbol{x}(k)+\boldsymbol{c}$ 从一个 $x(0)$ 开始迭代来实现, 其中

$$B=I-\begin{pmatrix}a_{11}&0&\cdots&0\\0&a_{22}&\cdots&0\\\vdots&\vdots&&\vdots\\0&0&\cdots&a_{nn}\end{pmatrix}^{-1}A,\quad \boldsymbol{c}=\begin{pmatrix}a_{11}&0&\cdots&0\\0&a_{22}&\cdots&0\\\vdots&\vdots&&\vdots\\0&0&\cdots&a_{nn}\end{pmatrix}^{-1}\boldsymbol{b}.$$

讨论该迭代序列的收敛性.

第3章　差分方程的稳定性

在应用问题中提出的许多差分方程模型是高维和非线性的, 很难找到它们的解析解. 给定初始值后通过数值求解可以给出有限时间内解的大小, 但对不同初始值的分析和时间趋于无穷时模型性态的研究就需要通过稳定性分析得到. 特别地, 有些差分方程的解对初始值或者参数十分敏感, 我们需要分析参数或初值的微小变化对解的影响. 稳定性的研究就是不解方程, 而通过方程的特点讨论当时间趋于无穷时解的极限性态. 由于差分方程稳定性的概念比较抽象, 我们在第 1 章中有了一点简单介绍, 在这一章我们将重新给出差分方程解的稳定性的概念, 较全面和仔细地叙述稳定性的定义, 给出一些稳定性判定的基本方法, 并通过一些应用模型研究的例子展示稳定性研究的思想和方法.

3.1　解对初始值和参数的连续性

在实际问题的建模与测量过程中, 总有一些简化或者测量误差, 这些误差在有限时间内对解的影响就可以通过解对初始值和参数的连续性来描述. 我们先引入向量的模, 再给出解所满足的一些不等式, 最后给出解对初值和参数连续依赖性的结果.

3.1.1　向量的模

在稳定性研究中我们需要用距离来度量两个解的接近程度, 距离一般是在向量模的基础上给出的. n 维向量空间中向量 $\boldsymbol{x}$ 的模是一个实函数 $\|\boldsymbol{x}\|$, $\|\boldsymbol{x}\|$ 满足非负性、齐次性和三角不等式:

$$\|\boldsymbol{x}\| \geqslant 0, \quad \|a\boldsymbol{x}\| = |a|\|\boldsymbol{x}\|, \quad \|\boldsymbol{x}+\boldsymbol{y}\| \leqslant \|\boldsymbol{x}\| + \|\boldsymbol{y}\|.$$

n 维向量 $\boldsymbol{x} = (x_1, x_2, \cdots, x_n)^\tau$ 通常用下面给出的三种模

$$\|\boldsymbol{x}\|_1 = \sum_{j=1}^{n} |x_j|, \quad \|\boldsymbol{x}\|_\infty = \max_{1\leqslant j\leqslant n} |x_j|, \quad \|\boldsymbol{x}\|_2 = \left(\sum_{j=1}^{n} x_j^2\right)^{1/2}.$$

容易验证, 这三种模 $\|\boldsymbol{x}\|_1$, $\|\boldsymbol{x}\|_\infty$ 和 $\|\boldsymbol{x}\|_2$ 都满足非负性、齐次性和三角不等式. 我们经常使用的距离就是通过 $\|\boldsymbol{x}\|_2$ 导出的

$$d(\boldsymbol{x},\boldsymbol{y})=\|\boldsymbol{x}-\boldsymbol{y}\|=\left(\sum_{j=1}^{n}(x_j-y_j)^2\right)^{1/2}.$$

对于矩阵 $A=(a_{ij})_{n\times n}$, 我们将 A 看作 $R^n\to R^n$ 上的线性算子, 也可以定义它的模 $\|A\|$. 矩阵 A 的模 $\|A\|$ 要满足非负性、齐次性、三角不等式和相容性条件:

$$\|A\|\geqslant 0,\quad \|cA\|=|c|\|A\|,\quad \|A+B\|\leqslant\|A\|+\|B\|,\quad \|A\boldsymbol{x}\|\leqslant\|A\|\|\boldsymbol{x}\|.$$

当 n 维向量 $\boldsymbol{x}$ 的模 $\|\boldsymbol{x}\|$ 定义了以后, 我们可以利用向量的模导出矩阵的模

$$\|A\|=\max_{\boldsymbol{x}\neq 0}\frac{\|A\boldsymbol{x}\|}{\|\boldsymbol{x}\|}=\max_{\|\boldsymbol{x}\|\leqslant 1}\|A\boldsymbol{x}\|=\max_{\|\boldsymbol{x}\|=1}\|A\boldsymbol{x}\|.$$

对应于前面所给出向量的这三种模, 矩阵的模分别为

$$\|A\|_1=\max_{1\leqslant j\leqslant n}\sum_{i=1}^{n}|a_{ij}|,\quad \|A\|_\infty=\max_{1\leqslant i\leqslant n}\sum_{j=1}^{n}|a_{ij}|,\quad \|A\|_2=\rho\left(A^\tau A\right)^{1/2},$$

其中 $\rho\left(A^\tau A\right)$ 是矩阵 $A^\tau A$ 最大的特征值.

3.1.2 差分不等式

差分不等式在对差分方程的解进行估计和讨论差分方程平衡解稳定性时有着重要的应用. 差分不等式的主要思想是根据两个序列所满足的不等式来估计它们的大小, 我们将其称为比较原理, 下面给出几个结果.

比较原理 I 设对固定的 k, $g(k,z)$ 是 z 的单调增函数, 且当 $k\geqslant k_0$ 时,

$$u(k+1)\leqslant g(k,u(k)),\quad v(k+1)\geqslant g(k,v(k)).$$

则由 $u(k_0)\leqslant v(k_0)$ 可以推出

$$u(k)\leqslant v(k),\quad k\geqslant k_0.$$

否则, 有一个 $k\geqslant k_0$, 使得 $u(k)\leqslant v(k)$, 但 $u(k+1)>v(k+1)$. 但由比较原理 I 的条件可以推出 $u(k+1)\leqslant g(k,u(k))\leqslant g(k,v(k))\leqslant v(k+1)$, 这与 $u(k+1)>v(k+1)$ 矛盾. 所以, 比较原理 I 的结论成立.

当比较原理 I 用于一个差分不等式时, 就可以得到一些直接的结果. 例如若 $p(k)\geqslant 0$, $y(k+1)\leqslant p(k)y(k)+q(k)$ 时, 就会得到

$$y(k)\leqslant y(k_0)\prod_{j=k_0}^{k-1}p(j)+\sum_{j=k_0}^{k-1}q(j)\prod_{i=j+1}^{k-1}p(i).$$

事实上, 取 $g(k,z)=p(k)z+q(k)$, 令 $x(k)$ 是差分方程 $x(k+1)=p(k)x(k)+q(k)$ 满足初始值 $x(k_0)=y(k_0)$ 的解, 则 $y(k+1)\leqslant g(k,y(k))$, $x(k+1)=g(k,x(k))$. $x(k+1)=g(k,x(k))$ 是一个线性差分方程, 它的解为

$$x(k)=x(k_0)\prod_{j=k_0}^{k-1}p(j)+\sum_{j=k_0}^{k-1}q(j)\prod_{i=j+1}^{k-1}p(i).$$

由比较原理 I 得到

$$y(k)\leqslant x(k)=x(k_0)\prod_{j=k_0}^{k-1}p(j)+\sum_{j=k_0}^{k-1}q(j)\prod_{i=j+1}^{k-1}p(i).$$

比较原理 II 设对固定的 k 和 s, $g(k,s,z)$ 是 z 的单调增函数, 且当 $k\geqslant k_0$ 时,

$$u(k)\leqslant\sum_{s=k_0}^{k-1}g(k,s,u(s))+q(k).$$

则由 $u(k_0)\leqslant v(k_0)=q(k_0)$ 可以推出

$$u(k)\leqslant v(k),\quad k\geqslant k_0,$$

其中, $v(k)$ 是差分方程

$$v(k)=\sum_{s=k_0}^{k-1}g(k,s,v(s))+q(k),\quad k\geqslant k_0$$

满足条件 $v(k_0)=q(k_0)$ 的解.

如果比较原理 II 的结论不成立, 则至少有一个 $k^*\geqslant k_0$, 使得 $u(s)\leqslant v(s)$ 对 $k_0\leqslant s\leqslant k^*$ 成立, 但 $u(k^*+1)>v(k^*+1)$. 利用这些条件可以推出

$$v(k^*+1)=\sum_{s=k_0}^{k^*}g(k^*+1,s,v(s))+q(k^*+1),$$
$$u(k^*+1)\leqslant\sum_{s=k_0}^{k^*}g(k^*+1,s,u(s))+q(k^*+1).$$

于是, 由 $u(k^*+1)>v(k^*+1)$ 得到

$$v(k^*+1)-u(k^*+1)<0.$$

另一方面, 由比较原理 II 的条件和反证的假设知道, 当 $k_0\leqslant s\leqslant k^*$ 时, $u(s)\leqslant v(s)$, $g(k^*+1,s,v(s))\geqslant g(k^*+1,s,u(s))$. 所以有

$$v(k^*+1)-u(k^*+1)\geqslant\sum_{s=k_0}^{k^*}(g(k^*+1,s,v(s))-g(k^*+1,s,u(s)))\geqslant 0.$$

这个矛盾说明比较原理 II 的结论成立.

离散 Gronwall 不等式　利用上面的比较原理, 就可以得到离散形式的 Gronwall 不等式. 设对于所有 $k \geqslant k_0$ 有 $p(k) \geqslant 0, q(k) \geqslant 0$,

$$y(k+1) \leqslant y(k_0) + \sum_{j=k_0}^{k} (p(j)y(j) + q(j)), \quad k \geqslant k_0.$$

则 $y(k)$ 满足下面的不等式

$$\begin{aligned} y(k) &\leqslant y(k_0) \prod_{j=k_0}^{k-1} (1+p(j)) + \sum_{j=k_0}^{k-1} q(j) \prod_{i=j+1}^{k-1} (1+p(i)) \\ &\leqslant y(k_0) \exp\left(\sum_{j=k_0}^{k-1} p(j)\right) + \sum_{j=k_0}^{k-1} q(j) \exp\left(\sum_{i=j+1}^{k-1} p(i)\right). \end{aligned}$$

事实上, 可以令

$$u(k+1) = u(k_0) + \sum_{j=k_0}^{k} (p(j)u(j) + q(j)), \quad k \geqslant k_0, \quad u(k_0) = y(k_0).$$

这个 $u(k)$ 所满足的方程等价于

$$\Delta u(k) = p(k)u(k) + q(k), \quad \text{或者} \quad u(k+1) = u(k) + p(k)u(k) + q(k).$$

关于 $u(k)$ 的一阶线性差分方程的解为

$$u(k) = u(k_0) \prod_{j=k_0}^{k-1} (1+p(j)) + \sum_{j=k_0}^{k-1} q(j) \prod_{i=j+1}^{k-1} (1+p(j)).$$

这就是 Gronwall 不等式的前一个, 再利用不等式 $1+p(j) \leqslant \exp(p(j))$ 就得到后面的不等式.

3.1.3　解对初始值的依赖性

考虑下面解的初始值问题

$$\boldsymbol{x}(k+1) = \boldsymbol{x}(k) + \boldsymbol{f}(k, \boldsymbol{x}(k)), \quad \boldsymbol{x}(k_0) = \boldsymbol{x}_0, \quad k \in N \tag{3.1.1}$$

和它的扰动方程

$$\boldsymbol{y}(k+1) = \boldsymbol{y}(k) + \boldsymbol{f}(k, \boldsymbol{y}(k)) + \boldsymbol{g}(k, \boldsymbol{y}(k)), \quad \boldsymbol{y}(k_0) = \boldsymbol{y}_0, \quad k \in N. \tag{3.1.2}$$

下面的定理给出了解的一些估计式.

定理 3.1.1 设 $\boldsymbol{f}(k,\boldsymbol{x})$ 和 $\boldsymbol{g}(k,\boldsymbol{y})$ 在 $N\times R^n$ 上定义, 且满足不等式

$$\|\boldsymbol{f}(k,\boldsymbol{x})-\boldsymbol{f}(k,\boldsymbol{y})\|\leqslant u(k)\|\boldsymbol{x}-\boldsymbol{y}\|,\quad \|\boldsymbol{g}(k,\boldsymbol{x})\|\leqslant v(k),$$

其中, $u(k)$ 和 $v(k)$ 是定义在 N 中的非负函数, 则初始值问题 (3.1.1) 和 (3.1.2) 的解的差满足下面的不等式

$$\|\boldsymbol{x}(k)-\boldsymbol{y}(k)\|\leqslant\left(\|\boldsymbol{x}_0-\boldsymbol{y}_0\|+\sum_{j=k_0}^{k-1}v(j)\right)\prod_{j=k_0}^{k-1}(1+u(j)).$$

证明 由初始值问题 (3.1.1) 和 (3.1.2) 递推求解得到

$$\boldsymbol{x}(k)=\boldsymbol{x}_0+\sum_{j=k_0}^{k-1}\boldsymbol{f}(j,\boldsymbol{x}(j)),$$

$$\boldsymbol{y}(k)=\boldsymbol{y}_0+\sum_{j=k_0}^{k-1}\boldsymbol{f}(j,\boldsymbol{y}(j))+\sum_{j=k_0}^{k-1}\boldsymbol{g}(j,\boldsymbol{y}(j)).$$

将这两个解相减得到

$$\boldsymbol{x}(k)-\boldsymbol{y}(k)=\boldsymbol{x}_0-\boldsymbol{y}_0+\sum_{j=k_0}^{k-1}(\boldsymbol{f}(j,\boldsymbol{x}(j))-\boldsymbol{f}(j,\boldsymbol{y}(j)))-\sum_{j=k_0}^{k-1}\boldsymbol{g}(j,\boldsymbol{y}(j)).$$

利用定理的条件和三角不等式得到

$$\|\boldsymbol{x}(k)-\boldsymbol{y}(k)\|\leqslant\|\boldsymbol{x}_0-\boldsymbol{y}_0\|+\sum_{j=k_0}^{k-1}v(j)+\sum_{j=k_0}^{k-1}u(j)\|\boldsymbol{x}(j)-\boldsymbol{y}(j)\|.$$

由离散的 Gronwall 不等式即可得到

$$\|\boldsymbol{x}(k)-\boldsymbol{y}(k)\|\leqslant\left(\|\boldsymbol{x}_0-\boldsymbol{y}_0\|+\sum_{j=k_0}^{k-1}v(j)\right)\prod_{j=k_0}^{k-1}(1+u(j)).\qquad\square$$

下面的定理给出解对初始值的可微性.

定理 3.1.2 设 $\boldsymbol{f}(k,\boldsymbol{x})$ 在 $N\times R^n$ 上定义, $\boldsymbol{f}(k,\boldsymbol{x})$ 对 $\boldsymbol{x}$ 的偏导数 $\dfrac{\partial\boldsymbol{f}(k,\boldsymbol{x})}{\partial\boldsymbol{x}}$ 存在. 则初始值问题

$$\boldsymbol{x}(k+1)=\boldsymbol{f}(k,\boldsymbol{x}(k)),\quad \boldsymbol{x}(k_0)=\boldsymbol{x}_0,\quad k\in N(k_0)\tag{3.1.3}$$

的解 $\boldsymbol{x}=\boldsymbol{x}(k,k_0,\boldsymbol{x}_0)$ 关于 $\boldsymbol{x}_0$ 的偏导数 $\dfrac{\partial\boldsymbol{x}(k,k_0,\boldsymbol{x}_0)}{\partial\boldsymbol{x}_0}$ 存在, 且满足下面的方程组和初始条件

$$\frac{\partial\boldsymbol{x}(k+1,k_0,\boldsymbol{x}_0)}{\partial\boldsymbol{x}_0}=\frac{\partial\boldsymbol{f}(k,\boldsymbol{x}(k,k_0,\boldsymbol{x}_0))}{\partial\boldsymbol{x}}\frac{\partial\boldsymbol{x}(k,k_0,\boldsymbol{x}_0)}{\partial\boldsymbol{x}_0},\quad \frac{\partial\boldsymbol{x}(k_0,k_0,\boldsymbol{x}_0)}{\partial\boldsymbol{x}_0}=I.$$

证明　由于 $\boldsymbol{f}(k,\boldsymbol{x})$ 对 $\boldsymbol{x}$ 的偏导数存在, 我们可以对

$$\boldsymbol{x}(k_0+1,k_0,\boldsymbol{x}_0)=\boldsymbol{f}(k_0,\boldsymbol{x}_0),\quad \boldsymbol{x}(k_0,k_0,\boldsymbol{x}_0)=\boldsymbol{x}_0$$

两边关于初始值 $\boldsymbol{x}_0$ 求导, 复合链导法就给出了 $k=k_0+1$ 时的结果. 假设这个结论对 k 成立, 即 $\boldsymbol{x}(k,k_0,\boldsymbol{x}_0)$ 关于 $\boldsymbol{x}_0$ 是可微的, 利用解满足的关系 $\boldsymbol{x}(k+1,k_0,\boldsymbol{x}_0)=\boldsymbol{f}(k,\boldsymbol{x}(k,k_0,\boldsymbol{x}_0))$ 知道 $\boldsymbol{x}(k+1,k_0,\boldsymbol{x}_0)$ 关于 $\boldsymbol{x}_0$ 是可微的, 再利用复合链导法则就得到了定理的结论. □

3.1.4　解对参数的依赖性

接下来考虑解对参数的依赖性. 设差分方程组中含有参数 $\boldsymbol{\mu}$, $\boldsymbol{\mu}\in R^m$, 对给定的 $\boldsymbol{\mu}_0$, 当 $\|\boldsymbol{\mu}-\boldsymbol{\mu}_0\|<\delta$ 时, 初始值问题

$$\boldsymbol{x}(k+1)=\boldsymbol{x}(k)+\boldsymbol{f}(k,\boldsymbol{x}(k),\boldsymbol{\mu}),\quad \boldsymbol{x}(k_0)=\boldsymbol{x}_0,\quad k\in N(k_0) \tag{3.1.4}$$

的解 $\boldsymbol{x}(k,k_0,\boldsymbol{x}_0,\boldsymbol{\mu})$ 存在. 类似定理 3.1.1 和定理 3.1.2, 我们可以证明下面的两个定理.

定理 3.1.3　设 $\boldsymbol{f}(k,\boldsymbol{x},\boldsymbol{\mu})$ 在 $N(k_0)\times R^n\times R^m$ 上定义, 且满足不等式

$$\begin{aligned}&\|\boldsymbol{f}(k,\boldsymbol{x}_1,\boldsymbol{\mu})-\boldsymbol{f}(k,\boldsymbol{x}_2,\boldsymbol{\mu})\|\leqslant u(k)\|\boldsymbol{x}_1-\boldsymbol{x}_2\|,\\&\|\boldsymbol{f}(k,\boldsymbol{x},\boldsymbol{\mu}_1)-\boldsymbol{f}(k,\boldsymbol{x},\boldsymbol{\mu}_2)\|\leqslant v(k)\|\boldsymbol{\mu}_1-\boldsymbol{\mu}_2\|.\end{aligned}$$

其中, $u(k)$ 和 $v(k)$ 是定义在 $N(k_0)$ 中的非负函数, 则初始值问题 (3.1.4) 的解满足下面的不等式

$$\begin{aligned}&\|\boldsymbol{x}(k,k_0,\boldsymbol{x}_{01},\boldsymbol{\mu}_1)-\boldsymbol{x}(k,k_0,\boldsymbol{x}_{02},\boldsymbol{\mu}_2)\|\\\leqslant&\left(\|\boldsymbol{x}_{01}-\boldsymbol{x}_{02}\|+\|\boldsymbol{\mu}_1-\boldsymbol{\mu}_2\|\sum_{j=k_0}^{k-1}v(j)\right)\prod_{j=k_0}^{k-1}(1+u(j)),\quad k\in N(k_0).\end{aligned}$$

定理 3.1.4　设$\boldsymbol{f}(k,\boldsymbol{x},\boldsymbol{\mu})$ 在 $N(k_0)\times R^n\times R^m$ 上定义, $\boldsymbol{f}(k,\boldsymbol{x},\boldsymbol{\mu})$ 对 $\boldsymbol{x}$ 的偏导数 $\dfrac{\partial\boldsymbol{f}(k,\boldsymbol{x},\boldsymbol{\mu})}{\partial\boldsymbol{x}}$ 和对 $\boldsymbol{\mu}$ 的偏导数 $\dfrac{\partial\boldsymbol{f}(k,\boldsymbol{x},\boldsymbol{\mu})}{\partial\boldsymbol{\mu}}$ 存在. 则初始值问题

$$\boldsymbol{x}(k+1)=\boldsymbol{f}(k,\boldsymbol{x}(k),\boldsymbol{\mu}),\quad \boldsymbol{x}(k_0)=\boldsymbol{x}_0,\quad k\in N(k_0) \tag{3.1.5}$$

的解 $\boldsymbol{x}=\boldsymbol{x}(k,k_0,\boldsymbol{x}_0,\boldsymbol{\mu})$ 关于 $\boldsymbol{\mu}$ 的偏导数 $\dfrac{\partial\boldsymbol{x}(k,k_0,\boldsymbol{x}_0,\boldsymbol{\mu})}{\partial\boldsymbol{\mu}}\triangleq U(k)$ 存在, 且满足下面的方程组和初始条件

$$U(k+1)=\frac{\partial\boldsymbol{f}(k,\boldsymbol{x}(k,k_0,\boldsymbol{x}_0),\boldsymbol{\mu})}{\partial\boldsymbol{x}}U(k)+\frac{\partial\boldsymbol{f}(k,\boldsymbol{x}(k,k_0,\boldsymbol{x}_0),\boldsymbol{\mu})}{\partial\boldsymbol{\mu}},\quad U(k_0)=0.$$

我们最后指出, 当差分方程或差分方程组右端的函数连续时, 它的解对初始值和参数也是连续的. 即对任意给定的整数 $K \geqslant k_0$, 当 $k \in N(k_0, K)$ 时, 方程或方程组的解都随着初始值和参数连续变化. 这一结论只要用连续函数有限次的复合仍然是连续函数即可得到.

3.2 稳定性的一些概念

差分方程或差分方程组的解在有限时间内的性态可以用 3.1 节中介绍的几个定理来分析. 当时间趋于无穷时解的性态的分析需要用稳定性的相关理论来解决. 我们在这一节中先给出各种稳定性的定义, 再给出一些具体例子.

3.2.1 平衡解稳定性的定义

设 $\boldsymbol{f}$ 是 $N \times R^n \to R^n$ 的连续函数, 我们在这一章中要研究的方程组为

$$\boldsymbol{x}(k+1) = \boldsymbol{f}(k, \boldsymbol{x}(k)), \quad k \in N. \tag{3.2.1}$$

差分方程组 (3.2.1) 满足初始条件 $\boldsymbol{x}(k_0) = \boldsymbol{x}_0$ 的解记为 $\boldsymbol{x}(k, k_0, \boldsymbol{x}_0)$.

定义 3.2.1 当 $\boldsymbol{f}(k, \boldsymbol{x}(k)) = \boldsymbol{f}(\boldsymbol{x}(k))$ 时, 我们称 (3.2.1) 是**自治差分方程组**; 当有正整数 ω, 使得 $\boldsymbol{f}(k+\omega, \boldsymbol{x}) = \boldsymbol{f}(k, \boldsymbol{x})$ 时, 我们称 (3.2.1) 是**周期为 ω 的差分方程组**.

定义 3.2.2 若有 $\boldsymbol{x}^*$, 使得 $\boldsymbol{x}^* = \boldsymbol{f}(k, \boldsymbol{x}^*)$ 对所有的 $k \in N$ 成立, 则称 $\boldsymbol{x}^*$ 为差分方程组 (3.2.1) 的**平衡解**(不动点、平衡点、平衡态). 设 $\boldsymbol{x}(k)$ 是差分方程组 (3.2.1) 的解, 若有 $\boldsymbol{x}^*$ 和正整数 ω, 使得 $\boldsymbol{x}(k+\omega, k_0, \boldsymbol{x}^*) = \boldsymbol{x}(k, k_0, \boldsymbol{x}^*)$, 则称 $\boldsymbol{x}(k) = \boldsymbol{x}(k, k_0, \boldsymbol{x}^*)$ 为差分方程组 (3.2.1) 的周期解.

定义 3.2.3 设 $\boldsymbol{x}^*$ 是差分方程组 (3.2.1) 的平衡解, $\boldsymbol{x}(k, k_0, \boldsymbol{x}_0)$ 是差分方程组 (3.2.1) 满足 $\boldsymbol{x}(k_0) = \boldsymbol{x}_0$ 的解, 如果对任意给定的正数 ε, 有 $\delta = \delta(k_0, \varepsilon) > 0$, 使得当 $|\boldsymbol{x}_0 - \boldsymbol{x}^*| < \delta$ 时, $|\boldsymbol{x}(k, k_0, \boldsymbol{x}_0) - \boldsymbol{x}^*| < \varepsilon$ 对所有的 $k \geqslant k_0$ 都成立, 则称差分方程组 (3.2.1) 的平衡解 $\boldsymbol{x}^*$ 是**稳定**的, 否则, 称平衡解 $\boldsymbol{x}^*$ 是**不稳定**的. 当 δ 与 k_0 无关时, 称差分方程组 (3.2.1) 的平衡解 $\boldsymbol{x}^*$ 是**一致稳定的**.

定义 3.2.4 如果有正数 $\eta = \eta(k_0)$, 使得满足 $|\boldsymbol{x}_0 - \boldsymbol{x}^*| < \eta$ 的解 $\boldsymbol{x}(k, k_0, \boldsymbol{x}_0)$ 有 $\lim\limits_{k\to\infty} \boldsymbol{x}(k, k_0, \boldsymbol{x}_0) = \boldsymbol{x}^*$, 则称 $\boldsymbol{x}^*$ 是**吸引**的; 当 η 与 k_0 无关时, 我们称差分方程组 (3.2.1) 的平衡解 $\boldsymbol{x}^*$ 是**一致吸引的**; 当 η 为无穷大时, 我们称差分方程组 (3.2.1) 的平衡解 $\boldsymbol{x}^*$ 是**全局吸引的**. 如果 $\boldsymbol{x}^*$ 是稳定的, 也是吸引的, 我们称 $\boldsymbol{x}^*$ 是**渐近稳定**的, 如果 $\boldsymbol{x}^*$ 是稳定的, 也是全局吸引的, 我们称 $\boldsymbol{x}^*$ 是**全局渐近稳定**的.

定义 3.2.5 如果有正数 δ, η $(0 < \eta < 1)$ 和 M, 使得满足 $|\boldsymbol{x}_0 - \boldsymbol{x}^*| < \delta$ 的解 $\boldsymbol{x}(k, k_0, \boldsymbol{x}_0)$ 对所有 $k \geqslant k_0$ 都有 $\|\boldsymbol{x}(k, k_0, \boldsymbol{x}_0)\| < M\|\boldsymbol{x}_0 - \boldsymbol{x}^*\|\eta^{k-k_0}$, 则

称差分方程组 (3.2.1) 的解是**指数稳定的**; 如果有正数 η 和 M, 使得满足 $|\boldsymbol{x}_0 - \boldsymbol{x}^*| < \eta$ 的解 $\boldsymbol{x}(k,k_0,\boldsymbol{x}_0)$ 对所有 $k \geqslant k_0$ 都有 $\|\boldsymbol{x}(k,k_0,\boldsymbol{x}_0)\| < M$, 则称差分方程组 (3.2.1) 的解是**有界的**. 如果有 $p>0$, 使得满足 $|\boldsymbol{x}_0 - \boldsymbol{x}^*| < \delta$ 的解 $\boldsymbol{x}(k,k_0,\boldsymbol{x}_0)$ 有 $\sum\limits_{k=k_0}^{\infty} \|x(k,k_0,x_0)\|^p < \infty$, 则称差分方程组 (3.2.1) 的平衡解 $\boldsymbol{x}^*$ 是**l_p 稳定的**. 如果 $\sum\limits_{k=k_0}^{\infty} \|\boldsymbol{x}(k,k_0,\boldsymbol{x}_0)\|^p < \infty$ 对 k_0 一致, 则称差分方程组 (3.2.1) 的平衡解 $\boldsymbol{x}^*$ 是**一致 l_p 稳定的**.

有兴趣的读者可以用 ε-δ 语言来描述平衡解吸引和一致吸引的定义. 注意: 稳定和吸引是两个不同的定义, 稳定是初始值和平衡解很靠近的解总是离它很近, 吸引是在一定区域内的解最终都会趋于平衡解. 但对一些特殊的系统, 有些定义是等价的: 对自治系统而言, 稳定性与一致稳定性等价, 吸引和一致吸引等价, 渐近稳定和一致渐近稳定等价. 对线性齐次差分方程组, 从一致渐近稳定可以推出指数稳定.

3.2.2　稳定性的几个例子

$x^*=0$ 是一维差分方程 $x(k+1)=x(k)$ 的平衡解, 满足 $x(k_0)=x_0$ 的解是 $x(k,k_0,x_0)=x_0$, 平衡解 $x^*=0$ 是一致稳定的, 但不是渐近稳定的.

$x^*=0$ 是一维差分方程 $x(k+1)=p(k)x(k)$ 的平衡解, 满足 $x(k_0)=x_0$ 的解是 $x(k,k_0,x_0)=\prod\limits_{j=k_0}^{k-1} p(j)x_0$. 当 $\left|\prod\limits_{j=k_0}^{k-1} p(j)\right| < M(k_0)$ 时, 平衡解$x^*=0$ 是稳定的. 而当 $M(k_0)=M$ 与 k_0 无关时, 平衡解 $x^*=0$ 是一致稳定的. 例如, 当 $p(j)=1+\varepsilon^j$ $(0<\varepsilon<1)$ 时,

$$\left|\prod_{j=k_0}^{k-1} p(j)\right| < \left|\prod_{j=k_0}^{k-1} \exp(\varepsilon^j)\right| < \exp\left(\frac{\varepsilon^{k_0}}{1-\varepsilon}\right) < \exp\left(\frac{1}{1-\varepsilon}\right).$$

差分方程 $x(k+1)=(1+\varepsilon^k)x(k)$ 的零解是一致稳定的. 但由于 $\left|\prod\limits_{j=k_0}^{k-1}(1+\varepsilon^j)\right| > 1$, 差分方程 $x(k+1)=(1+\varepsilon^k)x(k)$ 的零解不是吸引的, 也不是渐近稳定的. 又例如, $p(j)=\dfrac{j+1}{j+2}$ 时, $\left|\prod\limits_{j=k_0}^{k-1} p(j)\right| = \dfrac{k_0+1}{k+1} < 1$, 且 $\lim\limits_{k\to\infty}\left|\prod\limits_{j=k_0}^{k-1} p(j)\right| = \lim\limits_{k\to\infty}\dfrac{k_0+1}{k+1}=0$, 所以方程 $x(k+1)=\dfrac{k+1}{k+2}x(k)$ 的零解是一致稳定的, 也是渐近稳定的, 但不是一致渐近稳定的. 事实上, 对任意取定的 $\eta>0$, 可以选取 $x_0=\dfrac{\eta}{2}<\eta$, 对任意的 k,

有 $k_0 > \frac{k}{2}$, 就有 $x(k,k_0,x_0) = \frac{k_0+1}{k+1}x_0 > \frac{x_0}{2}$, $x(k,k_0,x_0)$ 不是一致的趋于零. 当 $\lim\limits_{k\to\infty}\prod\limits_{j=k_0}^{k-1}p(j) = 0$ 时, $x(k+1) = p(k)x(k)$ 的零解是渐近稳定的. 当 $|p(j)| < \eta < 1$ 时, 零解是指数渐近稳定的. 例如, 当 $p(k) = \frac{1}{2^k}$ 时, 差分方程$x(k+1) = \frac{x(k)}{2^k}$ 的零解是指数稳定的. 事实上 $|x(k,k_0,x_0)| = \frac{|x(k_0)|}{2^{k_0+k_0+1+\cdots+k-1}} < \frac{|x(k_0)|}{2^{k-k_0}}$.

例 3.2.1 讨论方程 $x(k+1) = \frac{k+1}{2}x^2(k)$ 零解的渐近性态.

解 方程 $x(k+1) = \frac{k+1}{2}x^2(k)$ 满足 $x(k_0) = x_0$ 解为

$$x(k,k_0,x_0) = \frac{k}{2}\left(\frac{k-1}{2}\right)^2\left(\frac{k-2}{2}\right)^4\cdots\left(\frac{k_0+1}{2}\right)^{2^{k-k_0-1}} x_0^{2^{k-k_0}}.$$

对任意 $\varepsilon > 0$ $(\varepsilon < 1)$, 取 $\delta = \frac{\varepsilon}{k_0+1} > 0$, 当 $|x_0| < \delta$ 时,

$$\begin{aligned}
|x(k_0+1,k_0,x_0)| &= \frac{k_0+1}{2}x_0^2 < \frac{\varepsilon^2}{2(k_0+1)} < \frac{\varepsilon^2}{k_0+2} < \varepsilon,\\
|x(k_0+2,k_0,x_0)| &< \frac{k_0+2}{2}\frac{\varepsilon^4}{(k_0+2)^2} < \frac{\varepsilon^4}{(k_0+2^2)} < \varepsilon,\\
|x(k_0+3,k_0,x_0)| &< \frac{k_0+3}{2}\frac{\varepsilon^8}{(k_0+2^2)^2} < \frac{\varepsilon^8}{k_0+2^3} < \varepsilon,\\
&\cdots\\
|x(k,k_0,x_0)| &< \frac{k}{2}\frac{\varepsilon^{2^{k-k_0}}}{(k_0+2^{k-k_0-1})^2} < \frac{\varepsilon^{2^{k-k_0}}}{k_0+2^{k-k_0}} < \varepsilon.
\end{aligned}$$

由此可见, 方程 $x(k+1) = \frac{k+1}{2}x^2(k)$ 的零解是稳定的, 也是吸引的, 即渐近稳定的, 但不是一致稳定的. 因为对任意的 $\delta > 0$, 我们都可以选择一个 k_0, 使得 $(k_0+1)\delta^2 > 8$, 当 $|x_0| = \delta/2$ 时,

$$|x(k_0+1,k_0,x_0)| = \frac{k_0+1}{2}\times\frac{\delta^2}{4} = \frac{(k_0+1)\delta^2}{8} > 1.$$

例 3.2.2 讨论方程组

$$\begin{aligned}
x(k+1) &= \left(x^2(k)+y^2(k)\right)^{1/4}\cos\sqrt{2\pi\arctan\frac{y(k)}{x(k)}},\\
y(k+1) &= \left(x^2(k)+y^2(k)\right)^{1/4}\sin\sqrt{2\pi\arctan\frac{y(k)}{x(k)}}
\end{aligned}$$

的平衡解 $x = 1$, $y = 0$ 的稳定性.

解 引入极坐标 $x(k)=r(k)\cos\theta(k)$, $y(k)=r(k)\sin\theta(k)$, 将原来的方程组化为

$$r(k+1)=\sqrt{r(k)},\quad r>0,\quad \theta(k+1)=\sqrt{2\pi\theta(k)},\quad 0\leqslant\theta\leqslant 2\pi.$$

由 $r(k)$ 和 $\theta(k)$ 所满足的方程可以证明, 对所有 $r_0>0$ 和 $\theta_0>0$, 均有

$$\lim_{k\to\infty} r(k)=1,\quad \lim_{k\to\infty}\theta(k)=2\pi.$$

即, 原方程的平衡解 $x=1, y=0$ 是吸引的, 但该平衡解不是稳定的. 我们可以取 $\theta_0>0$ 充分小, 则点 $(\cos\theta_0,\sin\theta_0)$ 在平衡解 $(1,0)$ 的邻域内. 但是以 $(\cos\theta_0,\sin\theta_0)$ 为初始值的解序列中的点 $(x(k),y(k))$ 却在单位圆周上逆时针变化, 最后趋于平衡点 $(1,0)$. 在趋于平衡解的过程中, 有许多点远离了平衡解.

例 3.2.3 证明差分方程组

$$\begin{aligned} x(k+1)&=x(k)+\frac{x^2(k)(y(k)-x(k))+y^5(k)}{x^2(k)+y^2(k)+(x^2(k)+y^2(k))^3},\\ y(k+1)&=y(k)+\frac{y^2(k)(y(k)-2x(k))}{x^2(k)+y^2(k)+(x^2(k)+y^2(k))^3}\end{aligned}\tag{3.2.2}$$

的零解是全局吸引的, 但不是稳定的.

证明 首先, 由方程组的递推关系得到, 当 $y(k)>0$ 时,

$$\begin{aligned} y(k+1)&=y(k)+\frac{y^2(k)(y(k)-2x(k))}{x^2(k)+y^2(k)+(x^2(k)+y^2(k))^3}\\ &=\frac{y(k)[(x(k)-y(k))^2+y^2(k)+(x^2(k)+y^2(k))^3]}{x^2(k)+y^2(k)+(x^2(k)+y^2(k))^3}>0.\end{aligned}$$

这表明, 差分方程组 (3.2.2) 从上半平面出发的解始终停留在上半平面. 同理, 当 $y(k)>0$ 和 $x(k)>0$ 时,

$$\begin{aligned} x(k+1)&=x(k)+\frac{x^2(k)(y(k)-x(k))+y^5(k)}{x^2(k)+y^2(k)+(x^2(k)+y^2(k))^3}\\ &=\frac{x(k)[x(k)y(k)+y^2(k)+(x^2(k)+y^2(k))^3]+y^5(k)}{x^2(k)+y^2(k)+(x^2(k)+y^2(k))^3}>0.\end{aligned}$$

这表明, 差分方程组 (3.2.2) 从第一象限出发的解始终停留在第一象限. 令

$$\begin{aligned} g_1(x(k),y(k))&=\frac{x^2(k)(y(k)-x(k))+y^5(k)}{x^2(k)+y^2(k)+(x^2(k)+y^2(k))^3},\\ g_2((x_k),y(k))&=\frac{y^2(k)(y(k)-2x(k))}{x^2(k)+y^2(k)+(x^2(k)+y^2(k))^3}.\end{aligned}$$

则系统 (3.2.2) 可以写为

$$\Delta x(k)=g_1(x(k),y(k)),\quad \Delta y(k)=g_2(x(k),y(k)).$$

由于

$$g_1(-x(k),-y(k)) = -g_1(x(k),y(k)),$$
$$g_2(-x(k),-y(k)) = -g_2(x(k),y(k)).$$

系统 (3.2.2) 关于坐标原点对称, 我们只需要在上半平面讨论. 考虑下面三个区域

$$\Omega_1 = \{\ (x,y) \mid y \geqslant 2x,\quad y \geqslant 0\},$$
$$\Omega_2 = \{\ (x,y) \mid y < 2x, x^2(y-x)+y^5 \geqslant 0,\quad y \geqslant 0\},$$
$$\Omega_3 = \{\ (x,y) \mid y < 2x, x^2(y-x)+y^5 < 0,\quad y \geqslant 0\}.$$

当 $(x(k),y(k)) \in \Omega_1$ 时, $g_1(x,y)>0$, $g_2(x,y)\geqslant 0$, $\Delta x(k)>0$, $\Delta y(k)\geqslant 0$, $x(k)$ 和 $y(k)$ 都是单调增序列. 由于

$$\frac{\Delta y(k)}{\Delta x(k)} = \frac{g_2(x(k),y(k))}{g_1(x(k),y(k))} = \frac{y^2(k)(y(k)-2x(k))}{x^2(k)(y(k)-x(k))+y^5(k)},$$

所以, 当 $y(k)\geqslant 1$ 时,

$$\frac{\Delta y(k)}{\Delta x(k)} = \frac{y^2(k)(y(k)-2x(k))}{x^2(k)(y(k)-x(k))+y^5(k)} \leqslant \frac{y^3(k)}{x^2(k)(y(k)-x(k))+y^5(k)} < 1.$$

这意味着每迭代一次, $y(k)$ 的增量都小于 $x(k)$ 的增量, 从 Ω_1 出发的解无法永远停留在 Ω_1 中, 即它要穿过 $y=2x$ 进入 Ω_2. 当 $y(k)<1$ 时, 若 $x(k)$ 无界, 从 Ω_1 中出发的差分方程组 (3.2.2) 的解也要穿过 $y=2x$ 进入 Ω_2. 当 $y(k)<1$ 时, 若 $x(k)$ 有界, 则从 Ω_1 中出发的差分方程组 (3.2.2) 的解序列有极限, 记为

$$\lim_{k\to\infty} x(k) = x^*,\quad \lim_{k\to\infty} y(k) = y^*.$$

代入到差分方程组 (3.2.2) 知, x^* 和 y^* 满足方程组

$$(x^*)^2(y^*-x^*)+(y^*)^5 = 0,\quad (y^*)^2(y^*-2x^*) = 0.$$

求解得到 $x^*=0$ 和 $y^*=0$. 所以, 从 Ω_1 中出发的差分方程组 (3.2.2) 的解或者穿过 $y=2x$ 进入到 Ω_2 中, 或者 Ω_1 中出发的差分方程组 (3.2.2) 的解当 k 趋于无穷时趋于 $(0,0)$.

差分方程组 (3.2.2) 的解进入到 Ω_2 中后, 它有可能永远停留在 Ω_2 中, 也可能离开 Ω_2 进入 Ω_1, 还可能趋于 $(0,0)$ 点. 在 Ω_2 中, $g_1(x,y)\geqslant 0$, $g_2(x,y)<0$, $x(k)$ 是单调增序列, $y(k)$ 是单调减序列. 由于区域 Ω_2 和 Ω_3 的边界曲线 $x^2(y-x)+y^5=0$ 所确定的函数 $y=\varphi(x)$ 是随着 x 单调增的, 且当 x 趋于无穷时, $y=\varphi(x)$ 也趋于无穷. 所以差分方程组 (3.2.2) 的解进入 Ω_2 后, 它不可能永远停留在 Ω_2 中, 只能穿过边界曲线 $x^2(y-x)+y^5=0$ 进入区域 Ω_3.

在区域 Ω_3 中, $g_1(x,y)<0$, $g_2(x,y)<0$, $\Delta x(k)<0$, $\Delta y(k)<0$, $x(k)$ 和 $y(k)$ 都是单调减序列. 又由于在区域 Ω_3 中, $x(k)\geqslant 0$, 当 $y(k)\geqslant 0$. $x(k)$ 和 $y(k)$ 都是单调减有界序列, $x(k)$ 和 $y(k)$ 都必有极限, 设

$$\lim_{k\to\infty} x(k)=x_e, \quad \lim_{k\to\infty} y(k)=y_e.$$

x_e 和 y_e 满足方程组

$$x_e=x_e+\frac{x_e^2(y_e-x_e)+y_e^5}{x_e^2+y_e^2+(x_e^2+y_e^2)^3}, \quad y_e=y_e+\frac{y_e^2(y_e-2x_e)}{x_e^2+y_e^2+(x_e^2+y_e^2)^3}.$$

求解得到 $x_e=0$ 和 $y_e=0$. 即从 Ω_3 中出发的差分方程组 (3.2.2) 的解序列 $(x(k),y(k))$ 最后趋于坐标原点. 这表明, 系统 (3.2.2) 的零解是吸引的.

另一方面, 差分方程组 (3.2.2) 从 $(-\delta,\delta)$ 出发的解, 到坐标原点的距离随着 k 的增大而增大, 直至到达区域 Ω_2 和 Ω_3 的边界, 这表明系统 (3.2.2) 的零解是不稳定的.

对于稳定性, 我们还有下面的两个结论: (1) 一个连续映射 f 的不动点 x^* 是渐近稳定的充分必要条件是有一个包含 x^* 的区间 (a,b), 使得当 $a<x<x^*$ 时, $f^2(x)>x$, 而当 $x^*<x<b$ 时, $f^2(x)<x$[12]. (2) 在 R^1 上定义的连续映射不存在吸引的不稳定的不动点.

3.2.3　差分方程的比较原理

比较原理是稳定性研究中的一个十分有力的工具, 它可以用来对一个差分方程的解给出估计, 也可以比较两个差分方程的解的大小. 3.1 节中的比较原理 I 和比较原理 II 及 Gronwall 不等式可以用来对两个差分方程解的大小进行比较, 下面介绍差分方程组的比较原理.

类似于一维的差分方程, 对高维的差分方程组, 也有一些比较定理. 考虑差分方程组

$$x_j(k+1)=f_j(k,x_1(k),x_2(k),\cdots,x_n(k)), \quad j=1,2,\cdots,n. \tag{3.2.3}$$

对整数 r, $1\leqslant r\leqslant n$, 记 $P=\{1,2,\cdots,r\}$, $Q=\{r+1,r+2,\cdots,n\}$.

定义 3.2.6(混合单调性)　对确定的 $k\in N$, 设函数 $f_j(k,x_1,x_2,\cdots,x_n)$ 满足: (1) 当 $j\in P$ 时, $f_j(k,x_1,x_2,\cdots,x_n)$ 关于变量 $x_1,x_2,\cdots,x_r$ 单调增, 关于变量 $x_{r+1},x_{r+2},\cdots,x_n$ 单调减; (2) 当 $j\in Q$ 时, $f_j(k,x_1,x_2,\cdots,x_n)$ 关于变量 $x_1,x_2,\cdots,x_r$ 单调减, 关于变量 $x_{r+1},x_{r+2},\cdots,x_n$ 单调增. 则称函数 $f_j(k,x_1,x_2,\cdots,x_n)$ 是**混合单调的**. 特别地, 当 $j=1,2,\cdots,n$ 时, 函数 $f_j(k,x_1,x_2,\cdots,x_n)$ 对 $x_1,x_2,\cdots,x_n$ 都单调增时, 称函数 $f_j(k,x_1,x_2,\cdots,x_n)$ 为**单调增函数**.

定义 3.2.7 (上、下函数) 设 $u_j(k)$ 和 $v_j(k)$ $(j=1,2,\cdots,n)$ 是定义在 $k\in N$ 的函数, 且满足: (1) 当 $j\in P$ 时, $u_j(k+1)\leqslant f_j(k,u_1(k),u_2(k),\cdots,u_n(k))$, 当 $j\in Q$ 时, $u_j(k+1)\geqslant f_j(k,u_1(k),u_2(k),\cdots,u_n(k))$; (2) 当 $j\in P$ 时, $v_j(k+1)\geqslant f_j(k,v_1(k),v_2(k),\cdots,v_n(k))$, 当 $j\in Q$ 时, $v_j(k+1)\leqslant f_j(k,v_1(k),v_2(k),\cdots,v_n(k))$. 则称函数 $u_j(k)$ 为 $f_j(k,x_1,x_2,\cdots,x_n)$ 的 $\boldsymbol{r}$ **下** $\boldsymbol{n-r}$ **上函数**, $v_j(k)$ 为 $f_j(k,x_1,x_2,\cdots,x_n)$ 的 $\boldsymbol{r}$ **上** $\boldsymbol{n-r}$ **下函数**.

比较原理一般都需要函数的单调性, 在混合单调的假设下, 先给出一个比较一般的差分方程组的比较原理. 然后在单调性的基础上, 给出一个简单的推论.

比较原理 III 设$f_j(k,x_1,x_2,\cdots,x_n)$是混合单调函数, $u_j(k)$是$f_j(k,x_1,x_2,\cdots,x_n)$ 的 r 下 $n-r$ 上函数, $v_j(k)$ 是 $f_j(k,x_1,x_2,\cdots,x_n)$ 的 r 上 $n-r$ 下函数, 且当 $j\in P$ 时, $u_j(k_0)\leqslant v_j(k_0)$, 当 $j\in Q$ 时, $u_j(k_0)\geqslant v_j(k_0)$. 则对所有的 $k\geqslant k_0$, 当 $j\in P$ 时, $u_j(k)\leqslant v_j(k)$, 当 $j\in Q$ 时, $u_j(k)\geqslant v_j(k)$.

证明 令 $z_j(k)=v_j(k)-u_j(k)$, $j\in P$, $z_j(k)=u_j(k)-v_j(k)$, $j\in Q$. 由定理的条件得到 $z_j(k_0)\geqslant 0$, $j=1,2,\cdots,n$. 假设 $z_j(k)\geqslant 0$ 对 $k\geqslant k_0$ 成立, $j=1,2,\cdots,n$. 由 $f_j(k,x_1,x_2,\cdots,x_n)$ 的混合单调性和定理的条件得到, 当 $j\in P$ 时,

$$\begin{aligned}u_j(k+1)&\leqslant f_j(k,u_1(k),u_2(k),\cdots,u_n(k))\\&\leqslant f_j(k,v_1(k),v_2(k),\cdots,v_n(k))\leqslant v_j(k+1).\end{aligned}$$

其中的前一个不等式由 $u_j(k)$ 是 $f_j(k,x_1,x_2,\cdots,x_n)$ 的 r 下函数得到, 中间的不等式由 $f_j(k,x_1,x_2,\cdots,x_n)$ 的混合单调性得到, 后面的不等式由 $v_j(k)$ 是 $f_j(k,x_1,x_2,\cdots,x_n)$ 的 r 上函数得到. 同理可得, 当 $j\in Q$ 时,

$$\begin{aligned}u_j(k+1)&\geqslant f_j(k,u_1(k),u_2(k),\cdots,u_n(k))\\&\geqslant f_j(k,v_1(k),v_2(k),\cdots,v_n(k))\geqslant v_j(k+1).\end{aligned}$$

$z_j(k+1)\geqslant 0$ 对 $j=1,2,\cdots,n$ 成立, 由数学归纳法, $z_j(k)\geqslant 0$ 对 $j=1,2,\cdots,n$ 和所有的 $k\geqslant k_0$ 成立. □

推论 1 设 $f_j(k,x_1,x_2,\cdots,x_n)$ 是单调增函数, $j=1,2,\cdots,n$, 且

$$\begin{aligned}&x_j(k+1)\leqslant f_j(k,x_1(k),x_2(k),\cdots,x_n(k)), && j=1,2,\cdots,n,\\&y_j(k+1)\geqslant f_j(k,y_1(k),y_2(k),\cdots,y_n(k)), && j=1,2,\cdots,n,\\&x_j(k_0)\leqslant y_j(k_0), && j=1,2,\cdots,n,\end{aligned}$$

则对所有的 $j=1,2,\cdots,n$ 和 $k\geqslant k_0$ 有 $x_j(k)\leqslant y_j(k)$.

推论 2 设差分方程组的比较定理的条件满足, 当 $x_j(k)$ 是方程组 (3.2.3) 满足初始条件 $x_j(k_0)=x_j^0$ 的解, 且 $u_j(k_0)=v_j(k_0)=x_j^0$ $(j=1,2,\cdots,n)$. 则当 $j\in P$ 时, $u_j(k)\leqslant x_j(k)\leqslant v_j(k)$, 当 $j\in Q$ 时, $u_j(k)\geqslant x_j(k)\geqslant v_j(k)$.

利用这个比较定理也可以得到下面的结论[6].

推论 3 设 $k \in N$ 时, $\boldsymbol{x}(k) \leqslant \boldsymbol{u}(k) + A(k)\sum_{j=k_0}^{k-1} B(j)\boldsymbol{x}(j)$ 成立, 则有

$$\boldsymbol{x}(k) \leqslant \boldsymbol{u}(k) + A(k)\sum_{j=k_0+1}^{k}\prod_{i=0}^{k-1-j}(I + B(k-1-i)A(k-1-i))\,B(j-1)\boldsymbol{u}(j-1).$$

3.2.4 动力系统

考虑下面自治差分方程组的初始值问题

$$\boldsymbol{x}(k+1) = \boldsymbol{g}(\boldsymbol{x}(k)), \quad \boldsymbol{x}(0) = \boldsymbol{x}_0, \quad \boldsymbol{g}(\boldsymbol{x}) \in C(R^n, R^n). \tag{3.2.4}$$

记差分方程组 (3.2.4) 满足给定初始值的解为 $\boldsymbol{x}(k, \boldsymbol{x}_0)$, 这个解对所有的 $\boldsymbol{x}_0 \in R^n$ 存在且唯一. 如果把 k 看作参数, 对固定的 k, $\boldsymbol{x}(k, \boldsymbol{x}_0)$ 就是从 R^n 到 R^n 的变换, 它把 $\boldsymbol{x}_0$ 变换到 $\boldsymbol{x}(k, \boldsymbol{x}_0)$. 当 k 取不同的值时, $\boldsymbol{x}(k, \boldsymbol{x}_0)$ 就是不同的变换, $\boldsymbol{x}(k, \boldsymbol{x}_0)$ 就是一族以 k 为参数的变换族.

把 $\boldsymbol{x}(k, \boldsymbol{x}_0)$ 看作以 k 为参数的变换族, 则该变换族满足下面的性质:

(i) $\boldsymbol{x}(0, \boldsymbol{x}_0) = \boldsymbol{x}_0$, $\boldsymbol{x}(0, \boldsymbol{x}_0)$ 是恒等映射;

(ii) $\boldsymbol{x}(k_1, \boldsymbol{x}(k_2, \boldsymbol{x}_0)) = \boldsymbol{x}(k_1 + k_2, \boldsymbol{x}_0)$, 该映射族具有群运算的性质;

(iii) $\boldsymbol{x}(k, \boldsymbol{x}_0)$ 是连续的.

我们把满足这三条的映射族称为**动力系统**, 即自治差分方程组的解定义了一个动力系统. 反过来, 一个连续的动力系统可以决定一个差分方程组, 使得该差分方程组的解就是这个动力系统. 当给定了连续动力系统 $\pi(k, \boldsymbol{x})$ 后, 只需要令 $\boldsymbol{g}(\boldsymbol{x}) = \pi(1, \boldsymbol{x})$, 则差分方程组 $\boldsymbol{x}(k+1) = \boldsymbol{g}(\boldsymbol{x}(k))$ 满足初始值 $\boldsymbol{x}(0) = \boldsymbol{x}_0$ 的解就是动力系统 $\pi(k, \boldsymbol{x}_0)$.

例如, 非齐次差分方程组

$$\begin{pmatrix} x_1(k+1) \\ x_2(k+1) \end{pmatrix} = \begin{pmatrix} 1 & 4 \\ 3 & 2 \end{pmatrix}\begin{pmatrix} x_1(k) \\ x_2(k) \end{pmatrix} - \begin{pmatrix} 4 \\ 7 \end{pmatrix}$$

的通解为

$$\begin{pmatrix} x_1(k) \\ x_2(k) \end{pmatrix} = c_1\begin{pmatrix} 1 \\ 1 \end{pmatrix}5^k + c_2\begin{pmatrix} -4 \\ 3 \end{pmatrix}(-2)^k + \begin{pmatrix} 2 \\ 1 \end{pmatrix}.$$

这个差分方程组满足 $x_1(0) = x_1^0$ 和 $x_2(0) = x_2^0$ 的解为

$$\begin{pmatrix} x_1(k) \\ x_2(k) \end{pmatrix} = -\frac{10 - 3x_1^0 - 4x_2^0}{7}\begin{pmatrix} 1 \\ 1 \end{pmatrix}5^k + \frac{1 - x_1^0 + x_2^0}{7}\begin{pmatrix} -4 \\ 3 \end{pmatrix}(-2)^k + \begin{pmatrix} 2 \\ 1 \end{pmatrix}.$$

可以验证, 这个解的表达式满足动力系统的条件 (i)、(ii) 和 (iii). 反过来, 如果给定动力系统

$$\pi_1(k,x_1,x_2)=\frac{3x_1+4x_2-10}{7}\cdot 5^k-\frac{4(1-x_1+x_2)}{7}(-2)^k+2,$$
$$\pi_2(k,x_1,x_2)=\frac{3x_1+4x_2-10}{7}\cdot 5^k+\frac{3(1-x_1+x_2)}{7}(-2)^k+1.$$

则当 $k=1$ 时, $\pi_1(1,x_1,x_2)=x_1+4x_2-4$, $\pi_2(1,x_1,x_2)=3x_1+2x_2-7$. 所以, 与这个动力系统所对应的差分方程组为

$$x_1(k+1)=x_1(k)+4x_2(k)-4,$$
$$x_2(k+1)=3x_1(k)+2x_2(k)-7.$$

3.3 线性差分方程平衡解的稳定性

我们先考察几个简单的线性差分方程, 给出其零解稳定性的一些条件, 然后再讨论线性差分方程组零解的稳定性.

3.3.1 稳定性讨论的几个具体例子

例 3.3.1 一阶齐次方程: $y(k+1)+ay(k)=0$. 它的解为 $y(k)=(-1)^ka^ky(0)$. 当 $|a|<1$ 时, $\lim\limits_{k\to\infty}y(k)=0$; 当 $a=-1$ 时, $\lim\limits_{k\to\infty}y(k)=y(0)$; 当 $a=1$ 时, $\lim\limits_{k\to\infty}y(k)$ 不存在, 解在两个点 $y(0)$ 和 $-y(0)$ 振荡. $|a|>1$ 时, 解会趋于无穷.

例 3.3.2 一阶非齐次方程: $y(k+1)+ay(k)=b$. 它的解为 $y(k)=(-a)^ky(0)+\dfrac{b(1-(-a)^k)}{1+a}$. 当$|a|<1$ 时, $\lim\limits_{k\to\infty}y(k)=\dfrac{b}{1+a}$; 当 $a=-1$ 时, $y(k)=y(0)+kb$, 当 $b\neq 0$ 时无极限; 当 $a=1$ 时, $y(k)=-y(0)+b$, 或 $y(k)=y(0)$, 解在两个点振荡; 当 $|a|>1$, $y(0)=\dfrac{b}{1+a}$ 时, $\lim\limits_{k\to\infty}y(k)=\dfrac{b}{1+a}$; $|a|>1$时的其他情况都没有极限.

对一般的一阶线性方程 $y(k+1)+p(k)y(k)=g(k)$, 可以从解的表达形式

$$y(k)=S(k)\sum_{j=0}^{k-1}\frac{g(j)}{S(j+1)}+cS(k),\quad 其中\ \ S(k)=(-1)^k\prod_{j=0}^{k-1}p(j)$$

来分析解的极限性态. 特别地, 当 $\lim\limits_{k\to\infty}p(k)=a$, $\lim\limits_{k\to\infty}g(k)=b$ 时, 解的极限性态可以类似分析.

例 3.3.3 讨论二阶线性方程 $y(k+2)+p_1y(k+1)+p_2y(k)=0$ 零解的稳定性.

解 记它的特征方程 $r^2+p_1r+p_2=0$ 的两个根为 r_1 和 r_2, 当 $r_1\neq r_2$ 时, 通解为 $y(k)=c_1r_1^k+c_2r_2^k$. 假设 $|r_1|>|r_2|$, 此时, 解的渐近性态由 $|r_1|$ 的大小确

定. 当 $|r_1| > 1$ 时, 方程有些解 $y(k)$ 发散到无穷; 当 $|r_1| < 1$ 时, 解 $y(k)$ 有极限, $\lim\limits_{k\to\infty} y(k) = 0$, 当 $0 < r_1 < 1$ 时, $y(k)$ 单调趋于 0, 当 $-1 < r_1 < 0$ 时, $y(k)$ 振荡趋于 0; 当 $r_1 = 1$ 时, 解 $y(k)$ 有极限, $\lim\limits_{k\to\infty} y(k) = c_1$; 当 $r_1 = -1$ 时, 解 $y(k)$ 没有极限, 它在 c_1 和 $-c_1$ 这两点之间振荡. 当 $r_1 = r_2$ 时, 通解为 $y(k) = (c_1 + c_2 k) r_1^k$. 当 $|r_1| < 1$ 时, $y(k)$ 趋于 0; 当 $|r_1| \geqslant 1$ 时, 解 $y(k)$ 没有极限. 当 $r_1 = \alpha + i\beta$, $r_2 = \alpha - i\beta$ 时, 通解为 $y(k) = (\sqrt{\alpha^2+\beta^2})^k \cos(k\theta + \varphi)$, 其中, $\theta = \arctan\dfrac{\beta}{\alpha}$, φ 由初始条件确定. 当 $\sqrt{\alpha^2+\beta^2} > 1$ 时, $y(k)$ 振荡趋于无穷; $\sqrt{\alpha^2+\beta^2} = 1$ 时, $y(k)$ 在单位圆周上振荡; $\sqrt{\alpha^2+\beta^2} < 1$ 时, $y(k)$ 振荡趋于 0.

对具有常数输入的二阶线性方程$y(k+2) + p_1 y(k+1) + p_2 y(k) = g$, $(1 + p_1 + p_2 \neq 0)$, 它的通解为 $y(k) = y_c(k) + y^*$, 其中, $y_c(k)$ 为齐次的通解, $y^* = \dfrac{g}{1 + p_1 + p_2}$是非齐次的一个解, 它是方程的平衡解. 其他的解当 $\max\{|r_1|, |r_2|\} < 1$ 时都收敛到 y^*, 其余情况都发散.

通过这些分析, 我们看到特征方程的根在平衡解的渐近性态中发挥着重要作用, 判断 $r^2 + p_1 r + p_2 = 0$ 根的大小是问题的关键. 下面的定理给出了一种判断方法.

定理 3.3.1　二次方程 $r^2 + p_1 r + p_2 = 0$ 的两个根的模都小于 1 的充分必要条件是

$$1 + p_1 + p_2 > 0, \quad 1 - p_1 + p_2 > 0, \quad 1 - p_2 > 0.$$

证明　方程 $r^2 + p_1 r + p_2 = 0$ 的两个根分别是

$$r_1 = \frac{-p_1 + \sqrt{p_1^2 - 4p_2}}{2}, \quad r_2 = \frac{-p_1 - \sqrt{p_1^2 - 4p_2}}{2}.$$

下面分实根和复根两种情况讨论.

当 $p_1^2 - 4p_2 \geqslant 0$ 时, r_1 和 r_2 均为实根, 它们的模小于 1 等价于

$$-2 + p_1 < \sqrt{p_1^2 - 4p_2} < 2 + p_1, \quad -2 + p_1 < -\sqrt{p_1^2 - 4p_2} < 2 + p_1.$$

分别平方 $\sqrt{p_1^2 - 4p_2} < 2 + p_1$ 和 $-2 + p_1 < -\sqrt{p_1^2 - 4p_2}$ 的两边得到

$$1 + p_1 + p_2 > 0, \quad 1 - p_1 + p_2 > 0.$$

由不等式$\sqrt{p_1^2 - 4p_2} < 2 + p_1$ 和 $-2 + p_1 < -\sqrt{p_1^2 - 4p_2}$ 还可以得到, $2 + p_1 > 0$ 和 $2 - p_1 > 0$, 即 $|p_1| < 2$. 再从 $4p_2 \leqslant p_1^2$ 得到, $p_2 \leqslant \dfrac{p_1^2}{4} < 1$.

当 $p_1^2 - 4p_2 < 0$ 时, 特征方程有共轭复根

$$r_1 = \frac{-p_1}{2} + i\frac{\sqrt{4p_2 - p_1^2}}{2}, \quad r_2 = \frac{-p_1}{2} - i\frac{\sqrt{4p_2 - p_1^2}}{2}.$$

此时, $|r_1| = |r_2| = \sqrt{p_2}$, 所以有, $1 - p_2 > 0$. 由条件 $p_1^2 - 4p_2 < 0$ 得到 $-2\sqrt{p_2} < p_1 < 2\sqrt{p_2}$. 条件 $1 + p_1 + p_2 > 0$ 和 $1 - p_1 + p_2 > 0$ 等价于 $f(x) = 1 + x - 2\sqrt{x} > 0$ 对 $x \in (0,1)$ 成立. 由于 $f(x)$ 在 $(0,1)$ 上单调减, $f(0) = 1$, $f(1) = 0$. 所以当 $\max\{|r_1|, |r_2|\} < 1$ 时, 定理的条件成立. 定理的必要性得证. 充分性的证明反过来做即可得到. □

例 3.3.4 讨论差分方程

$$y(k+2) - \alpha(1+\beta)y(k+1) + \alpha\beta y(k) = 1, \quad \alpha > 0, \ \beta > 0$$

平衡解的渐近性态.

解 $\alpha \neq 1$ 时, 方程的平衡解为 $y^* = \dfrac{1}{1-\alpha}$. 该方程的特征方程根的模小于 1 的充要条件是

$$1 - \alpha > 0, \quad 1 + \alpha + 2\alpha\beta > 0, \quad 1 - \alpha\beta > 0.$$

即当 $\alpha < 1$, $\alpha\beta < 1$ 和 $1 + \alpha + 2\alpha\beta > 0$ 时, 原差分方程的平衡解是渐近稳定的.

当 $\alpha = 1$ 时, 该方程无平衡解. 若 $\beta \neq 1$ 时, 差分方程的解为

$$y(k) = c_1 + c_2\beta^k + \frac{k}{1-\beta}.$$

若 $\beta = 1$ 时, 差分方程的解为 $y(k) = c_1 + c_2 k + \dfrac{k^2}{2}$. 由此看出, 当 $\alpha = 1$ 时, 这个差分方程的解是发散的.

高阶线性常系数差分方程

$$y(k+n) + p_1 y(k+n-1) + \cdots + p_{n-1}y(k+1) + p_n y(k) = 0 \tag{3.3.1}$$

有平衡解 $y = 0$. 平衡解的稳定性由特征方程

$$\phi(\lambda) = \lambda^n + p_1\lambda^{n-1} + p_2\lambda^{n-2} + \cdots + p_{n-1}\lambda + p_n = 0 \tag{3.3.2}$$

模的大小决定: 如果特征方程 (3.3.2) 所有特征根的模都小于 1, 方程 (3.3.1) 的零解是全局渐近稳定的; 如果特征方程 (3.3.2) 有模大于 1 的特征根, 方程 (3.3.1) 的零解是不稳定的.

特征方程 (3.3.2) 的次数比较高时, 求根也不容易. 但我们可以用 Schur-Cohn 判据来判断其根是否在复平面的单位圆内. 这里涉及内矩阵和内正矩阵的概念. 一个矩阵本身和逐次删除一个矩阵的第一行和最后一行、第一列和最后一列所得到的矩阵称为它的内矩阵. 例如对矩阵 $A = (a_{ij})_{7\times 7}$ 的内矩阵是它本身、5 阶矩阵 A_5、3 阶矩阵 A_3 和 1 阶矩阵 A_1, 其中

$$A_5 = \begin{pmatrix} a_{22} & a_{23} & a_{24} & a_{25} & a_{26} \\ a_{32} & a_{33} & a_{34} & a_{35} & a_{36} \\ a_{42} & a_{43} & a_{44} & a_{45} & a_{46} \\ a_{52} & a_{53} & a_{54} & a_{55} & a_{56} \\ a_{62} & a_{63} & a_{64} & a_{65} & a_{66} \end{pmatrix},$$

$$A_3 = \begin{pmatrix} a_{33} & a_{34} & a_{35} \\ a_{43} & a_{44} & a_{45} \\ a_{53} & a_{54} & a_{55} \end{pmatrix}, \quad A_1 = (a_{44}).$$

当一个矩阵 A 及其他的所有内矩阵的行列式都大于零时, 称 A 为内正矩阵.

Schur-Cohn 判据[2] 特征方程 $\phi(\lambda) = 0$ 的所有根都位于单位圆内的充要条件是

(i) $\phi(1) > 0$;

(ii) $(-1)^n\phi(-1) > 0$;

(iii) 矩阵 A_+ 和 A_- 都是内正的.

其中 A_+ 和 A_- 分别是两个 $(n-1)\times(n-1)$ 阶矩阵的和与差, $A_+ = B_1 + B_2$, $A_- = B_1 - B_2$,

$$B_1 = \begin{pmatrix} 1 & 0 & 0 & \cdots & 0 & 0 \\ p_1 & 1 & 0 & \cdots & 0 & 0 \\ \vdots & \vdots & \vdots & & \vdots & \vdots \\ p_{n-3} & p_{n-4} & p_{n-5} & \cdots & 1 & 0 \\ p_{n-2} & p_{n-3} & p_{n-4} & \cdots & p_1 & 1 \end{pmatrix},$$

$$B_2 = \begin{pmatrix} 0 & 0 & \cdots & 0 & 0 & p_n \\ 0 & 0 & \cdots & 0 & p_n & p_{n-1} \\ \vdots & \vdots & & \vdots & \vdots & \vdots \\ 0 & p_n & \cdots & p_5 & p_4 & p_3 \\ p_n & p_{n-1} & \cdots & p_4 & p_3 & p_2 \end{pmatrix}.$$

例如, 对 2 阶差分方程, 零解渐近稳定的充要条件是

$$1 + p_1 + p_2 > 0, \quad 1 - p_1 + p_2 > 0, \quad 1 + p_2 > 0, \quad 1 - p_2 > 0.$$

进一步分析后可以简化为

$$|p_1| < 1 + p_2 < 2.$$

对 3 阶差分方程, 零解渐近稳定的充要条件是

$$\begin{aligned}
&1+p_1+p_2+p_3>0,\quad 1-p_1+p_2-p_3<0,\\
&|A_+|=\begin{vmatrix}1&0\\p_1&1\end{vmatrix}+\begin{vmatrix}0&p_3\\p_3&p_2\end{vmatrix}=\begin{vmatrix}1&p_3\\p_1+p_3&1+p_2\end{vmatrix}\\
&\qquad=1+p_2-p_1p_3-p_3^2>0,\\
&|A_-|=\begin{vmatrix}1&0\\p_1&1\end{vmatrix}-\begin{vmatrix}0&p_3\\p_3&p_2\end{vmatrix}=\begin{vmatrix}1&-p_3\\p_1-p_3&1-p_2\end{vmatrix}\\
&\qquad=1-p_2+p_1p_3-p_3^2>0.
\end{aligned}$$

进一步整理后得到 3 阶差分方程零解渐近稳定的充分必要条件是

$$|1+p_2|<p_1+p_3,\quad |p_2-p_1p_3|<1-p_3^2.$$

3.3.2 线性差分方程组零解的稳定性

线性差分方程组

$$\boldsymbol{x}(k+1)=A(k)\boldsymbol{x}(k),\quad k\geqslant k_0,\quad A(k)=(a_{ij}(k))_{n\times n}\tag{3.3.3}$$

的基本解矩阵为

$$\Phi(k)=\prod_{j=k_0}^{k-1}A(j),\quad \Phi(k_0)=I.$$

利用基本解矩阵及其性质, 可以得到下面的稳定性结论:

定理 3.3.2 对线性差分方程组 (3.3.3),

(i) 若有 $M>0$, 使得 $\|\Phi(k)\|<M$ 对所有的 $k\geqslant k_0\geqslant 0$ 都成立, 则线性差分方程组 (3.3.3) 的零解是稳定的;

(ii) 若有 $M>0$, 使得 $\|\Phi(k,l)\|<M$ 对所有的 $0\leqslant k_0\leqslant l\leqslant k\leqslant\infty$ 都成立, 则线性差分方程组 (3.3.3) 的零解是一致稳定的;

(iii) 若 $\lim\limits_{k\to\infty}\|\Phi(k)\|=0$, 则线性差分方程组 (3.3.3) 的零解是渐近稳定的;

(iv) 若有 $M>0$ 和 $\eta\in(0,1)$, 使得 $\|\Phi(k,l)\|<M\eta^{k-l}$ 对所有的 $0\leqslant l\leqslant k\leqslant\infty$ 都成立, 则线性差分方程组 (3.3.3) 的零解是一致渐近稳定的.

定理 3.3.2 给出的都是充分性条件, 这些结论都可以通过差分方程组 (3.3.3) 解的表达式 $\boldsymbol{x}(k,k_0,\boldsymbol{x}_0)=\Phi(k)\boldsymbol{x}_0$ 和相应稳定性的定义直接得到. 定理 3.3.2 中有些条件还是必要的, 如根据解的表达式和算子模的定义可以得到 (i) 中的条件还是必要的. 事实上若线性差分方程组 (3.3.3) 的零解是稳定的, 则对所有的 ε, 有 $\delta>0$, 使得当 $\|\boldsymbol{x}_0\|<\delta$ 时有 $\|\boldsymbol{x}(k,k_0,\boldsymbol{x}_0)\|=\|\Phi(k)\boldsymbol{x}_0\|<\varepsilon$. 而 $\|\boldsymbol{x}_0\|<\delta$ 等价于 $\|\delta\boldsymbol{x}_0\|<1$, 所以, 当取 $M=\dfrac{\varepsilon}{\delta}>0$ 时, 就有

$$\|\Phi(k)\| = \max_{\|\boldsymbol{x}\|\leqslant 1}\|\Phi(k)\boldsymbol{x}\| = \max_{\|\boldsymbol{x}_0\|\leqslant\delta}\frac{1}{\delta}\|\Phi(k)\boldsymbol{x}_0\| = \frac{1}{\delta}\|\boldsymbol{x}(k,k_0,\boldsymbol{x}_0)\| < M.$$

从定理 3.3.2 还可以得到下面的结果:

(i) 线性差分方程组 (3.3.3) 零解的稳定性与有界性等价;

(ii) 线性差分方程组 (3.3.3) 零解的指数稳定性与一致渐近稳定性等价;

(iii) 由线性差分方程组 (3.3.3) 零解的稳定性可以得到它的全局稳定性;

(iv) 当矩阵 $A(k)$ 的列和都小于 1 时, 线性差分方程组 (3.3.3) 的零解是一致稳定的, 而当矩阵 $A(k)$ 的列和都小于 $1-\varepsilon$ 时, 线性差分方程组 (3.3.3) 零解是一致渐近稳定的.

3.3.3 常系数线性差分方程组零解的稳定性

对常系数线性差分方程组

$$\boldsymbol{x}(k+1) = A\boldsymbol{x}(k), \quad k \geqslant k_0, \quad A(k) = (a_{ij})_{n\times n} \tag{3.3.4}$$

零解的稳定性, 我们可以给出更具体的判别法.

定理 3.3.3 对常系数线性差分方程组 (3.3.4)

(i) 若矩阵 A 所有特征根的模都不大于 1, 且模等于 1 的特征根是单重根, 则线性差分方程组 (3.3.4) 的零解是稳定的;

(ii) 若矩阵 A 所有特征根的模小于 1, 则线性差分方程组 (3.3.4) 的零解是渐近稳定的;

(iii) 若矩阵 A 有模大于 1 的特征根, 则线性差分方程组 (3.3.4) 的零解是不稳定的.

当 $n=2$ 时, $A = \begin{pmatrix} a_{11} & a_{12} \\ a_{21} & a_{22} \end{pmatrix}$, A 的特征方程和特征根都可以具体的写出来

$$\lambda^2 - (a_{11}+a_{22})\lambda + a_{11}a_{22} - a_{12}a_{21} = 0,$$

$$\lambda_{\pm} = \frac{a_{11}+a_{22} \pm \sqrt{(a_{11}+a_{22})^2 - 4(a_{11}a_{22}-a_{12}a_{21})}}{2}.$$

我们可以得到零解渐近稳定的充要条件是

$$|a_{11}+a_{22}| < 1 + a_{11}a_{22} - a_{12}a_{21} < 2.$$

对 n 比较大的情况, 判定 A 的特征根是否都在单位圆内也是十分困难的, Schur-Cohn 判据和 Jury 判据是两种比较常用的方法. 下面介绍 Jury 判据. 记矩阵 A 的特征多项式为

$$P(\lambda) = |A-\lambda I| = \lambda^n + a_1\lambda^{n-1} + a_2\lambda^{n-2} + \cdots + a_{n-1}\lambda + a_n.$$

令 $a_0=1$, 构造下面的表格

(1) a_0, a_1, a_2, $\cdots$, a_{n-1}, a_n;

(2) a_n, a_{n-1}, a_{n-2}, $\cdots$, a_1, a_0;

(3) b_0, b_1, b_2, $\cdots$, b_{n-2}, b_{n-1};

(4) b_{n-1}, b_{n-2}, b_{n-3}, $\cdots$, b_1, b_0;

(5) c_0, c_1, c_2, $\cdots$, c_{n-3}, c_{n-2};

(6) c_{n-2}, c_{n-3}, c_{n-4}, $\cdots$, c_1, c_0;

$\cdots$

其中

$$b_0=\begin{vmatrix} a_0 & a_n \\ a_n & a_0 \end{vmatrix},\quad b_1=\begin{vmatrix} a_0 & a_{n-1} \\ a_n & a_1 \end{vmatrix},\quad \cdots,\quad b_{n-1}=\begin{vmatrix} a_0 & a_1 \\ a_n & a_{n-1} \end{vmatrix},$$

$$c_0=\begin{vmatrix} b_0 & b_{n-1} \\ b_{n-1} & b_0 \end{vmatrix},\quad c_1=\begin{vmatrix} b_0 & b_{n-2} \\ b_{n-1} & b_1 \end{vmatrix},\quad \cdots,\quad c_{n-2}=\begin{vmatrix} b_0 & b_1 \\ b_{n-1} & b_{n-2} \end{vmatrix},$$

$\cdots$

这个过程一直继续下去, 直到表的同一行只有三个元素为止. 有了上面的表格, 就可以给出下面的判定定理[1].

定理 3.3.4 $P(\lambda)=0$ 的所有根在单位圆盘内的充要条件是

$$\begin{aligned}&P(1)>0,\quad (-1)^nP(-1)>0,\\ &|a_n|<1,\quad |b_0|>|b_{n-1}|,\quad |c_0|>|c_{n-2}|,\ \cdots,\ |s_0|>|s_2|.\end{aligned}$$

例 3.3.5 讨论方程组

$$\boldsymbol{x}(k+1)=A\boldsymbol{x}(k),\quad A=\begin{pmatrix} 0 & 1 & 0 \\ 0 & 0 & 1 \\ -0.05 & 0.25 & 0.20 \end{pmatrix}$$

零解的稳定性.

解 A 的特征多项式为

$$P(\lambda)=|A-\lambda I|=\lambda^3-0.2\lambda^2-0.25\lambda+0.05.$$

直接验证得到

$$P(1)=0.6>0,\quad (-1)^3P(-1)=0.9>0,\quad |a_3|=0.05<1.$$

按上面的规定造表:

(1) 1, -0.2, -0.25, 0.05;

(2) 0.05, −0.25, −0.2, 1;

$$b_0 = \begin{vmatrix} 1 & 0.05 \\ 0.05 & 1 \end{vmatrix} = 0.9975, \quad b_1 = \begin{vmatrix} 1 & -0.25 \\ 0.05 & -0.2 \end{vmatrix} = -0.1875,$$

$$b_2 = \begin{vmatrix} 1 & -0.2 \\ 0.05 & -0.25 \end{vmatrix} = -0.24.$$

由于 $|b_0| = 0.9975 > 0.24 = |b_2|$, 根据 Jury 判据得到, 方程 $\boldsymbol{x}(k+1) = A\boldsymbol{x}(k)$ 的零解是渐近稳定的. 事实上, 通过求解得到特征方程 $\lambda^3 - 0.2\lambda^2 - 0.25\lambda + 0.05 = 0$ 的三个根分别为 0.5, −0.5 和 0.2, 它们的模都小于 1.

Jury 判据给出的是 $P(\lambda) = 0$ 的根都位于单位圆盘内的充分必要条件, 我们还可以得到一些充分条件:

若 $1 > |a_1| > |a_2| > \cdots > |a_{n-1}| > |a_n|$, 则 $P(\lambda) = 0$ 的根都位于单位圆盘内;

若 $|a_1| + |a_2| + \cdots + |a_{n-1}| + |a_n| < 1$, 则 $P(\lambda) = 0$ 的根都位于单位圆盘内.

Jury 判据和 Schur-Cohn 判据[13, 14] 都是一种判断特征方程的根都在单位圆盘内的方法, 读者可以根据自己的偏好选择使用. 通过一些变换后还可以用 Hurwitz 判据进行判断分析.

对线性差分方程组零解稳定性判定中特征方程 $P(\lambda) = 0$ 根的模是否都在单位圆盘内, 熟悉 Hurwitz 判据的读者可以用变换

$$\lambda = \frac{1+z}{1-z}, \quad 或者 z = \frac{\lambda - 1}{\lambda + 1},$$

将关于 λ 的多项式方程化为关于 z 的多项式方程来研究. 设

$$c(1-z)^n P\left(\frac{1+z}{1-z}\right) = Q(z) = z^n + b_1 z^{n-1} + b_2 z^{n-2} + \cdots + b_{n-1} z + b_n = 0.$$

由于 λ 位于复平面的单位圆盘上对应于 z 为纯虚数, 且 λ 位于复平面的单位圆盘内对应于 z 为实部小于零的复数. 而 $Q(z) = 0$ 的根是否具有负实部可以用 Hurwitz 判据来判断零解的稳定性.

Hurwitz 判据 $Q(z) = 0$ 的根都具有负实部的充分必要条件是 $\det(H_k) > 0$, $k = 1, 2, \cdots, n$, 其中

$$H_k = \begin{pmatrix} b_1 & b_3 & b_5 & \cdots & b_{2k-3} & b_{2k-1} \\ 1 & b_2 & b_4 & \cdots & b_{2k-4} & b_{2k-2} \\ 0 & b_1 & b_3 & \cdots & b_{2k-5} & b_{2k-3} \\ 0 & 1 & b_2 & \cdots & b_{2k-6} & b_{2k-4} \\ \vdots & \vdots & \vdots & & \vdots & \vdots \\ 0 & 0 & 0 & \cdots & 0 & b_k \end{pmatrix}, \quad 且当 j > n 时, b_j = 0.$$

例如, 当 $A=\begin{pmatrix} 0 & 1 & 0 \\ 0 & 0 & 1 \\ -0.2 & -1 & -1 \end{pmatrix}$ 时, A 的特征多项式为 $P(\lambda)=\lambda^3+\lambda^2+\lambda+0.2=0$. 通过变换后, 我们考察关于 z 的多项式方程 $Q(z)=z^3+2z^2+3z+4=0$ 的根是否都具有负实部. 由 Hurwitz 判据得到 $H_1=2>0$, $H_2=2>0$, $H_3=8>0$. 所以, $P(\lambda)=\lambda^3+\lambda^2+\lambda+0.2=0$ 的根都在单位圆内, 方程组 $\boldsymbol{x}(k+1)=A\boldsymbol{x}(k)$ 的零解是渐近稳定的.

Schur-Cohn 判据、Jury 判据和变换后的 Hurwitz 判据都是通过特征根的模的大小来给出的线性方程或者方程组的平衡解稳定的充分必要条件. 这些条件往往比较复杂, 应用时的计算过程都比较长, 得到的条件比较多. 也有一些与平衡解稳定性相关的一些结果, 应用它们就可以得到稳定性的充分条件, 这些条件往往比较简单.

关于矩阵特征值的几个结论[2]

(1) 设 A 是一个 $n\times n$ 矩阵, S_i 是复平面上以 a_{ii} 为中心、以 $r_i=\sum\limits_{j=1,j\neq i}^{n}|a_{ij}|$ 为半径的圆盘. 则 A 的所有特征值都位于 $S=\bigcup\limits_{i=1}^{n}S_i$ 内;

(2) 设矩阵 A 的特征多项式是

$$P(\lambda)=\lambda^n+p_1\lambda^{n-1}+\cdots+p_{n-1}\lambda+p_n.$$

则当 $\sum\limits_{j=1}^{n}|p_j|<1$ 时, A 的所有特征根都位于单位原内; 如果 $|p_1|-\sum\limits_{j=2}^{n}|p_j|>1$, 则 A 必有特征根位于单位圆外.

例 3.3.6 设 $0<r<1/2$, $a>0$, 讨论下面方程组平衡解的稳定性

$$\begin{aligned} x_1(k+1)&=(1-r)x_1(k)+rx_2(k),\\ x_2(k+1)&=(1-r)x_1(k)+rx_3(k),\\ x_3(k+1)&=-rx_1(k)-rx_2(k)+(1-2r)x_3(k)+ar. \end{aligned}$$

解 该方程组的平衡解为 $P(x^*,x^*,x^*)$, $x^*=\dfrac{a}{4}$. 将方程组在平衡解处线性化系统为 $\boldsymbol{z}(k+1)=A\boldsymbol{z}(k)$, 其中 $A=\begin{pmatrix} 1-r & r & 0 \\ 0 & 1-r & r \\ -r & -r & 1-2r \end{pmatrix}$. 在复平面上以 $1-r$ 为中心、r 为半径的圆总在单位圆内, $1-2r$ 为中心、$2r$ 为半径的圆也在单位圆内. 所以, 方程组的平衡解是渐近稳定的.

当渐近稳定性的条件不满足时, 矩阵 A 就可能有模大于 1 的特征根, 此时, 我们关注哪些初始值的解会趋于零, 哪些初始值的解会趋于无穷, 我们可以把 R^n 分解为稳定和不稳定的两个集合. 设 λ_1 是 A 的特征值, $|\lambda_1|<1$, 且 λ_1 的重数为 r_1. 从 $(A-\lambda_1 I)^{r_1}\boldsymbol{v}=0$ 可以得到 λ_1 的广义特征子空间 E_{λ_1}, 它是 R^n 中的一个 r_1 维的子空间, 且属于不同特征值的广义特征子空间不相交. 当 A 没有模为 1 的特征值时, 我们可以按照特征值对应的子空间将 R^n 划分为稳定的子空间和不稳定的子空间. 设 A 有 m 个特征值, 其中前 s 个特征值的模小于 1, 后 $m-s$ 特征值的模大于 1. 则

$$W^s=\bigcup_{j=1}^{s}E_{\lambda_j},\quad W^u=\bigcup_{j=s+1}^{m}E_{\lambda_j}$$

就分别是差分方程组 (3.3.4) 的稳定和不稳定的子空间, 它们是不变子空间. 即, 当 $\boldsymbol{x}_0\in W^s$ 时, 必有 $\boldsymbol{x}(k,k_0,\boldsymbol{x}_0)\in W^s$, 且 $\lim\limits_{k\to\infty}\boldsymbol{x}(k,k_0,\boldsymbol{x}_0)=0$, 而当 $\boldsymbol{x}_0\in W^u$ 时, 必有 $\boldsymbol{x}(k,k_0,\boldsymbol{x}_0)\in W^u$ 且 $\lim\limits_{k\to\infty}\boldsymbol{x}(k,k_0,\boldsymbol{x}_0)=\infty$.

在一些应用问题中, 我们得到的模型是线性常系数非齐次方程组, 且矩阵 A 和向量 $\boldsymbol{b}$ 的元素都是非负的,

$$\boldsymbol{x}(k+1)=A\boldsymbol{x}(k)+\boldsymbol{b},\quad \boldsymbol{x}(k_0)=\boldsymbol{x}_0,\quad A\geqslant 0,\quad \boldsymbol{b}\geqslant 0.$$

应用中关注该方程组的平衡解是否非负, 也希望该平衡解稳定. 我们得到的结论为: 当 A 的谱半径 $\rho(A)<1$ 时, 该方程组有非负平衡解, 且该平衡解是全局渐近稳定的. 事实上, 由 $\rho(A)<1$ 得到 $(I-A)^{-1}=I+A+A^2+\cdots+A^k+\cdots$ 存在且非负, 所以, $\boldsymbol{x}^*=(I-A)^{-1}\boldsymbol{b}$ 非负. 稳定性可以通过平移后用前面的定理直接得到.

对于 A 为周期系数的情况, 我们也可以用 Floquent 理论来分析解的稳定性.

$$\boldsymbol{x}(k+1)=A(k)\boldsymbol{x}(k),\quad A(k+\omega)=A(k).\tag{3.3.5}$$

差分方程组 (3.3.5) 的基本解矩阵 $\Phi(k)$ 可以写为 $\Phi(k)=P(k)B^k$, 其中 $P(k)$ 是一个周期矩阵, 而通过适当的变换可以把 (3.3.5) 化为一个常系数方程组. 利用常系数方程组的结论可以得到下面的定理:

定理 3.3.5　对线性周期差分方程组 (3.3.5),

(i) 若差分方程组 (3.3.5) 的 Floquent 特征指数的模都小于等于 1, 且等于 1 的特征指数是单重的, 则它的零解是稳定的;

(ii) 若差分方程组 (3.3.5) 的 Floquent 特征指数的模都小于 1, 则它的零解是渐近稳定的.

定理 3.3.5 的 (i) 等价于: 若 $C=A(\omega-1)A(\omega-2)\cdots A(1)A(0)$ 的特征值的模都小于等于 1, 等于 1 的特征值是单重的, 则差分方程组 (3.3.5) 的零解是稳定的; (ii) 等价于: 若 C 的特征值的模都小于 1, (3.3.5) 的零解是渐近稳定的.

例如, 当 $A(k)=\begin{pmatrix} 0 & 1+(-1)^k/2 \\ 1-(-1)^k/2 & 0 \end{pmatrix}$ 时,

$$C=A(1)A(0)=\begin{pmatrix} 0 & 1-1/2 \\ 1+1/2 & 0 \end{pmatrix}\begin{pmatrix} 0 & 1+1/2 \\ 1-1/2 & 0 \end{pmatrix}.$$

计算后得到

$$C=A(1)A(0)=\begin{pmatrix} 1/4 & 0 \\ 0 & 9/4 \end{pmatrix}.$$

C 有大于 1 的特征根, 方程 $\boldsymbol{x}(k+1)=A(k)\boldsymbol{x}(k)$ 的零解是不稳定的. 有兴趣的读者也可以逐次递推得到

$$\Phi(k)=A(k-1)A(k-2)\cdots A(1)A(0)=\begin{pmatrix} \dfrac{1+(-1)^k}{2^{k+1}} & \dfrac{(1-(-1)^k)3^k}{2^{k+1}} \\ \dfrac{1-(-1)^k}{2^{k+1}} & \dfrac{(1+(-1)^k)3^k}{2^{k+1}} \end{pmatrix}.$$

由 $\Phi(k)$ 的表达式知道, 这个差分方程组的解 $\boldsymbol{x}(k)=\Phi(k)\boldsymbol{x}_0$ 是无界的, 所以是不稳定的.

在这一节的最后, 我们给出一个例子说明非自治的差分方程组的系数矩阵的特征值的模对每个 k 都小于 1, 但它的零解也可能不稳定.

例 3.3.7 讨论下面差分方程组解的有界性.

$$\boldsymbol{x}(k+1)=A(k)\boldsymbol{x}(k), \quad A=\frac{1}{8}\begin{pmatrix} 0 & 9+(-1)^k 7 \\ 9-(-1)^k 7 & 0 \end{pmatrix}.$$

解 对所有的 k, $A(k)$ 的特征值为$\dfrac{i}{\sqrt{2}}$ 和 $\dfrac{-i}{\sqrt{2}}$, 这两个根的模都小于 1. 当 k 为偶数时, 该方程组的基本解矩阵为 $\Phi(k,0)=\begin{pmatrix} 2^{-2k} & 0 \\ 0 & 2^k \end{pmatrix}$, 当 k 为奇数时, 该方程组的基本解矩阵为 $\Phi(k,0)=\begin{pmatrix} 0 & 2^k \\ 2^{-2k} & 0 \end{pmatrix}$. 由此可见, 该方程组有无界解.

3.4 稳定性研究中的线性化近似方法

3.3 节中我们讨论了线性差分方程平衡解的稳定性, 在线性差分方程解的表达式的基础上给出了平衡解稳定性的一些结论. 特别地, 对常系数差分方程, 我们就可以根据特征根的模是否小于 1 来确定平衡解的稳定性. 许多非线性差分方程平衡解的稳定性可以借助于线性方程平衡解的稳定性来得到. 例如讨论非线性差分

方程组 $\boldsymbol{x}(k+1)=\boldsymbol{f}(\boldsymbol{x}(k))$ 平衡解的稳定性时, 我们先将平衡解平移到坐标原点, 再得到差分方程在平衡点处的线性化系统, 通过线性化系统矩阵的特征值大小就可以确定原差分方程平衡解的稳定性. 这一节我们在比较原理的基础上给出一些通过线性近似所得到的平衡解稳定性结论.

3.4.1　线性非自治方程组零解稳定性的比较方法

非自治线性差分方程组零解的稳定性比常系数线性差分方程组零解的稳定性复杂, 但我们往往可以从这个非自治差分方程组的系数矩阵中分离出一个常数矩阵, 得到一个常系数线性差分方程组, 再通过比较得到原线性差分方程组零解的稳定性.

设 A 和 $B(k)$ 都是 $n\times n$ 矩阵, 考虑差分方程组

$$\boldsymbol{x}(k+1)=(A+B(k))\,\boldsymbol{x}(k). \tag{3.4.1}$$

在讨论线性方程组 (3.4.1) 零解的稳定性时, 我们可以通过与差分方程组 $\boldsymbol{x}(k+1)=A\boldsymbol{x}(k)$ 零解的稳定性比较得到一些结论.

定理 3.4.1　(i) 若差分方程组 $\boldsymbol{x}(k+1)=A\boldsymbol{x}(k)$ 的零解是稳定的, 且 $B(k)$ 满足 $\sum\limits_{j=0}^{\infty}\|B(j)\|<\infty$, 则差分方程组 (3.4.1) 的零解也是稳定的; (ii) 若差分方程组 $\boldsymbol{x}(k+1)=A\boldsymbol{x}(k)$ 的零解是吸引的, 且 $B(k)$ 满足 $\lim\limits_{k\to\infty}\|B(k)\|=0$, 则差分方程组 (3.4.1) 的零解也是吸引的.

证明　(i) 利用差分方程组 $\boldsymbol{x}(k+1)=A\boldsymbol{x}(k)$ 解的表达式 $\boldsymbol{x}(k)=A^k\boldsymbol{x}(0)$ 和其零解的稳定性得到, 有常数 M, 使得对所有的 $k\in N$, $\|A^k\|<M$. 将 $B(k)\boldsymbol{x}(k)$ 看作非齐次项, 则 (3.4.1) 就是一个线性非齐次差分方程组. 利用线性方程组求解的方法得到差分方程组 (3.4.1) 的解为

$$\boldsymbol{x}(k)=A^k\boldsymbol{x}(0)+\sum_{j=0}^{k-1}A^{k-1-j}B(j)\boldsymbol{x}(j).$$

对这个等式两边取模, 再利用模满足的三角不等式性质得到

$$\|\boldsymbol{x}(k)\|\leqslant M\|\boldsymbol{x}(0)\|+M\sum_{j=0}^{k-1}\|B(j)\|\cdot\|\boldsymbol{x}(j)\|.$$

利用离散 Gronwall 不等式可以得到

$$\|\boldsymbol{x}(k)\|\leqslant M\|\boldsymbol{x}(0)\|\cdot\prod_{j=0}^{k-1}(1+M\|B(j)\|)\leqslant M\|\boldsymbol{x}(0)\|\cdot\exp\left(\sum_{j=0}^{k-1}M\|B(j)\|\right).$$

当定理 3.4.1 中的条件满足时, $\sum\limits_{j=0}^{k-1} M\|B(j)\|$ 对所有的 k 有界, 所以有常数 M_1, 使得 $\|\boldsymbol{x}(k) \leqslant M_1\|\boldsymbol{x}(0)\|$. 再利用稳定性的定义就可以得到差分方程组 (3.4.1) 零解的稳定性.

(ii) 由于差分方程组 $\boldsymbol{x}(k+1)=A\boldsymbol{x}(k)$ 的零解是吸引的, 从极限 $\lim\limits_{k\to\infty}\boldsymbol{x}(k)=\lim\limits_{k\to\infty}A^k\boldsymbol{x}(0)=0$ 知道, 一定存在整数 M 和 $\eta<1$, 使得 $\|A^k\boldsymbol{x}(0)\|\leqslant M\eta^k\|x(0)\|$. 由条件 $\lim\limits_{k\to\infty}\|B(k)\|=0$ 得到, 对任意给定的正数 ε, 有 $K_1>0$, 使得对所有满足 $k>K_1$ 的 k 有 $\|B(k)\|<\varepsilon$. 对差分方程组 (3.4.1) 解的表达式

$$\boldsymbol{x}(k)=A^k\boldsymbol{x}(0)+\sum_{j=0}^{K_1}A^{k-1-j}B(j)\boldsymbol{x}(j)+\sum_{j=K_1+1}^{k-1}A^{k-1-j}B(j)\boldsymbol{x}(j)$$

两边取模, 并利用模的性质及对 A^k 和 $B(j)$ 的估计得到

$$\|\boldsymbol{x}(k)\|\leqslant M\eta^k\|\boldsymbol{x}(0)\|+\sum_{j=0}^{K_1}M\eta^{k-1-j}\|B(j)\boldsymbol{x}(j)\|+\sum_{j=K_1+1}^{k-1}M\eta^{k-1-j}\varepsilon\|\boldsymbol{x}(j)\|.$$

这个不等式两边同时乘以 η^{-k}, 记

$$u(k)=\|\boldsymbol{x}(k)\|\eta^{-k},\quad M_1=M\|\boldsymbol{x}(0)\|+\sum_{j=0}^{K_1}M\eta^{-1-j}\|B(j)\boldsymbol{x}(j)\|,$$

就得到差分不等式

$$u(k)\leqslant M_1+\sum_{j=K_1+1}^{k-1}M\eta^{-1}\varepsilon u(j).$$

由离散的 Gronwall 不等式得到

$$u(k)\leqslant M_1\cdot\prod_{j=K_1+1}^{k-1}\left(1+M\eta^{-1}\varepsilon\right)=M_1\left(1+M\eta^{-1}\varepsilon\right)^{k-K_1-2}.$$

再代回到原来的变量, 整理后得到

$$\|\boldsymbol{x}(k)\|\leqslant\eta^kM_1\left(1+M\eta^{-1}\varepsilon\right)^{k-K_1-2}=M_2\left(\eta(1+M\eta^{-1}\varepsilon)\right)^k,$$

其中, $M_2=M_1(1+M\eta^{-1}\varepsilon)^{-K_1-2}$ 是常数. 由于 $\eta<1$, 可以取 ε 充分小, 使得 $\eta(1+M\eta^{-1}\varepsilon)<1$. 所以当 $k\to0$ 时 $\|\boldsymbol{x}(k)\|\to0$, 差分方程组 (3.4.1) 的零解是吸引的. □

例如, 对差分方程组

$$\begin{pmatrix}x_1(k+1)\\x_2(k+1)\end{pmatrix}=\begin{pmatrix}0&1\\-1&0\end{pmatrix}\begin{pmatrix}x_1(k)\\x_2(k)\end{pmatrix}+\begin{pmatrix}0&0\\-\dfrac{2}{(k+1)^2}&0\end{pmatrix}\begin{pmatrix}x_1(k)\\x_2(k)\end{pmatrix}$$

而言, 常系数线性差分方程组

$$\begin{pmatrix} x_1(k+1) \\ x_2(k+1) \end{pmatrix} = \begin{pmatrix} 0 & 1 \\ -1 & 0 \end{pmatrix} \begin{pmatrix} x_1(k) \\ x_2(k) \end{pmatrix}$$

的两个线性无关的解分别为

$$\begin{pmatrix} \sin\left(\dfrac{k\pi}{2}\right) \\ \cos\left(\dfrac{k\pi}{2}\right) \end{pmatrix}, \quad \begin{pmatrix} \cos\left(\dfrac{k\pi}{2}\right) \\ -\sin\left(\dfrac{k\pi}{2}\right) \end{pmatrix}.$$

这两个解组成的基本解矩阵是有界的. 矩阵 $B(k)$ 和 $B(k)^{\tau}B(k)$ 分别为

$$B(k) = \begin{pmatrix} 0 & 0 \\ -\dfrac{2}{(k+1)^2} & 0 \end{pmatrix}, \quad B(k)^{\tau}B(k) = \begin{pmatrix} \dfrac{4}{(k+1)^4} & 0 \\ 0 & 0 \end{pmatrix}.$$

矩阵 $B(k)$ 的模为 $\rho(B(k)) = \dfrac{2}{(k+1)^2}$, 所以 $\sum\limits_{j=0}^{\infty}\|B(j)\| = \sum\limits_{j=0}^{\infty}\dfrac{2}{(k+1)^2} < \infty$. 由定理 3.4.1 知, 这个差分方程组的零解是稳定的.

还可以验证, 差分方程组

$$\begin{pmatrix} x_1(k+1) \\ x_2(k+1) \end{pmatrix} = \begin{pmatrix} 0 & 1 \\ -1 & 0 \end{pmatrix} \begin{pmatrix} x_1(k) \\ x_2(k) \end{pmatrix} + \begin{pmatrix} 0 & 0 \\ -\dfrac{2}{k+1} & 0 \end{pmatrix} \begin{pmatrix} x_1(k) \\ x_2(k) \end{pmatrix}$$

不满足定理 3.4.1 的条件, 它有无界的解

$$x_1(k) = (k+1)\cos\left(\frac{k\pi}{2}\right), \quad x_2(k) = -(k+2)\sin\left(\frac{k\pi}{2}\right).$$

对于非自治线性差分方程组 $\boldsymbol{x}(k+1) = A(k)\boldsymbol{x}(k)$, 也可以给出解的有界性和吸引性的估计.

定理 3.4.2　记 $\lambda_m(k)$ 是对称矩阵 $A(k)^{\tau}A(k)$ 最大的特征值, $\lambda_l(k)$ 是对称矩阵 $A(k)^{\tau}A(k)$ 最小的特征值, 则

(i) 当 $\sup\limits_{k\in N}\prod\limits_{j=0}^{k}\lambda_m(j) < \infty$ 时, 差分方程组 $\boldsymbol{x}(k+1) = A(k)\boldsymbol{x}(k)$ 的解有界;

(ii) 当 $\lim\limits_{k\to\infty}\prod\limits_{j=0}^{k}\lambda_m(j) = 0$ 时, 差分方程组 $\boldsymbol{x}(k+1) = A(k)\boldsymbol{x}(k)$ 的解趋于 0;

(iii) 当 $\lim\limits_{k\to\infty}\sup\limits_{k\in N}\prod\limits_{j=0}^{k}\lambda_l(j) = \infty$ 时, 差分方程组 $\boldsymbol{x}(k+1) = A(k)\boldsymbol{x}(k)$ 的解无界.

证明 差分方程组 $\boldsymbol{x}(k+1)=A(k)\boldsymbol{x}(k)$ 的解 $\boldsymbol{x}(k)$ 满足

$$\|\boldsymbol{x}(k+1)\|^2=\boldsymbol{x}(k+1)^\tau\boldsymbol{x}(k+1)=\boldsymbol{x}(k)^\tau A(k)^\tau A(k)\boldsymbol{x}(k).$$

由于 $A(k)^\tau A(k)$ 是对称矩阵, $\lambda_m(k)$ 是 $A(k)^\tau A(k)$ 最大的特征值, 所以有

$$\|\boldsymbol{x}(k+1)\|^2=\boldsymbol{x}(k)^\tau A(k)^\tau A(k)\boldsymbol{x}(k)\leqslant\lambda_m(k)\|\boldsymbol{x}(k)\|^2.$$

反复递推后得到

$$\|\boldsymbol{x}(k)\|^2\leqslant\|\boldsymbol{x}(0)\|^2\prod_{j=0}^{k-1}\lambda_m(j).$$

由这个不等式可以得到定理 3.4.2 的结论 (i) 和 (ii). 同理得到不等式

$$\|\boldsymbol{x}(k+1)\|^2=\boldsymbol{x}(k)^\tau A(k)^\tau A(k)\boldsymbol{x}(k)\geqslant\lambda_l(k)\|\boldsymbol{x}(k)\|^2,$$

$\|\boldsymbol{x}(k)\|^2\geqslant\|\boldsymbol{x}(0)\|^2\prod\limits_{j=0}^{k-1}\lambda_l(j)$. 所以当 $\lim\limits_{k\to\infty}\sup\limits_{k\in N}\prod\limits_{j=0}^{k}\lambda_l(j)=\infty$ 时, 差分方程组 $\boldsymbol{x}(k+1)=A(k)\boldsymbol{x}(k)$ 的解无界. □

例如, 对差分方程组

$$\begin{pmatrix}x_1(k+1)\\x_2(k+1)\end{pmatrix}=\begin{pmatrix}0 & 1\\ \dfrac{1}{1+k} & \dfrac{1}{1+k^2}\end{pmatrix}\begin{pmatrix}x_1(k)\\x_2(k)\end{pmatrix},$$

对称矩阵 $A(k)^\tau A(k)$ 为

$$A(k)^\tau A(k)=\begin{pmatrix}\dfrac{1}{(1+k)^2} & \dfrac{1}{(1+k)(1+k^2)}\\ \dfrac{1}{(1+k)(1+k^2)} & 1+\dfrac{1}{(1+k^2)^2}\end{pmatrix}.$$

由线性代数的知识知道

$$\lambda_m(k)\leqslant 1+\frac{1}{(1+k)^2}+\frac{1}{(1+k^2)^2},$$

$$\sup_{k\in N}\prod_{j=0}^{k}\lambda_m(j)\leqslant\sup_{k\in N}\prod_{j=0}^{k}\left(1+\frac{1}{(1+k)^2}+\frac{1}{(1+k^2)^2}\right).$$

又因为无穷级数 $\sum\limits_{j=0}^{\infty}\left(\dfrac{1}{(1+k)^2}+\dfrac{1}{(1+k^2)^2}\right)$ 收敛, 且

$$\prod_{j=0}^{k}\left(1+\frac{1}{(1+k)^2}+\frac{1}{(1+k^2)^2}\right)\leqslant\exp\left(\sum_{j=0}^{k}\left(\frac{1}{(1+k)^2}+\frac{1}{(1+k^2)^2}\right)\right).$$

所以, 定理 3.4.2(i) 中的条件成立, 这个差分方程组的解是有界的.

3.4.2 非线性差分方程组与线性差分方程组的比较

线性方程组稳定性的研究比较简单, 有一些比较完整的结论. 将非线性差分方程组在平衡解处与线性差分方程组进行比较是稳定性研究的一种有效途径. 假设 $\boldsymbol{f}(k,\boldsymbol{x})$ 满足 $\boldsymbol{f}(k,0)=0$, 则 $\boldsymbol{x}=0$ 是方程组

$$\boldsymbol{x}(k+1)=A(k)\boldsymbol{x}(k)+\boldsymbol{f}(k,\boldsymbol{x}(k))$$

的平衡解. 当 $\boldsymbol{f}(k,\boldsymbol{x})$ 在 $\boldsymbol{x}=0$ 的邻域内很小时, 就可以通过线性差分方程组 $\boldsymbol{x}(k+1)=A(k)\boldsymbol{x}(k)$ 零解的稳定性来讨论非线性方程组 $\boldsymbol{x}(k+1)=A(k)\boldsymbol{x}(k)+\boldsymbol{f}(k,\boldsymbol{x}(k))$ 零解的稳定性.

定理 3.4.3 若 $\|\boldsymbol{f}(k,\boldsymbol{x})\|\leqslant g(k)\|\boldsymbol{x}(k)\|$, 且 $\sum\limits_{j=k_0}^{\infty}g(k)<\infty$. 则当 $\boldsymbol{x}(k+1)=A(k)\boldsymbol{x}(k)$ 零解一致稳定 (一致渐近稳定) 时, $\boldsymbol{x}(k+1)=A(k)\boldsymbol{x}(k)+\boldsymbol{f}(k,\boldsymbol{x}(k))$ 的零解也是一致稳定 (一致渐近稳定) 的.

证明 记线性方程组 $\boldsymbol{x}(k+1)=A(k)\boldsymbol{x}(k)$ 的基本解矩阵为 $\Phi(k,k_0)$, 由常数变易法可以得到非线性方程组的解为

$$\boldsymbol{x}(k)=\Phi(k,k_0)\boldsymbol{x}_0+\sum_{k=k_0}^{k-1}\Phi(k,j+1)\boldsymbol{f}(j,\boldsymbol{x}(j)).$$

由线性方程组 $\boldsymbol{x}(k+1)=A(k)\boldsymbol{x}(k)$ 零解的稳定性我们知道, 有常数 M, 使得

$$\|\boldsymbol{x}(k)\|\leqslant M\|\boldsymbol{x}_0\|+M\sum_{k=k_0}^{k-1}g(j)\|\boldsymbol{x}(j)\|.$$

利用离散的 Gronwall 不等式得到

$$\|\boldsymbol{x}(k)\|\leqslant M\|\boldsymbol{x}_0\|\exp\left(M\sum_{k=k_0}^{k-1}g(j)\right).$$

这就得到了非线性方程组零解的一致稳定性.

当线性系统的零解是一致渐近稳定时, 对任意 $\varepsilon>0$, 有 $K(\varepsilon)$, 当 $k>K(\varepsilon)$ 时, 必有 $\|\Phi(k,k_0)\|<\varepsilon$, 所以, 当 $k>K(\varepsilon)$ 时, $\|\boldsymbol{x}(k)\|\leqslant\varepsilon\|\boldsymbol{x}_0\|\exp\left(M\sum\limits_{k=k_0}^{k-1}g(j)\right)$. 非线性差分方程组的零解是一致渐近稳定的. □

由这个定理也可以推出: 当 $A(k)$ 为常数矩阵, 且 $\boldsymbol{x}(k+1)=A\boldsymbol{x}(k)$ 的解有界时, 则当 $\sum\limits_{k=k_0}^{k-1}\|B(k)\|$ 有界时, 方程组 $\boldsymbol{x}(k+1)=(A+B(k))\boldsymbol{x}(k)$ 的解也是有界的.

定理 3.4.4 若 $\|\boldsymbol{f}(k,\boldsymbol{x})\| \leqslant L\|\boldsymbol{x}(k)\|$, L 是充分小的正数. 则当 $\boldsymbol{x}(k+1)=A(k)\boldsymbol{x}(k)$ 零解一致渐近稳定时, $\boldsymbol{x}(k+1)=A(k)\boldsymbol{x}(k)+\boldsymbol{f}(k,\boldsymbol{x}(k))$ 的零解是指数渐近稳定的.

证明 由 $\boldsymbol{x}(k+1)=A(k)\boldsymbol{x}(k)$ 零解的一致渐近稳定可以得到, 有正数 $\eta>0$ $(\eta<1)$ 和 K, 使得 $\|\Phi(k,k_0)\|<K\eta^{k-k_0}$. 利用常数变异法得到

$$\|\boldsymbol{x}(k)\| \leqslant K\eta^{k-k_0}\|\boldsymbol{x}_0\| + LK\eta^{k-1}\sum_{k=k_0}^{k-1}\eta^{-j}\|\boldsymbol{x}(j)\|.$$

上面的不等式两边同乘以 η^k 得到

$$\|\eta^k\boldsymbol{x}(k)\| \leqslant K\eta^{-k_0}\|\boldsymbol{x}_0\| + LK\eta^{-1}\sum_{k=k_0}^{k-1}\eta^{-j}\|\boldsymbol{x}(j)\|.$$

利用离散的 Gronwall 不等式得到

$$\begin{aligned}\|\eta^k\boldsymbol{x}(k)\| &\leqslant K\eta^{-k_0}\|\boldsymbol{x}_0\|\prod_{k=k_0}^{k-1}(1+LK\eta^{-1})\\ &\leqslant K\eta^{-k_0}(1+LK\eta^{-1})^{k-k_0}\|\boldsymbol{x}_0\|.\end{aligned}$$

对这个不等式变形后得到

$$\|\boldsymbol{x}(k)\| \leqslant K\|\boldsymbol{x}_0\|(\eta+LK)^{k-k_0}.$$

所以, 只要取 $L<\dfrac{\alpha\eta}{K}$, 且 α 充分小时, 非线性差分方程组的零解就是指数稳定的. □

当$A(k)$ 是常数矩阵 A, A 的所有特征根都在单位圆内, 且 $\lim\limits_{k\to\infty}\dfrac{\|\boldsymbol{f}(k,\boldsymbol{x})\|}{|\boldsymbol{x}|}$ 时, 由这一定理可以推出, $\boldsymbol{x}(k+1)=A\boldsymbol{x}(k)+\boldsymbol{f}(k,\boldsymbol{x}(k))$ 的零解是指数渐近稳定的. 当差分方程组 $\boldsymbol{x}(k+1)=A\boldsymbol{x}(k)$ 的零解渐近稳定时, 且矩阵 $B(k)$ 满足 $\sum\limits_{j=k_0}^{\infty}\|B(j)\|<\infty$, 则差分方程组 $\boldsymbol{x}(k+1)=A\boldsymbol{x}(k)+B(k)\boldsymbol{x}(k)$ 的零解也是渐近稳定的.

3.4.3 判断非线性差分方程组平衡解稳定性的线性化方法

设 $\boldsymbol{f}(k,\boldsymbol{x})$ 是连续可微函数, $\boldsymbol{x}^*$ 是差分方程组 $\boldsymbol{x}(k+1)=\boldsymbol{f}(k,\boldsymbol{x}(k))$ 的平衡解, 即 $\boldsymbol{f}(k,\boldsymbol{x}^*)=\boldsymbol{x}^*$. 在讨论 $\boldsymbol{x}^*$ 的稳定性时, 一般先利用变换 $\boldsymbol{x}(k)=\boldsymbol{y}(k)+\boldsymbol{x}^*$, 将平衡解移到坐标原点, 再对差分方程组 $\boldsymbol{x}(k+1)=\boldsymbol{f}(k,\boldsymbol{x}(k))$ 在平衡解处线性化得到

$$\boldsymbol{y}(k+1)=A(k)\boldsymbol{y}(k)+\boldsymbol{g}(k,\boldsymbol{y}(k)), \tag{3.4.2}$$

其中, $\boldsymbol{g}(k,\boldsymbol{y}(k))=\boldsymbol{f}(k,\boldsymbol{y}(k)+\boldsymbol{x}^*)-\boldsymbol{x}^*-A(k)\boldsymbol{y}(k)$,

$$A(k)=\left(\begin{array}{cccc}\dfrac{\partial f_1(k,x_1,\cdots,x_n)}{\partial x_1} & \dfrac{\partial f_1(k,x_1,\cdots,x_n)}{\partial x_2} & \cdots & \dfrac{\partial f_1(k,x_1,\cdots,x_n)}{\partial x_n}\\ \dfrac{\partial f_2(k,x_1,\cdots,x_n)}{\partial x_1} & \dfrac{\partial f_2(k,x_1,\cdots,x_n)}{\partial x_2} & \cdots & \dfrac{\partial f_2(k,x_1,\cdots,x_n)}{\partial x_n}\\ \vdots & \vdots & & \vdots\\ \dfrac{\partial f_n(k,x_1,\cdots,x_n)}{\partial x_1} & \dfrac{\partial f_n(k,x_1,\cdots,x_n)}{\partial x_2} & \cdots & \dfrac{\partial f_n(k,x_1,\cdots,x_n)}{\partial x_n}\end{array}\right)_{\boldsymbol{x}=\boldsymbol{x}^*}.$$

从 $\boldsymbol{f}(k,\boldsymbol{x})$ 的连续可微性得到, 当 $\boldsymbol{y}\to 0$ 时, $\boldsymbol{g}(k,\boldsymbol{y}(k))=o(\boldsymbol{y})$. 如果 $\boldsymbol{g}(k,\boldsymbol{y}(k))=o(\boldsymbol{y})$ 对所有的 k 一致, 则可以得到下面的稳定性结论.

定理 3.4.5　设当 $\boldsymbol{y}\to 0$ 时, $\boldsymbol{g}(k,\boldsymbol{y}(k))=o(\boldsymbol{y})$ 对所有的 k 一致成立. 若差分方程组 $\boldsymbol{y}(k+1)=A(k)\boldsymbol{y}(k)$ 的零解是一致渐近稳定的, 则差分方程组 (3.4.2) 的零解是指数渐近稳定的.

证明　记 $\Phi(k,k_0)$ 是线性差分方程组 $\boldsymbol{y}(k+1)=A(k)\boldsymbol{y}(k)$ 的基本解矩阵. 由 $\boldsymbol{y}(k+1)=A(k)\boldsymbol{y}(k)$ 的零解一致渐近稳定性得到, 有正数 M 和 η, $0<\eta<1$, 使得 $\|\Phi(k,k_0)\|\leqslant M\eta^{k-k_0}$. 由常数变易法得到差分方程组 (3.4.2) 的解为

$$\boldsymbol{y}(k)=\Phi(k,k_0)\boldsymbol{y}_0+\sum_{j=k_0}^{k-1}\Phi(k,j+1)\boldsymbol{g}(j,\boldsymbol{y}(j)).$$

对差分方程组 (3.4.2) 这个解的表达式取模, 利用模的三角不等式和 $\|\Phi(k,k_0)\|\leqslant M\eta^{k-k_0}$ 得到

$$\|\boldsymbol{y}(k)\|\leqslant M\eta^{k-k_0}\|\boldsymbol{y}_0\|+M\eta^{-1}\sum_{j=k_0}^{k-1}\eta^{k-j}\|\boldsymbol{g}(j,\boldsymbol{y}(j))\|.$$

由 $\boldsymbol{g}(k,\boldsymbol{y})$ 所满足的条件知, 对任意 $\varepsilon>0$, 有 $\delta>0$, 当 $\|\boldsymbol{y}\|<\delta$ 时, $\|\boldsymbol{g}(k,\boldsymbol{y})\|<\varepsilon\|\boldsymbol{y}\|$ 对一切 k 成立. 当 $\|\boldsymbol{y}(j)\|<\delta$ $(j=k_0,k_0+1,\cdots,k-1)$ 时, 有

$$\|\boldsymbol{y}(k)\|\eta^{-k}\leqslant M\eta^{-k_0}\|\boldsymbol{y}_0\|+M\eta^{-1}\sum_{j=k_0}^{k-1}\varepsilon\eta^{-j}\|\boldsymbol{y}(j)\|.$$

令 $u(k)=\eta^{-k_0}\|y_0\|+M\varepsilon\eta^{-1}\sum\limits_{j=k_0}^{k-1}u(j)$. 则 $\|\boldsymbol{y}(k)\|\eta^{-k}\leqslant u(k)$, $\Delta u(k)=M\varepsilon\eta^{-1}u(k)$, $u(k+1)=\left(1+M\varepsilon\eta^{-1}\right)u(k)$. 由此得到

$$u(k)=u(k_0)\prod_{j=k_0}^{k-1}\left(1+M\varepsilon\eta^{-1}\right).$$

再根据 $\|\boldsymbol{y}(k)\|\eta^{-k}\leqslant u(k)$ 得到

$$\|y(k)\|\,\eta^{-k}\leqslant M\eta^{-k_0}\|y_0\|\cdot\prod_{j=k_0}^{k-1}\left(1+\varepsilon\eta^{-1}M\right)\leqslant M\eta^{-k_0}\|y_0\|\cdot\exp\left(\sum_{j=k_0}^{k-1}\varepsilon\eta^{-1}M\right)$$

整理后得到

$$\|y(k)\| \leqslant M\|y_0\|\left(\eta \exp\left(\varepsilon\eta^{-1}M\right)\right)^{k-k_0}$$

由于 $\eta < 1$, ε 是任意正数, 可以选取 ε 充分小, 使得 $\eta \exp\left(\varepsilon\eta^{-1}M\right) < 1$. 当 $\|\boldsymbol{y}(k_0)\| = \|\boldsymbol{y}_0\| < \delta$ 时, 由上面的不等式得到

$$\|y(k_0+1)\| \leqslant M\|y_0\|\left(\eta \exp\left(\varepsilon\eta^{-1}M\right)\right) \leqslant \delta.$$

反复递推得到 $\|\boldsymbol{y}(k)\| < \delta$, 且 $\|\boldsymbol{y}(k)\|$ 指数级趋于 0. 这就证明了差分方程组 (3.4.2) 零解的指数渐近稳定性. □

定理 3.4.5 经常用到的一种情况是自治差分方程组 $\boldsymbol{x}(k+1) = \boldsymbol{f}(\boldsymbol{x}(k))$. 对满足 $\boldsymbol{x}^* = \boldsymbol{f}(\boldsymbol{x}^*)$ 的平衡解, 我们可以在平衡解 $\boldsymbol{x}^*$ 处线性化, 得到 $\boldsymbol{y}(k+1) = A\boldsymbol{y}(k) + \boldsymbol{g}(\boldsymbol{y}(k))$. 则当线性系统 $\boldsymbol{y}(k+1) = A\boldsymbol{y}(k)$ 的零解渐近稳定时, 原系统 $\boldsymbol{y}(k+1) = A\boldsymbol{y}(k) + \boldsymbol{g}(\boldsymbol{y}(k))$ 的零解也是渐近稳定的. 这样, 我们就可以根据线性化后矩阵 A 的特征值的大小确定原差分方程组平衡解的稳定性: 当矩阵 A 的特征值的模都小于 1 时, 差分方程组 $\boldsymbol{y}(k+1) = A\boldsymbol{y}(k) + \boldsymbol{g}(\boldsymbol{y}(k))$ 的零解是渐近稳定的, 这等价于 $\boldsymbol{x}(k+1) = \boldsymbol{f}(\boldsymbol{x}(k))$ 的平衡解 $\boldsymbol{x}^*$ 是渐近稳定的. 同理, 若矩阵 A 有模大于 1 的特征值时, 差分方程组 $\boldsymbol{y}(k+1) = A\boldsymbol{y}(k) + \boldsymbol{g}(\boldsymbol{y}(k))$ 的零解是不稳定的, 即差分方程组 $\boldsymbol{x}(k+1) = \boldsymbol{f}(\boldsymbol{x}(k))$ 的平衡解 $\boldsymbol{x}^*$ 是不稳定的.

例如, $x_1^* = 0$ 和 $x_2^* = 0$ 是差分方程组

$$\begin{aligned} x_1(k+1) &= \frac{x_1(k)}{2} + 2x_1(k)x_2(k), \\ x_2(k+1) &= -\alpha x_2(k) + 8x_1(k)x_2(k) \end{aligned}$$

的平衡解, 该方程组在 (x_1^*, x_2^*) 处的线性化矩阵的两个特征值是 $\lambda_1 = \dfrac{1}{2}$ 和 $\lambda_2 = -\alpha$. 所以, 当 $|\alpha| < 1$ 时, 这个差分方程组的平衡解 (x_1^*, x_2^*) 是渐近稳定的. 而当 $|\alpha| > 1$ 时, 这个差分方程组的平衡解 (x_1^*, x_2^*) 是不稳定的.

当矩阵 A 的特征值的模都不等于 1 时, 可以由线性化系统 $\boldsymbol{y}(k+1) = A\boldsymbol{y}(k)$ 来决定差分方程组 $\boldsymbol{y}(k+1) = A\boldsymbol{y}(k) + \boldsymbol{g}(\boldsymbol{y}(k))$ 零解的稳定性, 而当矩阵 A 有模等于 1 的特征值时, 仅由线性化系统 $\boldsymbol{y}(k+1) = A\boldsymbol{y}(k)$ 零解的稳定性无法决定原差分方程组零解的稳定性.

例如, 差分方程组

$$\begin{aligned} x_1(k+1) &= -x_2(k) + \alpha x_2(k)\left(x_1^2(k) + x_2^2(k)\right), \\ x_2(k+1) &= x_1(k) - \alpha x_1(k)\left(x_1^2(k) + x_2^2(k)\right) \end{aligned}$$

的线性化矩阵的两个特征分别为 $\lambda_1 = i$ 和 $\lambda_2 = -i$, 它们的模均为 1. 利用极坐标变换 $x(k) = r(k)\cos\theta(k)$ 和 $y(k) = r(k)\sin\theta(k)$, 并记 $u(k) = r^2(k)$, 得到

$$u(k+1) = u(k) - 2\alpha u^2(k) + \alpha^2 u^3(k).$$

由于 $u(k)$ 非负, 当 $\alpha > 0$ 和 $u(k)$ 很小时, $u(k+1) < u(k)$, 且 $\lim\limits_{k\to\infty} u(k) = 0$, 所以, 原差分方程组的零解是渐近稳定的. 而当 $\alpha < 0$ 时, 对充分小的 $u(k)$ 有 $u(k+1) > u(k)$, 这个关于 $u(k)$ 的差分方程的零解是不稳定的, 所以, 原差分方程的零解是不稳定的.

又例如, 差分方程组

$$x_1(k+1) = \frac{a x_2(k)}{1 + b\left(x_1^2(k) + x_2^2(k)\right)^2},$$
$$x_2(k+1) = \frac{a x_1(k)}{1 + b\left(x_1^2(k) + x_2^2(k)\right)^2}$$

的线性化矩阵的两个特征分别为 $\lambda_1 = a$ 和 $\lambda_2 = -a$. 它们的模均为 a. 利用线性化方法得到, 当 $0 < a < 1$ 时, 该差分方程组的零解是渐近稳定的, 而当 $a > 1$ 时, 该差分方程组的零解是不稳定的. 当 $a = 1$ 时, 无法从线性化理论得到结果. 利用极坐标变换 $x(k) = r(k)\cos\theta(k)$ 和 $y(k) = r(k)\sin\theta(k)$, 并记 $u(k) = r^2(k)$, 经过计算后得到 $u(k)$ 满足的差分方程为

$$u(k+1) = \frac{u(k)}{\left(1 + bu^2(k)\right)^2}.$$

由 $u(k)$ 的定义看出, $u(k) = r^2(k) \geqslant 0$, 且当 $b > 0$ 时, $u(k+1) < u(k)$, 关于 $u(k)$ 的差分方程的零解是稳定的, 且 $u(k)$ 是单调减序列. 令 $\lim\limits_{k\to\infty} u(k) = \bar{u}$, 由 $\bar{u} = \dfrac{\bar{u}}{(1 + b\bar{u}^2)^2}$ 解出 $\bar{u} = 0$. 所以, 差分方程 $u(k+1) = \dfrac{u(k)}{\left(1 + bu^2(k)\right)^2}$ 的零解是渐近稳定的, 原差分方程组的零解是渐近稳定的. 当 $b < 0$ 时, 对比较小的 $u(k)$ 有 $u(k+1) > u(k)$, $u(k)$ 是单调增序列, 差分方程 $u(k+1) = \dfrac{u(k)}{\left(1 + bu^2(k)\right)^2}$ 的零解是不稳定的, 即原差分方程组的零解是不稳定的.

3.4.4 平衡解稳定性研究中的比较原理

在这一节的最后, 我们给出几个讨论平衡解稳定性时可能用到的较一般的比较原理, 通过与一个数量方程的比较来得到较复杂的向量方程组平衡解的稳定性.

定理 3.4.6 设 $g(k,u)$ 是一个非负的非减函数, $\boldsymbol{x} = 0$ 和 $u = 0$ 分别是差分方程组 $\boldsymbol{x}(k+1) = \boldsymbol{f}(k, \boldsymbol{x}(k))$ 和差分方程 $u(k+1) = g(k, u(k))$ 的解. 若不等式 $\|\boldsymbol{f}(k,\boldsymbol{x})\| \leqslant g(k, \|\boldsymbol{x}(k)\|)$ 成立, 则从 $u(k+1) = g(k,u(k))$ 零解的稳定性可以推出 $\boldsymbol{x}(k+1) = \boldsymbol{f}(k,\boldsymbol{x}(k))$ 零解的稳定性.

只要利用不等式 $\|\boldsymbol{x}(k+1)\| \leqslant \|\boldsymbol{f}(k,\boldsymbol{x}(k))\| \leqslant g(k,\|\boldsymbol{x}(k)\|)$ 和比较原理即可证明这个定理. 下面的定理让我们可以通过线性系统的稳定性来判断非线性系统的稳定性.

定理 3.4.7 设 $g(k,u)$ 是一个非负的非减函数, $\Phi(k,k_0)$ 是方程组 $\boldsymbol{x}(k+1)=A(k)\boldsymbol{x}(k)$ 的基本解矩阵, 函数 $\boldsymbol{F}(k,\boldsymbol{x})$ 满足 $\boldsymbol{F}(k,0)=0$, 且

$$\|\Phi^{-1}(k+1,k_0)\boldsymbol{F}(k,\Phi(k,k_0)\boldsymbol{y}(k))\| \leqslant g(k,\|\boldsymbol{x}(k)\|).$$

若差分方程 $u(k+1)=u(k)+g(k,u(k))$ 的解当 $k \leqslant k_0$ 时是有界的, 则从方程组 $\boldsymbol{x}(k+1)=A(k)\boldsymbol{x}(k)$ 零解的稳定性可以推出 $\boldsymbol{x}(k+1)=A(k)\boldsymbol{x}(k)+\boldsymbol{F}(k,\boldsymbol{x}(k))$ 零解的稳定性.

证明 令 $\boldsymbol{y}(k)=\Phi^{-1}(k,k_0)\boldsymbol{x}(k)$, 则 $\boldsymbol{y}(k)$ 满足的方程为

$$\boldsymbol{y}(k+1)=\boldsymbol{y}(k)+\Phi^{-1}(k+1,k_0)\boldsymbol{F}(k,\Phi(k,k_0)\boldsymbol{y}(k)).$$

于是

$$\|\boldsymbol{y}(k+1)\| \leqslant \|\boldsymbol{y}(k)\|+g(k,\|\boldsymbol{y}(k)\|).$$

记 $u(k)$ 是差分方程 $u(k+1)=u(k)+g(k,u(k))$ 满足 $u(k_0)=u_0$ 的解, 且 $\|\boldsymbol{y}_0\| \leqslant u_0$. 由比较原理可以得到 $\|\boldsymbol{y}(k)\| \leqslant u(k)$. 所以, $\|\boldsymbol{x}(k)\| \leqslant \|\Phi(k,k_0)\|\|\boldsymbol{y}(k)\| \leqslant \|\Phi(k,k_0)\|u(k)$. 解矩阵的模 $\|\Phi(k,k_0)\|$ 与线性系统 $\boldsymbol{x}(k+1)=A(k)\boldsymbol{x}(k)$ 的零解稳定性相关, 当该线性系统的零解稳定时, $\|\Phi(k,k_0)\| \leqslant M(k_0)$, 所以, 非线性系统的零解也是稳定的. □

利用类似的思路和方法, 可以讨论当线性系统的零解一致稳定、渐近稳定、指数稳定时非线性系统零解的稳定性.

3.5 Liapunov 直接方法

判断一个差分方程平衡解的稳定性是一个十分困难的任务, 俄罗斯的数学家 Liapunov 在研究微分方程解的稳定性时所采用的直接方法为稳定性的研究提供了一个十分有效的途径. Liapunov 将力学中能量函数的方法加以推广, 引入一个辅助函数, 通过解序列上点所对应的函数值的变化情况来判断解的稳定性, 其思想实质就是根据方程右端函数的特点来设法证明解会停留在一个范围内或者是不断减小的. 这一思想方法也被成功地应用在差分方程平衡解稳定性的研究中, 成为一个强有力的工具.

3.5.1 Liapunov 函数的定义

我们先引入 K 类函数的定义, 用 K 类函数定义定正函数比较方便.

定义 3.5.1 设 $\phi(r)\ [0,r_1)\to R^+$ (或 $\phi(r)\ [0,+\infty)\to R^+$) 是连续函数, 如果 $\phi(0)=0$, 且 $\phi(r)$ 是严格单调增函数, 则称 $\phi(r)$ 为 **K 类函数**; 如果 $\lim\limits_{r\to+\infty}\phi(r)=+\infty$, 则称 $\phi(r)$ 为 **K 类无穷大函数**.

容易验证, 一个 K 类函数的反函数仍是 K 类函数, 任何两个 K 类函数的乘积也是 K 类函数. 为了研究差分方程组

$$\boldsymbol{x}(k+1)=\boldsymbol{f}(k,\boldsymbol{x}(k)),\quad \boldsymbol{f}(k,0)=0,\quad k\in N \tag{3.5.1}$$

的平衡解 $\boldsymbol{x}^*=0$ 的稳定性, 我们给出定号函数的定义.

定义 3.5.2 设 $V(k,\boldsymbol{x})=V(k,x_1,x_2,\cdots,x_n)$ 是定义在 $N\times B_H\to R^n$ 上的实值连续函数, 其中 $N\times B_H=\{(k,\boldsymbol{x})\mid k\in N,\ \|\boldsymbol{x}\|\leqslant H\}$. 如果在 $N\times B_H$ 内恒有 $V(k,\boldsymbol{x})\geqslant 0(\leqslant 0)$, 则称函数 $V(k,\boldsymbol{x})$ 为 $N\times B_H$ 上的**常正** (**常负**) **函数**; 如果有 K 类函数 $\phi(r)$, 使得对于一切 $(k,\boldsymbol{x})\in N\times B_H$, 都有 $V(k,\boldsymbol{x})>\phi(\|\boldsymbol{x}\|)(<-\phi(\|\boldsymbol{x}\|))$, 则称 $V(k,\boldsymbol{x})$ 为**定正** (**定负**) **函数**. 如果有 K 类无穷大函数 $\phi(r)$, 使得对于一切 $(k,\boldsymbol{x})\in N\times R^n$, 都有 $V(k,\boldsymbol{x})>\phi(\|\boldsymbol{x}\|)$, 则称 $V(k,\boldsymbol{x})$ 是**无穷大正定函数**. 如果有 K 类函数 $\phi(r)$, 使得对于一切 $(k,\boldsymbol{x})\in N\times B_H$, 都有 $V(k,\boldsymbol{x})<\phi(\|\boldsymbol{x}\|)$, 则称 $V(k,\boldsymbol{x})$ 是具有**无穷小上界的函数**. 习惯上把这些函数称为 V 函数.

在研究自治差分方程组平衡解的稳定性时, 一般选取与 k 无关的 V 函数. 与 k 无关的 V 函数的常正、正定等定义可以简化. 设 $V(\boldsymbol{x})=V(x_1,x_2,\cdots,x_n)$ 是定义在 $B_H\to R^n$ 上的实值连续函数, 其中 $B_H=\{\boldsymbol{x}\mid\|\boldsymbol{x}\|\leqslant H\}$. 如果在 B_H 内恒有 $V(\boldsymbol{x})\geqslant 0(\leqslant 0)$, 则称函数 $V(\boldsymbol{x})$ 为**常正** (**常负**) **函数**; 如果对一切 $\boldsymbol{x}\neq 0$ 都有 $V(\boldsymbol{x})>0$ ($V(\boldsymbol{x})<0$), 则称 $V(\boldsymbol{x})$ 为**定正** (**定负**) **函数**. 例如, 在二维空间 R^2 上, $V(x_1,x_2)=x_1^2+x_2^2$ 是定正的 V 函数. $V(x_1,x_2)=x_1^2+2x_1x_2+x_2^2=(x_1+x_2)^2$ 是常正的. 定正函数的几何形象是类似于开口向上的抛物面. 或者, 对充分小的正数 c, $V(\boldsymbol{x})=c$ 是包围原点的闭曲面. 特别地, 当 $n=2$ 时, 且 $V(x,y)$ 是一个有二阶连续偏导数的二维正定 V 函数, 则对于很小的 $c>0$, $V(x,y)=c$ 是一条包围原点的简单闭曲线. 且在原点的邻域内这些闭曲线随着 c 的增加而单调扩大. 即若 $c_1<c_2$, 则 $V(x,y)=c_1$ 包含于 $V(x,y)=c_2$ 之内, 并且这样的封闭曲线族充满了原点的一个邻域.

当 V 依赖于 k 时, V 函数定正性要通过 K 类函数来定义, $\boldsymbol{x}\neq 0$ 时 $V(k,\boldsymbol{x})>0$ 不能保证 $V(k,\boldsymbol{x})$ 定正. 例如, $V(k,\boldsymbol{x})=V(k,x_1,x_2)=e^{-k}(x_1^2+x_2^2)$, 当 $x_1^2+x_2^2>0$ 时, $V(k,x_1,x_2)=e^{-k}(x_1^2+x_2^2)>0$, 但 $V(k,x_1,x_2)=e^{-k}(x_1^2+x_2^2)$ 不是定正的. 因为对任意的 (x_1,x_2), 都有 $\lim\limits_{k\to\infty}V(k,x_1,x_2)=\lim\limits_{k\to\infty}e^{-k}(x_1^2+x_2^2)=0$, 我们找不到 K

类函数作为其下界.

对与 k 无关的函数 $V(\boldsymbol{x})$, 当有 K 类函数 $\phi(r)$, 使得 $\phi(\|\boldsymbol{x}\|) \leqslant V(\boldsymbol{x})$ 成立时, $V(\boldsymbol{x})$ 是定正函数; 若 $\phi(r)$ 是 K 类无穷大函数时, $V(\boldsymbol{x})$ 是定正无穷大函数. 可以证明, $V(\boldsymbol{x})$ 是定正的充分必要条件是有 K 类函数 $\phi_1(r)$ 和 $\phi_2(r)$ 满足 $\phi_1(\|\boldsymbol{x}\|) \leqslant V(\boldsymbol{x}) \leqslant \phi_2(\|\boldsymbol{x}\|)$[15]. 充分性显然, 必要性的证明是构造函数

$$\phi_1(r) = \frac{r}{H} \min_{r \leqslant \|\boldsymbol{x}\| \leqslant H} V(\boldsymbol{x}), \quad \phi_2(r) = r + \max_{\|\boldsymbol{x}\| \leqslant r} V(\boldsymbol{x}),$$

然后再验证即可.

为了研究差分方程组 (3.5.1) 平衡解 $\boldsymbol{x}^* = 0$ 的稳定性, 我们观察沿着它的解序列 $\boldsymbol{x}(k)$ 函数 $V(k, \boldsymbol{x})$ 的变化情况.

定义 3.5.3 设 $\boldsymbol{x}(k)$ 是方程组 (3.5.1) 的解序列, 则称

$$\begin{aligned}\Delta V(k, \boldsymbol{x}(k)) &= V(k+1, \boldsymbol{x}(k+1)) - V(k, \boldsymbol{x}(k)) \\ &= V(k+1, f(k, \boldsymbol{x}(k))) - V(k, \boldsymbol{x}(k))\end{aligned}$$

为函数 V 沿着方程组 (3.5.1) 解的差分.

3.5.2 Liapunov 稳定性定理

有了 V 函数和差分的概念, 就可以确定一些差分方程组平衡解的稳定性. 我们先给出判断稳定性的一个比较定理.

定理 3.5.1 设有满足下列条件的函数 $V(k, \boldsymbol{x})$ 和 $g(k, u)$,

(i) $g(k, u)$ 是 $N \times R^+ \to R^+$ 的连续函数, $g(k, 0) = 0$, $g(k, u)$ 关于 u 单调增;

(ii) $V(k, 0) = 0$, $V(k, \boldsymbol{x})$ 是 $N \times B_H \to R^+$ 的连续定正函数;

(iii) $V(k+1, \boldsymbol{x}(k+1)) = V(k, \boldsymbol{x}(k)) + \Delta V(k, \boldsymbol{x}(k)) \leqslant g(k, V(k, \boldsymbol{x}(k)))$.

则由 $u(k+1) = g(k, u(k))$ 零解的稳定性 (渐近稳定性) 可以推出 $\boldsymbol{x}(k+1) = \boldsymbol{f}(k, \boldsymbol{x}(k))$ 零解的稳定性 (渐近稳定性).

证明 令 $u(k) = V(k, \boldsymbol{x}(k))$, $u(k_0) = u_0 = V(k_0, \boldsymbol{x}(k_0))$, 由 $V(k, \boldsymbol{x})$ 的定正性及定理的条件得到, 有 K 类函数 $\phi(r)$, 满足 $\phi(\|x\|) < V(k, x)$, 且

$$u(k+1) = V(k+1, \boldsymbol{x}(k+1, k_0, \boldsymbol{x}_0)) \leqslant g(k, V(k, \boldsymbol{x}(k, k_0, \boldsymbol{x}_0))) = g(k, u(k)).$$

由于差分方程 $u(k+1) = g(k, u(k))$ 的零解是稳定的, 所以, 对任意 $\varepsilon > 0$, $\phi(\varepsilon) > 0$, 有 $\delta > 0$, 使得当 $|u_0| < \delta$ 时, $|u(k)| < \phi(\varepsilon)$ 对一切 $k \geqslant k_0$ 成立. 由比较定理知道, $V(k_0, \boldsymbol{x}_0) < \delta$ 时, $V(k, \boldsymbol{x}(k, k_0, \boldsymbol{x}_0)) < \phi(\varepsilon)$ 对 $k \geqslant k_0$ 成立. 由 $V(k, \boldsymbol{x})$ 的定正性和连续性得到, 有 $\delta_0 > 0$, 使得当 $\|\boldsymbol{x}_0\| \leqslant \delta_0$ 时,

$$\phi(\|\boldsymbol{x}(k, k_0, \boldsymbol{x}_0)\|) \leqslant V(k, \boldsymbol{x}(k, k_0, \boldsymbol{x}_0)) < \phi(\varepsilon)$$

对满足 $k \geqslant k_0$ 的所有 k 成立. 利用 K 类函数的单调性得到, $\|\boldsymbol{x}(k,k_0,\boldsymbol{x}_0)\| \leqslant \varepsilon$. 即方程组 $\boldsymbol{x}(k+1)=\boldsymbol{f}(k,\boldsymbol{x}(k))$ 的零解是稳定的. 当差分方程 $u(k+1)=g(k,u(k))$ 的零解是渐近稳定的时, 由不等式

$$\lim_{k\to\infty}\phi(\|\boldsymbol{x}(k,k_0,\boldsymbol{x}_0)\|) \leqslant \lim_{k\to\infty}V(k,\boldsymbol{x}(k,k_0,\boldsymbol{x}_0)) < \lim_{k\to\infty}u(k)=0,$$

可以得到 $\lim\limits_{k\to\infty}\|\boldsymbol{x}(k,k_0,\boldsymbol{x}_0)\|=0$. 即方程组 $\boldsymbol{x}(k+1)=\boldsymbol{f}(k,\boldsymbol{x}(k))$ 的零解是渐近稳定的. □

类似的思想可以证明当这个定理的条件成立且加上 $V(t,\boldsymbol{x})$ 有无穷小上界时, 我们就可以从 $u(k+1)=g(k,u(k))$ 零解的一致稳定性 (一致渐近稳定性) 推出 $\boldsymbol{x}(k+1)=\boldsymbol{f}(k,\boldsymbol{x}(k))$ 零解的一致稳定性 (一致渐近稳定性).

由于 $V(k+1,\boldsymbol{x}(k+1))=V(k,\boldsymbol{x}(k))+\Delta V(k,\boldsymbol{x}(k))$, 当 $\Delta V(k,\boldsymbol{x}(k))$ 常负时, 取 $g(u(k))=u(k)$, 即可证明零平衡解的稳定性, 当 $\Delta V(k,\boldsymbol{x}(k))$ 定负时, 我们在零平衡解稳定的基础上, 再用反证法就可以得到零平衡解的渐近稳定性. 具体的结论在下面的定理中给出.

定理 3.5.2(Liapunov 稳定性定理)　若有定正函数 $V(k,\boldsymbol{x})$, 它沿着方程组 (3.5.1) 解的差分 $\Delta V(k,\boldsymbol{x})$ 是常负的, 则 (3.5.1) 零解是稳定的; 若 $\Delta V(k,\boldsymbol{x})$ 是定负的, 则 (3.5.1) 零解是渐近稳定的; 若 $V(k,\boldsymbol{x})$ 是定正无穷大函数, 且 $\Delta V(k,\boldsymbol{x})$ 是定负的, 则 (3.5.1) 零解是全局渐近稳定的.

证明　在这里, 我们仅给出 (3.5.1) 是自治差分方程组时的证明. 这时, 可以选取与 k 无关的 V 函数, 非自治情况下的证明类似. 若 $V(\boldsymbol{x})$ 定正, $\Delta V(\boldsymbol{x})$ 常负, 则必有 K 类函数 $\phi_1(r)$ 和 $\phi_2(r)$, 使得 $\phi_1(\|\boldsymbol{x}\|) \leqslant V(\boldsymbol{x}) \leqslant \phi_2(\|\boldsymbol{x}\|)$ 成立. 对任意给定的 $\varepsilon>0$, $\phi_1(\varepsilon)>0$, 由 $V(\boldsymbol{x})>0$ 和 $V(\boldsymbol{x})$ 的连续性知道, 必有 $\delta>0$, 使得当 $\|\boldsymbol{x}_0\|<\delta$ 时, $V(\boldsymbol{x}_0)<\phi_1(\varepsilon)$. 由于 $\Delta V(\boldsymbol{x})$ 常负, 对于所有的 $k\geqslant 0$ 有

$$\begin{aligned}V(\boldsymbol{x}(k)) &= V(\boldsymbol{x}(k-1))+\Delta V(\boldsymbol{x}(k-1))\\ &\leqslant V(\boldsymbol{x}(k-1)) \leqslant \cdots \leqslant V(\boldsymbol{x}_0) < \phi_1(\varepsilon).\end{aligned}$$

由 $\phi_1(\|\boldsymbol{x}\|) \leqslant V(\boldsymbol{x})$ 及上面的不等式得到 $\phi_1(\|\boldsymbol{x}(k)\|) \leqslant \phi_1(\varepsilon)$. 再由 K 类函数的单调性可以得到 $\|\boldsymbol{x}(k)\| \leqslant \varepsilon$, 即模型 (3.5.1) 的零解是稳定的.

若 $V(\boldsymbol{x})$ 定正, $\Delta V(\boldsymbol{x})$ 定负, 则 (3.5.1) 的零解是稳定的, 且序列 $V(\boldsymbol{x}(k))$ 单调减, 设 $\lim\limits_{k\to\infty}V(\boldsymbol{x}(k))=c\geqslant 0$. 若 $c>0$, 则必有 $c\leqslant V(\boldsymbol{x}(k))\leqslant \phi_2(\|\boldsymbol{x}(k)\|)$, 即 $0<c\leqslant\phi_2(\|\boldsymbol{x}(k)\|)$, $\phi_2^{-1}(c)\leqslant\|\boldsymbol{x}(k)\|$. 由 $\Delta V(\boldsymbol{x})$ 定负得到, $\max\limits_{\phi^{-1}(c)\leqslant\|\boldsymbol{x}\|\leqslant H}\Delta V(\boldsymbol{x})=-\eta<0$. 所以有

$$\begin{aligned}V(\boldsymbol{x}(k)) &= V(\boldsymbol{x}(k-1))+\Delta V(\boldsymbol{x}(k-1))\\ &\leqslant V(\boldsymbol{x}(k-1))-\eta \leqslant \cdots \leqslant V(\boldsymbol{x}_0)-k\eta.\end{aligned}$$

这个矛盾说明 $c=0$. 再由不等式 $\phi_1(\|\boldsymbol{x}\|)\leqslant V(\boldsymbol{x})$ 得到

$$\lim_{k\to\infty}\phi_1(\|\boldsymbol{x}(k)\|)\leqslant\lim_{k\to\infty}V(\boldsymbol{x}(k))=0.$$

所以, 差分方程组 (3.5.1) 的零解是渐近稳定的.

全局稳定性类似的证明, 证明的思路参见图 3-1. □

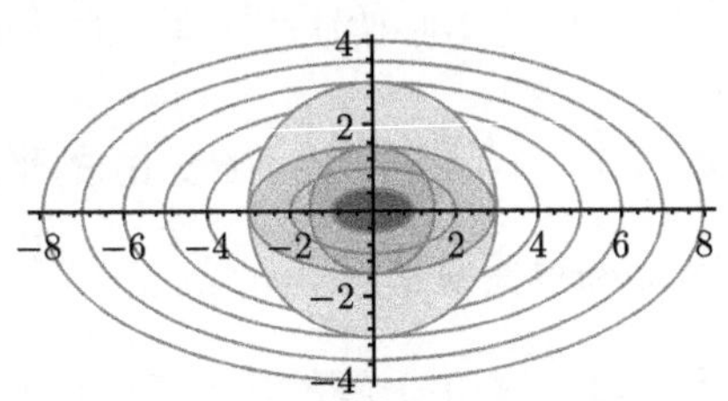

图 3-1 Liapunov 稳定性定理的证明思路示意图

类似的方法可以得到零平衡解 lp 稳定的结果.

定理 3.5.3 设有连续定正函数 $V(k,\boldsymbol{x})$, 它沿着差分方程组 (3.5.1) 的全差分 $\Delta V(k,\boldsymbol{x}(k))\leqslant -c\|\boldsymbol{x}(k)\|^p$, 其中 c 和 p 都是正常数. 则差分方程组 (3.5.1) 的零解是 l_p 稳定的.

证明 由于 $V(k,\boldsymbol{x})$ 是定正的, $\Delta V(k,\boldsymbol{x}(k))$ 是定负的, 所以, 差分方程组 (3.5.1) 的零解是渐近稳定的. 对任意给定的 $\varepsilon>0$, 有 $\delta>0$, 当 $\|\boldsymbol{x}_0\|<\delta$ 时, $\|\boldsymbol{x}(k,k_0,\boldsymbol{x}_0)\|<\varepsilon$ 对所有 $k\geqslant k_0$ 成立. 定义

$$G(k)=V(k,\boldsymbol{x}(k,k_0,\boldsymbol{x}_0))+c\sum_{j=k_0}^{k-1}\|\boldsymbol{x}(j,k_0,\boldsymbol{x}_0)\|^p,$$

则

$$\Delta G(k)=\Delta V(k,\boldsymbol{x}(k,k_0,\boldsymbol{x}_0))+c\|\boldsymbol{x}(k,k_0,\boldsymbol{x}_0)\|^p\leqslant 0.$$

所以, 当 $k\geqslant k_0$ 时, $G(k)\leqslant G(k_0)=V(k_0,\boldsymbol{x}(k_0,k_0,\boldsymbol{x}_0))=V(k_0,\boldsymbol{x}_0)$,

$$0<G(k)=V(k,\boldsymbol{x}(k,k_0,\boldsymbol{x}_0))+c\sum_{j=k_0}^{k-1}\|\boldsymbol{x}(j,k_0,\boldsymbol{x}_0)\|^p\leqslant V(k_0,\boldsymbol{x}_0).$$

$V(k,\boldsymbol{x})$ 的正定性和上面的不等式得到

$$\sum_{j=k_0}^{k-1}\|\boldsymbol{x}(j,k_0,\boldsymbol{x}_0)\|^p\leqslant\frac{V(k_0,\boldsymbol{x}_0)}{c},\quad 即\quad \sum_{j=k_0}^{\infty}\|\boldsymbol{x}(j,k_0,\boldsymbol{x}_0)\|^p\leqslant\infty.$$

这表明 $\boldsymbol{x}(k,k_0,\boldsymbol{x}_0))$ 是 l_p 收敛的. □

例 3.5.1 讨论二阶方程 $y(k+2)-f(k)y(k)=0$, $|f(k)|<1$ 的零平衡解的稳定性.

解 令 $x_1(k)=y(k)$, $x_2(k)=y(k+1)$, 则原方程等价于下面的方程组

$$x_1(k+1)=x_2(k), \quad x_2(k+1)=-f(k)x_1(k).$$

取 $V(x_1,x_2)=x_1^2+x_2^2$, 则 $\Delta V(x_1(k),x_2(k))=-(1-f^2(k))x_1^2(k)\leqslant 0$. 所以, 原方程的零解是一致稳定的.

例 3.5.2 求方程 $y(k+1)=\dfrac{\alpha y(k-1)}{1+\beta y^2(k)}$ $(\beta>0)$ 的平衡解, 并讨论其稳定性.

解 该方程有 3 个可能的平衡解是$y_0^*=0$, $y_1^*=\sqrt{\dfrac{\alpha-1}{\beta}}$, $y_2^*=-\sqrt{\dfrac{\alpha-1}{\beta}}$, 后两个当 $\alpha>1$ 时存在. 为了讨论这 3 个解的稳定性, 引入变量 $x_1(k)=y(k-1)$, $x_2(k)=y(k)$, 将原来的方程化为方程组

$$\begin{aligned} &x_1(k+1)=x_2(k), \\ &x_2(k+1)=\frac{\alpha x_1(k)}{1+\beta x_2^2(k)}, \quad \beta>0. \end{aligned} \tag{3.5.2}$$

原方程的三个平衡解对应于方程组 (3.5.2) 的三个平衡解

$$E_0^*(0,0), \quad E_1^*\left(\sqrt{\frac{\alpha-1}{\beta}},\sqrt{\frac{\alpha-1}{\beta}}\right), \quad E_2^*\left(-\sqrt{\frac{\alpha-1}{\beta}},-\sqrt{\frac{\alpha-1}{\beta}}\right).$$

对平衡解 $E_0^*(0,0)$, 定义 $V(x_1,x_2)=x_1^2+x_2^2$, 则 $V(x_1,x_2)$ 是正定函数, 且

$$\begin{aligned} \Delta V(x_1(k),x_2(k)) &= x_2^2(k)+\left(\frac{\alpha x_1(k)}{1+\beta x_2^2(k)}\right)^2-x_1^2(k)-x_2^2(k) \\ &= \frac{\alpha^2 x_1^2(k)}{(1+\beta x_2^2(k))^2}-x_1^2(k)\leqslant(\alpha^2-1)x_1^2(k). \end{aligned}$$

所以, 当 $|\alpha|\leqslant 1$ 时, 差分方程组 (3.5.2) 的平衡解 $E_0^*(0,0)$ 是稳定的. 进一步的分析可以得到, 当 $|\alpha|<1$ 时, 差分方程组 (3.5.2) 的平衡解 $E_0^*(0,0)$ 是全局渐近稳定的. 而当 $\alpha=1$ 时, 差分方程组 (3.5.2) 初值为 $(a,0)$ 的解为 2 周期解. 当 $\alpha=-1$ 时, 差分方程组 (3.5.2) 从坐标轴上的点出发的解是 4 周期解. 这表明, 当 $|\alpha|=1$ 时差分方程组 (3.5.2) 的零解是稳定的, 但不是渐近稳定的.

当 $\alpha>1$ 时, 差分方程组 (3.5.2) 在平衡解 $E_0^*(0,0)$ 的线性化系统为

$$x_1(k+1)=x_2(k), \quad x_2(k+1)=\alpha x_1(k).$$

这个线性系统有模大于 1 的特征值, 所以差分方程组 (3.5.2) 的平衡解 $E_0^*(0,0)$ 是不稳定的.

差分方程组 (3.5.2) 在平衡解 E_1^* 和 E_2^* 的线性化系统都为

$$x_1(k+1) = x_2(k),$$
$$x_2(k+1) = x_1(k) - 2\left(1 - \frac{1}{\alpha}\right) x_2(k).$$

线性化系统的特征方程 $\lambda^2 + 2\left(1 - \frac{1}{\alpha}\right)\lambda - 1 = 0$ 有根

$$\lambda_1 = -\left(1 - \frac{1}{\alpha}\right) - \sqrt{\left(1 - \frac{1}{\alpha}\right)^2 + 1},$$
$$\lambda_2 = -\left(1 - \frac{1}{\alpha}\right) + \sqrt{\left(1 - \frac{1}{\alpha}\right)^2 + 1}.$$

由上面的表达式看出, $|\lambda_1| > |\lambda_2|$, 且当 $\alpha = 1$ 时, $|\lambda_1| = 1$, 当 $\alpha > 1$ 时, $|\lambda_1| > 1$. 所以, 当 $\alpha > 1$ 时, 差分方程组 (3.5.2) 的平衡解 E_1^* 和 E_2^* 都是不稳定的.

当 $\alpha = 0.9$, $\alpha = 1.1$, $\beta = 0.5$ 时, 差分方程组 (3.5.2) 初始值为 $x_1(0) = 5$ 和 $x_2(0) = 9$ 的解在图 3-2 中给出. $\alpha = 0.9$ 时方程组 (3.5.2) 初始值为 $x_1(0) = 5$ 和 $x_2(0) = 9$ 的解在图 3-2 中上面一排给出, 前面两个图形分别是 $x_1(k)$ 和 $x_2(k)$ 随着 k 变化的曲线, 后一个图是在 $x_1 - x_2$ 平面所画出的解的相图. $\alpha = 1.1$ 时, 方程组 (3.5.2) 初始值为 $x_1(0) = 5$ 和 $x_2(0) = 9$ 的解在图 3-2 中下面一排给出, 下一排前面两个图形分别是 $x_1(k)$ 和 $x_2(k)$ 随着 k 变化的曲线, 后一个图是在 $x_1 - x_2$ 平面所画出的解的相图. 图形显示, 当 $\alpha = 0.9$ 时, 方程组的解很快趋于零, 而当 $\alpha = 1.1$ 时, 方程组的解是无界的.

例 3.5.3 讨论方程组

$$\begin{aligned} x_1(k+1) &= 2x_2(k) - 2x_1^2(k)x_2(k), \\ x_2(k+1) &= \frac{1}{2}x_1(k) + x_1(k)x_2^2(k) \end{aligned} \tag{3.5.3}$$

的平衡解的稳定性.

解 差分方程组 (3.5.3) 有 3 个平衡解

$$E_0(0,0), \quad E_1\left(\frac{1}{\sqrt{2}}, \frac{1}{\sqrt{2}}\right), \quad E_2\left(-\frac{1}{\sqrt{2}}, -\frac{1}{\sqrt{2}}\right).$$

方程组 (3.5.3) 在这三个平衡解处的线性化矩阵分别为

$$J_0 = \begin{pmatrix} 0 & 2 \\ \frac{1}{2} & 0 \end{pmatrix}, \quad J_1 = \begin{pmatrix} -2 & 1 \\ 1 & 1 \end{pmatrix}, \quad J_2 = \begin{pmatrix} -2 & 1 \\ 1 & 1 \end{pmatrix}.$$

由线性化理论知道, 平衡解 E_1 和 E_2 是不稳定的. 对于平衡解 E_0, 它的线性化系统的特征方程的根为 1 和 -1, 稳定性无法由线性系统确定. 取

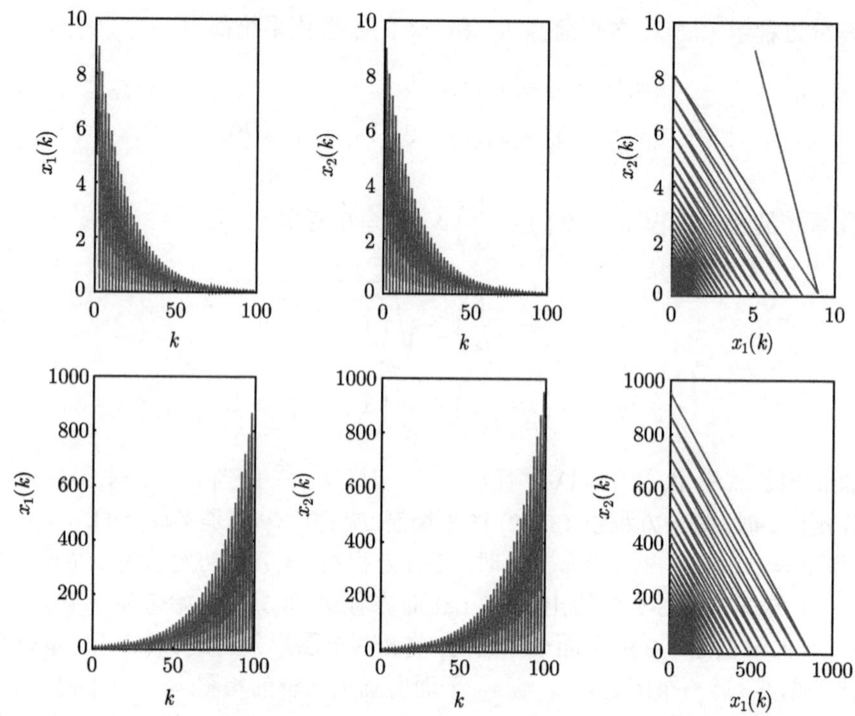

图 3-2　差分方程组 (3.5.2) 初始值为 $x_1(0)=5$ 和 $x_2(0)=9$ 的解

$$V(x_1,x_2)=x_1^2+4x_2^2,$$

则 $V(x_1,x_2)$ 是正定函数, 且

$$\Delta V(x_1(k),x_2(k))=4x_1^2(k)x_2^2(k)(x_1^2(k)+x_2^2(k)-1).$$

所以, 当 $x_1^2(k)+x_2^2(k)\leqslant 1$ 时, $\Delta V(x_1(k),x_2(k))\leqslant 0$, 差分方程组 (3.5.3) 的平衡解 $E_0(0,0)$ 是稳定的. 直接计算可以得到, 差分方程组 (3.5.3) 从坐标轴上出发的解都是 2 周期解. 所以, 平衡解 $E_0(0,0)$ 是稳定的, 但不是渐近稳定的.

利用类似的思想方法可以证明指数稳定的一个结论: 如果有函数 $V(\boldsymbol{x})$ 和正数 c_1, c_2, c_3, 使得

$$c_1\|\boldsymbol{x}\|^2\leqslant V(\boldsymbol{x})\leqslant c_2\|\boldsymbol{x}\|^2,\quad \Delta V(\boldsymbol{x}(k))\leqslant -c_3\|\boldsymbol{x}\|^2,$$

则差分方程组 (3.5.1) 的零解是指数稳定的.

3.5.3　LaSalle 不变性原理

在应用中经常遇见 $\Delta V(\boldsymbol{x}(k))$ 是常负的情况, 但 $\Delta V(\boldsymbol{x}(k))=0$ 的集合只有平

衡解, 或者是一个测度为零的集合, 此时大都可以证明平衡解的渐近稳定性. 我们需要极限点集的概念.

设 $\boldsymbol{x}(k,0,\boldsymbol{x}_0)$ 是下面差分方程组初始值问题

$$\boldsymbol{x}(k+1)=\boldsymbol{f}(\boldsymbol{x}(k)),\quad \boldsymbol{x}(0)=\boldsymbol{x}_0 \tag{3.5.4}$$

的解, $\boldsymbol{x}(k,0,\boldsymbol{x}_0)$ 的正半轨道记为 $O(\boldsymbol{x}_0)=\{\ \boldsymbol{x}(k,0,\boldsymbol{x}_0)\mid k\in N\}$. 点 $\boldsymbol{x}_0$ 的极限集 $\Omega(\boldsymbol{x}_0)$ 定义为

$$\Omega(\boldsymbol{x}_0)=\{\ \boldsymbol{y}\in R^n\mid \text{有子列 } k_m,\ \text{使得 } \lim_{m\to\infty}\boldsymbol{x}(k_m,0,\boldsymbol{x}_0)=\boldsymbol{y}\}.$$

当 $\boldsymbol{x}_0\in A$ 能得到 $\boldsymbol{x}(k,0,\boldsymbol{x}_0)\in A$ 时, 称集合 A 是不变集合. 容易证明, $\Omega(\boldsymbol{x}_0)$ 是不变集合. $\Omega(\boldsymbol{x}_0)$ 有下面一些性质:

(i) $\Omega(\boldsymbol{x}_0)=\bigcap\limits_{j=0}^{\infty}\overline{\bigcup\limits_{k=j}^{\infty}\boldsymbol{x}(k,0,\boldsymbol{x}_0)}$;

(ii) 若有 $j\in N$, 使得 $\boldsymbol{x}(j,0,\boldsymbol{x}_0)=\boldsymbol{y}_0$, 则 $\Omega(\boldsymbol{y}_0)=\Omega(\boldsymbol{x}_0)$;

(iii) $\Omega(\boldsymbol{x}_0)$ 是闭不变集;

(iv) 若 $O(\boldsymbol{x}_0)$ 是有界集时, $\Omega(\boldsymbol{x}_0)$ 是非空有界集.

设 $V(\boldsymbol{x})$ 是定义在 $G\in R^n$ 中的定正函数, $E=\{\ \boldsymbol{x}\in\overline{G}\mid \Delta V(\boldsymbol{x})=0\}$. 令 M 是 E 的最大不变子集 (E 的所有不变子集的并).

定理 3.5.4 (LaSalle 不变性原理) 设 $V(\boldsymbol{x})$ 是定正函数, $\Delta V(\boldsymbol{x}(k))$ 沿着方程组 (3.5.4) 的解序列常负. 对差分方程组 (3.5.4) 每个包含在 $G\in R^n$ 中的解 $\boldsymbol{x}(k,0,\boldsymbol{x}_0)$, 必有一个数 c, 使得 $k\to\infty$ 时, $\boldsymbol{x}(k,0,\boldsymbol{x}_0)\to M\bigcap V^{-1}(c)$.

证明 由于 $\boldsymbol{x}(k,0,\boldsymbol{x}_0)$ 在 $G\in R^n$ 中, $\boldsymbol{x}(k,0,\boldsymbol{x}_0)$ 有界, $\Omega(\boldsymbol{x}_0)$ 非空. 对 $\boldsymbol{y}\in\Omega(\boldsymbol{x}_0)$, 满足 $k_j\to\infty$, $\boldsymbol{x}(k_j,0,\boldsymbol{x}_0)\to\boldsymbol{y}$. $V(\boldsymbol{x}(k,0,\boldsymbol{x}_0))$ 是非增有下界的数列, 所以有 c, 使得 $\lim\limits_{k\to\infty}V(\boldsymbol{x}(k,0,\boldsymbol{x}_0))=c$. 由于 $\{k_j\}$ 是 $\{k\}$ 的子列, 且 $V(\boldsymbol{x})$ 是连续的, 所以有 $\lim\limits_{j\to\infty}V(\boldsymbol{x}(k_j,0,\boldsymbol{x}_0))=V(\boldsymbol{y})=c$. 这意味着 $V(\Omega(\boldsymbol{x}_0))=c$, $\Omega(\boldsymbol{x}_0)\in V^{-1}(c)$. 又因为当 $\boldsymbol{z}\in\Omega(\boldsymbol{x}_0)$, $\Delta V(\boldsymbol{z})=0$, 这表明 $\Omega(\boldsymbol{x}_0)\subset E$. 另一方面, $\Omega(\boldsymbol{x}_0)$ 是正向不变集合, $\Omega(\boldsymbol{x}_0)\in M$, 所以, 当 $k\to\infty$ 时, $\boldsymbol{x}(k,0,\boldsymbol{x}_0)\to\Omega(\boldsymbol{x}_0)\in M\bigcap V^{-1}(c)$. □

利用 LaSalle 不变性原理可以得到: 如果有定正函数 $V(\boldsymbol{x})$ 使得 $\Delta V(\boldsymbol{x}(k))\leqslant 0$, 且除过零解外, 所有的解序列都不能使 $\Delta V(\boldsymbol{x}(k))\equiv 0$. 则差分方程组 (3.5.4) 的零解是渐近稳定的.

例 3.5.4 讨论方程组

$$\begin{aligned} x_1(k+1)&=\frac{ax_2(k)}{1+x_1^2(k)},\\ x_2(k+1)&=\frac{bx_1(k)}{1+x_2^2(k)}, \end{aligned} \tag{3.5.5}$$

零平衡解的稳定性, 其中 a 和 b 为常数.

解　取 $V(x_1,x_2)=x_1^2+x_2^2$, 则 $V(x_1,x_2)$ 定正, $V(x_1,x_2)$ 沿着方程组 (3.5.5) 的解的差分为

$$\Delta V(x_1(k),x_2(k))=\left(\frac{a^2}{(1+x_1^2(k))^2}-1\right)x_2^2(k)+\left(\frac{b^2}{(1+x_2^2(k))^2}-1\right)x_1^2(k).$$

(i) 当 $a^2<1,\ b^2<1$ 时,

$$\Delta V(x_1(k),x_2(k))\leqslant\left(a^2-1\right)x_2^2(k)+\left(b^2-1\right)x_1^2(k)\leqslant 0.$$

集合 $E=\{\ \boldsymbol{x}\in\overline{G}\mid\Delta V(\boldsymbol{x})=0\}$ 中只有一个点 $O(0,0)$, 由 $\Delta V(x_1(k),x_2(k))$ 的定负性知道

$$V(x_1(k),x_2(k))<V(x_1(k-1),x_2(k-1))<\cdots<V(x_1(0),x_2(0)).$$

方程组 (3.5.5) 的解是有界的, 由不变性原理得到, 当 $k\to\infty$ 时, 解序列趋于坐标原点, 零解是全局渐近稳定的.

(ii) 当 $a^2\leqslant 1,\ b^2\leqslant 1$, 且 $a^2+b^2<2$ 时 (不妨假设 $a^2<1,\ b^2=1$), $\Delta V(x_1(k),x_2(k))\leqslant 0$ 仍然成立. 集合 $E=\{\ \boldsymbol{x}\in\overline{G}\mid\Delta V(\boldsymbol{x})=0\}$ 是由整个 x_1 坐标轴组成. 但由于 x_1 坐标轴上除过坐标原点外的点经过方程组映射后会成为 x_2 坐标轴上的点, 所以 E 中的最大不变集是坐标原点. 虽然 $\Delta V(x_1(k),x_2(k))$ 是常负的, 但

$$V(x_1(k),x_2(k))<V(x_1(k-1),x_2(k-1))<\cdots<V(x_1(0),x_2(0)).$$

方程组 (3.5.5) 的解还是有界的, 由不变性原理得到, 当 $k\to\infty$ 时, 解序列趋于坐标原点, 零解是全局渐近稳定的.

(iii) 当 $a^2=1,\ b^2=1$ 时, $\Delta V(x_1(k),x_2(k))\leqslant 0$ 仍然成立. 集合 $E=\{\ \boldsymbol{x}\in\overline{G}\mid\Delta V(\boldsymbol{x})=0\}$ 是由整个 x 坐标轴和 y 坐标轴组成. x_1 坐标轴上的点经过方程组映射后会成为 x_2 坐标轴上的点, x_2 坐标轴上的点经过方程组映射后会成为 x_1 坐标轴上的点, 所以 E 就是不变集, E 中的最大不变集 $M=E$. 由不变性原理得到, 对方程组 (3.5.5) 的每个解序列, 有常数 c, 使得当 $k\to\infty$ 时, $(x_1(k),x_2(k))\to M\bigcap V^{-1}(c)$. 而 M 是两条坐标轴, $V^{-1}(c)$ 是圆 $x_1^2+x_2^2=c$, 所以

$$M\bigcap V^{-1}(c)=\{P_1(c,0),\ P_2(0,c),\ P_3(-c,0),\ P_4(0,-c)\}.$$

当 $ab=1$ 时, 从 $(c,0)$ 出发的解是 2 周期解, 当 $ab=-1$ 时, 从 $(c,0)$ 出发的解是 4 周期解. 由不变性原理知道, 方程组 (3.5.5) 的每个解序列当 $k\to\infty$ 时, 必趋于一个周期解或者零解. 零解是稳定的, 但不是渐近稳定的.

(iv) 当 $a^2>1$, $b^2>1$ 时, 可以选取充分小的正数 δ, 使得 $\dfrac{b^2}{1+\delta^2}>1$, $\dfrac{a^2}{1+\delta^2}>1$. 于是, 当 $x_1^2(k)+x_2^2(k)<\delta^2$ 时,

$$\Delta V(x_1(k),x_2(k))\geqslant\left(\frac{a^2}{1+\delta^2}-1\right)x_2^2(k)+\left(\frac{b^2}{1+\delta^2}-1\right)x_1^2(k)\geqslant 0.$$

从圆 $x_1^2+x_2^2=\delta^2$ 内部出发的解当 k 充分大时都会跑到圆 $x_1^2+x_2^2=\delta^2$ 外, 方程组 (3.5.5) 的零解是不稳定的.

图 3-3 给出了初始值为 $x_1(0)=5$ 和 $x_2(0)=2$ 时, 不同参数下方程组 (3.5.5) 解的示意图. 图 3-3 的左上图是 $a=0.5$ 和 $b=0.8$ 时解 $x_1(k)$ 和 $x_2(k)$ 随着 k 变化的曲线, 我们看到, 当 $a<1$ 和 $b<1$ 时, $x_1(k)$ 和 $x_2(k)$ 很快趋于零. 图 3-3 的右上图是 $a=0.5$ 和 $b=1.8$ 时解 $x_1(k)$ 和 $x_2(k)$ 随着 k 变化的曲线. 这种情况前面没有讨论, 但从图形看到, 当 $ab<1$ 时, $x_1(k)$ 和 $x_2(k)$ 也趋于零. 当 $ab<1$ 时, 但趋于零稍慢一些. 图 3-3 的左下图是 $a=1.1$ 和 $b=1.2$ 时解 $x_1(k)$ 和 $x_2(k)$ 随着 k 变化的曲线, 我们看到, 当 $a>1$ 和 $b>1$ 时, $x_1(k)$ 和 $x_2(k)$ 不断增加, 方程组的解无界. 图 3-3 的右下图是 $a=1.1$ 和 $b=1.2$ 时在 x_1-x_2 平面上解的轨线上的点的变化情况, 这个解在解平面内来回振荡.

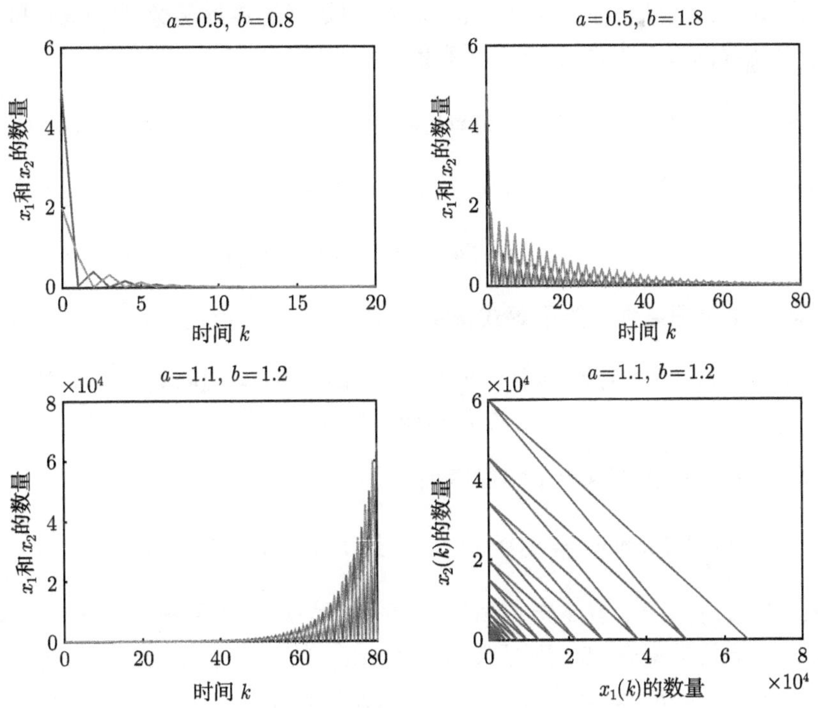

图 3-3 几个不同参数时解的渐近性态示意图

例 3.5.5 讨论方程组

$$
\begin{aligned}
x_1(k+1) &= x_2(k)\left(1 - x_1^2(k)\right), \\
x_2(k+1) &= x_1(k)\left(\frac{1}{2} - \frac{1}{8}x_2^2(k)\right)
\end{aligned}
\tag{3.5.6}
$$

零平衡解的稳定性.

解 在区域 $|x_1| + |x_2| \leqslant 1$ 内, 取函数 $V(x_1, x_2) = |x_1| + |x_2|$, 则 $V(x_1, x_2)$ 是正定函数, 且

$$
\Delta V(x_1(k), x_2(k)) = -x_1^2(k)|x_2(k)| - \frac{1}{2}|x_1(k)| - \frac{1}{8}x_2^2(k)|x_1(k)| \leqslant 0.
$$

只有 $|x_1(k)| = 0$ 时, $\Delta V(x_1(k), x_2(k)) = 0$. 除零解外, 差分方程组 (3.5.6) 任何一个解都不能使 $\Delta V(\boldsymbol{x}(k)) \equiv 0$. 所以, 差分方程组 (3.5.6) 零平衡解是渐近稳定的.

对于非自治差分方程组, 我们也有类似的 LaSalle 原理. 记 $\boldsymbol{x}(k, k_0, \boldsymbol{x}_0)$ 是下面差分方程组初始值问题

$$
\boldsymbol{x}(k+1) = \boldsymbol{f}(k, \boldsymbol{x}(k)), \quad \boldsymbol{x}(k_0) = \boldsymbol{x}_0 \tag{3.5.7}
$$

的解, 其中的函数 $\boldsymbol{f}(k, \boldsymbol{x})$ 能保证解的存在唯一性和解对初始值的连续性.

定理 3.5.5 设有在 R^n 中的区域 D 中定义的连续函数 $V(k, \boldsymbol{x})$ 和 $\omega(\boldsymbol{x})$, $V(k, \boldsymbol{x})$ 有下界, $\omega(\boldsymbol{x})$ 非负, 使得对所有的 $k \geqslant k_0$ 有

$$
\Delta V(k, \boldsymbol{x}(k, k_0, \boldsymbol{x}_0)) \leqslant -\omega(\boldsymbol{x}(k, k_0, \boldsymbol{x}_0)), \quad \text{且} \quad \boldsymbol{x}(k, k_0, \boldsymbol{x}_0) \in D.
$$

则, 或者 $\boldsymbol{x}(k, k_0, \boldsymbol{x}_0)$ 无界, 或者 $\boldsymbol{x}(k, k_0, \boldsymbol{x}_0)$ 趋于集合

$$
E = \{\ \boldsymbol{x} \mid \boldsymbol{x} \in D, \quad \omega(\boldsymbol{x}) = 0\ \}.
$$

证明 由定理条件中的不等式得到

$$
\begin{aligned}
V(k+1, \boldsymbol{x}(k+1, k_0, \boldsymbol{x}_0)) &= V(k, \boldsymbol{x}(k, k_0, \boldsymbol{x}_0)) + \Delta V(k, \boldsymbol{x}(k, k_0, \boldsymbol{x}_0)) \\
&\leqslant V(k, \boldsymbol{x}(k, k_0, \boldsymbol{x}_0)) - \omega(\boldsymbol{x}(k, k_0, \boldsymbol{x}_0)).
\end{aligned}
$$

$V(k, \boldsymbol{x}(k, k_0, \boldsymbol{x}_0))$ 是单调减有下界的序列, 所以

$$
\lim_{k\to\infty} V(k, \boldsymbol{x}(k, k_0, \boldsymbol{x}_0)) \ \text{存在}, \quad \text{且} \lim_{k\to\infty} \omega(\boldsymbol{x}(k, k_0, \boldsymbol{x}_0)) = 0.
$$

如果 $\boldsymbol{x}(k, k_0, \boldsymbol{x}_0)$ 无界, 就是定理结论中第一种情况. 如果 $\boldsymbol{x}(k, k_0, \boldsymbol{x}_0)$ 有界, 且 $\boldsymbol{x}(k, k_0, \boldsymbol{x}_0)$ 不趋于集合 E, 则必有 $\boldsymbol{x}(k, k_0, \boldsymbol{x}_0)$ 的一个子列 $\boldsymbol{x}(k_j, k_0, \boldsymbol{x}_0)$, 使得, $\omega(\boldsymbol{x}(k, k_0, \boldsymbol{x}_0)) < -\eta < 0$. 这必然会导致 $V(k, \boldsymbol{x}(k, k_0, \boldsymbol{x}_0))$ 无下界, 所以, $\boldsymbol{x}(k, k_0, \boldsymbol{x}_0)$ 必然趋于集合 E. □

考虑差分方程组

$$x(k+1)=A(k,x(k))x(k),$$

其中 $A(k,x(k))$ 是 $n\times n$ 矩阵, 满足 $\|A(k,x(k))x(k)\|\leqslant\theta(x(k))<1$. 定义 $V(k,x(k))=\|x(k)\|$, 则

$$\Delta V(k,x(k))=\|A(k,x(k))x(k)\|-\|x(k)\|\leqslant(\|A(k,x(k))\|-1)\|x(k)\|.$$

选取 $D=\{x|\|x\|\leqslant\delta\}, \omega=(1-\theta(x(k)))\|x(k)\|\geqslant 0$. 则当 $x_0\in D$ 时, $x(k,k_0,x_0)\in D$, $\Delta V(k,x(k))\leqslant-\omega(x(k))$. 由于 D 是有界区域, 且 $\omega(x)=0$ 只有坐标原点, 所以有 $\lim\limits_{k\to\infty}x(k,k_0,x_0)=0$. 方程组 $x(k+1)=A(k,x(k))x(k)$ 的零解是渐近稳定的.

对自治差分方程组

$$x(k+1)=f(x(k)),\quad f(\mathbf{0})=\mathbf{0},\tag{3.5.8}$$

我们还可以用二阶差分来讨论解的渐近性态.

定理 3.5.6 设有连续函数 $V(x):R^n\to R$, 对任意的 $x(k)\neq 0$ 有 $\Delta^2V(x(k))>0(\Delta^2V(x(k))<0)$. 则对 $x_0\in R^n$, 差分方程组 (3.5.8) 的解 $x(k,k_0,x_0)$ 当 $k\to\infty$ 时或者无界, 或者趋于零.

事实上, 由 $\Delta^2V(x(k))>0$ 可以推出

$$V(x(k+2))-V(x(k+1))>V(x(k+1))-V(x(k)).$$

如果有 k_0^* 使得 $V(x(k_0^*+1))-V(x(k_0^*))>0$, 则当 $k>k_0^*$ 后, $V(x(k))$ 就是单调增序列. 如果对所有的 $k\geqslant k_0$ 有 $V(x(k+1))-V(x(k))<0$, 则 $V(x(k))$ 就是单调减序列. 即 $V(x(k))$ 最终都是单调序列. 对任意的 $x_0\in R^n$, 考虑解 $x(k,k_0,x_0)$ 的 Ω 极限集 $\Omega(x_0)$. 若 $\Omega(x_0)$ 为空集, 则 $x(k,k_0,x_0)$ 无界; 若 $\Omega(x_0)$ 非空, 则必有子列 k_j, $k_j\to\infty$, $x(k_j,k_0,x_0)\to x^*\in\Omega(x_0)$, $V(x(k_j,k_0,x_0))\to V(x^*)=c$. 由于 $V(x(k,k_0,x_0))$ 是单调序列, 所以 $V(x(k,k_0,x_0))\to c$. 由 $\Omega(x_0)$ 的不变性, $x(k,k_0,x^*)\in\Omega(x_0)$, 且 $V(x(k,k_0,x^*))=c$. 由于对任意的 $x(k)\neq\mathbf{0}$ 有 $\Delta^2V(x(k))>0$, 所以有 $x^*=\mathbf{0}$.

我们也可以对渐近稳定的吸引域做出一些估计.

定理 3.5.7 设有连续函数 $V(x)$ 和 $U(x)$, 满足 $V(\mathbf{0})=0, U(\mathbf{0})=0$, 当 $x\neq\mathbf{0}$ 时, $V(x)>0, U(x)>0$, 且

$$V(x(k+1))=(1+U(x(k)))V(x(k))-U(x(k)).$$

则 $D=\{\,x\mid V(x)<1\,\}$ 是自治差分方程组 (3.5.8) 零平衡解的渐近稳定域.

证明 由定理的条件知, $V(x)$ 和 $U(x)$ 都是正定函数, 且当 $x\in D$ 时,

$$\Delta V(x(k))=V(x(k+1))-V(x(k))=-(1-V(x(k)))U(x(k)).$$

所以, $\Delta V(\boldsymbol{x}(k))$ 是定负函数, 方程组 $\boldsymbol{x}(k+1)=\boldsymbol{f}(\boldsymbol{x}(k))$ 的零平衡解是渐近稳定的.

由定理的条件可以得到

$$1-V(\boldsymbol{x}(k+1))=(1+U(\boldsymbol{x}(k)))(1-V(\boldsymbol{x}(k))).$$

递推计算得到

$$1-V(\boldsymbol{x}(k))=\prod_{j=k_0}^{k-1}(1+U(\boldsymbol{x}(j)))(1-V(\boldsymbol{x}_0)).$$

当 $\boldsymbol{x}_0$ 在零平衡解的渐近稳定域时, 必有 $\boldsymbol{x}(k,k_0,\boldsymbol{x}_0)\to\mathbf{0}$, $V(\boldsymbol{x}(k,k_0,\boldsymbol{x}_0))\to 0$, $\prod_{j=k_0}^{k-1}(1+U(\boldsymbol{x}(j)))(1-V(\boldsymbol{x}_0))\to 1$, $\prod_{j=k_0}^{k-1}(1+U(\boldsymbol{x}(j)))\to c$. 由极限等式 $1=c(1-V(\boldsymbol{x}_0))$ 得到$V(\boldsymbol{x}_0)=1-\dfrac{1}{c}<1$. 所以, $D=\{\,\boldsymbol{x}\mid V(\boldsymbol{x})<1\,\}$ 是自治系统 $\boldsymbol{x}(k+1)=\boldsymbol{f}(\boldsymbol{x}(k))$ 零平衡解的渐近稳定域. □

3.5.4 Liapunov 不稳定性定理

在我们用 Liapunov 直接方法讨论稳定性的时候, 需要构造满足 V 和 ΔV 异号的函数, 这个要求在很多时候难以实现. 但只要求 ΔV 定号的函数相对简单一些, 在此基础上我们经常可以得到平衡解的不稳定性.

定理 3.5.8(Liapunov 不稳定性定理)　设 $\Delta V(\boldsymbol{x}(k))$ 在原点的邻域内是定正函数, 且有一个趋于坐标原点的点列 $\{\boldsymbol{x}_j\}$, 使得 $V(\boldsymbol{x}_j)>0$, 则差分方程组 (3.5.1) 的零解是不稳定的.

证明　设 $\Delta V(\boldsymbol{x}(k))$ 在原点的邻域 $\|\boldsymbol{x}\|<\eta$ 内是正定函数. 如果差分方程组 (3.5.1) 的零解是稳定的, 则对任意给定的整数 $\varepsilon<\eta$, 有 $\delta>0$, 使得当 $\|\boldsymbol{x}_0\|<\delta<\varepsilon$ 时, 对所有的 $k\in N$ 有 $\|\boldsymbol{x}(k,0,\boldsymbol{x}_0)\|<\varepsilon$. 选取 j_0, 使得 $\|\boldsymbol{x}_{j_0}\|<\delta$, 由于 $\Delta V(\boldsymbol{x}(k))$ 是正定函数, 所以 $V(\boldsymbol{x}(k,0,\boldsymbol{x}_{j_0}))$ 单调增, $\lim\limits_{k\to\infty}V(\boldsymbol{x}(k,0,\boldsymbol{x}_{j_0}))=c$. 即 $x(k,0,\boldsymbol{x}_{j_0})$ 中有收敛子列, $x(k_m,0,\boldsymbol{x}_{j_0})$ 使得 $\lim\limits_{m\to\infty}\boldsymbol{x}(k_m,0,\boldsymbol{x}_{j_0})=\boldsymbol{y}$. $\boldsymbol{y}$ 是 $\boldsymbol{x}(k,0,\boldsymbol{x}_{j_0})$ 的极限点. 由于 $\Delta V(\boldsymbol{x}(k))$ 在原点的邻域 $\|\boldsymbol{x}\|<\eta$ 内是正定函数, $E=\{\,\boldsymbol{x}\mid\Delta V(\boldsymbol{x})=0\}=(0,0)$. 由 LaSalle 不变性原理, 我们知道 $\boldsymbol{y}\in M\bigcap V^{-1}(c)$, 所以 $c=0$, $0<V(\boldsymbol{x}_{j_0})<V(\boldsymbol{x}(k_m,0,\boldsymbol{x}_{j_0}))<V(0)$. 这个矛盾说明差分方程组 (3.5.1) 的零解是不稳定的. □

例 3.5.6　讨论方程组

$$\begin{aligned}x_1(k+1)&=x_1(k)+x_1^2(k)+x_2^2(k),\\ x_2(k+1)&=x_2(k)\end{aligned}$$

零平衡解的稳定性.

解　选取 $V(x_1,x_2)=x_1(k)+x_2(k)$, 容易得到

$$\Delta V(x_1(k),x_2(k))=x_1^2(k)+x_2^2(k)\geqslant 0.$$

$\Delta V(x_1(k), x_2(k))$ 是定正函数, 且 V 在原点的邻域内总有取正值的点. 由定理 3.5.8 知, 方程组的零解是不稳定的.

例 3.5.7 讨论方程组

$$x_1(k+1) = 4x_2(k) - 2x_2(k)x_1^2(k),$$
$$x_2(k+1) = \frac{1}{2}x_1(k) + x_1(k)x_2^2(k)$$

零平衡解的稳定性.

解 取 $V(x_1, x_2) = x_1^2(k) + 16x_2^2(k)$, 计算得到

$$\Delta V(x_1(k), x_2(k)) = 3x_1^2(k) + 16x_1^2(k)x_2^4(k) + 4x_1^4(k)x_2^2(k) \geqslant 0.$$

$\Delta V(x_1(k), x_2(k))$ 是常正函数, 定理 3.5.8 不能直接用, 但利用类似定理 3.5.8 的证明思路, 也可以得到方程组的零解是不稳定的.

线性近似理论 线性方程组, 特别是常系数线性方程组平衡解的稳定性比较容易判断, 如果一个非线性方程组在一个平衡解的邻域与线性方程组比较接近, 我们就可以借助线性方程组的稳定性来给出非线性方程组平衡解的稳定性.

定理 3.5.9 设 $\boldsymbol{f}(\boldsymbol{0}) = \boldsymbol{0}$, $\lim\limits_{\boldsymbol{x}\to 0} \dfrac{\boldsymbol{f}(\boldsymbol{x})}{\|\boldsymbol{x}\|} = 0$, A 是常数矩阵. 则当 $\rho(A) \neq 1$ 时, 线性方程组 $\boldsymbol{x}(k+1) = A\boldsymbol{x}(k)$ 和非线性方程组 $\boldsymbol{x}(k+1) = A\boldsymbol{x}(k) + \boldsymbol{f}(\boldsymbol{x})$ 的零解有相同的稳定性.

常系数线性差分方程组的稳定性可以通过矩阵 A 的特征值模的大小来判断, 可以借助于 Jury 判据等实现. 也可以通过构造二次型形式的 V 函数来实现, 下面的定理给出了一个稳定性的条件.

定理 3.5.10 差分方程组 $\boldsymbol{x}(k+1) = A\boldsymbol{x}(k)$ 的零解稳定的充分必要条件是对任意的对称定正矩阵 C, 有一个对称定正矩阵 B 满足 $A^{\tau}BA - B = -C$. 而当 A 有模大于 1 的特征值时, 就有对称定正矩阵 C, 有一个对称的非常正矩阵 B 满足 $A^{\tau}BA - B = -C$.

3.5.5 Liapunov 函数的存在性

前面的分析给出了一些差分方程平衡解稳定或不稳定的充分条件, 即存在满足一定条件的 Liapunov 函数时, 平衡解是稳定或者不稳定的, 是否有适当的 Liapunov 函数存在, 能让我们给出一些稳定性的结论呢? 下面给出两个结论, 对证明感兴趣的读者可以参考文献 [6].

定理 3.5.11 设线性差分方程组 $\boldsymbol{x}(k+1) = A(k)\boldsymbol{x}(k)$ 的零解是一致渐近稳定的. 则有常数 $c > 1$ 和 $r > 0$ 以及在 $N(k_0) \times B_\rho$ 定义的函数 $V(k, \boldsymbol{x})$ (B_ρ 是以原点为中心、ρ 为半径的开球), 满足

(i) $\|\boldsymbol{x}\| \leqslant V(k,\boldsymbol{x}) \leqslant c\|\boldsymbol{x}\|$;

(ii) 对差分方程组 $\boldsymbol{x}(k+1) = A(k)\boldsymbol{x}(k)$ 的满足 $\|\boldsymbol{x}(k)\| < \rho$ 的任一解 $\boldsymbol{x}(k) = \boldsymbol{x}(k,k_0,\boldsymbol{x}_0)$ 有

$$\Delta V(k,\boldsymbol{x}(k)) \leqslant -(1-e^r)V(k,\boldsymbol{x}(k)).$$

定理 3.5.12 设函数 $\boldsymbol{f}(k,\boldsymbol{x})$ 在 $N(k_0)\times B_\rho$ 上定义, 满足

$$\boldsymbol{f}(k,\mathbf{0}) = \mathbf{0}, \quad \|\boldsymbol{f}(k,\boldsymbol{x}) - \boldsymbol{f}(k,\boldsymbol{y})\| \leqslant L\|\boldsymbol{x}-\boldsymbol{y}\|,$$

且差分方程组 $\boldsymbol{x}(k+1) = \boldsymbol{f}(k,\boldsymbol{x}(k))$ 的零解是一致渐近稳定的. 则有在 $N(k_0)\times B_\rho$ 定义的正定函数 $V(k,\boldsymbol{x})$, 满足

$$\Delta V(k,\boldsymbol{x}(k,k_0,\boldsymbol{x}_0)) \leqslant -\phi(\boldsymbol{x}(k,k_0,\boldsymbol{x}_0)),$$

其中, $\phi(r)$ 是 K 类函数.

3.6 差分方程模型的稳定性分析举例

差分方程模型的平衡解的存在性与稳定性分析在许多领域有着重要的应用, 也是动力系统研究的一个热门方向. 在这一节中, 我们给出差分方程的稳定性理论在一些模型研究中的几个例子.

3.6.1 两阶段的种群模型

我们将所研究的生物分为幼年和成年两类, 幼年没有生育能力, 成年个体可以繁殖. 设经过一个时间单位后, 幼年生物有 $\alpha(0<\alpha<1)$ 比例的进入成年类, 其余的死亡; 成年生物的生育率为 b, 存活率为 p, 与数量有关的死亡率为 d. 记 k 时段幼年和成年生物的数量分别为 $Y(k)$ 和 $A(k)$, 则两阶段的种群模型为

$$\begin{aligned} &Y(k+1) = bA(k), \\ &A(k+1) = \alpha Y(k) + pA(k) - dA^2(k). \end{aligned}$$

为了减少模型中的参数, 令 $Y(k) = \dfrac{by(k)}{d}$, $A(k) = \dfrac{a(k)}{d}$, 并记 $\alpha b = c$ 将上面的模型化简为

$$\begin{aligned} &y(k+1) = a(k), \\ &a(k+1) = cy(k) + pa(k) - a^2(k). \end{aligned}$$

然后令 $x_1(k) = y(k)$, $x_2(k) = a(k)$, 可以得到模型

$$\begin{aligned} &x_1(k+1) = x_2(k), \\ &x_2(k+1) = cx_1(k) + px_2(k) - x_2^2(k). \end{aligned} \tag{3.6.1}$$

由于我们研究的是实际问题, 所以只讨论模型 (3.6.1) 从第一象限出发的解, 即 $x_1(0) \geqslant 0, x_2(0) \geqslant 0$. 模型 (3.6.1) 有两个平衡解, $E_0(0,0)$ 和 $E^*(c+p-1, c+p-1)$. 当 $c+p>1$ 时, 模型的平衡解 $E^*(c+p-1, c+p-1)$ 是正的. 模型 (3.6.1) 在平衡解 $E_0(0,0)$ 的线性化系统为

$$
\begin{aligned}
&x_1(k+1) = x_2(k), \\
&x_2(k+1) = cx_1(k) + px_2(k).
\end{aligned} \tag{3.6.2}
$$

线性化系统 (3.6.2) 的特征方程为 $\lambda^2 - p\lambda - c = 0$. 当 $c+p<1$ 时, $\lambda^2 - p\lambda - c = 0$ 的两个根的模小于 1, 零解渐近稳定. 为了讨论吸引域的大小, 考虑函数

$$
V(x_1, x_2) = c^2 x_1^2 + \frac{2cpx_1x_2}{1-c} + x_2^2.
$$

当 $c+p<1$ 时, $V(x_1,x_2)$ 是定正函数.

$$
\begin{aligned}
&\Delta V(x_1(k), x_2(k)) \\
=& x_2^2(k)\left(c^2 - 1 + (x_2(k)-p)^2 - 2cx_1(k) + \frac{2cp(p-x_2(k))}{1-c}\right).
\end{aligned}
$$

当$c+p<1$, $p^2 < \dfrac{1+c^3-c^2-c}{1+c}$ 时, $c^2 - 1 + (x_2(k)-p)^2 - 2cx_1(k) + \dfrac{2cp(p-x_2(k))}{1-c}$ 在包含原点的一个邻域内为负. 即 $\Delta V(x_1,x_2)$ 在包含原点的一个范围内常负, 模型的零平衡解稳定. 零平衡解的吸引域包含 $c^2 - 1 + (x_2(k)-p)^2 - 2cx_1(k) + \dfrac{2cp(p-x_2(k))}{1-c} < 0$ 的集合. 由于$c^2 - 1 + (x_2(k)-p)^2 - 2cx_1(k) + \dfrac{2cp(p-x_2(k))}{1-c} = 0$ 是一个以 $x_2 = p$ 为对称轴、开口向右、包含坐标原点在内的抛物线, 零平衡解的吸引区域应该在这个抛物线之内. 另外, 还必须保证解非负, 所以 $x_2(k)$ 不能太大. 由方程的形式看, 当 $x_2(k)$ 很大时, 可能导致 $x_2(k+1)$ 为负, 差分方程的零解失去意义, 这说明, 模型 (3.6.1) 的零解不可能全局吸引, 这与实际情况一致.

当 $c+p>1$ 时, 模型 (3.6.1) 有正平衡解 E^*, 模型 (3.6.1) 在正平衡解 E^* 处的线性化系统为

$$
x_1(k+1) = x_2(k), \quad x_2(k+1) = cx_1(k) + (2-2c-p)x_2(k).
$$

该线性化系统的特征方程为

$$
\lambda^2 - (2-2c-p)\lambda - c = 0.
$$

由 Jury 判据知道, 当 $1 < c+p$, $3c+p<3$ 时, 这个特征方程根的模都小于 1, (3.6.1) 的正平衡解 E^* 是稳定的, 而当 $3c+p>3$ 时, E^* 是不稳定的.

图 3-4 给出了几个不同参数和初始值时解的渐近性态, 左上图是给出了 $c = 0.5$, $p = 0.25$ 时 $\Delta V(x_1, x_2)$ 等于零的曲线, 在曲线之下, $\Delta V(x_1, x_2) < 0$, 系统 (3.6.1) 从这一区域出发的解当 k 趋于无穷时可能趋于零. 右上图给出了系统 (3.6.1) 一个初始值为 $x_1(0) = 1$, $x_2(0) = 0.5$ 的解的变化情况, 当 k 趋于无穷时, $x_1(k)$ 和 $x_2(k)$ 都趋于零. 左下图给出了系统 (5.1.1) 当 $c = 0.8, p = 0.4$ 时初始值为 $x_1(0) = 0.4$, $x_2(0) = 0.1$ 的解, 当 k 趋于无穷时 $x_1(k)$ 和 $x_2(k)$ 趋于正平衡解 $E^*(0.2, 0.2)$. 右下图给出了系统 (5.1.1) 当 $c = 0.9, p = 0.4$ 时初始值为 $x_1(0) = 0.32$, $x_2(0) = 0.28$ 的解, 当 k 变大时, $x_1(k)$ 和 $x_2(k)$ 振幅逐渐增加, 模型的平衡解 $E^*(0.3, 0.3)$ 是不稳定的.

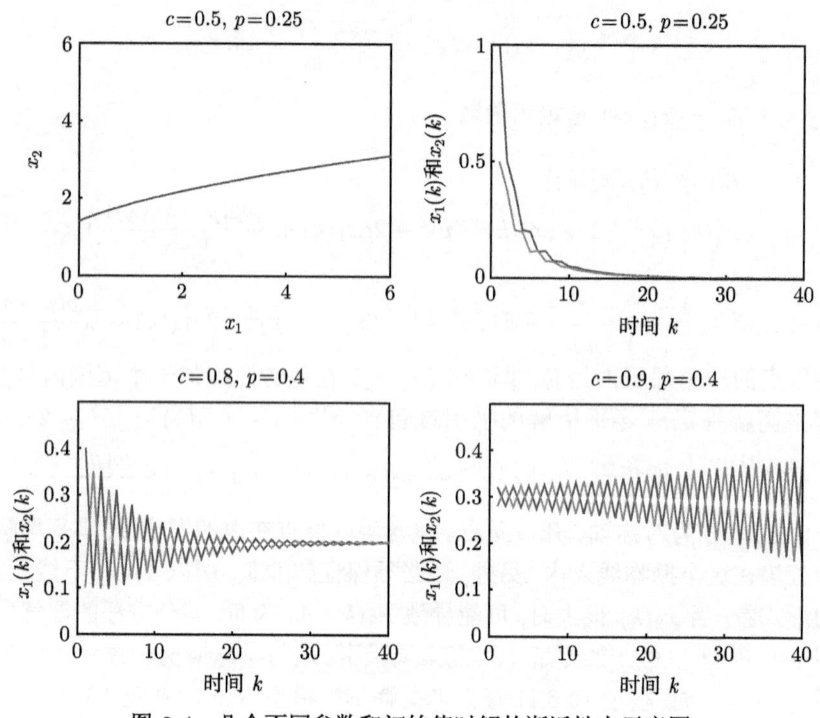

图 3-4　几个不同参数和初始值时解的渐近性态示意图

3.6.2　一个具有时滞的种群模型平衡解的稳定性

由于许多生物的成熟和生育需要较长的时间, 某时间段出生的个体经过一定时间后才能生育, 或者说 k 时刻出生的个体是由 $k - n + 1$ 时刻出生的生物所生育的. 考虑下面具有时滞的差分方程模型

$$x(k+1) = px(k) + (1-p)g(x(k-n+1)). \tag{3.6.3}$$

其中, p 为生物种群的存活率, $0 < p < 1$, $(1-p)g(x(k-n+1))$ 是新出生的数量, 它

与该生物 $k-n+1$ 时的数量相关. 先引入新的变量

$$y_1(k)=x(k-n+1),\ y_2(k)=x(k-n+2),\ \cdots,\ y_n(k)=x(k),$$

将时滞模型 (3.6.3) 化为下面的方程组

$$\begin{aligned} &y_1(k+1)=y_2(k),\\ &y_2(k+1)=y_3(k),\\ &\qquad\cdots\\ &y_{n-1}(k+1)=y_n(k),\\ &y_n(k+1)=py_n(k)+(1-p)g(y_1(k)). \end{aligned}\tag{3.6.4}$$

我们假设 $g(x)$ 是二阶连续可微的有界函数, $g(0)=0$, $g'(x)>0$, $g''(x)<0$. 模型 (3.6.4) 有零平衡解 $P_0(0,0,\cdots,0)$, 它在 P_0 点的线性化系统的矩阵为

$$A=\begin{pmatrix} 0 & 1 & 0 & 0 & \cdots & 0 & 0\\ 0 & 0 & 1 & 0 & \cdots & 0 & 0\\ 0 & 0 & 0 & 1 & \cdots & 0 & 0\\ \vdots & \vdots & \vdots & \vdots & & \vdots & \vdots\\ 0 & 0 & 0 & 0 & \cdots & 0 & 1\\ (1-p)g'(0) & 0 & 0 & 0 & \cdots & 0 & p \end{pmatrix}.$$

矩阵 A 的特征方程为 $\lambda^n=p\lambda^{n-1}+(1-p)g'(0)$. 该特征方程的非零解满足

$$\frac{p}{\lambda}+\frac{(1-p)g'(0)}{\lambda^n}=1.$$

所以, 当 $g'(0)<1$ 时, 矩阵 A_0 的特征方程的所有根均在单位圆内, 模型 (3.6.4) 的零平衡解 $P_0(0,0,\cdots,0)$ 是渐近稳定的. 由假设 $g''(x)<0$ 和比较原理可以得到, 模型 (3.6.4) 初始值非负的解都会趋于零, 即零平衡解 $P_0(0,0,\cdots,0)$ 是全局渐近稳定的.

当 $g'(0)>1$ 时, 矩阵 A_0 的特征方程有大于 1 的实根, 模型 (3.6.4) 的零平衡解 $P_0(0,0,\cdots,0)$ 不稳定. 这时, 由连续函数的介值定理及 $g''(x)<0$ 得到, 模型 (3.6.4) 有唯一的正平衡解 $P_1(y_1^*,y_2^*,\cdots,y_n^*)$, $y_1^*=y_2^*=\cdots=y_n^*=y^*$ 是方程 $x=g(x)$ 的唯一的正根.

模型 (3.6.4) 在 P_1 点的线性化系统的矩阵与 A 几乎相同, 只是将 A 中的元素 $(1-p)g'(0)$ 换为 $(1-p)g'(y^*)$. 该矩阵的特征方程 $\lambda^n=p\lambda^{n-1}+(1-p)g'(y^*)$, 它的非零解满足 $\dfrac{p}{\lambda}+\dfrac{(1-p)g'(y^*)}{\lambda^n}=1$. 由 $g'(0)>1$, $g''(x)<0$ 和 $y^*=g(y^*)$ 得到, 在正

平衡解处, $g'(y^*) < 1$, 所以模型 (3.6.4) 的正平衡解 P_1 是渐近稳定的.

为了得到模型 (3.6.4) 的正平衡解的全局稳定性, 选取 $V(\boldsymbol{y}) = \dfrac{|y_n - y_n^*|}{1-p} + \sum\limits_{j=1}^{n-1} |y_j - y_j^*|$. 函数 $V(\boldsymbol{y})$ 沿着模型 (3.6.4) 解的差分为

$$\Delta V = -\frac{p|y_n(k) - y_n^*|}{1-p} - |y_1(k) - y_1^*| + \frac{|py_n(k) + (1-p)g(y_1(k)) - y_n^*|}{1-p}.$$

利用正平衡解满足的方程和绝对值的三角不等式得到

$$\Delta V \leqslant -|y_1(k) - y_1^*| + |g(y_1(k)) - g(y_1^*)|.$$

所以, 当 $|g(y_1(k)) - g(y_1^*)| \leqslant |y_1(k) - y_1^*|$ 时, $\Delta V(\boldsymbol{y}(k)) \leqslant 0$, 模型 (3.6.4) 的正平衡解是全局渐近稳定的.

例如, 对差分方程模型

$$x(k+1) = px(k) + \frac{rx(k)}{1+x(k)},$$

其中, $g(x) = \dfrac{rx}{(1-p)(1+x)}$, $g(x)$ 满足

$$g(0) = 0, \quad g'(x) = \frac{r}{(1-p)(1+x)^2} > 0, \quad g''(x) = \frac{-2r}{(1-p)(1+x)^3} < 0,$$

$$\begin{aligned} |g(y_1(k)) - g(y_1^*)| &= \frac{r}{1-p}\left|\frac{y_1(k)}{1+y_1(k)} - \frac{y_1^*}{1+y_1^*}\right| \\ &= \frac{r}{1-p}\frac{|y_1(k) - y_1^*|}{(1+y_1(k))(1+y_1^*)}. \end{aligned}$$

由于在正平衡解处, $\dfrac{r}{(1-p)(1+y_1^*)} = 1$, 所以有

$$|g(y_1(k)) - g(y_1^*)| = \frac{|y_1(k) - y_1^*|}{1+y_1(k)} \leqslant |y_1(k) - y_1^*|.$$

该时滞差分方程的正平衡解当 $r > 1-p$ 时存在, 且是全局渐近稳定的.

3.6.3 两种群相互竞争的模型

考虑在同一环境中生活的两种生物, 将它们在 k 时段的数量分别记为 $x_1(k)$ 和 $x_2(k)$, 则这两个相互竞争种群的数量变化规律由下面的模型描述[16]

$$\begin{aligned} x_1(k+1) &= \frac{r_1 x_1(k)}{(1+a_1x_1(k)+b_1x_2(k))^{c_1}}, \quad x_1(0) = x_{10} \geqslant 0, \\ x_2(k+1) &= \frac{r_2 x_2(k)}{(1+a_2x_1(k)+b_2x_2(k))^{c_2}}, \quad x_2(0) = x_{20} \geqslant 0. \end{aligned} \tag{3.6.5}$$

其中, r_1 和 r_2 分别是种群 x_1 和 x_2 的增长率系数; b_1 和 b_2 是描述种群 x_1 和 x_2 之间相互竞争的系数; a_1, a_2, c_1 和 c_2 是描述环境和资源等条件对种群 x_1 和 x_2 增长的限制. 这些参数都是正常数, 且 $0 < c_1 \leqslant 1, 0 < c_2 < 1$. 根据实际问题的要求, 仅在第一象限讨论问题.

由方程组

$$x_1 = \frac{r_1 x_1}{(1 + a_1 x_1 + b_1 x_2)^{c_1}}, \quad x_2 = \frac{r_2 x_2}{(1 + a_2 x_1 + b_2 x_2)^{c_2}},$$

求出方程组可能的平衡解为 $E_0(0,0)$, $E_1\left(\dfrac{r_1^{1/c_1} - 1}{a_1}, 0\right)$, $E_2\left(0, \dfrac{r_2^{1/c_2} - 1}{b_2}\right)$,

$$E_3\left(\frac{b_2(r_1^{1/c_1} - 1) - b_1(r_2^{1/c_2} - 1)}{a_1 b_2 - a_2 b_1}, \frac{a_1(r_2^{1/c_2} - 1) - a_2(r_1^{1/c_1} - 1)}{a_1 b_2 - a_2 b_1}\right).$$

E_0, E_1, E_2 都是边界平衡解, E_0 总是存在, E_1 当 $r_1 > 1$ 时存在, E_2 当 $r_2 > 1$ 时存在. E_3 是两生物种群共存的平衡解, E_3 存在且在第一象限内部的条件是 $a_1 b_2 - a_2 b_1 > 0$ 和

$$\left(b_2(r_1^{1/c_1} - 1) - b_1(r_2^{1/c_2} - 1)\right) > 0, \quad \left(a_1(r_2^{1/c_2} - 1) - a_2(r_1^{1/c_1} - 1)\right) > 0.$$

先考虑 E_0 的稳定性, 模型 (3.6.5) 在 E_0 处的线性化系统为

$$x_1(k+1) = r_1 x_1(k), \quad x_2(k+1) = r_2 x_2(k).$$

该线性系统的特征方程的两个根分别为 $\lambda_1 = r_1$ 和 $\lambda_2 = r_2$. 所以 E_0 当 $r_1 < 1$ 和 $r_2 < 1$ 时渐近稳定, 当 $r_1 > 1$ 或者 $r_2 > 1$ 时不稳定. 为了讨论平衡解 E_0 的全局稳定性, 定义 $V_0(x_1, x_2) = x_1^2 + x_2^2$, $V_0(x_1, x_2)$ 是定正函数, 经过计算得到

$$\Delta V(x_1(k), x_2(k)) \leqslant (r_1^2 - 1)x_1^2(k) + (r_2^2 - 1)x_2^2(k).$$

所以, 当 $r_1 < 1$ 和 $r_2 < 1$ 时, $\Delta V(x_1(k), x_2(k))$ 是定负函数, 平衡解 E_0 全局渐近稳定. 这一结论的实际含义是说, 当两个生物种群的增长率都很小时, 它们都会绝灭.

当 $r_1 > 1$ 和 $r_2 < 1$ 时, 有边界平衡解 E_1. 由模型 (3.6.5) 的第二个方程得到

$$x_2(k+1) = \frac{r_2 x_2(k)}{(1 + a_2 x_1(k) + b_2 x_2(k))^{c_2}} \leqslant \frac{r_2 x_2(k)}{(1 + b_2 x_2(k))^{c_2}}.$$

当 $r_2 < 1$ 时, 利用 u^2 作为 Liapunov 函数可以得到方程 $u(k+1) = \dfrac{r_2 u(k)}{(1 + b_2 u(k))^{c_2}}$ 的零解是全局渐近稳定的. 所以, 由比较定理得到 $\lim\limits_{k \to \infty} x_2(k) = 0$. 将 $x_2(k) = 0$ 代入

模型 (3.6.5) 的第一个方程得到 $x_1(k+1)=\dfrac{r_1x_1(k)}{(1+a_1x_1(k))^{c_1}}$. 取 $V_2(x_1)=\left(\ln\dfrac{x_1}{\bar{x}_1}\right)^2$, 其中 $\bar{x}_1=\dfrac{r_1^{1/c_1}-1}{a_1}$是模型 (3.6.5) 的平衡点 E_1 的第一个坐标. 当 $x_1>0$ 时, 函数 $V_2(x_1)\geqslant 0$, 仅当 $x_1=\bar{x}_1$ 时 $V_2(x_1)=0$, 且 $\lim\limits_{x_1\to\infty}V_2(x_1)=\infty$, $\lim\limits_{x_1\to 0^+}V_2(x_1)=\infty$. 沿着 $x_1(k+1)=\dfrac{r_1x_1(k)}{(1+a_1x_1(k))^{c_1}}$ 的解序列 $x_1(k)$,

$$\Delta V_2(x_1)=\left(2\ln\left(\frac{x_1}{\bar{x}_1}\right)+\ln\left(\frac{r_1}{(1+a_1x_1)^{c_1}}\right)\right)\ln\left(\frac{r_1}{(1+a_1x_1)^{c_1}}\right).$$

由于$\bar{x}_1$ 满足 $\dfrac{r_1}{(1+a_1x_1)^{c_1}}=1$, 且函数 $\dfrac{r_1}{(1+a_1x_1)^{c_1}}$ 关于 x_1 单调减, 所以当 $0<x_1<\bar{x}_1$ 时, $\ln\left(\dfrac{r_1}{(1+a_1x_1)^{c_1}}\right)>0$, 当 $x_1>\bar{x}_1$ 时, $\ln\left(\dfrac{r_1}{(1+a_1x_1)^{c_1}}\right)<0$. 由于函数 $2\ln\left(\dfrac{x_1}{\bar{x}_1}\right)+\ln\left(\dfrac{r_1}{(1+a_1x_1)^{c_1}}\right)$ 关于x_1 的导数为 $\dfrac{2+(2-c_1)a_1x_1}{x_1(1+a_1x_1)}>0$, 且当 $x_1=\bar{x}_1$ 时, $2\ln\left(\dfrac{x_1}{\bar{x}_1}\right)+\ln\left(\dfrac{r_1}{(1+a_1x_1)^{c_1}}\right)=0$. 所以, 当 $0<x_1<\bar{x}_1$ 时, $2\ln\left(\dfrac{x_1}{\bar{x}_1}\right)+\ln\left(\dfrac{r_1}{(1+a_1x_1)^{c_1}}\right)<0$, 当 $x_1>\bar{x}_1$ 时, $2\ln\left(\dfrac{x_1}{\bar{x}_1}\right)+\ln\left(\dfrac{r_1}{(1+a_1x_1)^{c_1}}\right)>0$. 即, $\Delta V_2(x_1)$ 是定负函数, 所以 $x_1(k+1)=\dfrac{r_1x_1(k)}{(1+a_1x_1(k))^{c_1}}$ 的正平衡解 $x_1=\bar{x}_1$ 是全局渐近稳定的. 利用极限方程的理论知道, 当 $r_1>1$ 和 $r_2<1$ 时, 边界平衡解 E_1 是全局渐近稳定的. 同理, 当 $r_1<1$ 和 $r_2>1$ 时, 边界平衡解 E_2 是全局渐近稳定的.

两生物种群共存平衡态的稳定性讨论比较复杂, 在这里给出模型 (3.6.5) 当 $r_1=r_2=r$ 和 $c_1=c_2=1$ 特殊情况下的分析. 此时, 正平衡点为 $E_3(x_1^*,x_2^*)$, 其中, $x_1^*=\dfrac{(b_2-b_1)(r-1)}{a_1b_2-a_2b_1}$, $x_2^*=\dfrac{(a_1-a_2)(r-1)}{a_1b_2-a_2b_1}$. 当$a_1>a_2$ 和 $b_2>b_1$ 时, $E_3(x_1^*,x_2^*)$ 在第一象限内. 模型 (3.6.5) 简化为

$$\begin{aligned}x_1(k+1)&=\frac{rx_1(k)}{1+a_1x_1(k)+b_1x_2(k)},\quad x_1(0)=x_{10}>0,\\x_2(k+1)&=\frac{rx_2(k)}{1+a_2x_1(k)+b_2x_2(k)},\quad x_2(0)=x_{20}>0.\end{aligned}\tag{3.6.6}$$

引入变换 $\theta=\dfrac{1}{r}$, $x_1(k)=\dfrac{1-\theta}{a_1\theta}y_1(k)$, $x_2(k)=\dfrac{1-\theta}{b_2\theta}y_2(k)$, 将模型 (3.6.6) 化为

$$
\begin{aligned}
&y_1(k+1)=\frac{y_1(k)}{\theta+(1-\theta)(y_1(k)+\alpha_1 y_2(k))},\\
&y_2(k+1)=\frac{y_2(k)}{\theta+(1-\theta)(\alpha_2 y_1(k)+y_2(k))},\\
&y_1(0)=y_{10}=\frac{\theta a_1}{1-\theta}x_{10}>0,\quad y_2(0)=y_{20}=\frac{\theta b_2}{1-\theta}x_{20}>0.
\end{aligned}
\tag{3.6.7}
$$

其中, $0<\theta<1$, $\alpha_1=\dfrac{b_1}{b_2}$, $\alpha_2=\dfrac{a_2}{a_1}$. 模型 (3.6.7) 中的参数少, 且 θ 仅在 $(0,1)$ 区间取值, 讨论就比较方便. 当 $\alpha_1<1$ 和 $\alpha_2<1$ 时, 模型 (3.6.7) 有正平衡解 $E_3^*(y_1^*,y_2^*)$, 其中 $y_1^*=\dfrac{1-\alpha_1}{1-\alpha_1\alpha_2}$, $y_2^*=\dfrac{1-\alpha_2}{1-\alpha_1\alpha_2}$. 为了得到模型 (3.6.7) 正平衡解 $E_3^*(y_1^*,y_2^*)$ 的稳定性, 选取

$$
V_{31}(y_1)=\frac{y_1}{y_1^*}-1-\ln\left(\frac{y_1}{y_1^*}\right),\quad V_{32}(y_2)=\frac{y_2}{y_2^*}-1-\ln\left(\frac{y_2}{y_2^*}\right).
$$

这两个一元函数分别在 $y_1=y_1^*$ 和 $y_2=y_2^*$ 取得最小值 0, 计算得到

$$
\begin{aligned}
\Delta V_{31}(y_1(k)=&\frac{y_1(k)}{y_1^*}\left(\frac{1}{\theta+(1-\theta)(y_1(k)+\alpha_1 y_2(k))}-1\right)\\
&+\ln\left(\theta+(1-\theta)(y_1(k)+\alpha_1 y_2(k))\right).
\end{aligned}
$$

利用不等式 $\ln(1+x)\leqslant x$ 对上面这个不等式中对数进行放大后得到

$$
\begin{aligned}
\Delta V_{31}(y_1(k)\leqslant&\frac{y_1(k)}{y_1^*}\frac{(1-\theta)(1-y_1(k)-\alpha_1 y_2(k))}{\theta+(1-\theta)(y_1(k)+\alpha_1 y_2(k))}\\
&-(1-\theta)(1-y_1(k)-\alpha_1 y_2(k)).
\end{aligned}
$$

再进行整理后得到

$$
\begin{aligned}
&\Delta V_{31}(y_1(k))\\
&\leqslant\frac{(1-\theta)(1-y_1(k)-\alpha_1 y_2(k))}{\theta+(1-\theta)(y_1(k)+\alpha_1 y_2(k))}\left(\frac{y_1(k)}{y_1^*}-\theta-(1-\theta)(y_1(k)+\alpha_1 y_2(k))\right).
\end{aligned}
$$

利用 y_1^* 和 y_2^* 的表达式对后面一个括号中的项变形得到

$$
\begin{aligned}
&\frac{y_1(k)}{y_1^*}-\theta+(1-\theta)(y_1(k)+\alpha_1 y_2(k))\\
=&\frac{\alpha_1(y_1(k)y_2^*-y_1^*y_2(k))}{y_1^*}-\theta(1-y_1(k)-\alpha_1 y_2(k)).
\end{aligned}
$$

将这个等式代入后再整理得

$$
\begin{aligned}
&\Delta V_{31}(y_1(k))\\
\leqslant&-\frac{\theta(1-\theta)(1-y_1(k)-\alpha_1 y_2(k))^2}{\theta+(1-\theta)(y_1(k)+\alpha_1 y_2(k))}\\
&+\frac{\alpha_1(y_1(k)y_2^*-y_1^*y_2(k))(1-\theta)(1-y_1(k)-\alpha_1 y_2(k))}{y_1^*(\theta+(1-\theta)(y_1(k)+\alpha_1 y_2(k)))}.
\end{aligned}
$$

同理得到

$$
\begin{aligned}
\Delta V_{32}(y_2(k))\leqslant&-\frac{\theta(1-\theta)(1-\alpha_2 y_1(k)-y_2(k))^2}{\theta+(1-\theta)(\alpha_2 y_1(k)+y_2(k))}\\
&+\frac{\alpha_2(y_2(k)y_1^*-y_2^*y_1(k))(1-\theta)(1-\alpha_2 y_1(k)-y_2(k))}{y_2^*(\theta+(1-\theta)(\alpha_2 y_1(k)+y_2(k)))}.
\end{aligned}
$$

选取 $V_{31}(y_1(k))$ 和 $V_{32}(y_2(k))$ 的线性组合作为判断模型正平衡解的 V 函数

$$
V_3(y_1(k),y_2(k))=\alpha_2 y_1^* V_{31}(y_1(k))+\alpha_1 y_2^* V_{32}(y_2(k)).
$$

计算 $V_3(y_1(k),y_2(k))$ 沿着模型 (3.6.7) 的解序列的差分得到

$$
\begin{aligned}
&\Delta V_3(y_1(k),y_2(k))\\
\leqslant&-\frac{\alpha_2 y_1^*\theta(1-\theta)(1-y_1(k)-\alpha_1 y_2(k))^2}{\theta+(1-\theta)(y_1(k)+\alpha_1 y_2(k))}\\
&-\frac{\alpha_1 y_2^*\theta(1-\theta)(1-\alpha_2 y_1(k)-y_2(k))^2}{\theta+(1-\theta)(\alpha_2 y_1(k)+y_2(k))}\\
&-\frac{\alpha_1\alpha_2(1-\alpha_1\alpha_2)(1-\theta)(y_1(k)y_2^*-y_1^*y_2(k))^2}{[\theta+(1-\theta)(y_1(k)+\alpha_1 y_2(k))][\theta+(1-\theta)(\alpha_2 y_1(k)+y_2(k))]}.
\end{aligned}
$$

$\Delta V_3(y_1(k),y_2(k))$ 在第一象限是定负函数, 模型 (3.6.7) 的正平衡解是渐近稳定的, 且吸引从第一象限内部出发的解.

习　题　3

3.1　证明以下结论:

(1) 如果 $\left|\prod_{j=k_0}^{k-1} a(j)\right|<M(k_0)$, 则 $x(k+1)=a(k)x(k)$ 的零解是稳定的;

(2) 如果 $\left|\prod_{j=k_0}^{k-1} a(j)\right|<M$, 则 $x(k+1)=a(k)x(k)$ 的零解是一致稳定的;

(3) 如果 $\lim\limits_{k\to\infty}\left|\prod_{j=k_0}^{k-1} a(j)\right|=0$, 则 $x(k+1)=a(k)x(k)$ 的零解是渐近稳定的;

(4) 如果$\left|\prod_{j=k_0}^{k-1} a(j)\right| < M\varepsilon^{k-k_0}$, 其中, $0<\varepsilon<1$, 则 $x(k+1)=a(k)x(k)$ 的零解是指数稳定的;

(5) 如果 $x(k+1)=a(k)x(k)$ 的零解是指数稳定的, 则它是 l_p 稳定的.

3.2 在求线性方程组 $A\boldsymbol{x}=\boldsymbol{b}$ 的解时, 可以用逐次迭代的方法进行. 取定 $\boldsymbol{x}(0)=\boldsymbol{x}_0$,

$$\boldsymbol{x}(k+1)=(I-D^{-1}A)\boldsymbol{x}(k)+D^{-1}\boldsymbol{b},$$

其中, $D=\mathrm{diag}(a_{11},a_{22},\cdots,a_{nn})$ 是以 $a_{11},a_{22},\cdots,a_{nn}$ 为对角线元素的矩阵. 若 $\boldsymbol{x}^*$ 是方程组 $A\boldsymbol{x}=\boldsymbol{b}$ 的解, 定义误差为 $\boldsymbol{e}(k)=\boldsymbol{x}(k)-\boldsymbol{x}^*$, 则 $\boldsymbol{e}(k)$ 满足方程 $\boldsymbol{e}(k+1)=(I-D^{-1}A)\boldsymbol{e}(k)$. 证明, $\lim\limits_{k\to\infty}\boldsymbol{x}(k)=\boldsymbol{x}^*$ 的充要条件是 $\lim\limits_{k\to\infty}\boldsymbol{e}(k)=0$. 给出 $\lim\limits_{k\to\infty}\boldsymbol{e}(k)=0$ 的充分条件.

3.3 讨论各种稳定性之间的关系, 并证明: 对自治差分方程组而言, 零解的稳定性和一致稳定性等价; 对常系数齐次线性方程组而言, 渐近稳定等价于全局渐近稳定.

3.4 设 $x(k+1)=G(x(k))$, 其中

$$\text{当 } |x(k)|<100 \text{ 时},\ G(x(k))=2x(k);\quad \text{当 } |x(k)|\geqslant 100 \text{ 时},\ G(x(k))=0.$$

证明: $x^*=0$ 是该差分方程的平衡解, 且这个平衡解是全局吸引的, 但不是稳定的.

3.5 讨论方程组

$$x_1(k+1)=\frac{x_2(k)}{2(1+x_1^2(k))},\quad x_2(k+1)=\frac{x_1(k)}{3(1+x_2^2(k))}$$

平衡解的稳定性.

3.6 离散的 Gronwall 不等式: $f(k)$ 和 $g(k)$ 是两个定义在 N 的函数, $g(k)\geqslant 0$, 当 $k>k_0$ 时, 满足不等式

$$f(k)\leqslant M\left(f(k_0)+\sum_{j=k_0}^{k-1}g(j)f(j)\right),\quad M>0.$$

则

$$f(k)\leqslant Mf(k_0)\prod_{j=k_0}^{k-1}(1+Mg(j)),\quad f(k)\leqslant Mf(k_0)\exp\left(\sum_{j=k_0}^{k-1}Mg(j)\right),\quad k>k_0$$

3.7 设 $g_1(k,v)$ 和 $g_2(k,v)$ 都是 v 的增函数, 且

$$g_1(k,v(k))\leqslant v(k+1)\leqslant g_2(k,v(k)),$$

则

$$u(k)\leqslant v(k)\leqslant w(k),\quad k\geqslant k_0.$$

其中 $u(k)$ 和 $w(k)$ 分别是差分方程 $u(k+1)=g_1(k,u(k))$, $u(k_0)\leqslant v(k_0)$ 和 $w(k+1)=g_2(k,w(k))$, $w(k_0)\geqslant v(k_0)$ 的解.

3.8　讨论方程组

$$x_1(k+1)=x_2(k),\quad x_2(k+1)=-x_1(k)-\frac{2x_1(k)}{1+k}$$

零解的稳定性.

3.9　讨论方程组

$$x_1(k+1)=\left(\frac{k+2}{k+3}\right)^{1/4}x_1(k),\quad x_2(k+1)=\frac{x_1(k)}{(2+k)^{3/4}}+\frac{k+1}{k+3}x_2(k)$$

零解的渐近性态.

3.10　证明差分方程

$$x(k+1)=e^{-1}x(k),\ x(k)\geqslant 0;\quad x(k+1)=ex(k),\ x(k)<0$$

的解 $x(k)=e^{-k}$ 是稳定的, 但不是一致稳定的, 且该方程的零解是不稳定的.

3.11　求差分方程 $x(k+1)=e^{\cos k}x(k)$ 的解, 并证明该方程的零解是一致稳定的, 但不是渐近稳定的.

3.12　求差分方程 $x(k+1)=\exp\left(-\frac{1}{k}\right)x(k)$ 的解, 并证明该方程的零解是渐近稳定的, 但不是一致吸引的.

3.13　求差分方程 $x(k+1)=\frac{k}{k+1}x(k)$ 的解, 并证明该方程组的零解是渐近稳定的, 但不是 l_1 稳定的.

3.14　求差分方程 $x(k+1)=x(k)+1$ 的解, 证明该方程的任何一个解都是稳定的, 但都是无界的.

3.15　证明差分方程 $x(k+1)=\frac{x(k)}{\sqrt{1+2x^2(k)}}$ 的解为

$$x(k)=\frac{x(k_0)}{\sqrt{1+2x^2(k_0)(k-k_0)}}.$$

并证明该方程的零解是渐近稳定的, 但不是指数稳定的.

3.16　证明差分方程组

$$\begin{aligned}x_1(k+1)&=x_1(k)\cos\left(x_1^2(k)+x_2^2(k)\right)^{1/2}-x_2(k)\sin\left(x_1^2(k)+x_2^2(k)\right)^{1/2},\\x_2(k+1)&=x_1(k)\sin\left(x_1^2(k)+x_2^2(k)\right)^{1/2}+x_2(k)\cos\left(x_1^2(k)+x_2^2(k)\right)^{1/2}\end{aligned}$$

有解

$$x_1(k)=c_1\cos(c_1k+c_2),\quad x_2(k)=c_1\sin(c_1k+c_2),$$

其中, c_1 和 c_2 是任意常数. 证明这些解都有界, 且零解稳定, 其他解都不稳定.

3.17　讨论下面差分方程组零解的吸引性:

$$\begin{pmatrix}x_1(k+1)\\x_2(k+1)\end{pmatrix}=\begin{pmatrix}\dfrac{1}{1+k}&\dfrac{1}{1+k^2}\\-\dfrac{1}{1+k^2}&\dfrac{1}{1+k}\end{pmatrix}\begin{pmatrix}x_1(k)\\x_2(k)\end{pmatrix}.$$

3.18 若 $V(\boldsymbol{x})$ 是 R^n 上的连续函数, 且 $\lim\limits_{\|\boldsymbol{x}\|\to\infty} V(\boldsymbol{x}) = +\infty$. 若沿着差分方程组 $\boldsymbol{x}(k+1) = \boldsymbol{f}(\boldsymbol{x}(k))$ 解的全差分 $\Delta V(\boldsymbol{x}(k)) \leqslant 0$, 则差分方程组 $\boldsymbol{x}(k+1) = \boldsymbol{f}(\boldsymbol{x}(k))$ 的解是有界的.

3.19 对常系数线性差分方程组 $\boldsymbol{x}(k+1) = A\boldsymbol{x}(k)$, 在判断零解的稳定性时, 可以取二次型形式的 V 函数 $V(\boldsymbol{x}) = \boldsymbol{x}^\tau B\boldsymbol{x}$, 其中, B 是一个对称矩阵. 证明 (1) $\Delta V(\boldsymbol{x}(k)) = \boldsymbol{x}(k)^\tau A^\tau BA\boldsymbol{x}(k) - \boldsymbol{x}(k)^\tau B\boldsymbol{x}(k)$; (2) 如果对正定矩阵 C 有满足 $A^\tau BA - B = -C$ 的对称正定矩阵 B, 则该方程组的零解是全局渐近稳定的.

3.20 讨论差分方程组

$$x_1(k+1) = x_1(k)\cos\theta + x_2(k)\sin\theta, \qquad x_2(k+1) = -x_1(k)\sin\theta + x_2(k)\cos\theta$$

零解的稳定性.

3.21 讨论差分方程组

$$\begin{aligned} x_1(k+1) &= x_2(k) - x_2(k)\left(x_1^2(k) + x_2^2(k)\right), \\ x_2(k+1) &= x_1(k) - x_1(k)\left(x_1^2(k) + x_2^2(k)\right) \end{aligned}$$

零解的稳定性.

3.22 证明差分方程 $x(k+1) = x(k) + x(k)\left(\dfrac{1}{\sqrt{1+cx^2(k)}} - 1\right)$ 的零解当 $c = 0$ 时是稳定的, 当 $c > 0$ 时是渐近稳定的, 当 $c < 0$ 时是不稳定的.

3.23 讨论差分方程组

$$\begin{aligned} x_1(k+1) &= -x_2(k) - cx_1(k)\left(x_1^2(k) + x_2^2(k)\right), \\ x_2(k+1) &= x_1(k) - cx_2(k)\left(x_1^2(k) + x_2^2(k)\right) \end{aligned}$$

零解的稳定性.

3.24 求差分方程 $x(k+1) = \dfrac{bx(k)}{(1+ax(k))^c}$ 的平衡解, 其中 a, b, c 都是正常数, 并讨论该方程平衡解的稳定性.

3.25 求差分方程 $x(k+1) = x(k)\exp\left(r - \dfrac{rx(k)}{K}\right)$ 的平衡解, 其中 r 和 k 都是正常数, 并讨论该方程平衡解的稳定性.

3.26 求差分方程组

$$\begin{aligned} x_1(k+1) &= x_1(k)\exp\left(r_1 - a_{11}x_1(k) - a_{12}x_2(k)\right), \\ x_2(k+1) &= x_2(k)\exp\left(r_2 - a_{21}x_1(k) - a_{22}x_2(k)\right) \end{aligned}$$

的平衡解, 其中 r_j 和 a_{ij} $(i,j=1,2)$ 都是正常数, 并讨论该方程平衡解的稳定性.

3.27 讨论差分方程组

$$\begin{aligned} x_1(k+1) &= x_1(k)b_1e^{-cu(k)} + x_2(k)b_2e^{-cu(k)} + x_3(k)b_3e^{-cu(k)}, \\ x_2(k+1) &= p_1x_1(k), \\ x_3(k+1) &= p_2x_2(k) + p_3x_3(k) \end{aligned}$$

零解的稳定性, 其中 $u(k)=x_1(k)+x_2(k)+x_3(k)$, $c\geqslant 0$, $b_j\geqslant 0$, $p_j>0$, c, b_j 和 p_j $(j=1,2,3)$ 是常数.

3.28 验证 $E\left(\dfrac{\Lambda}{\mu},0,0\right)$ 是差分方程组

$$
\begin{aligned}
x_1(k+1)&=x_1(k)+\Lambda-\mu x_1(k)-\beta x_1(k)x_2(k),\\
x_2(k+1)&=x_2(k)+\beta x_1(k)x_2(k)-(\mu+\gamma)x_2(k),\\
x_3(k+1)&=x_3(k)+\gamma x_2(k)-\mu x_3(k)
\end{aligned}
$$

的平衡解. 给出这个差分方程组满足初始值 $x_j(0)\geqslant 0$ $(j=1,2,3)$ 的解非负的条件, 并讨论当 k 趋于无穷时解的性态. 其中 Λ, μ, β 和 γ 是正常数.

3.29 设 $V(\boldsymbol{x})$ 是 $R^n\to R$ 的连续函数, $\boldsymbol{x}(k)=\boldsymbol{x}(k,k_0,\boldsymbol{x}_0)$ 是方程组 $\boldsymbol{x}(k+1)=\boldsymbol{f}(\boldsymbol{x}(k))$ 满足 $\boldsymbol{x}(k_0)=\boldsymbol{x}_0$ 的解. 证明若 $x(k)\neq x^*$ 时 $\Delta^2 V(x(k))>0$，则或者 $x(k)$ 无界，或者 $x(k)$ 趋于 x^*。

第 4 章　差分方程的分支

第 3 章讨论差分方程解的稳定性是希望在平衡点的邻域内解有比较整齐的性态, 都保持在平衡解附近或者最终趋于这个平衡解, 而且更希望这个平衡解是全局渐近稳定的, 即从一个区域中出发的解最终都趋于这个平衡解. 当一个平衡解稳定或者全局渐近稳定时, 这个差分方程的解的性态在一个区域内是清楚简单的, 所有解都会逐渐趋于这个平衡解. 从前面的分析我们看到, 要判断一个平衡解的稳定性是比较困难的, 有时是我们的方法或者能力的问题, 有时平衡解本身就是不稳定的. 或者, 平衡解的稳定性和个数随着模型的参数在变化.

一个实际问题抽象出的差分方程模型可能很复杂, 其中会含有一些参数, 该方程解的性态随着参数的变化会有较大的差异. 分支理论研究依赖于参数的差分方程或差分方程组当参数在某一特定值附近有微小变化时, 其平衡解的数量、稳定性、定性结构等性质发生本质变化的情况. 这一章中我们介绍参数在某一临界值附近发生变化时平衡点个数的变化、平衡点稳定性的变化、周期解出现等分支问题, 我们将给出研究这些分支问题的常用方法.

4.1　平衡解的分支

平衡解的分支问题讨论一个差分方程或方程组平衡解个数随着参数变化的情况, 即有可能当参数经过一个特殊的值时, 平衡解的个数会发生变化. 这一节给出分支点的定义和平衡解分支的一些方法.

4.1.1　分支点的定义

分支理论研究含参数的方程或者方程组根的存在性及其结构问题, 主要的兴趣是寻找使方程根的个数发生变化的那些点.

定义 4.1.1　设 $\boldsymbol{F}(\boldsymbol{x},\boldsymbol{\mu})$ 是从 $R^n\times R^m$ 空间的一个区域 G 到 R^n 上的映射, 方程组 $\boldsymbol{F}(\boldsymbol{x},\boldsymbol{\mu})=0$ 的解的全体记为 S. 如果有 $(\boldsymbol{x}_0,\boldsymbol{\mu}_0)\in S$, 使得在 $(\boldsymbol{x}_0,\boldsymbol{\mu}_0)$ 的任意邻域 U 内有 $(\boldsymbol{x}_1,\boldsymbol{\mu}_1)\in S$ 和 $(\boldsymbol{x}_2,\boldsymbol{\mu}_1)\in S$, $\boldsymbol{\mu}_1\neq\boldsymbol{\mu}_0$, $\boldsymbol{x}_1\neq\boldsymbol{x}_2$. 则 $(\boldsymbol{x}_0,\boldsymbol{\mu}_0)$ 称为 $\boldsymbol{F}(\boldsymbol{x},\boldsymbol{\mu})=0$ 的分支点.

定义 4.1.1 中给出的分支点定义仅是针对我们后面的应用给出的, 并不能包括其他情况下分支点的完整定义. 分支点的几何解释就是方程组 $\boldsymbol{F}(\boldsymbol{x},\boldsymbol{\mu})=0$ 根的个数在 $(\boldsymbol{x}_0,\boldsymbol{\mu}_0)$ 的邻域内发生了变化, 根的个数可能增加, 也可能减少. 例如方程

$x^2-\mu=0$ 的根在 $(0,0)$ 的邻域内数量有变化, 当 $\mu<0$ 时, $x^2-\mu=0$ 无根, 当 $\mu=0$ 时, $x^2-\mu=0$ 恰好有一个根 0, 当 $\mu>0$ 时, $x^2-\mu=0$ 有两个根 $\sqrt{\mu}$ 和 $-\sqrt{\mu}$, 所以 $(0,0)$ 是方程 $x^2-\mu=0$ 的分支点. 方程 $x(x^2-1-\mu)=0$ 的根在 $(0,-1)$ 的邻域内数量有变化, 当 $\mu\leqslant -1$ 时, $x(x^2-1-\mu)=0$ 有一个根 0, 当 $\mu>-1$ 时, $x(x^2-1-\mu)=0$ 有三个根 0、$\sqrt{1+\mu}$ 和 $-\sqrt{1+\mu}$, 所以 $(0,-1)$ 是方程 $x(x^2-1-\mu)=0$ 的分支点. 方程 $(x-\mu)(x+\mu-1)=0$ 当 $\mu=\dfrac{1}{2}$ 时有一个根 $\dfrac{1}{2}$, 当 $\mu\neq\dfrac{1}{2}$ 时, 这个方程有两个根 $x=\mu$ 和 $x=1-\mu$, 方程 $(x-\mu)(x+\mu-1)=0$ 根的个数当 μ 经过 $\dfrac{1}{2}$ 时发生了变化, 所以, $\left(\dfrac{1}{2},\dfrac{1}{2}\right)$ 是方程 $(x-\mu)(x+\mu-1)=0$ 的分支点.

寻求一个方程的分支点是分支理论中的基本问题. 当方程组 $\boldsymbol{F}(\boldsymbol{x},\boldsymbol{\mu})=0$ 的解集合 S 已知时, 或者方程组 $\boldsymbol{F}(\boldsymbol{x},\boldsymbol{\mu})=0$ 的解容易求出时, 可以根据分支点的定义来判断一个点是否是它的分支点. 当方程组的解集合没有给出或者方程组求解有困难时, 就需要在较大范围内搜索来确定分支点. 我们可以根据分支点的定义先给出一个分支点存在的必要条件以缩小搜索的范围. 事实上, 在分支点的邻域内, 方程组解的个数不同, 方程组的解就不唯一. 我们可以根据隐函数定理给出分支点存在的必要条件: 当 $\boldsymbol{F}(\boldsymbol{x},\boldsymbol{\mu})$ 连续可导时, 方程组 $\boldsymbol{F}(\boldsymbol{x},\boldsymbol{\mu})=0$ 的分支点一定包含在 $\det\left(\dfrac{\partial \boldsymbol{F}(\boldsymbol{x},\boldsymbol{\mu})}{\partial \boldsymbol{x}}\right)=0$ 的集合中.

例 4.1.1 求方程 $\boldsymbol{F}(\boldsymbol{x},\boldsymbol{\mu})=\begin{pmatrix}\mu x_1(x_1-\mu+1)\\(\mu-1)x_2(x_2-\mu)\end{pmatrix}=0$ 的分支点.

解 $\boldsymbol{F}(\boldsymbol{x},\boldsymbol{\mu})$ 是 x_1 和 x_2 的多项式函数, 它连续可导. 函数 $\boldsymbol{F}(\boldsymbol{x},\boldsymbol{\mu})$ 的 Jacobi 行列式为

$$\begin{aligned}\det\left(\frac{\partial \boldsymbol{F}(\boldsymbol{x},\boldsymbol{\mu})}{\partial \boldsymbol{x}}\right)&=\begin{vmatrix}\mu(2x_1-\mu+1) & 0\\ 0 & (\mu-1)(2x_2-\mu)\end{vmatrix}\\&=\mu(\mu-1)(2x_1-\mu+1)(2x_2-\mu).\end{aligned}$$

所以, 当 $\mu=0$, $\mu=1$, $x_1=\dfrac{\mu-1}{2}$ 和 $x_2=\dfrac{\mu}{2}$ 时, $\det\left(\dfrac{\partial \boldsymbol{F}(\boldsymbol{x},\boldsymbol{\mu})}{\partial \boldsymbol{x}}\right)=0$, $\boldsymbol{F}(\boldsymbol{x},\boldsymbol{\mu})=0$ 才有可能出现分支点. 当 $\mu=0$ 时, 方程组 $\boldsymbol{F}(\boldsymbol{x},\boldsymbol{\mu})=0$ 解集合 S 的点为 $(0,0,0)$, $(-1,0,0)$, 当 $\mu=1$ 时, 方程组 $\boldsymbol{F}(\boldsymbol{x},\boldsymbol{\mu})=0$ 解集合 S 的点为 $(0,0,1)$, $(0,1,1)$. 当 $x_1=\dfrac{\mu-1}{2}$ 时, 方程组 $\boldsymbol{F}(\boldsymbol{x},\boldsymbol{\mu})=0$ 解集合中的解也要求 $\mu=0$, 当 $x_2=\dfrac{\mu}{2}$ 时, 方程组 $\boldsymbol{F}(\boldsymbol{x},\boldsymbol{\mu})=0$ 解集合中的解也要求 $\mu=1$. 所以方程组 $\boldsymbol{F}(\boldsymbol{x},\boldsymbol{\mu})=0$ 可能的分支点是 $(0,0,0)$, $(-1,0,0)$, $(0,0,1)$ 和 $(0,1,1)$. 从方程组的形式直接求解得到它的

四组解分别为

$$\begin{aligned} &x_1 = 0, \qquad &x_1 = 0, \qquad &x_1 = \mu - 1, \qquad &x_1 = \mu - 1, \\ &x_2 = 0, \qquad &x_2 = \mu, \qquad &x_2 = 0, \qquad &x_2 = \mu. \end{aligned}$$

可以看出: 第一组解和第二组解在 $(0,0,0)$ 相交, 第二组解和第四组解在 $(0,1,1)$ 相交, 第一组解和第三组解在 $(0,0,1)$ 相交, 第三组解和第四组解在 $(-1,0,0)$ 相交. 所以, 这四个点都是方程组 $\boldsymbol{F}(\boldsymbol{x},\boldsymbol{\mu}) = 0$ 的分支点.

4.1.2 逐次消元法

当一个分支点确定后, 就需要知道在该分支点邻域内方程组的平衡解. 一般来说, 要得到平衡解的精确表达式是十分困难的, 但我们可以借助隐函数定理利用消元法得到平衡解的近似表达式. 具体的做法是对平衡解所满足的一部分方程先用隐函数定理, 再将所得到的结果代入余下的方程, 最后用近似展开式得到平衡解的近似表达式.

例 4.1.2 验证 $(0,0,0)$ 是下面方程组平衡解的分支,

$$\begin{aligned} x_1(k+1) &= x_1(k) + \mu x_1(k) + x_2(k) + x_1^2(k) + x_2^8(k), \\ x_2(k+1) &= 2x_2(k) - x_1^2(k) + \sin x_1^4(k) + x_2^6(k). \end{aligned}$$

解 设该方程组的平衡解为 (x_1, x_2), 则 x_1 和 x_2 所满足的方程组为

$$\begin{aligned} f_1(x_1, x_2, \mu) &= \mu x_1 + x_2 + x_1^2 + x_2^8 = 0, \\ f_2(x_1, x_2, \mu) &= x_2 - x_1^2 + \sin x_1^4 + x_2^6 = 0. \end{aligned}$$

函数 f_1 和 f_2 关于变量 x_1 和 x_2 的 Jacobi 矩阵的行列式在 $x_1 = 0, x_2 = 0$ 和 $\mu = 0$ 的值为

$$\det\left(\frac{\partial(f_1, f_2)}{\partial(x_1, x_2)}\right) = \begin{vmatrix} 0 & 1 \\ 0 & 1 \end{vmatrix} = 0.$$

$(0,0,0)$ 是方程组分支点的必要条件满足. 为了验证 $(0,0,0)$ 确实是分支点, 我们需要得到 $(0,0,0)$ 邻域内解的近似表达式. 注意到 $f_2(x_1, x_2, \mu)$ 与 μ 无关, 且作为二元函数满足 $f_2(0,0,\mu) = 0$, 且 $\dfrac{\partial f_2(0,0,\mu)}{\partial x_2} = 1 \neq 0$. 利用隐函数定理得到, 存在 $\delta_1 > 0$ 和在 $|x_1| < \delta_1$ 定义的函数 $\phi(x_1)$, 满足 $\phi(0) = 0$ 和 $f_2(x_1, \phi(x_1), \mu) \equiv 0$. 设 $\phi(x_1) = a_1 x_1 + a_2 x_1^2 + a_3 x_1^3 + a_4 x_1^4 + \cdots$, 将 $\phi(x_1)$ 的形式表达式代入 $f_2(x_1, \phi(x_1), \mu)$ 中得到

$$a_1 x_1 + a_2 x_1^2 + a_3 x_1^3 + a_4 x_1^4 + \cdots - x_1^2 + \sin x_1^4 + \phi(x_1)^6 = 0.$$

将 $\sin x_1^4$ 在 $x_1=0$ 处展开, 比较等式两边 x_1 的同次幂的系数得到 $x_2=\phi(x_1)=x_1^2-x_1^4+\cdots$. 将这个 $x_2=\phi(x_1)$ 的近似表达式代入 $f_1(x_1,x_2,\mu)$ 中得到

$$f_1(x_1,\phi(x_1),\mu)=\mu x_1+x_1^2-x_1^4+\cdots+x_1^2+\phi(x_1)^8=0.$$

对二元函数 $f_1(x_1,\phi(x_1),\mu)$ 无法直接用隐函数定理, 令 $x_1=\mu y_1$, 代入 $f_1(x_1,\phi(x_1),\mu)$ 消去因子 μ^2 得到

$$F_1(y_1,\mu)=y_1+2y_1^2+\mu H(y_1,\mu)=0.$$

其中, $H(y_1,\mu)$ 是 y_1 和 μ 的连续可微函数, 且最低项是 y_1 的 4 次以上的项和 μ 的 1 次以上的项. 容易验证

$$F_1(0,0)=0,\quad \frac{\partial F_1(0,0)}{\partial y_1}=1.$$

由隐函数定理得到, 存在正数 $\delta_2>0$ $(\delta_2<\delta_1)$ 和定义在 $|\mu|<\delta_2$ 上的连续可微函数 $\psi_1(\mu)$, 满足 $\psi_1(0)=0$, 且 $F_1(\psi_1(\mu),\mu)\equiv 0$. 同理可得

$$F_1\left(-\frac{1}{2},0\right)=0,\quad \frac{\partial F_1\left(-\frac{1}{2},0\right)}{\partial y_1}=-1.$$

由隐函数定理得到, 存在正数 $\delta_3>0$ $(\delta_3<\delta_2)$ 和定义在 $|\mu|<\delta_3$ 上的连续可微函数 $\psi_2(\mu)$, 满足 $\psi_2(0)=-\frac{1}{2}$, 且 $F_1(\psi_2(\mu),\mu)\equiv 0$. 取 $\delta=\delta_3$, 当 $|\mu|<\delta$ 时, 函数 $\psi_1(\mu)$ 和 $\psi_2(\mu)$ 同时存在, 且由于 $\psi_1(0)=0$ 和 $\psi_2(0)=-\frac{1}{2}$, $\psi_1(\mu)$ 和 $\psi_2(\mu)$ 不相等. 最后代入到 x_1 和 x_2 表达式中得到两组解

$$\begin{aligned}&x_1=\mu\psi_1(\mu),\qquad x_2=\phi(\mu\psi_1(\mu)),\qquad \mu=\mu;\\&x_1=\mu\psi_2(\mu),\qquad x_2=\phi(\mu\psi_2(\mu)),\qquad \mu=\mu.\end{aligned}$$

函数 $\phi(\mu\psi_1(\mu))$ 和 $\phi(\mu\psi_2(\mu))$ 当 μ 充分小时存在. 这两组以 μ 为参数的方程组的解都过 $(0,0,0)$ 点, 且当 $\mu\neq 0$ 时, 确实是两条不同的解. 所以, $(0,0,0)$ 是方程组的分支点.

4.1.3 零因子消去法

在讨论分支点邻域中平衡解的个数或者结构时, 经常会遇到分支方程的多重零点而导致隐函数定理的条件不成立. 一般的处理手法是消去一些零因子后再利用隐函数定理, 并通过函数的近似展开来得到平衡解的近似表达式.

例 4.1.3 讨论下面方程组分支点 $(0,0,0)$ 邻域内平衡解的结构,

$$\begin{aligned}x_1(k+1)&=(1+\mu)x_1(k)-\mu x_2(k)-x_1^2(k)+x_2^2(k)+x_1^3(k)+x_2^3(k),\\x_2(k+1)&=(1+\mu)x_2(k)+x_1(k)x_2(k)+x_1^3(k)+x_2^4(k).\end{aligned}$$

解 记方程组的平衡解为 (x_1,x_2), 则 x_1 和 x_2 所满足的方程组为

$$\begin{aligned}f_1(x_1,x_2,\mu)&=\mu x_1-\mu x_2-x_1^2+x_2^2+x_1^3+x_2^3,\\ f_2(x_1,x_2,\mu)&=\mu x_2+x_1x_2+x_1^3+x_2^4.\end{aligned}$$

由于函数 f_1 和 f_2 比较复杂, 无法求得平衡解的精确表达式. 又由于 f_1 和 f_2 关于变量 x_1, x_2 和 μ 是二次及更高的项组成, 所以在分支点 $(0,0,0)$ 的 Jacobi 矩阵的行列式必定为零, 隐函数定理无法使用. 为了能够用隐函数定理讨论分支点邻域内平衡解的结构, 我们尝试消去在分支点 $(0,0,0)$ 导致 $\det\left(\dfrac{\partial(f_1,f_2)}{\partial(x_1,x_2)}\right)=0$ 的因子. 为此, 令 $x_1=\mu y_1$, $x_2=\mu y_2$, 代入 $f_1(x_1,x_2,\mu)$ 和 $f_2(x_1,x_2,\mu)$ 中消去 μ^2 后得到

$$\begin{aligned}g_1(y_1,y_2,\mu)&=y_1-y_2-y_1^2+y_2^2+\mu y_1^3+\mu y_2^3,\\ g_2(y_1,y_2,\mu)&=y_2+y_1y_2+\mu y_1^3+\mu^2y_2^4.\end{aligned}$$

这个方程组仍然无法求解, 但我们可以用隐函数得到平衡解的个数和结构. 当 $\mu=0$ 时, 关于 y_1 和 y_2 方程组为

$$\begin{aligned}g_1(y_1,y_2,0)&=y_1-y_2-y_1^2+y_2^2=0,\\ g_2(y_1,y_2,0)&=y_2+y_1y_2=0.\end{aligned}$$

尽管方程组 $g_1(y_1,y_2,\mu)=0$ 和 $g_2(y_1,y_2,\mu)=0$ 无法求出精确解, 但当 $\mu=0$ 时方程组 $g_1(y_1,y_2,0)=0$ 和 $g_2(y_1,y_2,0)=0$ 是可以求出其精确解, 这就是它们的主要区别. 由 $g_1(y_1,y_2,0)=0$, $g_2(y_1,y_2,0)=0$ 可以得到四组解

$$\begin{aligned}&y_{11}=0,\quad y_{12}=1,\quad y_{13}=-1,\quad y_{14}=-1,\\ &y_{21}=0,\quad y_{22}=0,\quad y_{23}=-1,\quad y_{24}=2.\end{aligned}$$

当 $\mu=0$ 时, 函数 $g_1(y_1,y_2,0)=0$ 和 $g_2(y_1,y_2,0)=0$ 关于 y_1 的 y_2 Jacobi 行列式为

$$\det\left(\frac{\partial(g_1,g_2)}{\partial(y_1,y_2)}\right)=\begin{vmatrix}1-2y_1 & -1+2y_2\\ y_2 & 1+y_1\end{vmatrix}.$$

Jacobi 行列式 $\det\left(\dfrac{\partial(g_1,g_2)}{\partial(y_1,y_2)}\right)$ 在点 $(0,0,0)$, $(1,0,0)$, $(-1,-1,0)$ 和 $(-1,2,0)$ 的值分别为 1, -2, -3 和 -6. 分别对这四个点应用隐函数定理得到, 存在 $\delta>0$ 和函数

$$y_{1j}=\phi_j(\mu),\quad y_{2j}=\psi_j(\mu),\quad |\mu|<\delta,\quad j=1,2,3,4$$

满足

$$\begin{aligned}&\phi_1(0)=0,\quad \phi_2(0)=1,\quad \phi_3(0)=-1,\quad \phi_4(0)=-1,\\ &\psi_1(0)=0,\quad \psi_2(0)=0,\quad \psi_3(0)=-1,\quad \psi_4(0)=2,\end{aligned}$$

及

$$g_1(\phi_j(\mu),\psi_j(\mu),\mu)\equiv 0,\quad g_2(\phi_j(\mu),\psi_j(\mu),\mu)\equiv 0,\quad |\mu|<\delta,\quad j=1,2,3,4$$

最后将通过隐函数定理所得到的这四组解代回到原来的变量中得到原方程组在分支点 $(0,0,0)$ 的邻域内有四个解

$$\begin{cases}x_1=s\phi_1(s),\\x_2=s\psi_1(s),\\\mu=s,\end{cases}\quad\begin{cases}x_1=s\phi_2(s),\\x_2=s\psi_2(s),\\\mu=s,\end{cases}\quad\begin{cases}x_1=s\phi_3(s),\\x_2=s\psi_3(s),\\\mu=s,\end{cases}\quad\begin{cases}x_1=s\phi_4(s),\\x_2=s\psi_4(s),\\\mu=s.\end{cases}$$

这四个解都是以 s 为参数通过参数方程表示出来的. 由于当 $\mu=0$ 时, $\phi_j(0)$ 和 $\psi_j(0)$ 满足的方程不同, 这确实是四个不同的解, 它们在 $\mu=0$ 时只有一个点, 而当 $\mu\neq 0$ 和 μ 充分小时有四个解. 即在分支点 $(0,0,0)$ 的邻域内平衡解有四个.

利用待定系数法可以得到这些分支点的近似表达式. 例如, 令

$$\phi_2(\mu)=1+a_1\mu+a_2\mu^2+\cdots,\quad \psi_2(\mu)=b_1\mu+b_2\mu^2+b_3\mu^3+\cdots,$$

代入到 $\phi_2(\mu)$ 和 $\psi_2(\mu)$ 所满足的恒等式中

$$g_1(\phi_2(\mu),\psi_2(\mu),\mu)\equiv 0,\quad g_2(\phi_2(\mu),\psi_2(\mu),\mu)\equiv 0,\quad |\mu|<\delta,$$

比较 μ 的同次幂的系数后得到 $a_1=\dfrac{3}{2}$, $b_1=-\dfrac{1}{2}$. 所以, $\phi_2(\mu)=1+\dfrac{3}{2}\mu+\cdots$, $\psi_2(\mu)=-\dfrac{\mu}{2}+\cdots$, 这些平衡解的近似表达式为

$$\begin{cases}x_1=0,\\x_2=0,\\\mu=s,\end{cases}\quad\begin{cases}x_1=s+\dfrac{3}{2}s^2\cdots,\\x_2=-\dfrac{s^2}{2}+\cdots,\\\mu=s,\end{cases}\quad\begin{cases}x_1=-s+\cdots,\\x_2=-s+\cdots,\\\mu=s,\end{cases}\quad\begin{cases}x_1=-s+\cdots,\\x_2=2s+\cdots,\\\mu=s.\end{cases}$$

其中的第一组就是 x_1x_2 平面上的坐标原点, 后面三组分别给出了近似展开式的第一个非零项. 对充分小的 μ, 平衡解就是 x_1x_2 平面上的坐标原点和这三条参数曲线上的点.

4.2　一维差分方程平衡解的分支

分支的发生往往和平衡解的稳定性以及平衡解邻域中解的性态相关, 4.1 节中给出了分支点的定义和寻求平衡解的两种常用方法, 这一节我们介绍一维差分方程

分支的一些常见情况, 包括平衡解的分支、稳定性的改变和周期解的分支. 所研究的差分方程是

$$x(k+1) = f(x(k), \mu), \tag{4.2.1}$$

其中 $f(x, \mu)$ 是定义在 $R \times R$ 中原点的一个邻域 U 到 R 的映射, 有较高的光滑性. 在下面的叙述中, 我们给出了一些分支定理和例子, 希望读者能通过这些一维差分方程的分支定理和例子体会分支的思想. 分支的相关定理都是利用变量替换化为规范型、利用隐函数定理和近似展开来得到的, 但具体的实现过程相当长, 我们没有给出这些分支定理的证明. 一维差分方程或二维差分方程组的分支问题是高维差分方程组分支的基础, 许多高维的分支问题是转化为一维或二维来解决的, 对分支理论有兴趣的读者可以参阅文献 [17-19] 及其他参考文献.

4.2.1 鞍结点分支

鞍结点的分支一般指在参数取临界值时, 从平衡解邻域内的一部分区域内出发的差分方程的解趋于它, 还有一部分邻域内出发的解离开它, 此时的平衡解是不稳定的. 当参数变化时, 平衡解可能会消失, 也可能会分支成为两个平衡解, 其中一个稳定, 一个不稳定. 出现鞍结点分支的条件在下面的定理中给出.

定理 4.2.1 设 $f(x, \mu)$ 二阶连续可微, 且满足

$$f(0,0) = 0, \quad \frac{\partial f(0,0)}{\partial x} = 1, \quad \frac{\partial^2 f(0,0)}{\partial x^2} > 0, \quad \frac{\partial f(0,0)}{\partial \mu} > 0.$$

则有 $\delta > 0$, 使得当 $-\delta < \mu < 0$ 时, 差分方程 $x(k+1) = f(x(k), \mu)$ 在 $x = 0$ 的邻域有两个平衡解 x_1^* 和 x_2^*, 其中 $x_1^* < 0$, 且 x_1^* 是渐近稳定的, $x_2^* > 0$, 且 x_2^* 是不稳定的; 而当 $0 < \mu < \delta$ 时, 差分方程 $x(k+1) = f(x(k), \mu)$ 在 $x = 0$ 的邻域没有平衡解.

例 4.2.1 讨论差分方程 $x(k+1) = x(k) + \mu + x(k)^2 + \mu \sin^4 x^4(k)$ 的平衡解分支情况.

解 对这个差分方程而言, $f(x, \mu) = x+\mu+x^2+\mu \sin^4 x^4$, 容易验证, $f(0,0) = 0$, $\dfrac{\partial f(0,0)}{\partial x} = 1$, $\dfrac{\partial^2 f(0,0)}{\partial x^2} = 2 > 0$, $\dfrac{\partial f(0,0)}{\partial \mu} = 1 > 0$. 由定理 4.2.1 知, 有 $\delta > 0$, 当 $-\delta < \mu < 0$ 时, 差分方程 $x(k+1) = x(k) + \mu + x(k)^2 + \mu \sin^4 x^4(k)$ 在 $x = 0$ 的邻域有两个平衡解 x_1^* 和 x_2^*, 其中 $x_1^* < 0$, 且 x_1^* 是渐近稳定的, $x_2^* > 0$, 且 x_2^* 是不稳定的; 而当 $0 < \mu < \delta$ 时, 差分方程 $x(k+1) = x(k) + \mu + x(k)^2 + \mu \sin^4 x^4(k)$ 在 $x = 0$ 的邻域没有平衡解.

事实上, 差分方程 $x(k+1) = x(k) + \mu + x(k)^2 + \mu \sin^4 x^4(k)$ 的平衡解满足方程

$$x = x + \mu + x^2 + \mu \sin^4 x^4, \quad 即 \mu + x^2 + \mu \sin^4 x^4 = 0.$$

当 $\mu = 0$ 时, 方程只有零平衡解, 当 $\mu > 0$ 时, 方程没有平衡解, 当 $\mu < 0$ 时, 做变换 $x = \sqrt{-\mu}y$, 消去零因子 μ 后, 平衡解满足的方程化为

$$g(y,\mu) = 1 - y^2 + \sin^4(\mu^2 y^4) = 0.$$

容易验证 $g(-1,0) = 0$, $\dfrac{\partial g(-1,0)}{\partial y} = 2 > 0$. 由隐函数定理知, 有 $\delta_1 > 0$, 及在 $|\mu| < \delta_1$ 上定义的可微函数 $y = \phi_1(\mu)$ 满足

$$\phi_1(0) = -1, \qquad g(\phi_1(\mu),\mu) \equiv 0.$$

同理, 有 $\delta_2 > 0$, 及在 $|\mu| < \delta_2$ 上定义的可微函数 $y = \phi_2(\mu)$ 满足

$$\phi_2(0) = 1, \qquad g(\phi_2(\mu),\mu) \equiv 0.$$

函数 $\phi_1(\mu)$ 和 $\phi_2(\mu)$ 在 $|\mu| \leqslant \min\{\delta_1,\delta_2\}$ 存在, 所以 $x_1^* = \sqrt{-\mu}\phi_1(\mu)$ 和 $x_2^* = \sqrt{-\mu}\phi_2(\mu)$ 就是差分方程当 $\mu < 0$ 时的平衡解. 当 $\mu < 0$ 时, 在平衡解处计算 $f(x,\mu)$ 的偏导数得到

$$\frac{\partial f(x_j^*,\mu)}{\partial x} = 1 + 2x_j^* + 16(x_j^*)^3\mu\sin^3(x_j^*)^4\cos(x_j^*)^4, \qquad j = 1,2.$$

由于 $x_1^* = -\sqrt{-\mu} + o(\sqrt{-\mu})$ 和 $x_2^* = \sqrt{-\mu} + o(\sqrt{-\mu})$,

$$0 < \frac{\partial f(x_1^*,\mu)}{\partial x} = 1 - 2\sqrt{-\mu} + o(\mu^2) < 1,$$

$$\frac{\partial f(x_2^*,\mu)}{\partial x} = 1 + 2\sqrt{-\mu} + o(\mu^2) > 1,$$

所以平衡解 x_1^* 是渐近稳定的, x_2^* 是不稳定的.

4.2.2 跨临界分支

在有些情况下, $x = 0$ 总是差分方程 $x(k+1) = f(x(k),\mu)$ 的平衡解, 此时, 定理 4.2.1 中的条件 $\dfrac{\partial f(0,0)}{\partial \mu} > 0$ 无法满足, 但我们可以得到另外的分支结果.

定理 4.2.2 设 $f(x,\mu)$ 二阶连续可微, 且满足

$$f(0,\mu) = 0, \quad \frac{\partial f(0,0)}{\partial x} = 1, \quad \frac{\partial^2 f(0,0)}{\partial x^2} > 0, \quad \frac{\partial^2 f(0,0)}{\partial x \partial \mu} > 0.$$

则有 $\delta > 0$, 使得当 $-\delta < \mu < 0$ 时, 差分方程 $x(k+1) = f(x(k),\mu)$ 在 $x = 0$ 的邻域有两个平衡解 x_1^* 和 $x_0^* = 0$, 其中 $x_1^* > 0$, x_1^* 是不稳定的, x_0^* 是渐近稳定的; 而当 $0 < \mu < \delta$ 时, 差分方程 $x(k+1) = f(x(k),\mu)$ 在 $x = 0$ 的邻域有两个平衡解 x_2^* 和 $x_0^* = 0$, 其中 $x_2^* < 0$, x_2^* 是渐近稳定的, x_0^* 是不稳定的.

例 4.2.2 讨论差分方程 $x(k+1)=x(k)+\mu x(k)+x(k)^2+\mu^2x(k)^3(1+x(k)^2)$ 的平衡解分支情况.

解 由差分方程的形式知道, $f(x,\mu)=x+\mu x+x^2+\mu^2x^3(1+x^2)$. 容易验证, $f(0,\mu)=0$, $\dfrac{\partial f(0,0)}{\partial x}=1$, $\dfrac{\partial^2 f(0,0)}{\partial x^2}=2>0$, $\dfrac{\partial^2 f(0,0)}{\partial x\partial\mu}=1>0$. 由定理 4.2.2 知, 有 $\delta>0$, 当 $-\delta<\mu<0$ 时, 差分方程 $x(k+1)=x(k)+\mu x(k)+x(k)^2+\mu^2x(k)^3(1+x(k)^2)$ 在 $x=0$ 的邻域有两个平衡解 x_1^* 和 $x_0^*=0$, 其中 $x_1^*>0$, x_1^* 是不稳定的, x_0^* 是渐近稳定的; 而当 $0<\mu<\delta$ 时, 差分方程 $x(k+1)=x(k)+\mu x(k)+x(k)^2+\mu^2x(k)^3(1+x(k)^2)$ 在 $x=0$ 的邻域有两个平衡解 x_2^* 和 $x_0^*=0$, 其中 $x_2^*<0$, x_2^* 是渐近稳定的, x_0^* 是不稳定的.

下面直接分析来展示定理的思想方法. 差分方程 $x(k+1)=x(k)+\mu x(k)+x(k)^2+\mu^2x(k)^3(1+x(k)^2)$ 的平衡解满足方程

$$\mu x+x^2+\mu^2x^3(1+x^2)=0.$$

当 $\mu=0$ 时, 方程只有零平衡解, 当 $\mu\neq0$ 时, 直接求方程的解有困难. 我们消去一些 μ 的因子后用隐函数定理来证明分支平衡解的存在性. 当 $\mu\neq0$ 时, 做变换 $x=\mu y$, 消去非零因子 μ^2 后, 平衡解满足的方程化为

$$g(y,\mu)=y+y^2+\mu^3y^3(1+\mu^2y^2)=0.$$

容易验证 $g(0,0)=0$, $\dfrac{\partial g(0,0)}{\partial y}=1>0$. 由隐函数定理知, 有 $\delta_0>0$, 及在 $|\mu|<\delta_0$ 上定义的可微函数 $y=\phi_0(\mu)$ 满足

$$\phi_0(0)=0,\qquad g(\phi_0(\mu),\mu)\equiv0.$$

同理知, $g(-1,0)=0$, $\dfrac{\partial g(-1,0)}{\partial y}=1>0$. 由隐函数定理知, 有 $\delta_1>0$, 及在 $|\mu|<\delta_1$ 上定义的可微函数 $y=\phi_1(\mu)$ 满足

$$\phi_1(0)=-1,\qquad g(\phi_1(\mu),\mu)\equiv0.$$

函数 $\phi_0(\mu)$ 和 $\phi_1(\mu)$ 在 $|\mu|\leqslant\min\{\delta_0,\delta_1\}$ 时都存在, 所以 $x_0^*=\mu\phi_0(\mu)$ 和 $x_1^*=\mu\phi_1(\mu)$ 就是差分方程当 $\mu<\min\{\delta_0,\delta_1\}$ 时的平衡解. 分别将函数 $\phi_0(\mu)$ 和 $\phi_1(\mu)$ 展开为 μ 的多项式, 代入 $g(\phi_j(\mu),\mu)\equiv0$ $(j=0,1)$ 中, 比较 μ 的同次幂的系数得到

$$x_0^*=0,\qquad x_1^*=-\mu-\mu^4+o(\mu^4).$$

$f(x,\mu)$ 对 x 的偏导数为

$$\frac{\partial f(x,\mu)}{\partial x}=1+\mu+2x+\mu^2x^2(3+5x^2).$$

在平衡点 $x_0^*=0$ 处, $\dfrac{\partial f(0,\mu)}{\partial x}=1+\mu$. 所以, 当 $\mu<0$ 时, 平衡解 $x_0^*=0$ 是渐近稳定的, 而当 $\mu>0$ 时, 平衡解 $x_0^*=0$ 是不稳定的. 在平衡点 $x_1^*=-\mu-\mu^4+o(\mu^4)$ 处, $\dfrac{\partial f(x_1^*,\mu)}{\partial x}=1-\mu+o(\mu^2)$. 所以, 当 $\mu<0$ 时, 平衡解 x_1^* 是不稳定的, 而当 $\mu>0$ 时, 平衡解 x_1^* 是渐近稳定的.

4.2.3 音叉分支 (pitchfork bifurcation)

差分方程 $x(k+1)=f(x(k),\mu)$ 在 $(0,0)$ 点的分支随着 $f(x,\mu)$ 在 $(0,0)$ 点展开式中低次项的减少会变得比较复杂. 如 $\dfrac{\partial^2 f(0,0)}{\partial x^2}=0$ 时, 前面两个分支定理的条件都不满足, 但可以出现音叉型的分支.

定理 4.2.3 设 $f(x,\mu)$ 三阶连续可微, 且满足

$$f(0,\mu)=0,\quad \frac{\partial f(0,0)}{\partial x}=1,\quad \frac{\partial^2 f(0,0)}{\partial x^2}=0,\quad \frac{\partial^3 f(0,0)}{\partial x^3}<0,\quad \frac{\partial^2 f(0,0)}{\partial x\partial\mu}>0.$$

则有 $\delta>0$, 使得当 $-\delta<\mu<0$ 时, 差分方程 $x(k+1)=f(x(k),\mu)$ 在 $x=0$ 的邻域有唯一的平衡解 $x_0^*=0$, 且 x_0^* 是渐近稳定的; 而当 $0<\mu<\delta$ 时, 差分方程 $x(k+1)=f(x(k),\mu)$ 在 $x=0$ 的邻域有三个平衡解 $x_0^*=0$, $x_1^*>0$ 和 $x_2^*<0$, 其中 x_0^* 是不稳定的, x_1^* 和 x_2^* 是渐近稳定的.

例 4.2.3 讨论差分方程 $x(k+1)=x(k)+\mu x(k)-x(k)^3-\mu^2x(k)^5(1+x(k)^4)$ 的平衡解分支情况.

解 我们还是先直接引用定理 4.2.3 给出结果, 再通过分析平衡解的存在性与稳定性来说明该定理证明的思想方法. 由给定差分方程的形式知道, $f(x,\mu)=x+\mu x-x^3-\mu^2x^5(1+x^4)$, 容易验证, $f(0,\mu)=0$, $\dfrac{\partial f(0,0)}{\partial x}=1$, $\dfrac{\partial^2 f(0,0)}{\partial x^2}=0$, $\dfrac{\partial^3 f(0,0)}{\partial x^3}=-6<0$, $\dfrac{\partial^2 f(0,0)}{\partial x\partial\mu}=1>0$. 由定理 4.2.3 知, 有 $\delta>0$, 当 $-\delta<\mu<0$ 时, 该差分方程在 $x=0$ 的邻域仅有平衡解 $x_0^*=0$, 且 x_0^* 是渐近稳定的; 而当 $0<\mu<\delta$ 时, 该差分方程在 $x=0$ 的邻域内有三个平衡解 $x_0^*=0$, $x_1^*>0$ 和 $x_2^*<0$, 其中 x_0^* 是不稳定的, x_1^* 和 x_2^* 是渐近稳定的.

下面用隐函数定理来证明平衡解的存在性, 用 $f(x,\mu)$ 在平衡解处偏导数的大小来判断平衡解的稳定性. 该差分方程的平衡解满足方程

$$\mu x-x^3-\mu^2x^5(1+x^4)=0.$$

$x_0^*=0$ 是该方程的平衡解, 消去一个因子 x 后得到其他平衡解满足的方程是

$$g(x,\mu)=\mu-x^2-\mu^2x^4(1+x^4)=0.$$

显然, 当 $\mu<0$ 时, 该方程不会有非零平衡解. 为了得到 $\mu>0$ 时差分方程的平衡解, 令 $x=\sqrt{\mu}y$, 代入 $g(x,\mu)=0$ 中后消去一个因子 μ 得到

$$h(y,\mu)=1-y^2-\mu^3y^4(1+\mu^2y^4)=0.$$

注意到函数 $h(y,0)=1-y^2$. 所以有

$$h(1,0)=0,\quad \frac{\partial h(1,0)}{\partial y}=-2<0,\quad h(-1,0)=0,\quad \frac{\partial h(-1,0)}{\partial y}=2>0.$$

由隐函数定理知, 有 $\delta>0$, 及在 $|y|<\delta$ 上定义的可微函数 $y=\phi_1(\mu)$ 和 $y=\phi_2(\mu)$ 满足

$$\phi_1(0)=1,\quad h(\phi_1(\mu),\mu)\equiv 0,\quad \phi_2(0)=-1,\quad h(\phi_2(\mu),\mu)\equiv 0.$$

最后由这两个函数得到关于 x 的两个平衡解

$$x_1^*=\sqrt{\mu}+o\left(\sqrt{\mu}\right),\qquad x_2^*=-\sqrt{\mu}+o\left(\sqrt{\mu}\right).$$

$f(x,\mu)$ 对 x 的偏导数为

$$\frac{\partial f(x,\mu)}{\partial x}=1+\mu-3x^2+\mu^2x^4(5+9x^4).$$

在平衡点 $x_0^*=0$ 处, $\dfrac{\partial f(0,\mu)}{\partial x}=1+\mu$. 所以, 当 $\mu<0$ 时, 平衡解 $x_0^*=0$ 是渐近稳定的, 而当 $\mu>0$ 时, 平衡解 $x_0^*=0$ 是不稳定的. 在平衡点 x_1^* 和 x_2^* 处,

$$\frac{\partial f(x_j^*,\mu)}{\partial x}=1-2\mu+o(\mu),\qquad j=1,2.$$

所以, 当 $\mu>0$ 时, 平衡解 x_1^* 和 x_2^* 都是渐近稳定的.

最后指出, 当这些定理条件中的一些不等式反向时, 可以得到类似的结论. 如在音叉分支中将 $\dfrac{\partial^3 f(0,0)}{\partial x^3}<0$ 换为 $\dfrac{\partial^3 f(0,0)}{\partial x^3}>0$ 时, 会在 $\mu<0$ 出现三个平衡解. 另外, 这些结论都可以推广到高维的情况, 而且在高维情况下由于模等于 1 的特征值对应的独立特征向量可以较多, 这会导致出现更复杂的分支.

4.2.4 反转分支 (flip bifurcation)

在前面讨论给出的差分方程 $x(k+1)=f(x(k),\mu)$ 在 $(0,0)$ 邻域中的分支时, 都要求 $\dfrac{\partial f(0,0)}{\partial x}=1$, 即 $\mu=0$ 时平衡解 $x_0^*=0$ 的稳定性无法用线性化系统确定, 不同的高阶项可能会导致不同的分支出现. 当 $\dfrac{\partial f(0,0)}{\partial x}=-1$ 时, 随着 μ 的变化也可能在 $(0,0)$ 的邻域内出现不同的分支.

定理 4.2.4　设 $f_2(x,\mu)=f(f(x,\mu),\mu)$, $f(x,\mu)$ 三阶连续可微, 且满足

$$f(0,\mu)=0,\quad \frac{\partial f(0,0)}{\partial x}=-1,\quad \frac{\partial^2 f(0,0)}{\partial x\partial\mu}<0,\quad \frac{\partial^3 f_2(0,0)}{\partial x^3}<0,$$

则有 $\delta>0$, 使得当 $-\delta<\mu\leqslant 0$ 时, 差分方程 $x(k+1)=f(x(k),\mu)$ 在 $x=0$ 的邻域有唯一的平衡解 $x_0^*=0$, 且 x_0^* 是渐近稳定的; 而当 $0<\mu<\delta$ 时, 差分方程 $x(k+1)=f(x(k),\mu)$ 在 $x=0$ 的邻域有一个平衡解 $x_0^*=0$ 和一个 2 周期解, x_0^* 是不稳定的, 而这个 2 周期解是渐近稳定的.

例 4.2.4　讨论差分方程 $x(k+1)=-(1+\mu)x(k)+x(k)^2+x(k)^3$ 在 $(0,0)$ 点邻域中的分支情况.

解　由题目得到 $f(x,\mu)=-(1+\mu)x+x^2+x^3$, 进行复合后有

$$\begin{aligned}f_2(x,\mu)=&(1+\mu)^2x+\mu(1+\mu)x^2-(4+6\mu+3\mu^2+\mu^3)x^3\\&+(2+4\mu+3\mu^2)x^4+(2+3\mu+3\mu^2)x^5-(4-6\mu)x^6\\&-3\mu x^7+3x^8+x^9.\end{aligned}$$

显然有 $f(0,\mu)=0$, 在 $(0,0)$ 点定理 4.2.4 中的各个偏导数为 $\dfrac{\partial f(0,0)}{\partial x}=-1$, $\dfrac{\partial^2 f(0,0)}{\partial x\partial\mu}=-1<0$, $\dfrac{\partial^3 f_2(0,0)}{\partial x^3}=-24<0$. 定理 4.2.3 的条件都成立, 所以有 $\delta>0$, 使得当 $-\delta<\mu\leqslant 0$ 时, 所给差分方程在 $x=0$ 的邻域有唯一的平衡解 $x_0^*=0$, 且 x_0^* 是渐近稳定的; 而当 $0<\mu<\delta$ 时, 所给差分方程在 $x=0$ 的邻域有一个平衡解 $x_0^*=0$ 和一个 2 周期解, x_0^* 是不稳定的, 这个 2 周期解是渐近稳定的.

下面再利用差分方程的稳定性理论和隐函数定理来说明定理的证明思路. 该差分方程的平衡解满足方程

$$f(x,\mu)=-(1+\mu)x+x^2+x^3=0.$$

$x_0^*=0$ 是该方程的平衡解, 消去一个因子 x 后得到其他平衡解满足的方程是

$$g(x,\mu)=-1-\mu+x+x^2=1.$$

当 μ 和 x 充分小时, $g(x,\mu)=-1-\mu+x+x^2<0$, 所以该差分方程在 $(0,0)$ 点的邻域中不会有平衡解的分支. 为了讨论该方程组的 2 周期解, 将 $f(x,\mu)$ 复合后得到 $f_2(x,\mu)$. $f_2(x,\mu)=x$ 的非零解就对应与原方程的 2 周期解. 消去一个因子 x 后, 得到原差分方程的 2 周期解满足

$$\begin{aligned}g_2(x,\mu)=&2\mu+\mu^2+\mu(1+\mu)x-(4+6\mu+3\mu^2+\mu^3)x^2\\&+(2+4\mu+3\mu^2)x^3+(2+3\mu+3\mu^2)x^4-(4-6\mu)x^5\\&-3\mu x^6+3x^7+x^8.\end{aligned}$$

当 $\mu > 0$ 时, 令 $x = \sqrt{\mu}y$, 代入 $g_2(x,\mu) = 0$ 中, 消去一个因子 μ 后得到

$$\begin{aligned}h_2(y,\mu) =& 2+\mu+\sqrt{\mu}(1+\mu)y-(4+6\mu+3\mu^2+\mu^3)y^2\\&+\sqrt{\mu}(2+4\mu+3\mu^2)y^3+\mu(2+3\mu+3\mu^2)y^4-\sqrt{\mu}\mu(4-6\mu)y^5\\&-3\mu^3y^6+3\sqrt{\mu}\mu^2y^7+\mu^3y^8.\end{aligned}$$

由 $h_2(y,0) = 2-4y^2$ 得到

$$\begin{aligned}&h_2\left(\sqrt{2}/2,0\right)=0, \qquad \frac{\partial h_2(\sqrt{2}/2,0)}{\partial y}=-4\sqrt{2}<0,\\&h_2\left(-\sqrt{2}/2,0\right)=0, \qquad \frac{\partial h_2(-\sqrt{2}/2,0)}{\partial y}=4\sqrt{2}>0.\end{aligned}$$

由隐函数定理知, 有 $\delta > 0$, 及在 $|\mu| < \delta$ 上定义的可微函数 $y = \phi_1(\mu)$ 和 $y = \phi_2(\mu)$, 这两个函数满足

$$\begin{aligned}&\phi_1(0)=\sqrt{2}/2, \qquad h_2(\phi_1(\mu),\mu)\equiv 0, \qquad \mu\in[-\delta,\delta],\\&\phi_!(0)=-\sqrt{2}/2, \qquad h_2(\phi_2(\mu),\mu)\equiv 0, \qquad \mu\in[-\delta,\delta].\end{aligned}$$

再代回去得到 $x = \sqrt{2\mu}/2 + o(\sqrt{\mu})$ 和 $x = -\sqrt{2\mu}/2 + o(\sqrt{\mu})$ 是差分方程的 2 周期解上的两个点.

为了讨论平衡解和周期解的稳定性, 分别对 $f(x,\mu)$ 和 $f_2(x,\mu)$ 求导得到

$$\begin{aligned}&\frac{\partial f(x,\mu)}{\partial x}=-1-\mu+2x+3x^2,\\&\frac{\partial f_2(x,\mu)}{\partial x}=(1+\mu)^2+2\mu(1+\mu)x-3(4+6\mu+3\mu^2+\mu^3)x^2+\cdots.\end{aligned}$$

对平衡解 $x_0^* = 0$, 由 $\dfrac{\partial f(x,\mu)}{\partial x} = -1-\mu$ 知道, 当 $\mu < 0$ 时, 零平衡解是渐近稳定的, 而当 $\mu > 0$ 时, 零平衡解是不稳定的. 对 2 周期解的点有 $\dfrac{\partial f_2(x,\mu)}{\partial x} = 1+2\mu+o(\mu)$, 所以, 当 $\mu > 0$ 时分支出的 2 周期解是渐近稳定的.

4.3 二维差分方程组平衡解和稳定性的分支

平衡解的个数和稳定性及类型对方程组解的性态都有很大的影响. 这一节先讨论二维常系数线性齐次方程组平衡解稳定性和类型的分支, 然后给出一些非线性方程组平衡解和稳定性分支的结论.

4.3.1 常系数线性齐次方程组平衡解的稳定性和相图

考虑二维的常系数线性差分方程组 $\boldsymbol{x}(k+1) = A\boldsymbol{x}(k)$, 或者其等价的系统

$$\begin{aligned}x_1(k+1)&=a_{11}x_1(k)+a_{12}x_2(k),\\x_2(k+1)&=a_{21}x_1(k)+a_{22}x_2(k).\end{aligned} \tag{4.3.1}$$

a_{ij} 为常数, 且 1 不是矩阵 A 的特征值. 记 $p = a_{11} + a_{22}$, $q = a_{11}a_{22} - a_{12}a_{21}$, 矩阵 A 的特征方程为

$$\lambda^2 - p\lambda + q = 0.$$

这个特征方程的根为

$$\lambda_1 = \frac{1}{2}\left(p + \sqrt{p^2 - 4q}\right), \qquad \lambda_2 = \frac{1}{2}\left(p - \sqrt{p^2 - 4q}\right).$$

根据矩阵 A 的特征值的大小, 方程组 (4.3.1) 的零平衡解渐近稳定的充分必要条件是

$$|p| < 1 + q < 2.$$

为了更仔细地分析平衡解邻域内解的性态, 根据矩阵 A 的特征值的不同情况, 利用非奇异的线性变换 $\boldsymbol{x} = P\boldsymbol{y}$, 将方程组 $\boldsymbol{x}(k+1) = A\boldsymbol{x}(k)$ 化为

$$\boldsymbol{y}(k+1) = B\boldsymbol{y}(k), \tag{4.3.2}$$

其中 B 为下面三种情况之一

$$\text{(i) } B = \begin{pmatrix} \lambda_1 & 0 \\ 0 & \lambda_2 \end{pmatrix}, \quad \text{(ii) } B = \begin{pmatrix} \lambda & 0 \\ 1 & \lambda \end{pmatrix}, \quad \text{(iii) } B = \begin{pmatrix} \alpha & \beta \\ -\beta & \alpha \end{pmatrix}.$$

(i) 对应着矩阵 A 的特征方程有两个实根, 是重根时它有两个线性无关的特征向量的情况; (ii) 对应着矩阵 A 的特征方程有重实根, 且只有一个线性无关的特征向量的情况; (iii) 对应着矩阵 A 的特征方程有共轭复根的情况. (ii) 是比较复杂的情况, 在这里仅分析在情况 (i) 和 (iii) 中平衡解邻域内解的性态.

在情况 (i) 中, 关于 $\boldsymbol{y}$ 的差分方程是

$$y_1(k+1) = \lambda_1 y_1(k), \quad y_2(k+1) = \lambda_2 y_2(k).$$

这个方程组满足初始条件 $y_1(0) = y_{10}$ 和 $y_2(0) = y_{20}$ 的解为

$$y_1(k) = \lambda_1^k y_{10}, \quad y_2(k) = \lambda_2^k y_{20}.$$

所以, 当 $|\lambda_1| < 1$ 和 $|\lambda_2| < 1$ 时, $|y_1(k)| < y_{10}$, $|y_2(k)| < y_{20}$, 且

$$\lim_{k\to\infty} y_1(k) = \lim_{k\to\infty} \lambda_1^k y_{10} = 0, \quad \lim_{k\to\infty} y_2(k) = \lim_{k\to\infty} \lambda_2^k y_{20} = 0.$$

方程组 $\boldsymbol{y}(k+1) = B\boldsymbol{y}(k)$ 的零解是全局渐近稳定的. 这时, 原方程组 $\boldsymbol{x}(k+1) = A\boldsymbol{x}(k)$ 的零解也是全局渐近稳定的, 称方程组 $\boldsymbol{x}(k+1) = A\boldsymbol{x}(k)$ 的零平衡解是稳定的结点. 当 $|\lambda_1| > 1$ 和 $|\lambda_2| > 1$ 时, 方程组 $\boldsymbol{y}(k+1) = B\boldsymbol{y}(k)$ 的零解是不稳定的, 且当 y_{10} 和 y_{20} 不为零时, 有

$$\lim_{k\to\infty} y_1(k) = \lim_{k\to\infty} \lambda_1^k y_{10} = \infty, \qquad \lim_{k\to\infty} y_2(k) = \lim_{k\to\infty} \lambda_2^k y_{20} = \infty.$$

称方程组 $\boldsymbol{x}(k+1)=A\boldsymbol{x}(k)$ 的零平衡解是不稳定的结点. 当 $|\lambda_1|>1$ 和 $|\lambda_2|<1$ 时, 方程组 $\boldsymbol{y}(k+1)=B\boldsymbol{y}(k)$ 的零解是不稳定的, 且当 y_{10} 不为零时, 有

$$\lim_{k\to\infty} y_1(k)=\lim_{k\to\infty}\lambda_1^k y_{10}=\infty, \qquad \lim_{k\to\infty} y_2(k)=\lim_{k\to\infty}\lambda_2^k y_{20}=0.$$

$|\lambda_1|<1$ 和 $|\lambda_2|>1$ 的情况类似, 方程组解的一个分量趋于无穷, 另一个分量趋于零, 此时称方程组 $\boldsymbol{x}(k+1)=A\boldsymbol{x}(k)$ 的零平衡解是鞍点, 它是不稳定的.

在情况 (iii) 中, 关于 $\boldsymbol{y}$ 的差分方程是

$$y_1(k+1)=\alpha y_1(k)+\beta y_2(k), \qquad y_2(k+1)=-\beta y_1(k)+\alpha y_2(k).$$

引入变换 $y_1(k)=r(k)\cos\theta(k)$ 和 $y_2(k)=r(k)\sin\theta(k)$, 得到关于 $r(k)$ 和 $\theta(k)$ 的差分方程组

$$r(k+1)=\sqrt{\alpha^2+\beta^2}r(k), \qquad \theta(k+1)=\theta(k)-\varphi.$$

求得解的表达式

$$r(k)=\left(\alpha^2+\beta^2\right)^{k/2}r_0, \qquad \theta(k)=\theta_0-k\varphi.$$

再返回去, 得到方程组的通解为

$$\begin{pmatrix} y_1(k) \\ y_2(k) \end{pmatrix}=\left(\alpha^2+\beta^2\right)^{k/2}\begin{pmatrix} c_1\cos(k\varphi)+c_2\sin(k\varphi) \\ -c_1\sin(k\varphi)+c_2\cos(k\varphi) \end{pmatrix},$$

其中 $\varphi=\tan^{-1}\beta/\alpha$. 所以, 当 $|\lambda|=\sqrt{\alpha^2+\beta^2}<1$ 时,

$$\lim_{k\to\infty} y_1(k)=0, \qquad \lim_{k\to\infty} y_2(k)=0.$$

方程组 $\boldsymbol{y}(k+1)=B\boldsymbol{y}(k)$ 的零解是全局渐近稳定的. 即原方程组 $\boldsymbol{x}(k+1)=A\boldsymbol{x}(k)$ 的零解也是全局渐近稳定的, 这时, 方程组的解是在零平衡解的邻域内盘旋趋于零, 称方程组 $\boldsymbol{x}(k+1)=A\boldsymbol{x}(k)$ 的零平衡解是稳定的焦点. 当 $\sqrt{\alpha^2+\beta^2}>1$ 时, 方程组 $\boldsymbol{y}(k+1)=B\boldsymbol{y}(k)$ 的非零解无界,

$$\lim_{k\to\infty} y_1(k)=\infty, \qquad \lim_{k\to\infty} y_2(k)=\infty.$$

方程组 $\boldsymbol{x}(k+1)=A\boldsymbol{x}(k)$ 的零解是不稳定的, 且方程组的解是盘旋趋于无穷, 称方程组 $\boldsymbol{x}(k+1)=A\boldsymbol{x}(k)$ 的平衡解是不稳定的焦点.

在平衡解的邻域中, 线性差分方程组 $\boldsymbol{x}(k+1)=A\boldsymbol{x}(k)$ 解轨线的相图见图 4-1, 这四个图分别给出了稳定结点、鞍点、不稳定结点和稳定焦点的示意图. 为了帮助

读者理解和记忆平衡解稳定性和类型的变化情况, 将这些稳定性的边界曲线和复根出现的边界曲线画在 pq 平面上 (图 4-2). 由直线 $q=p-1$, $q=-p-1$ 和 $q=1$ 围成的三角形是方程组 (4.3.1) 的零平衡解渐近稳定的区域, 其他区域都是不稳定的区域. 根据特征方程根的情况, 再把 pq 平面分为一些子区域 D_j, 在这些子区域中特征根的大小及稳定性见表 4-1.

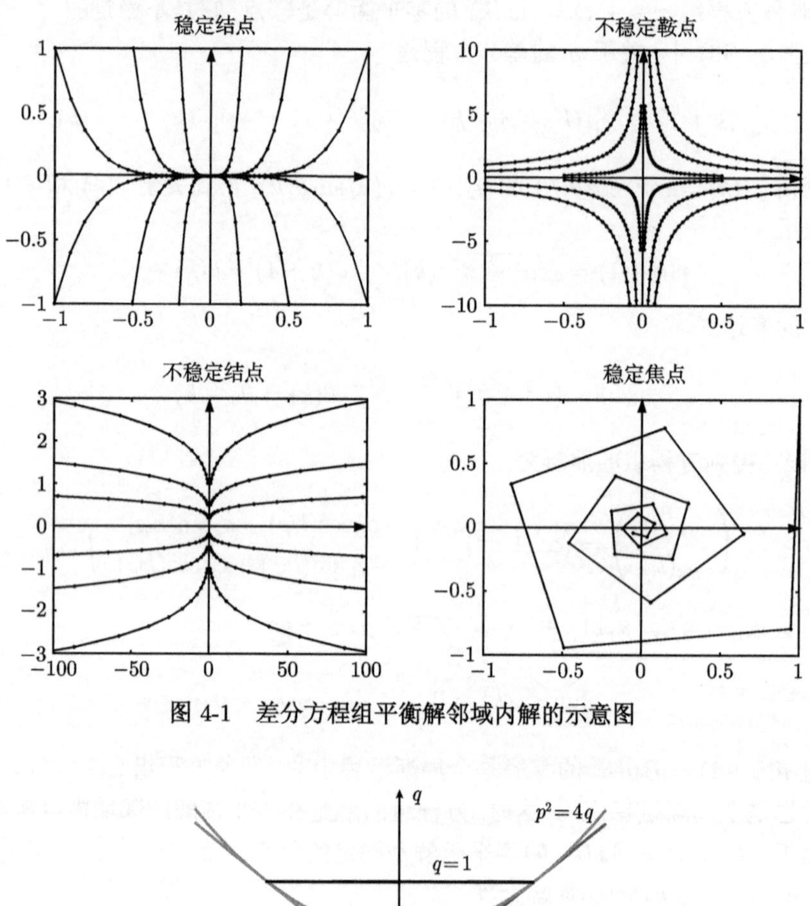

图 4-1 差分方程组平衡解邻域内解的示意图

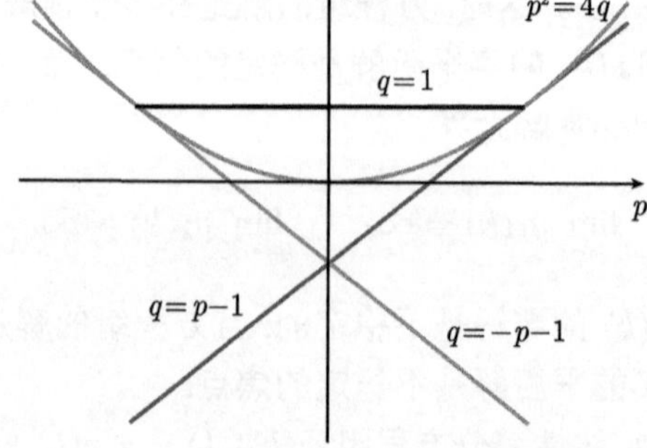

图 4-2 pq 平面上方程组 (4.3.1) 零平衡解稳定性的分支图

表 4-1 pq 平面内矩阵 A 特征根的大小

区域编号	区域定义	特征根 λ_1	特征根 λ_2	平衡解类型及稳定性
D_1	$q<1$	$\|\lambda_1\|<1$	$\|\lambda_2\|<1$	焦点
	$p^2<4q$	复根	复根	稳定
D_2	$p^2<4q$	$\|\lambda_1\|>1$	$\|\lambda_2\|>1$	焦点
	$q>1$	复根	复根	不稳定
D_3	$q>p-1, p>2$	$\lambda_1>1$	$\lambda_2>1$	结点
	$p^2>4q,\ q>1$	实根	实根	不稳定
D_4	$q<p-1$	$\lambda_1>1$	$-1<\lambda_2<1$	鞍点
	$q>-p-1$	实根	实根	不稳定
D_5	$q<p-1$	$\lambda_1>1$	$\lambda_2<-1$	结点
	$q<-p-1$	实根	实根	不稳定
D_6	$q<-p-1$	$-1<\lambda_1<1$	$\lambda_2<-1$	鞍点
	$q>p-1$	实根	实根	不稳定
D_7	$q>-p-1, p<-2$	$\lambda_1<-1$	$\lambda_2<-1$	结点
	$p^2>4q,\ q>1$	实根	实根	不稳定
D_8	$q>p-1, p^2>4q$	$\|\lambda_1\|<1$	$\|\lambda_2\|<1$	结点
	$q>-p-1$	实根	实根	稳定

在表 4-1 中, 我们将 pq 平面分成了 8 个区域, 其中区域 D_1 和 D_8 是平衡解渐近稳定的区域, 其他的是不稳定的区域. 当参数越过稳定和不稳定区域的边界时, 平衡解的稳定性就会发生变化, 所以这些边界曲线就是平衡解稳定性变化的分支曲线.

进一步的仔细分析可以把稳定性区域分为两块 D_1 和 D_8, 当 (p,q) 位于 D_1 中时, 原点是方程组 $\boldsymbol{x}(k+1)=A\boldsymbol{x}(k)$ 的稳定焦点, 当 (p,q) 位于 D_8 中时, 原点是方程组 $\boldsymbol{x}(k+1)=A\boldsymbol{x}(k)$ 的稳定结点. D_1 和 D_8 的分界线 $p^2=4q$ 就可以看作稳定平衡解类型变化的分支曲线. 注意到方程组 $\boldsymbol{x}(k+1)=A\boldsymbol{x}(k)$ 平衡解不稳定区域中特征根模的大小, 我们看到 D_2 是不稳定的焦点区, D_3, D_5 和 D_7 是不稳定的结点区, D_4 和 D_6 是不稳定的鞍点区. 当参数穿过这些区域的边界时, 平衡解的类型会发生变化. 这些区域的边界曲线就是平衡解的类型会发生变化的分支曲线.

例 4.3.1 讨论线性差分方程组 $\boldsymbol{x}(k+1)=\begin{pmatrix} 2 & 1 \\ c & -1 \end{pmatrix}\boldsymbol{x}(k)$ 零平衡解的稳定性及其类型.

解 矩阵 A 的特征方程为

$$\det(A-\lambda I)=\begin{vmatrix} 2-\lambda & 1 \\ c & -1-\lambda \end{vmatrix}=\lambda^2-\lambda-c-2=0.$$

对比得到, $p=1$, $q=-(c+2)$. 由表 4-1 中给出的结论知道, 当 $q<-2$ 时,

$(1,q) \in D_5$, 即当 $c>0$ 时, 方程组的平衡解是不稳定的结点; 当 $-2<q<0$ 时, $(1,q) \in D_4$, 即当 $-2<c<0$ 时, 方程组的平衡解是不稳定的鞍点; 当 $0<q<\frac{1}{4}$ 时, $(1,q) \in D_8$, 即当 $-\frac{9}{4}<c<-2$ 时, 方程组的平衡解是稳定的结点; 当 $\frac{1}{4}<q<1$ 时, $(1,q) \in D_1$, 即当 $-3<c<-\frac{9}{4}$ 时, 方程组的平衡解是稳定的焦点; 当 $1<q$ 时, $(1,q) \in D_2$, 即当 $c<-3$ 时, 方程组的平衡解是不稳定的焦点. 由这些参数值的取值范围看到, c 从大于零变为小于零时, 平衡解由不稳定的结点变为鞍点; c 从大于 -2 变为小于 -2 时, 平衡解由不稳定的鞍点变为稳定的结点; c 从大于 $-\frac{9}{4}$ 变为小于 $-\frac{9}{4}$ 时, 平衡解由稳定的结点变为稳定的焦点; c 从大于 -3 变为小于 -3 时, 平衡解由稳定的焦点变为不稳定的焦点. 所以, $c=0$ 和 $c=-\frac{9}{4}$ 是平衡解类型发生变化的分支点, $c=-2$ 和 $c=-3$ 是平衡解稳定性发生变化的分支点. 有兴趣的读者可以选取参数 c 的不同值来观察平衡解邻域内解的走向.

4.3.2　一个非线性差分方程组平衡解的稳定性和分支

线性化是研究一个非线性差分方程组平衡解稳定性的有效途径, 当线性化部分对应的特征值的模都小于 1 时, 原差分方程组的平衡解是稳定的; 当线性化部分有模大于 1 的特征值时, 原差分方程组的平衡解是不稳定. 而当线性部分有模等于 1 的特征值、其余特征值的模都小于 1 时, 原差分方程的平衡解无法根据线性化部分来确定, 这属于临界情况, 往往也会出现一些分支.

例 4.3.2　讨论非线性差分方程组

$$\begin{aligned} x_1(k+1) &= \frac{x_1(k)}{2} + x_2^2(k), \\ x_2(k+1) &= (1+\mu)x_2(k) + x_1^2(k) + x_2^2(k) \end{aligned} \tag{4.3.3}$$

平衡解 $(0,0)$ 的稳定性及其分支.

解　对参数 μ 的所有值, $(0,0)$ 都是差分方程组 (4.3.3) 的平衡解. 方程组 (4.3.3) 在 $(0,0)$ 的线性化系统为

$$x_1(k+1) = \frac{x_1(k)}{2}, \quad x_2(k+1) = (1+\mu)x_2(k).$$

当 $-2<\mu<0$ 时, 差分方程组 (4.3.3) 的平衡解 $(0,0)$ 是渐近稳定的; 当 $\mu<-2$ 或 $\mu>0$ 时, 差分方程组 (4.3.3) 的平衡解 $(0,0)$ 是不稳定的. 当 $\mu=0$ 或 $\mu=-2$ 时, 线性化系统有模等于 1 的特征值, 差分方程组 (4.3.3) 的稳定性无法从线性化系统得到.

当 $\mu=0$ 时, 取充分小的初始值 $x_1(0)=x_1^0$, $x_2(0)=x_2^0$, 且 $x_2^0>0$. 由 (4.3.3) 中的第二个方程得

$$x_2(1) = x_2(0) + x_1^2(0) + x_2^2(0) \geqslant x_2(0)(1 + x_2(0)) = x_2^0(1 + x_2^0).$$

不断递推可以得到 $x_2(k) \geqslant x_2^0(1 + x_2^0)^k$, 所以方程组 (4.3.3) 的零解是不稳定的. 进一步的分析得到, 从 $(0, 0)$ 点充分小的邻域中出发的解, 有一部分趋于 $(0, 0)$, 还有一部分离开 $(0, 0)$.

差分方程组 (4.3.3) 的平衡解满足的方程为

$$x_1 = 2x_2^2, \qquad \mu x_2 + x_1^2 + x_2^2 = 0.$$

将前一个方程代入后一个后得到

$$\mu x_2 + x_2^2 + 4x_2^4 = 0.$$

$x_2 = 0$ 总是这个方程的解, 消去一个 x_2 得到的方程为

$$\mu + x_2 + 4x_2^3 = 0.$$

由隐函数定理知, 有 $\delta > 0$, 使得当 $|\mu| < \delta$ 时, $\mu + x_2 + 4x_2^3 = 0$ 有解 $x_2 = \phi(\mu)$, 满足

$$\phi(0) = 0, \quad \phi(\mu) = -\mu + o(\mu), \quad \mu + \phi(\mu) + 4\phi(\mu)^3 \equiv 0.$$

所以, 当 $0 < |\mu| < \delta$ 时, 差分方程组 (4.3.3) 有两个平衡解:

$$\begin{cases} x_1 = 0, \\ x_2 = 0, \end{cases} \qquad \begin{cases} x_1 = 2\mu^2 + o(\mu^2), \\ x_2 = -\mu + o(\mu). \end{cases}$$

平衡解 $x_1 = 0$ 和 $x_2 = 0$ 当 $-\delta < \mu < 0$ 时渐近稳定, 当 $0 < \mu < \delta$ 时不稳定. 为了考虑另一个平衡解的稳定性, 把方程组 (4.3.3) 在该平衡解处线性化得到

$$\begin{aligned} x_1(k+1) &= \frac{x_1(k)}{2} - (2\mu + o(\mu))x_2(k), \\ x_2(k+1) &= (4\mu^2 + o(\mu^2))x_1(k) + (1 - \mu + o(\mu))x_2(k). \end{aligned}$$

这个线性化系统特征方程的根为

$$\lambda = \frac{1}{2}\left(\frac{3}{2} - \mu + o(\mu) \pm \sqrt{\frac{1}{4} - \mu + o(\mu)}\right).$$

当 $|\mu| < \delta$ 时, $\lambda = \frac{1}{2}\left(\frac{3}{2} - \mu + o(\mu) - \sqrt{\frac{1}{4} - \mu + o(\mu)}\right)$ 在 $\frac{1}{2}$ 附近变化, 模小于 1. $\lambda = \frac{1}{2}\left(\frac{3}{2} - \mu + o(\mu) + \sqrt{\frac{1}{4} - \mu + o(\mu)}\right)$ 关于 μ 单调减, 且当 $\mu = 0$ 时等于 1. 所

以当 $\mu<0$ 时, 非零平衡解是不稳定的, 而当 $\mu>0$ 时, 非零平衡解是渐近稳定的. 这表明, 零平衡解和非零平衡解在 $\mu=0$ 时合并为一个, 在 $\mu=0$ 两侧, 非零平衡解改变符号, 且两个平衡解交换稳定性.

接下来讨论在 $\mu=-2$ 附近平衡解稳定性或分支的变化. 当 $\mu=-2$ 时, 差分方程组 (4.3.3) 为

$$
\begin{aligned}
x_1(k+1)&=\frac{x_1(k)}{2}+x_2^2(k),\\
x_2(k+1)&=-x_2(k)+x_1^2(k)+x_2^2(k).
\end{aligned}
$$

该差分方程组 (4.3.3) 在平衡解 $(0,0)$ 的线性化系统的两个特征值分别为 $\dfrac{1}{2}$ 和 -1. 线性化系统平衡解 $(0,0)$ 是稳定, 但不是渐近稳定的. 非线性方程组 (4.3.3) 零解的稳定性可以借助于中心流形定理来讨论 (中心流形的相关理论见参考文献 [20], 附录中列出了一些主要的结果). 该方程组满足中心流形定理的条件, 有在 $x_2=0$ 的邻域中定义的函数 $x_1=h(x_2)=h_2x_2^2+h_3x_2^3+\cdots$, 使得从 $(h(x_2),x_2)$ 中出发的解仍然停留在这个集合内. 所以有

$$
\frac{h(x_2)}{2}+x_2^2=h\left(-x_2+h(x_2)^2+x_2^2\right).
$$

将 $h(x_2)=h_2x_2^2+h_3x_2^3+\cdots$ 代入, 比较 x_2 的同次幂的系数得到 $x_1=2x_2^2+o(x_2^2)$. 将这个近似表达式代入第二个方程中得到中心流形上的解满足的方程是

$$
x_2(k+1)=-x_2(k)+x_2^2(k)+4x_2^4(k)+o\left(x_2^4(k)\right).
$$

利用定理 1.3.1 知道, 这个一维差分方程的零平衡解是渐近稳定的, 由中心流形理论知道, 方程组 (4.3.3) 的零平衡解当 $\mu=-2$ 时也是渐近稳定的.

下面讨论方程组 (4.3.3) 在 $x_1=0$, $x_2=0$ 和 $\mu=-2$ 的邻域内平衡解或者周期解的分支. 将第一个方程得到的 $x_1=2x_2^2$ 代入第二个方程后得到非零平衡解的第二个分量满足的方程为

$$
\mu+x_2+4x_2^3=0.
$$

所以, 除过原点外, 在 $x_1=0$, $x_2=0$ 和 $\mu=-2$ 的邻域内再无方程组的平衡解. 为了探讨方程组 (4.3.3) 在 $x_1=0$, $x_2=0$ 和 $\mu=-2$ 的邻域内是否会出现 2 周期解, 将方程组 (4.3.3) 中映射复合后得到

$$
\begin{aligned}
x_1(k+2)=&\frac{x_1(k)}{4}+\left(\frac{1}{2}+(1+\mu)^2\right)x_2^2(k)\\
&+2(1+\mu)x_2(k)\left(x_1^2(k)+x_2^2(k)\right)+\left(x_1^2(k)+x_2^2(k)\right)^2,\\
x_2(k+2)=&(1+\mu)^2x_2(k)+\left(\frac{1}{4}+(1+\mu)\right)x_1^2(k)\\
&+(1+\mu)(2+\mu)x_2^2(k)+2(1+\mu)x_2(k)\left(x_1^2(k)+x_2^2(k)\right)\\
&+x_1(k)x_2^2(k)+\left(x_1^2(k)+x_2^2(k)\right)^2+x_2^4(k).
\end{aligned}
$$

令 $\mu=-2+\varepsilon$, 方程组 (4.3.3) 的平衡解或者 2 周期解满足的方程组是

$$\begin{aligned}&\frac{-3x_1}{4}+\left(\frac{1}{2}+(\varepsilon-1)^2\right)x_2^2+2(\varepsilon-1)x_2\left(x_1^2+x_2^2\right)+\left(x_1^2+x_2^2\right)^2=0,\\&\varepsilon(\varepsilon-2)x_2+\left(-\frac{3}{4}+\varepsilon\right)x_1^2+(\varepsilon-1)\varepsilon x_2^2\\&+2(\varepsilon-1)x_2\left(x_1^2+x_2^2\right)+x_1x_2^2+\left(x_1^2+x_2^2\right)^2+x_2^4=0.\end{aligned}\tag{4.3.4}$$

对 (4.3.4) 第一个方程应用隐函数定理可以得到在 $|x_2|<\delta_1$ 定义的函数 $x_1=\phi(x_2)$, 使得 (4.3.4) 的第一个方程在 $|x_2|<\delta_1$ 恒成立, 且 $\phi(0)=0$. 将 $x_1=\phi(x_2)$ 展开为 $x_1=\phi(x_2)=a_1x_2+a_2x_2^2+\cdots$, 代入后比较系数得到 $a_1=0, a_2=\dfrac{4}{3}\left(\dfrac{1}{2}+(\varepsilon-1)^2\right)$. 将 $x_1=a_2x_2^2+o(x_2^2)$ 代入 (4.3.4) 的第二个方程, 消去因子 x_2 后得到

$$\varepsilon(\varepsilon-2)+(\varepsilon-1)\varepsilon x_2+2(\varepsilon-1)x_2^2+\left(2+a_2+\left(\frac{1}{4}+(\varepsilon-1)^2\right)a_2^2\right)x_2^3+o(x_2^3)=0.$$

对这个方程应用隐函数定理后得到, 有 $\delta_2>0$ 和 $|x_2|<\delta_2$ 上定义的连续可微函数 $\varepsilon=\psi(x_2)$, 这个等式在 $|x_2|<\delta_2$ 上恒成立. 再利用展开式 $\varepsilon=\psi(x_2)=b_1x_2+b_2x_2^2+\cdots$, 代入后比较系数得到 $b_1=0, b_2=-1$. 即 $\varepsilon=-x_2^2+o(x_2^2)$. 这意味着方程组 (4.3.3) 的 2 周期解仅在 $\varepsilon<0$ 存在, 即在原来参数 $\mu<-2$ 时出现.

图 4-3 给出了参数 μ 取不同值时差分方程组 (4.3.3) 的相图或解曲线的示意图.

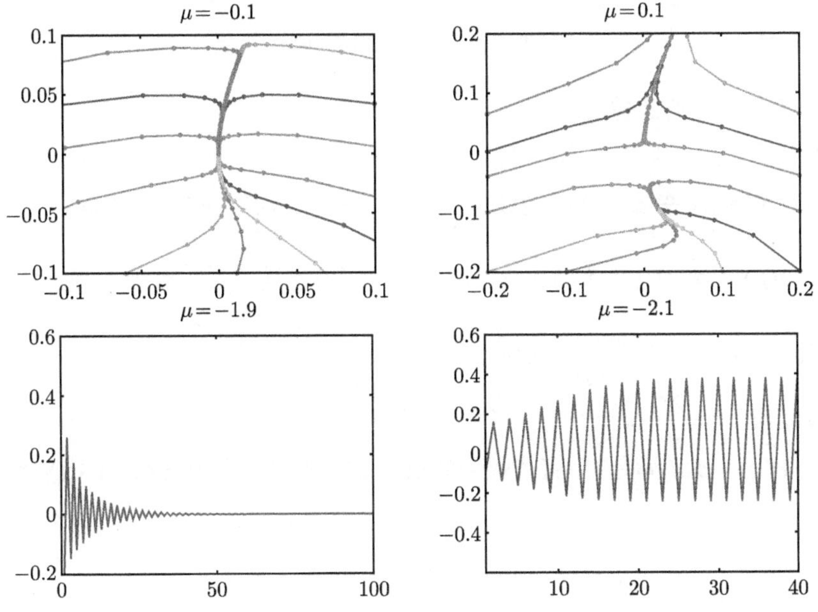

图 4-3 模型 (4.3.3) 参数取不同的值时解的性态示意图

左上图给出了 $\mu=-0.1$ 时在方程组 (4.3.3) 的坐标原点邻域中解的相图, 此时平衡解 $x_1=0,\ x_2=0$ 是渐近稳定的. 右上图给出了 $\mu=0.1$ 时方程组 (4.3.3) 平衡解的分支, 此时有两个平衡解, 零平衡解是不稳定的, 非零平衡解是渐近稳定的. 左下图给出的是 $\mu=-1.9$ 时差分方程组从 $x_1(0)=0.2,\ x_2(0)=-0.2$ 出发的解曲线中 $x_2(k)$ 随时间的变化情况, $x_2(k)$ 很快就趋于零, 差分方程组 (4.3.3) 的零解是渐近稳定的. 左下图给出的是 $\mu=-2.1$ 时差分方程组从 $x_1(0)=0.2,\ x_2(0)=-0.1$ 出发的解曲线中 $x_2(k)$ 随时间的变化情况, $x_2(k)$ 逐渐趋于一个周期为 2 的周期解, 差分方程组 (4.3.3) 的零解是不稳定的, 这个周期为 2 的解是渐近稳定的.

4.4 不变闭曲线的分支

前面已经看到当差分方程平衡解的稳定性变化时, 可能会出现分支现象, 包括平衡解和不变解曲线的分支. 下面给出两种不变闭曲线的分支, 一种是焦点稳定性变化时产生的不变闭曲线, 另外一种是从不变闭曲线族产生的不变闭曲线.

4.4.1 Hopf 分支

与微分方程组周期解分支的定义类似, 当焦点的稳定性改变时可能在其邻域内出现不变闭曲线. 设 U 是 R^2 中包含原点 $(0,0)$ 的一个区域, I 是 R 中包含 0 的一个区间, $\boldsymbol{f}(\boldsymbol{x},\mu)$ 是定义在 $U\times I$ 上的 $r\ (r\geqslant 6)$ 次连续可微函数. 考虑差分方程组

$$\boldsymbol{x}(k+1)=\boldsymbol{f}(\boldsymbol{x}(k),\mu), \tag{4.4.1}$$

$\boldsymbol{f}(\boldsymbol{x},\mu)$ 满足下面的条件

(H1) $\boldsymbol{f}(0,\mu)=0,\ \mu\in I$;

(H2) $\boldsymbol{f}(\boldsymbol{x},\mu)$ 在 $\boldsymbol{x}=0$ 处的线性化矩阵 $A=\dfrac{\partial \boldsymbol{f}(0,\mu)}{\partial \boldsymbol{x}}$ 有一对复根

$$\lambda(\mu)=\alpha(\mu)\left(\cos\beta(\mu)+i\sin\beta(\mu)\right),\quad \alpha(\mu)\neq 0,\quad 且\quad \beta(\mu)\in(0,\pi);$$

(H3) $\alpha(0)=1$, 且 $\dfrac{d\alpha(0)}{d\mu}>0$;

(H4) $\beta(0)\neq\dfrac{2\pi}{q},\ q=1,2,,3,4.$

当 (H1)—(H4) 满足时, 有依赖于参数 μ 的变换把差分方程组 (4.4.1) 化为极坐标形式

$$\begin{aligned}\rho(k+1)&=\alpha(\mu)\rho(k)-\sigma(\mu)\rho(k)^3+\rho(k)^4R(\rho(k),\theta(k),\mu),\\ \theta(k+1)&=\theta(k)+\beta(\mu)+\omega(\mu)\rho(k)^2+\rho(k)^3S(\rho(k),\theta(k),\mu).\end{aligned} \tag{4.4.2}$$

定理 4.4.1 设 (H1)—(H4) 满足, 且 $\sigma(0)>0$. 则有 $\delta>0$, 当 $-\delta<\mu\leqslant 0$ 时, $(0,0)$ 是差分方程组 (4.4.1) 渐近稳定的平衡解, 在 $(0,0)$ 的邻域内没有不变闭曲线; 当 $0<\mu<\delta$ 时, $(0,0)$ 是差分方程组 (4.4.1) 不稳定的平衡解, 在 $(0,0)$ 的邻域内有差分方程组 (4.4.1) 唯一的不变闭曲线, 且该不变闭曲线是渐近稳定的[17].

定理 4.4.1 就是离散的 Hopf 分支定理, 其思路、条件、结论和计算过程都与连续模型的 Hopf 分支定理类似, 但计算过程相对复杂一些. 下面给出一个例子来说明定理 4.4.1 的应用过程.

例 4.4.1 考虑下面差分方程组的周期解分支

$$
\begin{aligned}
x_1(k+1)=&\alpha(\mu)\left(x_1(k)\cos\beta(\mu)+x_2(k)\sin\beta(\mu)\right)\\
&+cx_1(k)\left(x_1^2(k)+x_2^2(k)\right),\\
x_2(k+1)=&\alpha(\mu)(-x_1(k)\sin\beta(\mu)+x_2(k)\cos\beta(\mu))\\
&+cx_2(k)\left(x_1^2(k)+x_2^2(k)\right).
\end{aligned}
\tag{4.4.3}
$$

解 利用变换 $x_1(k)=\rho(k)\cos\theta(k)$, $x_2(k)=\rho(k)\sin\theta$, 将差分方程组 (4.4.3) 化为

$$
\rho^2(k+1)=\alpha^2(\mu)\rho^2(k)+2c\alpha(\mu)\cos\beta(\mu)\rho^4(k)+c^2\rho^6(k),
$$

$$
\theta(k+1)=\arctan\left(\frac{\tan\theta(k)-\tan\beta(\mu)+\dfrac{\rho^2(k)c\tan\theta(k)}{\alpha(\mu)\cos\beta(\mu)}}{1+\tan\beta(\mu)\tan\theta(k)+\dfrac{\rho^2(k)c}{\alpha(\mu)\cos\beta(\mu)}}\right).
$$

对这个方程组的第一个两边开方, 然后再将这两个函数以 $\rho^2(k)$ 为自变量在 0 点展开得到

$$
\begin{aligned}
\rho(k+1)&=\alpha(\mu)\rho(k)+c\cos\beta(\mu)\rho^3(k)+O\left(\rho^5(k)\right),\\
\theta(k+1)&=\theta(k)-\beta(\mu)+b_2\rho^2(k)+O\left(\rho^3(k)\right),
\end{aligned}
\tag{4.4.4}
$$

其中, $b_2=\dfrac{c\tan\beta(\mu)(\tan^2\theta(k)+1)}{\alpha(\mu)\cos\beta(\mu)\left(1+\tan^2\beta(\mu)+\tan^2\theta(k)+\tan^2\beta(\mu)\tan^2\theta(k)\right)}$.

关于 $\rho(k)$ 的非零不动点就对应着方程组 (4.4.3) 的不变闭曲线. 由 (4.4.4) 的第一个方程得到非零不动点满足方程

$$
\alpha(\mu)-1+c\cos\beta(\mu)\rho^2+O\left(\rho^4\right)=0.
$$

将 $\alpha(\mu)$ 和 $\beta(\mu)$ 在 $\mu=0$ 展开得到

$$
\alpha_1\mu+\alpha_2\mu^2+\cdots+c\cos\left(\beta_0+\beta_1\mu+\cdots\right)\rho^2+O\left(\rho^4\right)=0.
$$

将 ρ^2 看作一个变量, 对上面的方程应用隐函数定理得到, 有正数 $\delta > 0$ 和在 $|\mu| < \delta$ 上定义的函数 $\rho^2 = \phi(\mu)$, 使得上面的等式在 $|\mu| < \delta$ 恒成立, 且满足 $\phi(0) = 0$. 利用 $\phi(\mu)$ 的展开式代入后比较系数得到 $\rho^2 = \phi(\mu) = -\dfrac{\alpha_1}{c\cos\beta_0}\mu + o(\mu)$. 所以, 当 $c\cos\beta_0 < 0$ 时, $\rho = \sqrt{-\dfrac{\alpha_1}{c\cos\beta_0}\mu + o\left(\sqrt{\mu}\right)}$ 就是差分方程组 (4.4.3) 的不变闭曲线.

当我们取两组参数值, 一组是 $\beta = -\dfrac{3\pi}{4}$, $\alpha = 1$, $c = 10$; 另一组是 $\beta = -\dfrac{3\pi}{4}$, $\alpha = 1.01$, $c = 10$. 取初始值 $x_1(0) = 0.1$, $x_2(0) = 0$, 进行模拟后给出的图形见图 4-4. 左上图是取第一组参数时差分方程组 (4.4.3) 的解序列在 x_1x_2 平面上 $(0,0)$ 点的邻域中解序列, 这些解序列上的点逐渐趋于平衡解 $(0,0)$. 右上图是这些解序列中 $x_1(k)$ 的变化情况, 我们看到 $x_1(k)$ 到 0 的距离逐渐减少, 此时平衡解 $(0,0)$ 是渐近稳定的. 左下图是取第二组参数时差分方程组 (4.4.3) 的解序列在 x_1x_2 平面上 $(0,0)$ 点的邻域中解序列, 这些解序列上的点到坐标原点的距离逐渐趋于常数, 即这个解序列趋于一个不变解曲线. 数值模拟的结果显示这个不变解曲线是一个圆, 圆心在 $(0,0)$, 圆的半径为 0.0377. 右下图是这些解序列中 $x_1(k)$ 的变化情况, 我们看到 $x_1(k)$ 到 0 的距离呈现周期性变化, 但数值模拟的结果显示这个解没有趋于一个周期解.

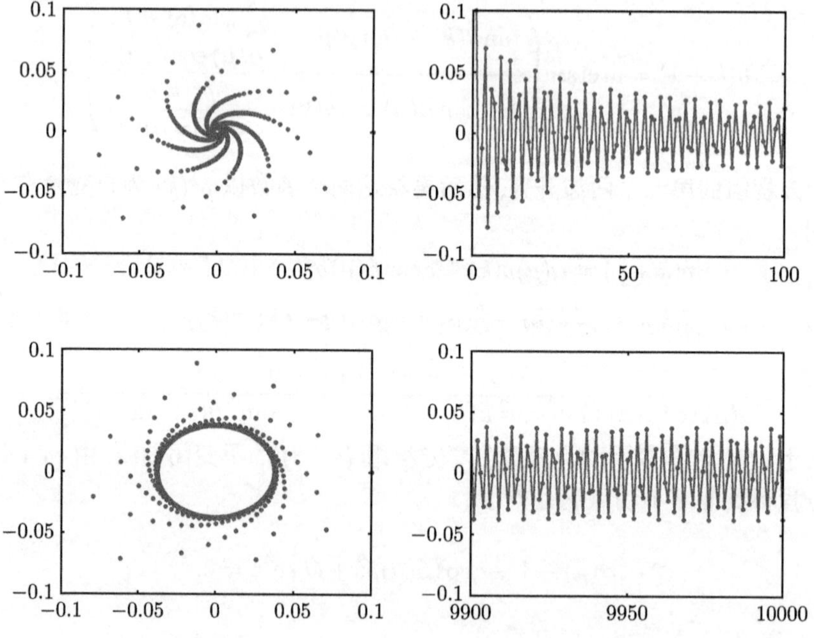

图 4-4　模型 (4.4.3) 参数取不同的值时解的性态示意图

4.4.2 不变闭曲线族的分支

Hopf 分支给出不变解曲线的基本思想是线性化系统对应的解是一些不变解曲线族, 添加了非线性项后这些不变解曲线都变成了不断盘旋的螺线, 再经过参数的适当变化后可以使得某一条螺线伸缩而成为一个不变闭曲线. 类似的思想可以通过对原来有一族不变闭曲线的情况经过适当的扰动而出现一条孤立的不变闭曲线.

例 4.4.2 考虑下面差分方程组不变解曲线的分支

$$\begin{aligned} x_1(k+1) &= \frac{\sqrt{2}}{2}x_1(k) + \frac{\sqrt{2}}{2}x_2(k) + \mu x_1(k)\phi(x_1(k), x_2(k)), \\ x_2(k+1) &= -\frac{\sqrt{2}}{2}x_1(k) + \frac{\sqrt{2}}{2}x_2(k) + \mu x_2(k)\phi(x_1(k), x_2(k)), \\ \phi(x_1(k), x_2(k)) &= x_1^2(k) + x_2^2(k) - c^2. \end{aligned} \tag{4.4.5}$$

解 当 $\mu = 0$ 时, 利用线性差分方程组求解法得到方程组 (4.4.5) 的通解是

$$\begin{aligned} x_1(k) &= c_1 \cos\left(\frac{k\pi}{4}\right) + c_2 \sin\left(\frac{k\pi}{4}\right), \\ x_2(k) &= -c_1 \sin\left(\frac{k\pi}{4}\right) + c_2 \cos\left(\frac{k\pi}{4}\right). \end{aligned}$$

当 $\mu = 0$ 时, 差分方程组 (4.4.5) 从点 $(x_{10}, 0)$ 出发的解为

$$x_1(k) = x_{10} \cos\left(\frac{k\pi}{4}\right), \quad x_2(k) = -x_{10} \sin\left(\frac{k\pi}{4}\right).$$

这是一个周期解, 周期为 8. 事实上, 当 $\mu = 0$ 时, 差分方程组 (4.4.5) 从任何点 (x_{10}, x_{20}) 出发的解都是 8 周期解, 且都在圆周 $x_1^2 + x_2^2 = x_{10}^2 + x_{20}^2$ 上. 当 $\mu = 0$ 时, $x_1^2 + x_2^2 = r^2$ 差分方程组 (4.4.5) 的不变解曲线族.

为了得到 μ 不等于零时差分方程组 (4.4.5) 的不变闭解曲线, 利用极坐标变换 $x_1(k) = \rho(k)\cos\theta(k)$ 和 $x_2(k) = \rho(k)\sin\theta$ 得到

$$\rho^2(k+1) = \rho^2(k)\left(1 + \sqrt{2}\mu\left(\rho^2(k) - c^2\right) + \mu^2\left(\rho^2(k) - c^2\right)^2\right). \tag{4.4.6}$$

差分方程 (4.4.6) 的非零平衡解满足

$$\left(\rho^2 - c^2\right)\left(\sqrt{2} + \mu\left(\rho^2 - c^2\right)\right) = 0.$$

由此可见, $\rho^2 = c^2$ 和 $\rho^2 = c^2 - \dfrac{\sqrt{2}}{\mu}$ 是关于 $\rho(k)$ 所满足方程的平衡解. 有兴趣的读者可以分析这两个平衡解的稳定性. 当 $c = 1$ 和 μ 分别取 −1, −0.1, 0.1, 1 这四种不同情况下差分方程组 (4.4.5) 解的性态在图 4-5 中给出. 数值模拟的结果显示, 在

μ 分别取 -1 和 -0.1 时, 方程组 (4.4.6) 有两个不变解曲线: $\rho^2 = 1$ 和 $\rho^2 = 1 - \dfrac{\sqrt{2}}{\mu}$. 当时间趋于无穷时, 从 $\rho^2 = 1 - \dfrac{\sqrt{2}}{\mu}$ 内出发的方程组的解趋于不变解曲线 $\rho^2 = 1$, 从 $\rho^2 = 1 - \dfrac{\sqrt{2}}{\mu}$ 外出发的方程组的解趋于无穷. 在 μ 分别取 1 和 0.1 时, 方程组 (4.4.6) 仅有一个不变解曲线: $\rho^2 = 1$, 当时间趋于无穷时, 从 $\rho^2 = 1$ 内出发的方程组的解趋于零平衡解, 从 $\rho^2 = 1$ 外出发的方程组的解趋于无穷.

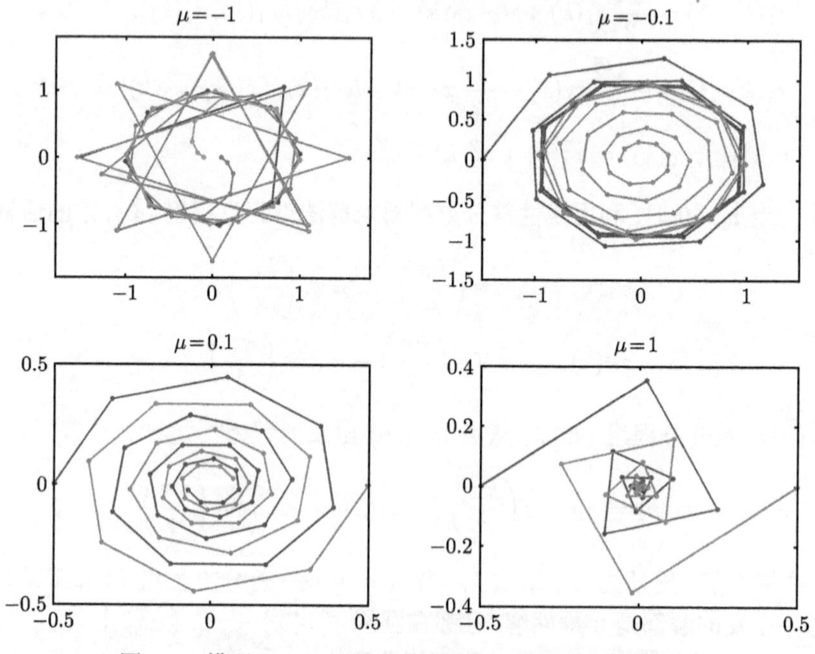

图 4-5　模型 (4.4.5) 参数取不同的值时解的性态示意图

例 4.4.3　考虑下面差分方程组不变解曲线的分支

$$
\begin{aligned}
&x_1(k+1) = \frac{\sqrt{2}}{2}x_1(k) + \frac{\sqrt{2}}{2}x_2(k) + \mu x_1(k)\phi(x_1(k), x_2(k)),\\
&x_2(k+1) = -\frac{\sqrt{2}}{2}x_1(k) + \frac{\sqrt{2}}{2}x_2(k) + \mu x_2(k)\phi(x_1(k), x_2(k)),\\
&\phi(x_1(k), x_2(k)) = x_1^2(k) + 2x_2^2(k) - c^2.
\end{aligned}
\tag{4.4.7}
$$

解　当 $\mu = 0$ 时, 差分方程组 (4.4.7) 的通解及不变解曲线族与差分方程组 (4.4.5) 的相同. $\mu = 0$ 时的极坐标方程为

$$\rho(k+1) = \rho(k), \quad \theta(k+1) = \theta(k) - \frac{\pi}{4}.$$

极坐标方程组的解为

$$\rho(k)=\rho_0,\quad \theta(k)=-\frac{k\pi}{4}+\theta_0.$$

当 $\mu\neq 0$ 时, 利用极坐标变换 $x_1(k)=\rho(k)\cos\theta(k)$ 和 $x_2(k)=\rho(k)\sin\theta(k)$ 可以得到

$$\rho^2(k+1)=\rho^2(k)\left(1+\sqrt{2}\mu\phi(\rho(k),\theta(k))+\mu^2\phi^2(\rho(k),\theta(k))\right), \tag{4.4.8}$$

其中, $\phi(\rho(k),\theta(k))=\rho(k)^2(1+\sin^2\theta(k))-c^2$. 利用 (4.4.8) 逐步递推可以得到

$$\rho^2(k+8)=\rho^2(k)\prod_{j=k}^{k+7}\left(1+\sqrt{2}\mu\phi(\rho(j),\theta(j))+\mu^2\phi^2(\rho(j),\theta(j))\right).$$

在上式中令 $\rho^2(k+8)=\rho^2(k)$, 将各项按照 μ 的方幂展开, 再消去上面等式中的一个因子 μ 后得到

$$\sum_{j=k}^{k+7}\sqrt{2}\phi(\rho(j),\theta(j))+\mu\Phi(\boldsymbol{\rho},\boldsymbol{\theta},\mu)=0. \tag{4.4.9}$$

其中, $\boldsymbol{\rho}=(\rho(k),\rho(k+1),\cdots,\rho(k+7))^\tau$, $\boldsymbol{\theta}=(\theta(k),\theta(k+1),\cdots,\theta(k+7))^\tau$. 注意到 $\mu=0$ 时差分方程组 (4.4.7) 的解满足

$$\rho(k+j)=\rho(k),\quad \theta(k+j)=-\frac{(k+j)\pi}{4}+\theta_0,\quad j=0,1,\cdots,7.$$

所以, 当 $\mu=0$ 时, 等式 (4.4.9) 变为

$$\rho^2(k)\sum_{j=k}^{k+7}\left(1+\sin^2\left(-\frac{(k+j)\pi}{4}+\theta_0\right)\right)=8c^2.$$

取 $\theta_0=0$ 就可以得到 $12\rho^2(k)=8c^2$. 这样, 就有可能得到当 μ 充分小时, 差分方程组 (4.4.7) 有不变解曲线的分支, 而且这个不变解曲线与圆 $x_1^2+x_2^2=\dfrac{2c^2}{3}$ 比较接近. 这里, 我们无法给出严格的理论证明, 仅通过数值模拟显示了不变解曲线的存在性. 当 $c=1$ 和 μ 分别取 $0.01,-0.01,-0.2,-0.5$ 这四种不同情况下差分方程组 (4.4.7) 解的性态 (图 4-6). 数值模拟结果显示, 当 $\mu=0.01$ 时, 不变解曲线是不稳定的, 在这个不变解曲线内部出发的解趋于坐标原点, 外面出发的解趋于无穷. 其余三种情况下的不变解曲线是渐近稳定的.

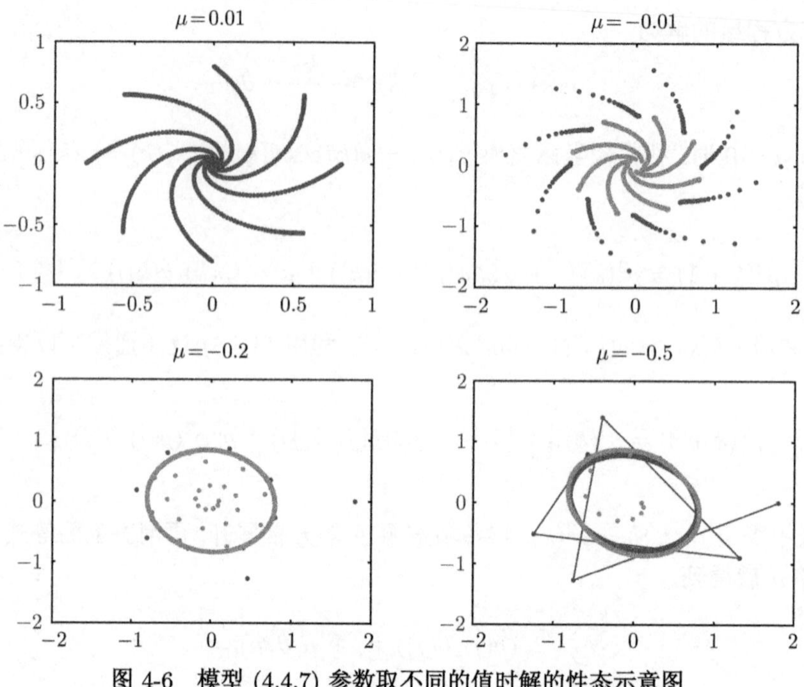

图 4-6 模型 (4.4.7) 参数取不同的值时解的性态示意图

4.5 生态模型中的分支

生态模型中的状态变量一般是生物种群的数量或者某一些生物的数量, 状态变量小于零时无意义, 在讨论这些模型的平衡解或周期解分支时, 我们只关注这些变量非负的情况. 这一节介绍几个生态和传染病模型的分支情况, 包括一维和高维的差分方程模型的分支.

4.5.1 Beverton-Holt 模型的分支

在描述有密度制约的生物种群数量增长时, 人们经常用 Beverton-Holt 模型

$$x(k+1)=\frac{rx(k)}{1+x(k)}=f(x(k),r),\quad r>0. \tag{4.5.1}$$

其中, $x(k)$ 是 k 时刻种群的数量, r 是该种群的自然增长率. Beverton-Holt 模型反映了由于资源和环境等限制生物种群的自然增长率随着其规模的增加而减少的情况. 在下面的分析中, 要求 $x(0)>0$.

$x_0^*=0$ 总是模型 (4.5.1) 的平衡解, 在平衡解处 $f'(0)=r$. 所以模型 (4.5.1) 的平衡解 $x_0^*=0$ 当 $r<1$ 是渐近稳定的, 当 $r>1$ 时是不稳定的. 当 $r=1$ 时, $f'(0)=1$, 就有可能出现分支. 函数 $f(x,r)=\dfrac{rx}{1+x}$ 在 $(0,1)$ 的邻域内有很好的光

滑性, 直接计算得到

$$f(0,r)=0,\quad \frac{\partial f(0,1)}{\partial x}=1,\quad \frac{\partial^2 f(0,1)}{\partial x^2}=1>0,\quad \frac{\partial^2 f(0,1)}{\partial x\partial \mu}=1>0.$$

由定理 4.2.2 知道, 有 $\delta>0$, 使得当 $-\delta<r-1<0$ 时, 差分方程 (4.5.1) 在 $x=0$ 的邻域有两个平衡解 x_1^* 和 $x_0^*=0$, 其中 $x_1^*<0$, x_1^* 是不稳定的, x_0^* 是渐近稳定的; 而当 $0<r-1<\delta$ 时, 差分方程 (4.5.1) 在 $x=0$ 的邻域有两个平衡解 x_2^* 和 $x_0^*=0$, 其中 $x_2^*>0$, x_2^* 是渐近稳定的, x_0^* 是不稳定的.

事实上, 利用模型 (4.5.1) 的平衡解所满足的方程 $x=\dfrac{rx}{1+x}$, 得到 $x_0^*=0$ 和 $x_1^*=r-1$ 是平衡解, 当 $r=1$ 时, 这两个平衡解重合, 当 $r>1$ 时, 平衡解 $x_1^*>0$. 正的平衡解 x_1^* 当 r 从 1 增加时从 $(0,1)$ 出现分支. $(0,1)$ 是模型 (4.5.1) 的一个跨临界分支. 由于实际问题的需要, 我们只讨论模型 (4.5.1) 的零解和正的平衡解.

当 $r<1$ 时, 取 $V(x)=x^2$, 计算得到

$$\Delta V(x(k))=\frac{r^2x(k)^2}{(1+x(k))^2}-x(k)^2<0,\qquad x(k)\geqslant 0.$$

所以, 模型 (4.5.1) 的平衡解 x_0^* 是全局渐近稳定的. 当 $r=1$ 时, 由于 $\dfrac{x(k+1)}{x(k)}=\dfrac{1}{1+x(k)}<1$, 解序列 $x(k)$ 单调减少, 利用分析的方法可以得到 $\lim\limits_{k\to\infty}x(k)=0$. 即当 $r=1$ 时, 差分方程 (4.5.1) 的平衡解 x_0^* 也是全局渐近稳定的.

当 $r>1$ 时, $f'(0,r)=r>1$, 所以 x_0^* 是不稳定的. $f'(r-1,r)=\dfrac{1}{r}<1$, 正平衡解 x_1^* 是渐近稳定的. 当 $x(0)>x_1^*$ 时,

$$x(1)-x_1^*=\frac{rx(0)}{1+x(0)}-\frac{rx_1^*}{1+x_1^*}=\frac{x(0)-x_1^*}{1+x(0)}>0.$$

这表明, $x(0)>x_1^*$ 时, 必有 $x(k)>x_1^*$, 且 $x(k)$ 单调减趋于 x_1^*. 同理可以得到, $0<x(0)<x_1^*$ 时, $x(k)<x_1^*$, 且 $x(k)$ 单调增加趋于 x_1^*, x_1^* 是全局渐近稳定的.

4.5.2 两阶段种群模型平衡解的分支

我们将一个生物种群分为两个阶段, 记 k 时刻第一和第二阶段种群成员的数量分别为 $x_1(k)$ 和 $x_2(k)$. 设每个阶段的成员都有相同的生育能力, 但生育率随着种群总数的增加而减小. 两阶段的种群模型为[21]

$$\begin{aligned}
&x_1(k+1)=b(x_1(k)+x_2(k))\exp\left(-(x_1(k)+x_2(k))\right), && x_1(0)\geqslant 0,\\
&x_2(k+1)=px_1(k), && x_2(0)\geqslant 0.
\end{aligned}\tag{4.5.2}$$

其中, b 是种群的生育率, p 是第一阶段的种群成员经过一个单位时间后的存活率. b 和 p 都非负, 且 $p\leqslant 1$.

$E_0(0,0)$ 是模型 (4.5.2) 的平衡解. 该模型在 $E_0(0,0)$ 点的线性化系统为

$$x_1(k+1)=bx_1(k)+bx_2(k),\qquad x_2(k+1)=px_1(k).$$

这个线性化系统矩阵的特征方程和特征值分别为

$$\lambda^2-b\lambda-bp=0,\quad \lambda=\frac{1}{2}\left(b\pm\sqrt{b^2+4bp}\right).$$

特征值 $\frac{1}{2}\left(b+\sqrt{b^2+4bp}\right)$ 的模大于 $\frac{1}{2}\left(b-\sqrt{b^2+4bp}\right)$ 的模, 且 $\frac{1}{2}\left(b+\sqrt{b^2+4bp}\right)$ 关于 b 单调增. 当 $b<\frac{1}{1+p}$ 时, 平衡解 $E_0(0,0)$ 是渐近稳定的, 而当 $b>\frac{1}{1+p}$ 时, 平衡解 $E_0(0,0)$ 是不稳定的. 利用比较原理知道, 当 $b<\frac{1}{1+p}$ 时, 平衡解 $E_0(0,0)$ 是全局渐近稳定的.

下面讨论正平衡解的分支和它的稳定性. 模型 (4.5.2) 的正平衡解满足的方程是

$$x_2=px_1,\qquad 1=b(1+p)\exp(-(1+p)x_1).$$

由此得到模型 (4.5.2) 的正平衡解 $E^*(x_1^*,x_2^*)$ 当 $b(1+p)>1$ 时存在,

$$x_1^*=\frac{\ln b(1+p)}{1+p},\qquad x_2^*=\frac{p\ln b(1+p)}{1+p}.$$

为了讨论正平衡解的稳定性, 令 $x_1(k)=z_1(k)+x_1^*$, $x_2(k)=z_2(k)+x_2^*$, 把模型 (4.5.2) 在正平衡解 $E^*(x_1^*,x_2^*)$ 处线性化. 记 $c=\frac{1}{1+p}(1-\ln b(1+p))$, 线性化系统为

$$\begin{aligned}z_1(k+1)&=cz_1(k)+cz_2(k),\\ z_2(k+1)&=pz_1(k).\end{aligned}\tag{4.5.3}$$

线性化方程组的特征方程和特征根分别为

$$\lambda^2-c\lambda-pc=0,$$

$$\lambda=\frac{1}{2}\left(c\pm\sqrt{c^2+4pc}\right).$$

由 Jury 判据得到, 特征方程 $\lambda^2-c\lambda-pc=0$ 根的模小于 1 的充分必要条件是

$$1-c-cp>0,\ \ 1+c-cp>0,\ \ 1+cp>0.$$

将 c 的表达式代入后得到对应的三个条件是

$$b>\frac{1}{1+p},\quad b<\frac{1}{1+p}\exp\left(2+\frac{1}{p}\right),\quad b<\frac{1}{1+p}\exp\left(2+\frac{2p}{1-p}\right).$$

当 $0<p<\dfrac{1}{2}$ 时, 模型 (4.5.2) 的正平衡解渐近稳定的条件是

$$\frac{1}{1+p}<b<\frac{1}{1+p}\exp\left(2+\frac{2p}{1-p}\right).$$

而当 $\dfrac{1}{2}<p<1$ 时, 模型 (4.5.2) 的正平衡解渐近稳定的条件是

$$\frac{1}{1+p}<b<\frac{1}{1+p}\exp\left(2+\frac{1}{p}\right).$$

下面分别取 $p=\dfrac{1}{4}$ 和 $p=\dfrac{3}{4}$ 来讨论模型 (4.5.2) 正平衡解 $E^*(x_1^*,x_2^*)$ 邻域内的分支情况, p 在 $(0,1)$ 取值时的情况可以类似地讨论.

4.5.3 $p=\dfrac{1}{4}$ 时模型 (4.5.2) 的 Flip 分支

当 $p=\dfrac{1}{4}$ 时, $x_1^*=\dfrac{4}{5}\ln\dfrac{5b}{4}$, $x_2^*=\dfrac{1}{5}\ln\dfrac{5b}{4}$, $x_1^*+x_2^*=\ln\dfrac{5b}{4}$. 模型 (4.5.2) 在正平衡解 $E^*(x_1^*,x_2^*)$ 线性化方程组的特征值为

$$\lambda=\frac{1}{2}\left(\frac{4}{5}\left(1-\ln\frac{5b}{4}\right)\pm\sqrt{\frac{16}{25}\left(1-\ln\frac{5b}{4}\right)^2+\frac{4}{5}\left(1-\ln\frac{5b}{4}\right)}\right).$$

当 $\dfrac{4}{5}<b<\dfrac{4}{5}\exp\dfrac{8}{3}$ 时, 特征根的模小于 1, 模型 (4.5.2) 的正平衡解 $E^*(x_1^*,x_2^*)$ 渐近稳定. 而当 $b=\dfrac{4}{5}\exp\dfrac{8}{3}$ 时, 这两个特征根分别为 $\lambda_1=-1$ 和 $\lambda_2=-\dfrac{1}{3}$.

令 $x_1(k)=z_1(k)+x_1^*$, $x_2(k)=z_2(k)+x_2^*$, 在利用 $p=\dfrac{1}{4}$ 代入模型 (4.5.2) 整理后得

$$\begin{aligned}
z_1(k+1)&=\frac{4}{5}\left(z_1(k)+z_2(k)+\ln\frac{5b}{4}\right)e^{-(z_1(k)+z_2(k))}-x_1^*,\\
z_2(k+1)&=\frac{1}{4}z_1(k).
\end{aligned}\tag{4.5.4}$$

再利用线性变换

$$\begin{pmatrix} z_1(k)\\ z_2(k)\end{pmatrix}=\begin{pmatrix} -4 & -4/3\\ 1 & 1\end{pmatrix}\begin{pmatrix} y_1(k)\\ y_2(k)\end{pmatrix}$$

和它的逆变换

$$\begin{pmatrix} y_1(k)\\ y_2(k)\end{pmatrix}=\begin{pmatrix} -3/8 & -1/2\\ 3/8 & 3/2\end{pmatrix}\begin{pmatrix} z_1(k)\\ z_2(k)\end{pmatrix},$$

将模型 (4.5.4) 化为

$$
\begin{aligned}
y_1(k+1)=&\frac{3}{10}\left(3y_1(k)+\frac{y_2(k)}{3}-\ln\frac{5b}{4}\right)\exp\left(3y_1(k)+\frac{y_2(k)}{3}\right)\\
&+\frac{y_1(k)}{2}+\frac{y_2(k)}{6}+\frac{3}{10}\ln\frac{5b}{4},\\
y_2(k+1)=&\frac{3}{10}\left(-3y_1(k)-\frac{y_2(k)}{3}+\ln\frac{5b}{4}\right)\exp\left(3y_1(k)+\frac{y_2(k)}{3}\right)\\
&-\frac{3y_1(k)}{2}-\frac{y_2(k)}{2}-\frac{3}{10}\ln\frac{5b}{4}.
\end{aligned}
\tag{4.5.5}
$$

模型 (4.5.5) 的展开式为

$$
\begin{aligned}
y_1(k+1)=&a_{10}y_1(k)+a_{01}y_2(k)+\Phi_2(y_1(k),y_2(k),b)\\
&+\Phi_3(y_1(k),y_2(k),b)+o(\rho^3),\\
y_2(k+1)=&b_{10}y_1(k)+b_{01}y_2(k)-\Phi_2(y_1(k),y_2(k),b)\\
&-\Phi_3(y_1(k),y_2(k),b)+o(\rho^3).
\end{aligned}
\tag{4.5.6}
$$

其中

$$
\begin{aligned}
&a_{10}=\frac{9}{10}\left(1-\ln\frac{5b}{4}\right)+\frac{1}{2},\qquad b_{10}=-\frac{9}{10}\left(1-\ln\frac{5b}{4}\right)-\frac{3}{2},\\
&a_{01}=\frac{1}{10}\left(1-\ln\frac{5b}{4}\right)+\frac{1}{6},\qquad b_{01}=-\frac{1}{10}\left(1-\ln\frac{5b}{4}\right)-\frac{1}{2},\\
&\Phi_2(y_1(k),y_2(k),b)=\frac{3}{20}\left(2-\ln\frac{5b}{4}\right)\left(3y_1(k)+\frac{y_2(k)}{3}\right)^2,\\
&\Phi_3(y_1(k),y_2(k),b)=\frac{1}{20}\left(3-\ln\frac{5b}{4}\right)\left(3y_1(k)+\frac{y_2(k)}{3}\right)^3.
\end{aligned}
$$

特别地, 当 $b=\frac{4}{5}\exp\frac{8}{3}$ 时,

$$
\begin{aligned}
&a_{10}=-1,\qquad b_{10}=0,\qquad a_{01}=0,\qquad b_{01}=-\frac{1}{3},\\
&\Phi_2(y_1(k),y_2(k),b)=-\frac{1}{10}\left(3y_1(k)+\frac{y_2(k)}{3}\right)^2,\\
&\Phi_2(y_1(k),y_2(k),b)=\frac{1}{60}\left(3y_1(k)+\frac{y_2(k)}{3}\right)^3.
\end{aligned}
$$

即当 $b=\frac{4}{5}\exp\frac{8}{3}$ 时, 模型 (4.5.6) 有特征值 -1. 当参数 b 在这个临界值附近变化时, 模型 (4.5.6) 的零平衡解的稳定性可能发生改变. 与前面介绍的一维差分方程的分支情况类似, 它有可能出现 2 周期解.

为了确认 2 周期解的分支, 我们用模型 (4.5.6) 中的差分方程迭代二次得到

$$
\begin{aligned}
y_1(k+2)=&a_{10}^2y_1(k)+a_{10}a_{01}y_2(k)+a_{01}b_{10}y_1(k)+a_{01}b_{01}y_2(k)\\
&+a_{10}\Phi_2(y_1(k),y_2(k),b)+a_{10}\Phi_3(y_1(k),y_2(k),b)\\
&-a_{01}\Phi_2(y_1(k),y_2(k),b)-a_{01}\Phi_3(y_1(k),y_2(k),b)\\
&+\Phi_2\left(a_{10}y_1(k)+a_{01}y_2(k)+\Phi_2,b_{10}y_1(k)+b_{01}y_2(k)-\Phi_2,\right)\\
&+\Phi_3\left(a_{10}y_1(k)+a_{01}y_2(k),b_{10}y_1(k)+b_{01}y_2(k)\right)+o(\rho^3),\\
y_2(k+2)=&b_{10}a_{10}y_1(k)+b_{10}a_{01}y_2(k)+b_{01}b_{10}y_1(k)+b_{01}^2y_2(k)\\
&+b_{10}\Phi_2(y_1(k),y_2(k),b)+b_{10}\Phi_3(y_1(k),y_2(k),b)\\
&-b_{01}\Phi_2(y_1(k),y_2(k),b)-b_{01}\Phi_3(y_1(k),y_2(k),b)\\
&-\Phi_2\left(a_{10}y_1(k)+a_{01}y_2(k)+\Phi_2,b_{10}y_1(k)+b_{01}y_2(k)-\Phi_2,\right)\\
&-\Phi_3\left(a_{10}y_1(k)+a_{01}y_2(k),b_{10}y_1(k)+b_{01}y_2(k)\right)+o(\rho^3).
\end{aligned}
\tag{4.5.7}
$$

模型 (4.5.6) 的 2 周期解满足的方程为

$$
\begin{aligned}
y_1=&\left(a_{10}^2+a_{01}b_{10}\right)y_1+\left(a_{10}a_{01}+a_{01}b_{01}\right)y_2\\
&+\left(a_{10}-a_{01}\right)\left(\Phi_2(y_1,y_2,b)+\Phi_3(y_1,y_2,b)\right)\\
&+\Phi_2\left(a_{10}y_1+a_{01}y_2+\Phi_2,b_{10}y_1+b_{01}y_2-\Phi_2,\right)\\
&+\Phi_3(a_{10}y_1+a_{01}y_2,b_{10}y_1+b_{01}y_2,b)+o(\rho^3),\\
y_2=&\left(b_{10}a_{10}+b_{01}b_{10}\right)y_1+\left(b_{10}a_{01}+b_{01}^2\right)y_2\\
&+\left(b_{10}-b_{01}\right)\left(\Phi_2(y_1,y_2,b)+\Phi_3(y_1,y_2,b)\right)\\
&-\Phi_2\left(a_{10}y_1+a_{01}y_2+\Phi_2,b_{10}y_1+b_{01}y_2-\Phi_2,\right)\\
&-\Phi_3(a_{10}y_1+a_{01}y_2,b_{10}y_1+b_{01}y_2,b)+o(\rho^3).
\end{aligned}
\tag{4.5.8}
$$

令 $b=\dfrac{4}{5}\exp\left(\dfrac{8}{3}+\varepsilon\right)$, 代入 (4.5.8) 中的两个方程中, 并把方程左端的项移到右端, 进行整理后得到

$$
\begin{aligned}
F_1(y_1,y_2,\varepsilon)&=\left(\frac{9\varepsilon}{5}+\frac{18\varepsilon^2}{25}\right)y_1+\left(\frac{2\varepsilon}{15}-\frac{2\varepsilon^2}{25}\right)y_2+\cdots,\\
F_2(y_1,y_2,\varepsilon)&=-\left(\frac{6\varepsilon}{5}+\frac{18\varepsilon^2}{25}\right)y_1-\left(\frac{8}{9}+\frac{\varepsilon}{15}+\frac{2\varepsilon^2}{25}\right)y_2+\cdots.
\end{aligned}
\tag{4.5.9}
$$

方程组 (4.5.9) 中的第二个函数 $F_2(y_1,y_2,\varepsilon)$ 满足

$$
F_2(0,0,\varepsilon)=0,\qquad \frac{\partial F_2(0,0,\varepsilon)}{\partial y_2}=-\frac{8}{9}\neq 0.
$$

由隐函数定理知, 有 $\delta_2 > 0$ 和在 $|y_1| < \delta_2$ 上定义的函数 $y_2 = \phi_2(y_1, \varepsilon)$, 满足

$$F_2(y_1, \phi_2(y_1, \varepsilon), \varepsilon) \equiv 0, \quad \phi_2(0, \varepsilon) = 0.$$

将函数 $\phi_2(y_1, \varepsilon)$ 关于 y_1 展开, 得到它的近似表达式为

$$y_2 = \phi_2(y_1, \varepsilon) = -\frac{6\varepsilon/5 + 18\varepsilon^2/25}{8/9 + \varepsilon/15 + 2\varepsilon^2/25} y_1 + o(y_1) = -\frac{27\varepsilon y_1}{20} + \cdots.$$

$F_1(y_1, y_2, \varepsilon)$ 展开式中三次方以下的具体表达式是

$$\begin{aligned}F_1(y_1, y_2, \varepsilon) =& \left(\frac{9\varepsilon}{5} + \frac{18\varepsilon^2}{25}\right) y_1 + \left(\frac{2\varepsilon}{15} - \frac{2\varepsilon^2}{25}\right) y_2 \\ &+ \left(1 + \frac{4\varepsilon}{5}\right)\left(\left(\frac{1}{10} + \frac{3\varepsilon}{20}\right)\left(3y_1 + \frac{y_2}{3}\right)^2 - \left(\frac{1}{60} - \frac{\varepsilon}{20}\right)\left(3y_1 + \frac{y_2}{3}\right)^3\right) \\ &- \left(\frac{1}{10} + \frac{3\varepsilon}{20}\right)\left(\left(3 + \frac{12\varepsilon}{5}\right) y_1 + \left(\frac{1}{9} + \frac{4\varepsilon}{15}\right) y_2 + \frac{8}{3}\left(3y_1 + \frac{y_2}{3}\right)^2\right)^2 \\ &- \left(\frac{1}{60} + \frac{\varepsilon}{20}\right)\left(\left(3 + \frac{719\varepsilon}{270}\right) y_1 + \left(\frac{1}{9} + \frac{4\varepsilon}{15}\right) y_2\right)^3 + \cdots. \end{aligned} \tag{4.5.10}$$

将 y_2 的近似表达式代入方程组 (4.5.10) 中的 $F_1(y_1, y_2, \varepsilon)$ 中, 先消去一个因子 y_1, 再整理后得到与 $F_1(y_1, \phi_2(y_1, \varepsilon), \varepsilon) = 0$ 的非零解等价的方程是

$$G_1(y_1, \varepsilon) = \frac{9\varepsilon}{5} - \frac{81}{10} y_1^2 + G_2(y_1, \varepsilon) = 0.$$

其中, $G_2(y_1, \varepsilon)$ 包含除过 y_1^2 以外的关于 y_1 的 ε 二次及二次以上的项. 令 $y_1 = \varepsilon u$, 消去一个因子 ε 后, 再利用隐函数定理就可以得到原方程组 2 周期解的存在性.

当 $p = \dfrac{1}{4}$ 时, b 分别取 0.5, 8, 12 和 60 时, 模型 (4.5.4) 的解 $x_1(k)$ 随着时间 k 的变化在图 4-7 中给出. 在这 4 个子图中, 初始值都是 $x_1(1) = 5$ 和 $x_2(1) = 3$. 左上图对应的 $b(1+p) < 1$, 没有正的平衡解, 模型 (4.5.4) 的零平衡解是全局渐近稳定的. 右上图对应的 $b(1+p) > 1$, 方程组有渐近稳定的正平衡解, 数值模拟的结果显示模型 (4.5.4) 的正平衡解可能是全局渐近稳定的. 左下图对应的 $b(1+p) > 1$, 且 $b > \dfrac{4}{5} \exp \dfrac{8}{3}$, 方程组有不稳定的正平衡解, 数值模拟的结果显示模型 (4.5.4) 有 2 周期解, 且这个 2 周期解可能是全局渐近稳定的. 右下图对应的 b 很大, 数值模拟的结果显示模型 (4.5.4) 的解的性态比较复杂.

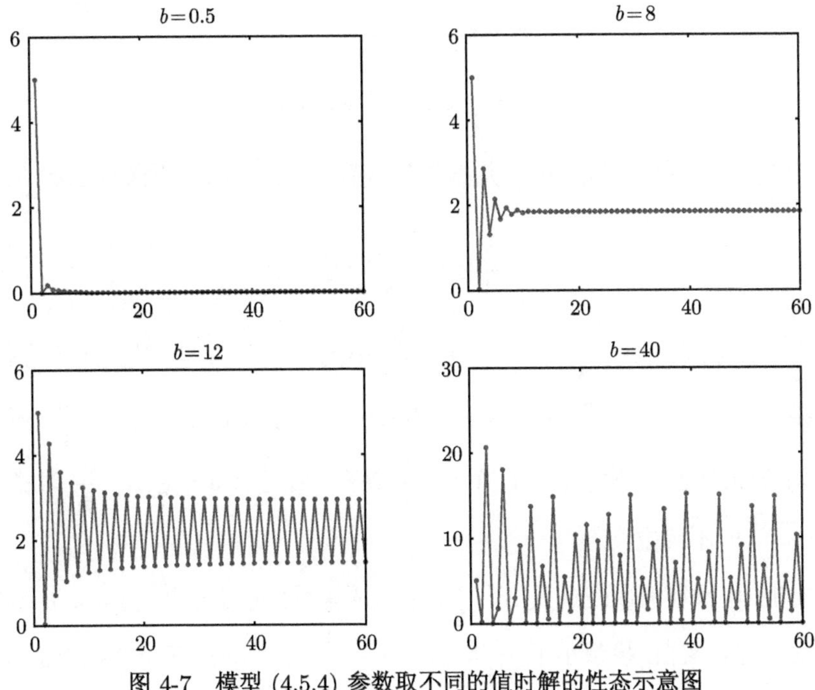

图 4-7 模型 (4.5.4) 参数取不同的值时解的性态示意图

4.5.4 $p=\frac{3}{4}$ 时模型 (4.5.2) 的 Hopf 分支

当 $p=\frac{3}{4}$ 时, 模型 (4.5.2) 的非零平衡解的坐标满足 $x_2^*=\frac{3x_1^*}{4}$, 且 x_1^* 满足方程

$$1=\frac{7b}{4}\exp\left(-\frac{7x_1^*}{4}\right).$$

由前面零平衡解稳定性分析的结论知道, 当 $b<\frac{4}{7}$ 时, 平衡解 $E_0(0,0)$ 全局渐近稳定, 当 $b>\frac{4}{7}$ 时, 平衡解 $E_0(0,0)$ 不稳定, 正平衡解 $E^*(x_1^*,x_2^*)$ 存在. 其中 $x_1^*=\frac{4}{7}\ln\frac{7b}{4}$, $x_2^*=\frac{3}{7}\ln\frac{7b}{4}$. 即 b 从小于 $\frac{4}{7}$ 到大于此时产生了正平衡解的分支.

为了讨论正平衡解的稳定性, 令 $x_1(k)=z_1(k)+x_1^*$, $x_2(k)=z_2(k)+x_2^*$, 把模型 (4.5.2) 在正平衡解 $E^*(x_1^*,x_2^*)$ 处线性化. 记 $c=\frac{4}{7}\left(1-\ln\frac{7b}{4}\right)$, 线性化系统为

$$\begin{aligned}&z_1(k+1)=cz_1(k)+cz_2(k),\\&z_2(k+1)=\frac{3}{4}z_1(k).\end{aligned}\tag{4.5.11}$$

线性化方程组的特征方程和特征根分别为

$$\lambda^2 - c\lambda - \frac{3}{4}c = 0,$$

$$\lambda = \frac{1}{2}\left(c \pm \sqrt{c^2+3c}\right).$$

由线性模型平衡解稳定性的 Jury 判据得到, 模型 (4.5.2) 的正平衡解稳定的充要条件是

$$|c| < 1 - \frac{3c}{4} < 2.$$

由 $1-\frac{3c}{4}<2$ 得到 $c>-\frac{4}{3}$, 由 $|c|<1-\frac{3c}{4}$ 得到 $-4<c<\frac{4}{7}$. 这几个不等式同时成立的条件是 $-\frac{4}{3}<c<\frac{4}{7}$, 将其转化成为关于 b 的条件是 $b<\frac{4}{7}\exp\frac{10}{3}$. 所以, 模型 (4.5.2) 的正平衡解 $E^*(x_1^*, x_2^*)$ 当 $b>\frac{4}{7}$ 存在, 当 $\frac{4}{7}<b<\frac{4}{7}\exp\frac{10}{3}$ 时稳定, 当 $b>\frac{4}{7}\exp\frac{10}{3}$ 时不稳定.

事实上, 由特征值的表达式 $\lambda=\frac{1}{2}\left(c\pm\sqrt{c^2+3c}\right)$ 可以看出, 当 $\frac{4}{7}<b<\frac{4}{7}e$ 时, 两个特征根都是实根, 模都小于 1; 当 $\frac{4}{7}e<b<\frac{4}{7}\exp\frac{10}{3}$ 时, 两个特征根都是复根, 模都小于 1. 当 $b>\frac{4}{7}\exp\frac{10}{3}$ 时, 特征根的模会大于 1, 且当 $b=\frac{4}{7}\exp\frac{10}{3}$ 时, 线性化系统的特征根模为 1, 这就有可能出现 Hopf 分支[21].

与 Flip 分支的讨论方法类似, 当 $p=\frac{3}{4}$ 时, 用 $x_1(k)=z_1(k)+x_1^*$, $x_2(k)=z_2(k)+x_2^*$, 将正平衡解移到坐标原点后得到新的模型.

$$\begin{aligned} z_1(k+1) &= \frac{4}{7}\left(z_1(k)+z_2(k)+\ln\frac{7b}{4}\right)e^{-(z_1(k)+z_2(k))} - \frac{4}{7}\ln\frac{7b}{4}, \\ z_2(k+1) &= \frac{3}{4}z_1(k). \end{aligned} \tag{4.5.12}$$

再利用线性变换和它的逆变换

$$\begin{pmatrix} z_1(k) \\ z_2(k) \end{pmatrix} = \begin{pmatrix} -\dfrac{8}{9} & -\dfrac{4\sqrt{5}}{9} \\ 1 & 0 \end{pmatrix} \begin{pmatrix} y_1(k) \\ y_2(k) \end{pmatrix},$$

$$\begin{pmatrix} y_1(k) \\ y_2(k) \end{pmatrix} = \begin{pmatrix} 0 & 1 \\ -\dfrac{9}{4\sqrt{5}} & -\dfrac{2}{\sqrt{5}} \end{pmatrix} \begin{pmatrix} z_1(k) \\ z_2(k) \end{pmatrix},$$

在取 $b=\frac{4}{7}\exp\left(\frac{10}{3}+\varepsilon\right)$ 时, 将模型 (4.5.12) 化为

$$\begin{aligned}
y_1(k+1) &= -\frac{2}{3}y_1(k) - \frac{\sqrt{5}}{3}y_2(k), \\
y_2(k+1) &= \left(\frac{\sqrt{5}}{3} + \frac{\varepsilon}{7\sqrt{5}}\right)y_1(k) - \left(\frac{2}{3} + \frac{4\varepsilon}{7}\right)y_2(k) \\
&\quad - \left(\frac{2}{189\sqrt{5}} + \frac{\varepsilon}{126\sqrt{5}}\right)\left(\left(y_1(k) - 4\sqrt{5}y_2(k)\right)^2\right) \\
&\quad + \left(\frac{1}{10206\sqrt{5}} + \frac{\varepsilon}{3402\sqrt{5}}\right)\left(\left(y_1(k) - 4\sqrt{5}y_2(k)\right)^3 + o(\rho^3).\right.
\end{aligned} \quad (4.5.13)$$

下面用文献 [22] 中给出的定理和计算方法来得到模型 (4.5.12) Hopf 分支的存在性. 设 $\boldsymbol{f}(\boldsymbol{x},\mu)$ 三阶连续可微, $\boldsymbol{x}(\mu)$ 是含有参数的二维差分方程组 $\boldsymbol{x}(k+1)=\boldsymbol{f}(\boldsymbol{x}(k),\mu)$ 的平衡解, 且满足:

(1) 差分方程组 $\boldsymbol{x}(k+1)=\boldsymbol{f}(\boldsymbol{x}(k),\mu)$ 在平衡解 $\boldsymbol{x}(\mu)$ 的线性化系统有共轭特征值 $\lambda(\mu)$ 和 $\bar{\lambda}(\mu)$, $|\lambda(\mu_0)|=1$, 当 $j=1,2,3,4$ 时, $\lambda(\mu_0)^j\neq 1$;

(2) $\dfrac{d|\lambda(\mu_0)|}{d\mu}=d\neq 0$.

则有光滑变换, 使得差分方程组 $\boldsymbol{x}(k+1)=\boldsymbol{f}(\boldsymbol{x}(k),\mu)$ 在极坐标下的形式为

$$\begin{aligned}
\rho(k+1) &= \rho(k) + d(\mu-\mu_0)\rho(k) + a\rho(k)^2 + o(\rho^2), \\
\theta(k+1) &= \theta(k) + c + b\rho(k)^2 + o(\rho^2).
\end{aligned}$$

若 $a\neq 0$ 时, 在 $R^2\times R$ 中有一个与平面 $R^2\times\mu_0$ 二阶相切的曲面 Σ, 且 Σ 是差分方程组 $\boldsymbol{x}(k+1)=\boldsymbol{f}(\boldsymbol{x}(k),\mu)$ 的不变集合. 若 $\Sigma\bigcap(R^2\times\mu)$ 不是单点时, 它就是一个简单闭曲线.

这个定理应用时变换不容易获得, a 的计算有困难, 但已经有学者给出了具体的计算公式[18, 22, 23]. 在参数的临界值时将方程组化为

$$\begin{aligned}
u(k+1) &= \cos cu(k) - \sin cv(k) + \phi(u(k),v(k)), \\
v(k+1) &= \sin cu(k) + \cos cv(k) + \psi(u(k),v(k)).
\end{aligned}$$

该方程组线性化部分的特征值为 $\lambda=e^{ic}$, $\bar{\lambda}=e^{-ci}$.

$$a = -\mathrm{Re}\left(\frac{(1-2\lambda)\bar{\lambda}^2}{1-\lambda}\omega_{11}\omega_{20}\right) - \frac{1}{2}|\omega_{11}|^2 - |\omega_{02}|^2 + \mathrm{Re}(\bar{\lambda}\omega_{21}).$$

其中

$$\omega_{20} = \frac{1}{8}\left((\phi_{uu} - \phi_{vv} + 2\psi_{uv}) + i(\psi_{uu} - \psi_{vv} - 2\phi_{uv})\right),$$

$$\begin{aligned}\omega_{11} &= \frac{1}{4}\left((\phi_{uu}+\phi_{vv})+i(\psi_{uu}+\psi_{vv})\right),\\ \omega_{02} &= \frac{1}{8}\left((\phi_{uu}-\phi_{vv}-2\psi_{uv})+i(\psi_{uu}-\psi_{vv}+2\phi_{uv})\right),\\ \omega_{21} &= \frac{1}{16}\left((\phi_{uuu}+\phi_{uvv}+\psi_{uuv}+\psi_{vvv})\right.\\ &\quad \left.+i(\psi_{uuu}+\psi_{uvv}-\phi_{uuv}-\phi_{vvv})\right).\end{aligned}$$

对模型 (4.5.13), 线性化系统的特征值为

$$\lambda(\varepsilon)=\bar{\lambda}(\varepsilon)=-\frac{2}{3}-\frac{2\varepsilon}{7}+i\frac{\sqrt{5}}{3}\sqrt{1+\frac{3\varepsilon}{35}-\frac{36\varepsilon^2}{245}}.$$

当 $\varepsilon=0$ 时, $|\lambda(0)|=1$, 且 $\dfrac{d|\lambda(0)|}{d\varepsilon}=\dfrac{3}{14}\neq 0$. 再根据上面的这些公式, 利用 Maple 计算后得到 $a=-\dfrac{101}{3920}\neq 0$. 由差分方程组 Hopf 分支的定理可以得到, 方程组 (4.5.12) 当参数 ε 经过 0 时就会出现 Hopf 分支, 即原方程组当 $p=\dfrac{3}{4}$ 时, 参数 b 经过临界值 $\dfrac{4}{7}\exp\dfrac{10}{3}$ 时会出现 Hopf 分支.

当 $p=\dfrac{3}{4}$ 时, b 分别取 0.5, 8, 16 和 60 时, 模型 (4.5.4) 的解 $x_1(k)$ 随着时间 k 的变化在图 4-8 中给出. 在这 4 个子图中, 初始值都是 $x_1(1)=5$ 和 $x_2(1)=3$. 左上图对应的 $b(1+p)<1$, 没有正的平衡解, 模型 (4.5.4) 的零平衡解是全局渐近稳定的. 右上图对应的 $b(1+p)>1$, 方程组有渐近稳定的正平衡解, 数值模拟的结果显示模型 (4.5.4) 的正平衡解可能是全局渐近稳定的. 左下图对应的 $b(1+p)>1$, 且 $b>\dfrac{4}{7}\exp\dfrac{10}{3}$, 方程组有不稳定的正平衡解, 数值模拟的结果显示模型 (4.5.4) 有 Hopf 分支, 这个 Hopf 分支有可能是周期为 3 的周期解, 且是渐近稳定的. 右下图对应的 b 很大, 数值模拟的结果显示模型 (4.5.4) 的解的性态比较复杂.

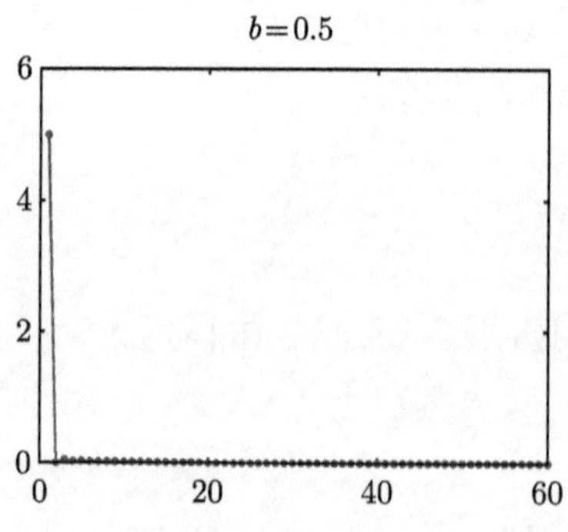

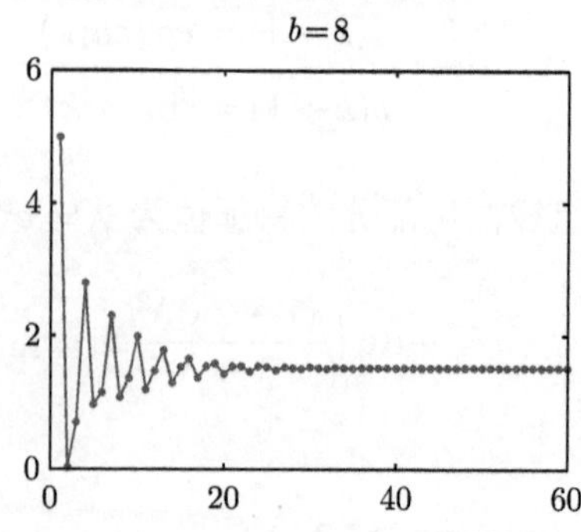

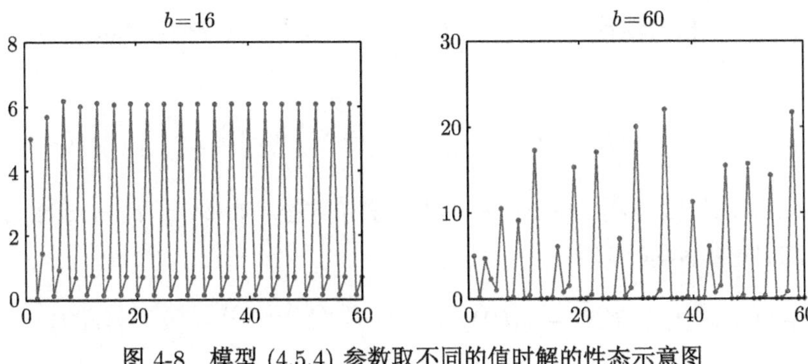

图 4-8 模型 (4.5.4) 参数取不同的值时解的性态示意图

4.6 一个传染病模型的分支

本章的最后一节讨论一个感染率与感染人数有关的传染病模型的性态, 我们先给出模型, 对其进行一些化简, 再证明无病平衡点的全局稳定性, 分析模型的分支问题, 得到了 Flip 分支、鞍结点分支和 Hopf 分支.

4.6.1 模型及其平衡解

考虑一个疾病在人群中传播时, 把总人口分为易感者和患者. 易感者与患者接触后可能被感染, 患者可以被治愈再次成为易感者. 记 t 时刻易感者和患者的人数分别为 $S(t)$ 和 $I(t)$, 则 $S(t)$ 和 $I(t)$ 满足的方程为

$$\begin{aligned}S(t+1)&=S(t)+\Lambda-\beta S(t)I(t)e^{-kI(t-1)S(t-1)}-\mu S(t)+\gamma I(t),\\ I(t+1)&=I(t)+\beta S(t)I(t)e^{-kI(t-1)S(t-1)}-(\mu+\gamma)I(t),\end{aligned}\tag{4.6.1}$$

其中, μ 是死亡率, γ 是恢复率, Λ 是单位时间内新出生或者迁入的人口, β 是感染率, k 是用来描述控制措施效果的一个量. $\beta S(t)I(t)e^{-kI(t-1)S(t-1)}$ 是单位时间内新感染的人数, $e^{-kI(t-1)S(t-1)}$ 反映与前一阶段的感染相关的控制因素所带来感染的减少率, 即前一阶段感染的人数越多, 人们就越重视这个疾病, 控制力度就会更大一些. 根据模型的实际意义, 我们要求模型的所有参数非负, 且仅考虑模型 (4.6.1) 初始值为正的解.

令 $N(t)=S(t)+I(t)$, 将模型 (4.6.1) 的两个方程相加后得到

$$N(t+1)=\Lambda+(1-\mu)N(t).\tag{4.6.2}$$

模型 (4.6.2) 有平衡解 $N^*=\dfrac{\Lambda}{\mu}$, 且 N^* 是全局渐近稳定的, 即 $\lim\limits_{t\to\infty}N(t)=N^*$.

利用极限方程的理论, 令 $S(t) = N^* - I(t)$, 将其代入模型 (4.6.1) 的后一个方程得到

$$I(t+1) = I(t) + \beta\big(N^* - I(t)\big)I(t)e^{-kI(t-1)\left(N^*-I(t-1)\right)} - (\mu+\gamma)I(t). \tag{4.6.3}$$

模型 (4.6.1) 的极限方程 (4.6.3) 是一维的差分方程. 再令 $x_1(t) = I(t)$, $y_1(t) = I(t-1)$, 将模型 (4.6.3) 化为

$$\begin{aligned} &x_1(t+1) = x_1(t) + \beta(N^* - x_1(t))x_1(t)e^{-ky_1(t)(N^*-y_1(t))} - (\mu+\gamma)x_1(t), \\ &y_1(t+1) = x_1(t). \end{aligned} \tag{4.6.4}$$

为了减少模型的参数, 再利用变换 $x(t) = \dfrac{x_1(t)}{N^*}$, $y(t) = \dfrac{y_1(t)}{N^*}$, $a = \beta N^*$, $b = k(N^*)^2$, $c = \mu + \gamma$ 将模型 (4.6.4) 化为

$$\begin{aligned} &x(t+1) = x(t) + a(1-x(t))x(t)e^{-by(t)(1-y(t))} - cx(t), \\ &y(t+1) = x(t). \end{aligned} \tag{4.6.5}$$

根据问题的实际背景, 我们在参数 a、b、c 非负、$0 < c < 1$、初始值满足 $0 \leqslant x(0) \leqslant 1$ 和 $0 \leqslant y(0) \leqslant 1$ 的条件下讨论模型 (4.6.5) 的渐近性态和分支问题.

模型 (4.6.5) 的平衡解 容易看出, 模型 (4.6.5) 总有零平衡解 $E_0 = (0,0)$. 模型 (4.6.5) 的正平衡解 $E(x,x)$ 的坐标 x 满足方程 $a(1-x)e^{-bx(1-x)} = c$, 且应该在 $[0,1]$ 区间中. 令 $f(x) = a(1-x)e^{-bx(1-x)}$, $x \in [0,1]$. 显然, $f(0) = a$, $f(1) = 0$. 且当 $x \in [0,1]$ 时 $f(x) \geqslant 0$. 求函数 $f(x)$ 的一阶和二阶导数得到

$$\begin{aligned} f'(x) &= -ae^{-bx(1-x)}\big(2bx^2 - 3bx + b + 1\big), \\ f''(x) &= -abe^{-bx(1-x)}\big((2x-1)(2bx^2 - 3bx + b + 1) + (4x-3)\big). \end{aligned}$$

对 $x \in [0,1]$, 令 $g_1(x) = 2bx^2 - 3bx + b + 1$. 可以得到: (1) 当 $b - 8 \leqslant 0$ 时, $g_1(x) \geqslant 0$ 对所有 $x \in [0,1]$ 成立; (2) 当 $b - 8 > 0$ 时, 有 $x_1^* = \dfrac{3b - \sqrt{b(b-8)}}{4b}$ 和 $x_2^* = \dfrac{3b + \sqrt{b(b-8)}}{4b}$, 使得 $x \in (0, x_1^*) \cup (x_2^*, 1)$ 时 $g_1(x) > 0$, 且当 $x \in (x_1^*, x_2^*)$ 时 $g_1(x) < 0$.

所以, 当 $b - 8 \leqslant 0$ 时, $f(x)$ 在 $x \in [0,1]$ 单调减; 而当 $b - 8 > 0$ 时, $f(x)$ 在区间 $x \in (0, x_1^*) \cup (x_2^*, 1)$ 单调减, $f(x)$ 在区间 $x \in (x_1^*, x_2^*)$ 单调增. 令

$$c_1 = a(1 - x_1^*)e^{-bx_1^*(1-x_1^*)}, \qquad c_2 = a(1 - x_2^*)e^{-bx_2^*(1-x_2^*)}.$$

模型 (4.6.5) 正平衡解的存在性和个数在下面的定理中给出.

定理 4.6.1 如果 $b \leqslant 8$ 和 $c < a$ 成立, 则模型 (4.6.5) 仅有一个正平衡解 $E_1(x_1, x_1)$; 如果 $b > 8$, $c_2 < c < a$ $(c < c_1)$, 则模型 (4.6.5) 仅有一个正平衡解 $E_1^2(x_1^2, x_1^2)$ $(E_1^1(x_1^1, x_1^1))$; 如果 $b > 8$, $c = c_2$ $(c = c_1)$, 则模型 (4.6.5) 有两个正平衡解 $E_2^-(x_1^-, x_1^-)$ 和 $E_2^*(x_2^*, x_2^*)$ $(E_1^*(x_1^*, x_1^*)$ 和 $E_2^+(x_2^+, x_2^+))$; 如果 $b > 8$, $c_1 < c < c_2$, 则模型 (4.6.5) 有三个正平衡解 $E_3^1(x_3^1, x_3^1)$, $E_3^2(x_3^2, x_3^2)$, $E_3^3(x_3^3, x_3^3)$.

我们省略定理 4.6.1 的证明, 而通过数值模拟给出模型 (4.6.5) 正平衡解在不同情况下存在的具体例子 (图 4-9). 图 4-9 (a) 对应着 $b < 8$ 和 $c < a$ 的情况, 取 $a = 0.8$, $b = 3$ 和 $c = 0.5$, 唯一的正平衡解为 $E_1(0.127464, 0.127464)$. 图 4-9 (b)、(c) 和 (d) 对应着后面的几种情况：其中 $a = 0.8$, $b = 9$, 参数 c 分别取为 $c = 1/3$, $c = 0.036089$ 和 $c = 0.037$. 在这几个图形中, 分别画出了在不同参数下 $f(x) = a(1-x)e^{-bx(1-x)}$ 的图形, $f(x)$ 与水平线的交点就对应着正平衡解. 当 $a = 0.8$ 和 $b = 9$ 时, 得到 $x_1^* = 0.666667$, $x_2^* = 0.833333$, $c_1 = 0.0360894$ 和 $c_2 = 0.038201$. 在图 4-9 (b)、(c) 和 (d) 中, $c = 1/3$ 时唯一的正平衡解是 $E_1^2(0.095223, 0.095223)$; $c = 0.036089$ 时的两个正平衡解分别是 $E_1^*(0.666667, 0.666667)$ 和 $E_2^+(0.894601, 0.894601)$; $c = 0.037$ 时三个正平衡解分别是 $E_3^1(0.596399, 0.596399)$, $E_3^2(0.750201, 0.750201)$ 和 $E_3^3(0.881962, 0.881962)$.

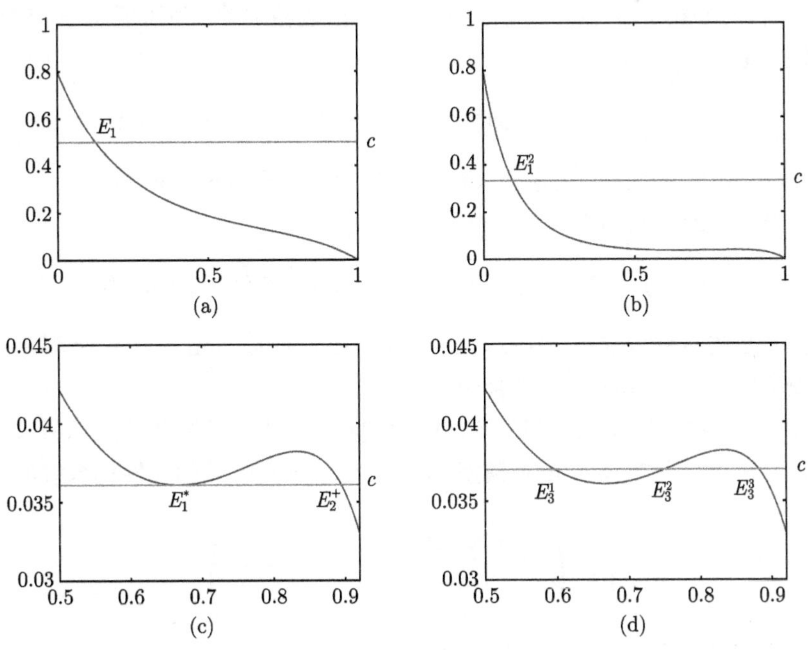

图 4-9 参数取一些不同值时模型 (4.6.5) 的平衡解

4.6.2 平衡解的稳定性

模型 (4.6.5) 在平衡点 $E(x,x)$ 线性化系统的矩阵为

$$A=\begin{pmatrix} 1-c+a(1-2x)e^{-bx(1-x)} & ab(1-x)x(2x-1)e^{-bx(1-x)} \\ 1 & 0 \end{pmatrix}.$$

矩阵 A 的特征方程为

$$\lambda^2-\left(1-c+a(1-2x)e^{-bx(1-x)}\right)\lambda-ab(1-x)x(2x-1)e^{-bx(1-x)}=0. \tag{4.6.6}$$

设方程 (4.6.6) 的两个根分别为 λ_1 和 λ_2, 则 λ_1 和 λ_2 模的大小就决定了模型 (4.6.5) 平衡解的稳定性. 下面给出一些具体的结论.

定理 4.6.2 若 $0<a<c<1$, 则模型 (4.6.5) 的零解 $E_0(0,0)$ 是全局渐近稳定的.

证明 取 $E(x,x)=E_0(0,0)$, 则有

$$A=\begin{pmatrix} 1-c+a & 0 \\ 1 & 0 \end{pmatrix}.$$

矩阵 A 的两个特征根分别是 $\lambda_1=1-c+a$ 和 $\lambda_2=0$. 在定理 4.6.2 的条件下, 容易看出 $|\lambda_1|<1$ 和 $|\lambda_2|<1$, 所以, E_0 是局部渐近稳定的. 为了证明 E_0 的全局渐近稳定性, 把 (4.6.5) 写为

$$x(t+1)=x(t)+a(1-x(t))x(t)e^{-bx(t-1)(1-x(t-1))}-cx(t). \tag{4.6.7}$$

当初始值在 $[0,1]$ 区间时, 由定理 4.6.2 的条件和方程 (4.6.7) 得知, $x(t)$ 也在 $[0,1]$ 区间内. 另一方面, 有方程 (4.6.7) 得到

$$x(t+1)\leqslant(1-c)x(t)+a(1-x(t))x(t)\leqslant(1-c+a)x(t).$$

当定理 4.6.2 的条件成立时, 有 $0<1-c+a<1$, 所以 $\lim\limits_{t\to\infty}x(t)=0$, 模型 (4.6.5) 的零平衡解 $E_0(0,0)$ 是全局渐近稳定的. □

接下来讨论模型 (4.6.5) 正平衡解的稳定性. 利用正平衡解的坐标所满足的表达式 $a(1-x)e^{-bx(1-x)}=c$, 得到模型 (4.6.5) 在正平衡解处的线性化系统的矩阵 A 为

$$A=\begin{pmatrix} \dfrac{1-(1+c)x}{1-x} & bc(2x-1)x \\ 1 & 0 \end{pmatrix}.$$

矩阵 A 的特征方程为

$$h(\lambda)=\lambda^2-\frac{1-(1+c)x}{1-x}\lambda-bc(2x-1)x=0.$$

令

$$h(1) = \frac{cx}{1-x}\left(2bx^2 - 3bx + b + 1\right) = \frac{cx}{1-x}g_1(x),$$

$$h(-1) = \frac{1}{1-x}\left(2bcx^3 - 3bcx^2 + (bc - c - 2)x + 2\right) = \frac{1}{1-x}g_2(x).$$

可以验证当 $b < 8$ 时, $-bc(2x-1)x < 1$ 对所有的 $x \in [0,1]$ 成立. 由 $g_1(x)$ 的表达式得到, $g_1(x)$ 在 $x = \frac{3}{4}$ 取得最小值 $g\left(\frac{3}{4}\right) = 1 - \frac{b}{8} > 0$. 函数 $g_2(x)$ 是 x 的三次多项式, 且当 $x \to -\infty$ 时 $g_2(x) \to -\infty$, $g_2(0) = 2 > 0$, $g_2(1) = -c < 0$, 当 $x \to +\infty$ 时 $g_2(x) \to +\infty$. 由连续函数的介值定理知道 $g_2(x) = 0$ 有三个根 x_g^1、x_g^2 和 x_g^3. 这三个根满足 $x_g^1 < 0$, $0 < x_g^2 < 1$ 和 $x_g^3 > 1$. x_g^2 是 $(0,1)$ 区间内 $g_2(x) = 0$ 唯一的根, 且当 $x \in (0, x_g^2)$ 时 $g_2(x) > 0$, 当 $x = x_g^2$ 时 $g_2(x) = 0$, 当 $x \in (x_g^2, 1)$ 时 $g_2(x) < 0$. 所以, 当 $x \in (0, x_g^2)$ 时 $h(-1) > 0$, 当 $x \in (x_g^2, 1)$ 时 $h(-1) < 0$.

利用 Jury 判据, 可以得到模型 (4.6.5) 的正平衡解 $E_1(x_1, x_1)$ 的稳定性结论: 若 $c < a$ 和 $b < 8$, 则模型 (4.6.5) 的平衡解 $E_1(x_1, x_1)$ 当 $x_1 \in (0, x_g^2)$ 时是渐近稳定的; 而当 $x_1 \in (x_g^2, 1)$ 时是不稳定的.

当 $b > 8$ 时, 模型 (4.6.5) 的平衡解的稳定性十分复杂, 仅讨论 $b = 9$ 和 $a = 1$ 这一具体情况下平衡解的稳定性. 此时, $x_1^* = 0.6667$, $x_2^* = 0.8333$, $c_1 = 0.04511$, $c_2 = 0.04775$. 模型 (4.6.5) 平衡解的存在性和稳定性结论为: (1) 如果 $0 < c < c_1$ $(c_2 < c < 1)$, 模型 (4.6.5) 有唯一的正平衡解 E_1^1 (E_1^2), 且 E_1^1 (E_1^2) 是稳定的; (2) 如果 $c = c_1$ $(c = c_2)$, 则模型 (4.6.5) 有两个正平衡解 $E_1^*(0.6667, 0.6667)$, $E_2^+(0.8946, 0.8946)$ $(E_2^*0.8333, 0.8333)$, $E_2^-(0.5627, 0.5627))$, 其中 E_2^+ (E_2^-) 是渐近稳定的; (3) 如果 $c_1 < c < c_2$, 则模型 (4.6.5) 有三个正平衡解 E_3^1, E_3^2 和 E_3^3, 其中 E_3^1 和 E_3^3 是渐近稳定的, 而 E_3^2 是不稳定的. 这些结论都可以用线性化的方法和 Jury 判据证明.

4.6.3 模型 (4.6.5) 的 Flip 分支

现在讨论当 $b < 8$ 和 $c < a = 3c\exp\frac{2b}{9}$ 时模型 (4.6.5) 的 Flip 分支. 此时, 模型 (4.6.5) 有正平衡解 $E_1\left(\frac{2}{3}, \frac{2}{3}\right)$. 模型 (4.6.5) 在正平衡解 $E_1\left(\frac{2}{3}, \frac{2}{3}\right)$ 线性化系统的矩阵为

$$A = \begin{pmatrix} 1-2c & \frac{2}{9}bc \\ 1 & 0 \end{pmatrix},$$

矩阵 A 的特征方程为

$$\lambda^2 - (1-2c)\lambda - \frac{2}{9}bc = 0.$$

当 $b = \frac{9(1-c)}{c}$ 和 $c \neq \frac{1}{2}$ 时, 矩阵 A 的特征根分别为 $\lambda_1 = -1$ 和 $|\lambda_2| = |2(1-c)| \neq 1$.

这满足了 Flip 分支出现的必要条件, 下面的定理给出了 Flip 分支的存在性.

定理 4.6.3 若 $b=\dfrac{9(1-c)}{c}$ 和 $c\in(0.782,1)$, 则模型 (4.6.5) 将在正平衡解 $E_1\left(\dfrac{2}{3},\dfrac{2}{3}\right)$ 的邻域内分支出一个稳定的 2 周期解.

证明 令 $\tilde{x}=x-\dfrac{2}{3}$, $\tilde{y}=y-\dfrac{2}{3}$, $\tilde{\mu}=b-\dfrac{9(1-c)}{c}$, 并把 $\tilde{\mu}$ 看作状态变量. 将模型 (4.6.5) 写为

$$\begin{aligned}\tilde{x}(t+1)=&(1-c)\tilde{x}(t)-\frac{2}{3}c\\&+3c\left(\frac{1}{3}-\tilde{x}(t)\right)\left(\frac{2}{3}+\tilde{x}(t)\right)\exp\left(\tilde{\mu}(t)+\frac{9(1-c)}{c}\right)\left(\frac{1}{3}\tilde{y}(t)+\tilde{y}^2(t)\right),\\\tilde{\mu}(t+1)=&\tilde{\mu}(t),\\\tilde{y}(t+1)=&\tilde{x}(t).\end{aligned}\tag{4.6.8}$$

模型 (4.6.8) 在 $(\tilde{x},\tilde{y},\tilde{\mu})=(0,0,0)$ 的展开式为

$$\begin{aligned}&\tilde{x}(t+1)=(1-2c)\tilde{x}(t)+2(1-c)\tilde{y}(t)+\tilde{P}(\tilde{x}(t),\tilde{\mu}(t),\tilde{y}(t)),\\&\tilde{\mu}(t+1)=\tilde{\mu}(t),\\&\tilde{y}(t+1)=\tilde{x}(t),\end{aligned}\tag{4.6.9}$$

其中

$$\begin{aligned}&\tilde{P}\big(\tilde{x}(t),\tilde{y}(t),\tilde{\mu}(t)\big)\\=&-3c\tilde{x}^2(t)-3(1-c)\tilde{x}(t)\tilde{y}(t)+\frac{2c}{9}\tilde{\mu}(t)\tilde{y}(t)+\frac{3(1-c^2)}{c}\tilde{y}^2(t)\\&-9(1-c)\tilde{x}^2(t)\tilde{y}(t)-\frac{c}{3}\tilde{x}(t)\tilde{\mu}(t)\tilde{y}(t)-\frac{9(1-c^2)}{2c}\tilde{x}(t)\tilde{y}^2(t)\\&+\frac{2}{3}\tilde{\mu}(t)\tilde{y}^2(t)+\frac{3(3c-9c^2+5c^3+1)}{c^2}\tilde{y}^3(t)+\frac{c}{27}\tilde{\mu}^2(t)\tilde{y}^2(t)\\&-c\tilde{x}^2(t)\tilde{\mu}(t)\tilde{y}(t)-\frac{\tilde{\mu}(t)(c\tilde{\mu}(t)+18)}{18}\tilde{x}(t)\tilde{y}^2(t)+\tilde{\mu}(t)\left(\frac{1+2c-3c^2}{c}\right.\\&\left.+\frac{(1+c)}{9}\tilde{\mu}(t)+\frac{c}{243}\tilde{\mu}^2(t)\right)\tilde{y}^3(t)+o((\tilde{x}^4,\tilde{\mu},\tilde{y}^4).\end{aligned}\tag{4.6.10}$$

令

$$T=\begin{pmatrix}-1&0&2(1-c)\\0&1&0\\1&0&1\end{pmatrix},\quad T^{-1}=\begin{pmatrix}\dfrac{1}{2c-3}&0&\dfrac{-2(1-c)}{2c-3}\\0&1&0\\\dfrac{-1}{2c-3}&0&\dfrac{-1}{2c-3}\end{pmatrix}.$$

利用变换 $\begin{pmatrix} \tilde{x}(t) \\ \tilde{\mu}(t) \\ \tilde{y}(t) \end{pmatrix} = T \begin{pmatrix} u(t) \\ \mu(t) \\ v(t) \end{pmatrix}$, 将模型 (4.6.9) 化为

$$\begin{pmatrix} u(t+1) \\ \mu(t+1) \\ v(t+1) \end{pmatrix} = \begin{pmatrix} -1 & 0 & 0 \\ 0 & 1 & 0 \\ 0 & 0 & 2(1-c) \end{pmatrix} \begin{pmatrix} u(t) \\ \mu(t) \\ v(t) \end{pmatrix} + \begin{pmatrix} \frac{1}{2c-3}P(u(t),\mu(t),v(t)) \\ 0 \\ -\frac{1}{2c-3}P(u(t),\mu(t),v(t)) \end{pmatrix}, \tag{4.6.11}$$

其中

$$\begin{aligned} &P(u(t),v(t),\mu(t)) \\ =&\frac{2c}{9}\mu u+\frac{2c}{9}\mu v+\left(\frac{-3(3c^2-c-1)}{c}+\frac{2+c}{3}\mu+\sum_{k=2}^{\infty}p_{1k}\mu^k\right)u^2 \\ &+\left(\frac{-18c^3+15c^2-3c+6}{c}+\sum_{k=1}^{\infty}p_{2k}\mu^k\right)uv \\ &+\left(\frac{-12c^4+18c^3-3c^2-6c+3}{c}+\sum_{k=1}^{\infty}p_{3k}\mu^k\right)v^2 \\ &+\left(\frac{39c^3-72c^2+27c+6}{2c^2}+\sum_{k=1}^{\infty}p_{4k}\mu^k\right)u^3 \\ &+\left(\frac{27c^4-18c^3-45c^2+27c+9}{c^2}+\sum_{k=1}^{\infty}p_{5k}\mu^k\right)u^2v \\ &+\left(\frac{72c^5-180c^4+189c^3-126c^2+27c+18}{2c^2}+\sum_{k=1}^{\infty}p_{6k}\mu^k\right)uv^2 \\ &+\left(\frac{36c^5-117c^4+132c^3-54c^2+3}{c^2}+\sum_{k=1}^{\infty}p_{7k}\mu^k\right)v^3+o(u^4,\mu,v^4). \end{aligned} \tag{4.6.12}$$

模型 (4.6.11) 有一个局部中心流形, 将该中心流形近似展开为

$$\begin{aligned} v(t)=&h(u(t),\mu(t)) \\ =&m_1u^2(t)+m_2u(t)\mu(t)+m_3\mu^2(t)+m_4u^3(t)+m_5u^2(t)\mu(t) \\ &+m_6u(t)\mu^2(t)+m_7\mu^3(t)+o(u^4,\mu,v^4). \end{aligned} \tag{4.6.13}$$

将这个近似展开式代入 (4.6.11), 比较得到

$$m_1 = \frac{3(3c^2 - c - 1)}{c(1-2c)(3-2c)}, \quad m_2 = -\frac{2c}{9(3-2c)^2}, \quad m_3 = 0.$$

由模型 (4.6.11) 的第二个方程得到, $\mu(t)$ 总是常数. 所以, 由中心流形所诱导出的一维方程为

$$u(t+1) = G(u(t), \mu),$$

其中

$$\begin{aligned} G = &\left(-1 + \frac{2c}{9(2c-3)}\mu + \sum_{k=2}^{\infty} n_{1k}\mu^k\right) u(t) + \left(\frac{-3(3c^2-c-1)}{c(2c-3)} + \sum_{k=1}^{\infty} n_{2k}\mu^k\right) u^2(t) \\ &+ \left(\frac{-18c^3+15c^2-3c+6}{c(2c-3)} m_1 + \frac{39c^3-72c^2+27c+6}{2c^2(2c-3)} + \sum_{k=1}^{\infty} n_{3k}\mu^k\right) u^3(t) \\ &+ o(u, \mu). \end{aligned} \tag{4.6.14}$$

由 (4.6.14) 所给出的 $G(u(t), \mu)$ 的表达式得到

$$\begin{aligned} &G(0,\mu) = 0, \quad \frac{\partial G(0,0)}{\partial u} = -1, \quad \frac{\partial^2 G(0,0)}{\partial u \partial \mu} = \frac{2c}{9(2c-3)} < 0, \\ &\frac{\partial^3 G^2(0,0)}{\partial u^3} = \frac{18(26c^4 - 61c^3 + 24c^2 + c + 4)}{c^2(3-2c)(2c-1)}. \end{aligned}$$

通过数值分析得到, 当 $c \in (0.782, 1)$ 时 $\dfrac{\partial^3 G^2(0,0)}{\partial u^3} < 0$ (图 4-10 (a)). 所以, 模型 (4.6.5) 将在 $E_1\left(\dfrac{2}{3}, \dfrac{2}{3}\right)$ 出现一个 2 周期解, 且它是稳定的[17]. 当 $a = 3.9569$, $b = 2.25$, $c = 0.8$ 时, 模型 (4.6.5) 由 Flip 分支得到的 2 周期解在图 4-10 (b) 中给出. □

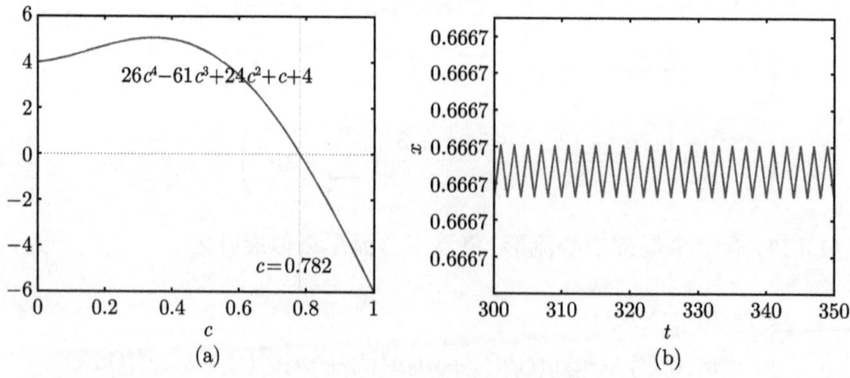

图 4-10　模型 (4.6.5) 的 Flip 分支

4.6.4 模型 (4.6.5) 的鞍结点分支

当模型在一个平衡解的线性化系统矩阵的特征根等于 1 时, 该平衡解的稳定性就无法由线性化系统确定, 且模型的参数适当变化时就可能出现鞍结点分支. 当 $b>8$ 和 $c=c_1$ 时, 模型有正平衡解 $E_1^*(x_1^*,x_1^*)$, 且模型 (4.6.5) 在正平衡解 $E_1^*(x_1^*,x_1^*)$ 处线性化系统的矩阵有一个特征根 $\lambda_1=1$. 这样就满足了产生鞍结点分支的必要条件, 下面的定理给出了模型 (4.6.5) 在 $E_1^*(x_1^*,x_1^*)$ 邻域内鞍结点的分支.

定理 4.6.4 设 $b>8$, 则参数 c 从 c_1 增加时, (4.6.5) 在 $E_1^*(x_1^*,x_1^*)$ 的邻域内出现鞍结点分支, 其中

$$c_1=\frac{a}{4}\left(1+\sqrt{1-\frac{8}{b}}\right)\exp\left(-\frac{b}{16}\left(3-\sqrt{1-\frac{8}{b}}\right)\left(1+\sqrt{1-\frac{8}{b}}\right)\right).$$

证明 当 $b>8$ 和 $c=c_1$, 模型 (4.6.5) 有正平衡解 $E_1^*(x_1^*,x_1^*)$. 计算后得到, 模型 (4.6.5) 在 $E_1^*(x_1^*,x_1^*)$ 线性化系统矩阵的两个特征根分别是

$$\lambda_1=1,\quad \lambda_2=\frac{a}{4}\left(3-\sqrt{1-\frac{8}{b}}\right)\exp\left(-\frac{b}{16}\left(3-\sqrt{1-\frac{8}{b}}\right)\left(1+\sqrt{1-\frac{8}{b}}\right)\right).$$

对充分小的 u, 令

$$c=c_1+\frac{u^2}{2}\sqrt{b(b-8)}\exp\left(-\frac{b}{16}\left(3-\sqrt{1-\frac{8}{b}}\right)\left(1+\sqrt{1-\frac{8}{b}}\right)\right).$$

容易验证 x_1^*-u 和 x_1^*+u 是方程 $f(x)=c$ 的两个根. 即模型 (4.6.5) 有两个平衡解 $E_3^1(x_1^*-u,x_1^*-u)$ 和 $E_3^2(x_1^*+u,x_1^*+u)$, 且这两个平衡解 E_3^1 和 E_3^2 与 E_1^* 十分接近, 当 u 趋于零时, E_3^1 和 E_3^2 都趋于 $E_1^*(x_1^*,x_1^*)$.

接下来讨论平衡解 E_3^1 和 E_3^2 的稳定性. 由于这两个平衡解稳定性的讨论过程相似, 我们仅给出确定 E_3^2 稳定性的分析. 记模型 (4.6.5) 在平衡解 E_3^2 处线性化系统矩阵的特征方程为 $\varphi(u,\lambda)=0$, 其中

$$\varphi(u,\lambda)=\lambda^2-\frac{1-(1+c)x_3^2}{1-x_3^2}\lambda-bcx_3^2(2x_3^2-1),\qquad x_3^2=x_1^*+u.$$

令 $\varphi(u,\lambda)=0$ 的两个根分别为 $\lambda_1(u)$ 和 $\lambda_2(u)$. 由 $\varphi(u,\lambda)$ 的表达式看出, $\lambda_1(u)$ 和 $\lambda_2(u)$ 是 u 的连续可微函数, 且满足

$$\lambda_1(0)=1,\quad \lambda_2(0)=\frac{a}{4}\left(3-\sqrt{1-\frac{8}{b}}\right)\exp\left(-\frac{b}{16}\left(3-\sqrt{1-\frac{8}{b}}\right)\left(1+\sqrt{1-\frac{8}{b}}\right)\right).$$

直接计算得到

$$\frac{\partial\varphi}{\partial x_3^2}=\frac{c\lambda}{(1-x_3^2)^2}\left(1-b(4(x_3^2)^3-9(x_3^2)^2+6x_3^2-1)\right),\quad \frac{\partial x_3^2}{\partial u}=1,$$
$$\frac{\partial\varphi}{\partial c}=\frac{\lambda x_3^2}{1-x_3^2}-bx_3^2(2x_3^2-1),\quad \frac{\partial\varphi}{\partial\lambda}=2\lambda-\frac{1-(1+c)x_3^2}{1-x_3^2},$$
$$\frac{\partial c}{\partial u}=u\sqrt{b(b-8)}\exp\left(-\frac{b}{16}\left(3-\sqrt{1-\frac{8}{b}}\right)\left(1+\sqrt{1-\frac{8}{b}}\right)\right).$$

再利用隐函数求导法则得出

$$\frac{d\lambda}{du}=-\frac{\dfrac{\partial\varphi}{\partial u}}{\dfrac{\partial\varphi}{\partial\lambda}}=-\frac{\dfrac{\partial\varphi}{\partial x_3^2}\dfrac{\partial x_3^2}{\partial u}+\dfrac{\partial\varphi}{\partial c}\dfrac{\partial c}{\partial u}}{\dfrac{\partial\varphi}{\partial\lambda}}.$$

当 $u=0$ 时, $\lambda=1, x_3^2=x_1^*, c=c_1, \dfrac{\partial c}{\partial u}=0$. 再利用 x_1^* 的表达式 $x_1^*=\dfrac{3-\sqrt{1-8/b}}{4}$ 得到 $x_1^*<\dfrac{3}{4}$ 和 $b(1-x_1^*)>8\left(1-\dfrac{3}{4}\right)>2$. 应用这些不等式可以得到

$$\left.\frac{d\lambda}{du}\right|_{u=0}=-\frac{c_1x_1^*(2-b(1-x_1^*))}{(1-x_1^*)(1-(1-c_1)x_1^*)}>0.$$

所以, 当 $u>0$ 且 u 充分小时, 有 $\lambda_1(u)>1$, $0<\lambda_2(u)<1$. $\lambda_1(u)>1$ 和 $0<\lambda_2(u)<1$ 表明平衡解 $E_3^2(x_1^*+u,x_1^*+u)$ 是不稳定的鞍点. 同理可以得到, 当 $u>0$ 且 u 充分小时 $E_3^1(x_1^*-u,x_1^*-u)$ 是稳定的结点. 所以, 当 c 从 c_1 增加时, 在 $E_1^*(x_1^*,x_1^*)$ 的邻域出现了两个平衡解, 一个是鞍点, 一个是结点, 这就出现了鞍结点分支. □

同理可以证明, 当 $b>8$, c 从 c_2 减小时, 模型 (4.6.5) 在 $E_2^*(x_2^*,x_2^*)$ 的邻域内也会出现鞍结点分支, 其中

$$c_2=\frac{a}{4}\left(1-\sqrt{1-\frac{8}{b}}\right)\exp\left(-\frac{b}{16}\left(3+\sqrt{1-\frac{8}{b}}\right)\left(1-\sqrt{1-\frac{8}{b}}\right)\right).$$

当 $a=0.008$ 和 $b=9$ 时, 模型 (4.6.5) 鞍结点分支在图 4-11 中给出. 在图 4-11 (a) 中, $c=c_1=0.036089$, E_1^* 是一个非双曲的平衡解: 从 E_1^* 左侧邻域内出发的解当时间趋于无穷时趋于 E_1^*, 而从 E_1^* 右侧邻域出发的解当时间趋于无穷时远离 E_1^*. 在图 4-11 (b) 中, $c=0.036094$, 原来的平衡解 E_1^* 分为两个: 稳定的结点 $E_3^1(0.6611,0.6611)$ 和不稳定的鞍点 $E_3^2(0.6722,0.6722)$. 从 E_3^1 邻域内出发的解当时间趋于无穷时趋于平衡解 E_3^1; 而从 E_3^2 邻域内出发的解当时间趋于无穷时绝大部分都远离 E_3^2.

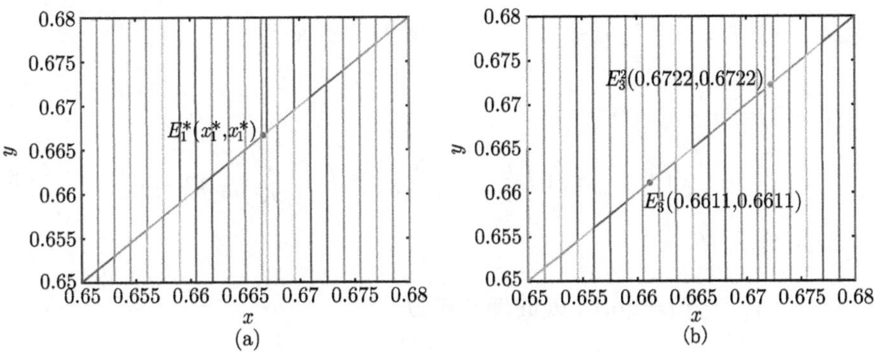

图 4-11 模型 (4.6.5) 在平衡解 E_1^* 邻域内的鞍结点分支

4.6.5 模型 (4.6.5) 的 Hopf 分支

这一小节讨论当 $b>8$ 和 $a=\frac{4}{3}c\exp\frac{3b}{16}$时模型 (4.6.5) 的 Hopf 分支. 这时, $E_3^1\left(\frac{1}{4},\frac{1}{4}\right)$ 是 (4.6.5) 的一个平衡解, 在这个平衡解处模型 (4.6.5) 线性化矩阵为

$$A=\begin{pmatrix}\dfrac{3-c}{3} & -\dfrac{1}{8}bc\\ 1 & 0\end{pmatrix}.$$

矩阵 A 的特征方程为

$$\lambda^2-\frac{3-c}{3}\lambda+\frac{1}{8}bc=0.$$

当 $b=\frac{8}{c}$ 时, 矩阵 A 的特征方程的根为

$$\lambda_1=\frac{1}{2}\left(1-\frac{c}{3}+\sqrt{\left(1-\frac{c}{3}\right)^2-4}\right),\quad \lambda_2=\frac{1}{2}\left(1-\frac{c}{3}-\sqrt{\left(1-\frac{c}{3}\right)^2-4}\right).$$

由于 $0<c<1$ 得到 $\left(1-\frac{c}{3}\right)^2-4<1$, 这两个根 λ_1 和 λ_2 是共轭复根, 且满足 $|\lambda_1|=|\lambda_2|=1$. 模型 (4.6.5) 在平衡解 E_3^1 邻域内产生 Hopf 分支的必要条件满足. 定理 4.6.5 给出了模型 (4.6.5) 在 $E_3^1\left(\frac{1}{4},\frac{1}{4}\right)$ 的邻域内产生 Hopf 分支的条件.

定理 4.6.5 若 $a=\frac{4}{3}c\exp\frac{3b}{16}$, 则模型 (4.6.5) 在平衡解 $E_3^1\left(\frac{1}{4},\frac{1}{4}\right)$ 的邻域内产生 Hopf 分支.

证明　令 $\tilde{x}=x-\frac{1}{4}$, $\tilde{y}=y-\frac{1}{4}$, 则模型 (4.6.5) 变为

$$\begin{aligned}\tilde{x}(t+1)=&(1-c)\tilde{x}(t)-\frac{1}{4}c\\&+\frac{4}{3}c\left(\frac{3}{4}-\tilde{x}(t)\right)\left(\frac{1}{4}+\tilde{x}(t)\right)\exp b\left(-\frac{1}{2}\tilde{y}(t)+\tilde{y}^2(t)\right),\\\tilde{y}(t+1)=&\tilde{x}(t).\end{aligned}\tag{4.6.15}$$

模型 (4.6.15) 在 $(\tilde{x},\tilde{y})=(0,0)$ 处的展开式为

$$\begin{aligned}\tilde{x}(t+1)&=\frac{3-c}{3}\tilde{x}(t)-\frac{1}{8}bc\tilde{y}(t)+\tilde{P}(\tilde{x}(t),\tilde{\mu}(t),\tilde{y}(t)),\\\tilde{y}(t+1)&=\tilde{x}(t),\end{aligned}\tag{4.6.16}$$

其中

$$\begin{aligned}&\tilde{P}\big(\tilde{x}(t),\tilde{y}(t)\big)\\=&-\frac{4c}{3}\tilde{x}^2(t)-\frac{1}{3}bc\tilde{x}(t)\tilde{y}(t)+\frac{1}{4}bc\left(1+\frac{b}{8}\right)\tilde{y}^2(t)+\frac{2}{3}bc\tilde{x}^2(t)\tilde{y}(t)\\&+\frac{2}{3}bc\left(1+\frac{b}{8}\right)\tilde{x}(t)\tilde{y}^2(t)-\frac{1}{4}b^2c\left(\frac{1}{2}+\frac{b}{48}\right)\tilde{y}^3(t)+o((|\tilde{x}|+|\tilde{y}|)^4).\end{aligned}\tag{4.6.17}$$

模型线性化矩阵的特征根分别为

$$\lambda=\frac{1}{2}\left(\frac{3-c}{3}\pm\sqrt{\frac{1}{2}bc-\frac{(3-c)^2}{9}}i\right),$$

和

$$|\lambda|=\frac{1}{2}\sqrt{\frac{(3-c)^2}{9}+\frac{1}{2}bc-\frac{(3-c)^2}{9}}=\sqrt{\frac{1}{8}bc}.$$

取 b 是分支参数, 令 $b_0=\frac{8}{c}$, 直接计算得到

$$\begin{aligned}&\lambda(b_0)=\frac{1}{2}\left(\frac{3-c}{3}\pm\sqrt{\frac{1}{2}bc-\frac{(3-c)^2}{9}}i\right)\bigg|_{b=b_0}=\frac{1}{2}\left(\frac{3-c}{3}\pm\frac{\sqrt{27+6c-c^2}}{3}i\right),\\&|\lambda(b_0)|=1,\quad \frac{d(|\lambda|)}{db}\bigg|_{b=b_0}=\frac{c}{16\sqrt{bc/8}}=\frac{c}{16}>0.\end{aligned}$$

且当 $m=1,2,3,4$ 时, $\lambda^m\neq1$. 令 $T=\begin{pmatrix}t_{11}&t_{12}\\t_{21}&t_{22}\end{pmatrix}$, 其中 $t_{11}=1$, $t_{12}=0$, $t_{21}=\frac{4(3-c)}{3bc}$, $t_{22}=\frac{4}{bc}\sqrt{\frac{1}{2}bc-\frac{(3-c)^2}{9}}$. 由变换 $\begin{pmatrix}\tilde{x}(t)\\\tilde{y}(t)\end{pmatrix}=T\begin{pmatrix}u(t)\\v(t)\end{pmatrix}$ 可以得

到

$$u(t+1)=\frac{3-c}{6}u(t)-\frac{1}{2}\sqrt{\frac{1}{2}bc-\frac{(3-c)^2}{9}}v(t)+P_1(u,v),$$

$$v(t+1)=\frac{1}{2}\sqrt{\frac{1}{2}bc-\frac{(3-c)^2}{9}}u(t)+\frac{3-c}{6}v(t)+P_2(u,v),$$

其中

$$\begin{aligned}P_1(u,v)=&\left(-\frac{4}{3}c-\frac{1}{3}bcm+\frac{1}{4}bc(1+\frac{b}{8})m^2\right)u^2\\&-\left(\frac{1}{3}bcn-\frac{1}{2}bc(1+\frac{b}{8})mn\right)uv+\frac{1}{4}bc\left(1+\frac{b}{8}\right)n^2v^2\\&+\left(\frac{2}{3}bcm+\frac{2}{3}bc\left(1+\frac{b}{8}\right)m^2-\frac{1}{4}b^2c\left(\frac{1}{2}+\frac{b}{48}\right)m^3\right)u^3\\&+\left(\frac{2}{3}bcn+\frac{4}{3}bc\left(1+\frac{b}{8}\right)mn-\frac{3}{4}b^2c\left(\frac{1}{2}+\frac{b}{48}\right)m^2n\right)u^2v\\&-\frac{1}{4}b^2c\left(\frac{1}{2}+\frac{b}{48}\right)n^3v^3+\left(\frac{2}{3}bc\left(1+\frac{b}{8}\right)n^2-\frac{3}{4}b^2c\left(\frac{1}{2}+\frac{b}{48}\right)mn^2\right)uv^2,\\P_2(u,v)=&-\frac{m}{n}P_1(u,v),\ m=\frac{4(3-c)}{3bc},\ n=\frac{4}{bc}\sqrt{\frac{1}{2}bc-\frac{(3-c)^2}{9}}.\end{aligned}\tag{4.6.18}$$

由文献 [22] 的定理 3.5.3 知道, Hopf 分支的存在性完全由 θ 决定, 其中

$$\begin{aligned}\theta&=-Re[\frac{(1-2\lambda)\bar{\lambda}^2}{1-\lambda}l_{11}l_{20}]-\frac{1}{2}|l_{11}|^2-|l_{02}|^2+Re(\bar{\lambda}l_{21}),\\l_{20}&=\frac{1}{8}\left[(P_{1uu}-P_{1vv}+2P_{2uv})+i(P_{2uu}-P_{2vv}-2P_{1uv})\right],\\l_{11}&=\frac{1}{4}\left[P_{1uu}+P_{1vv}+i(P_{2uu}+P_{2vv})\right],\\l_{02}&=\frac{1}{8}\left[(P_{1uu}-P_{1vv}-2P_{2uv})+i(P_{2uu}-P_{2vv}+2P_{1uv})\right],\\l_{21}&=\frac{1}{16}\left[(P_{1uuu}+P_{1uvv}+P_{2uuv}+P_{2vvv})+i(P_{2uuu}+P_{2uvv}-P_{1uuv}-P_{1vvv})\right].\end{aligned}$$

直接计算后得到

$$\theta=\frac{c^6-14c^5-23c^4+144c^3-405c^2+54c-405}{324c^2}<0.$$

由文献 [22] 的结论知道, 当参数 b 经过 b_0 时, 模型 (4.6.5) 就会在 $E_3^1\left(\frac{1}{4},\frac{1}{4}\right)$ 的邻域内产生 Hopf 分支. □

当我们取 $c=0.8$, $a=6.9686$ 和 $b=10.01$ 时, 模型 (4.6.5) 的 Hopf 分支在图 4-12 中给出. 这里的 b 比 $b_0=10$ 稍微大了一点. 图 4-12 (a) 中给出了 $x(t)$ 随着时

间的变化, 图 4-12 (b) 中给出了 x-y 平面解序列 $(x(t), y(t))$ 的轨线图, 这些点序列在一个不变解曲线上.

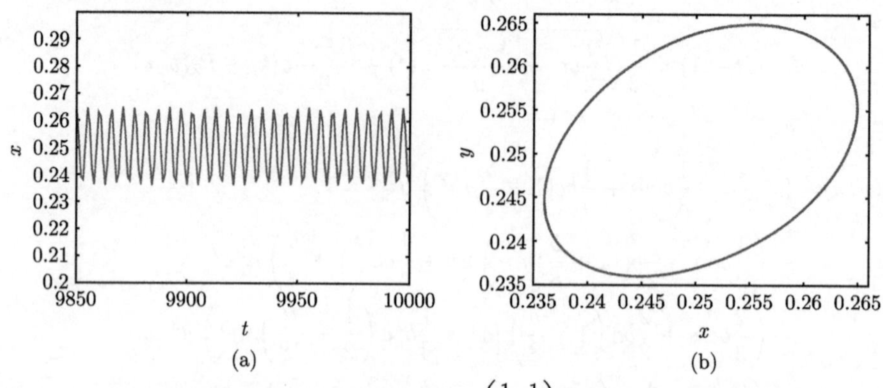

图 4-12 模型 (4.6.5) 在平衡解 $E_3^1\left(\dfrac{1}{4},\dfrac{1}{4}\right)$ 邻域内的 Hopf 分支

这一节中我们在一些特殊情形下, 给出了模型 (4.6.5) 的 Flip 分支、鞍结点分支和 Hopf 分支的存在性. 还可以在更一般的情况下得到这些分支, 这需要更多的计算和分析.

差分方程组还有许多非常有趣的分支现象, 有兴趣的读者可以参阅文献 [17] 及其参考文献.

习 题 4

4.1 讨论差分方程 $x(k+1) = x(k) - \mu^2 x(k) + x^3(k) + x^6(k)$ 平衡解的分支点.

4.2 判断下面线性差分方程组平衡解的稳定性和类型, 并画出其相图.

(1) $\boldsymbol{x}(k+1) = \begin{pmatrix} 4/5 & 0 \\ 4/5 & 1/5 \end{pmatrix} \boldsymbol{x}(k)$.

(2) $\boldsymbol{x}(k+1) = \begin{pmatrix} 7/2 & -3/2 \\ 3 & -1 \end{pmatrix} \boldsymbol{x}(k)$.

(3) $\boldsymbol{x}(k+1) = \begin{pmatrix} 1/2 & 3/2 \\ 1 & 1 \end{pmatrix} \boldsymbol{x}(k)$.

(4) $\boldsymbol{x}(k+1) = \begin{pmatrix} -1/2 & 2 \\ -1/2 & 3/2 \end{pmatrix} \boldsymbol{x}(k)$.

(5) $\boldsymbol{x}(k+1) = \begin{pmatrix} -1 & 4 \\ -8 & 7 \end{pmatrix} \boldsymbol{x}(k)$.

4.3 讨论下列差分方程 $x(k+1) = f(x(k), \mu)$ 平衡解的分支, 其中

(1) $f(x, \mu) = x + \mu - x^2$.

(2) $f(x, \mu) = \mu x(1 - x)$.

(3) $f(x,\mu) = -(1+\mu)x + x^3 + x^7$.

(4) $f(x,\mu) = \mu x + ax^2 + bx^3$.

4.4 讨论下面生态模型平衡解的分支

(1) $x(k+1) = x(k)\left(\dfrac{1}{1+cx(k)} - d\right)$.

(2) $x(k+1) = \dfrac{bx(k)}{1+c\exp(ax(k))}$.

(3) $x(k+1) = (1-ax(k))x^2(k)$.

4.5 讨论下面差分方程组平衡解的分支

$$x(k+1) = y(k), \qquad y(k+1) = \mu y(k)(1-x(k)).$$

4.6 讨论 Ricker 模型 $x(k+1) = \mu x(k)\exp(-x(k))$ 的分支, 并证明当 $\mu \doteq 12.50925$ 时会出现第二次的周期倍分叉.

4.7 讨论下面差分方程组的分支

$$\begin{pmatrix} x(k+1) \\ y(k+1) \end{pmatrix} = \left(1 + d\mu + a\left(x(k)^2 + y(k)^2\right)\right) \begin{pmatrix} a_{11} & a_{12} \\ a_{21} & a_{22} \end{pmatrix} \begin{pmatrix} x(k) \\ y(k) \end{pmatrix},$$

其中

$$\begin{aligned} a_{11} &= \cos\left(c + b\left(x(k)^2 + y(k)^2\right)\right), \\ a_{12} &= -\sin\left(c + b\left(x(k)^2 + y(k)^2\right)\right), \\ a_{21} &= \sin\left(c + b\left(x(k)^2 + y(k)^2\right)\right), \\ a_{22} &= \cos\left(c + b\left(x(k)^2 + y(k)^2\right)\right). \end{aligned}$$

4.8 讨论下面差分方程组的分支

$$\begin{aligned} x(k+1) &= y(k), \\ y(k+1) &= -\alpha x(k) + \beta - y(k)^2. \end{aligned}$$

4.9 讨论下面差分方程组的分支

$$\begin{aligned} x(k+1) &= ax(k)(1-x(k)) - x(k)y(k), \\ y(k+1) &= bx(k)y(k). \end{aligned}$$

4.10 求下面模型的平衡解, 讨论这些平衡解的稳定性, 并分析平衡解的稳定性变化时可能出现的分支.

$$\begin{aligned} x(k+1) &= r\mu y(k)(1-y(k)) + \alpha(1-r)x(k), \\ y(k+1) &= r\mu x(k)(1-x(k)) + \alpha(1-r)y(k). \end{aligned}$$

4.11 讨论下面模型平衡解的稳定性:

$$\begin{aligned} x(k+1) &= x(k)[a(1-x(k)) + y(k)], \\ y(k+1) &= by(k)[x(k) - y(k)]. \end{aligned}$$

4.12　设 $0 < a < 1$, b 和 c 非负, 求下面模型的非负平衡解, 讨论这些平衡解的稳定性, 并分析平衡解的稳定性变化时可能出现的分支.

$$x(k+1) = x(k) - ax(k) + bx(k)\exp(-cx(k-1)).$$

4.13　设所有常数均非负, 讨论下面模型平衡解的分支及其稳定性,

$$x(k+1) = \frac{ax(k)}{1+x(k)+cy(k)}, \qquad y(k+1) = \frac{by(k)}{1+dx(k)+y(k)}.$$

4.14　设所有常数均非负, 讨论下面模型平衡解的分支及其稳定性,

$$\begin{aligned} x(k+1) &= x(k)\exp\left(r - \frac{rx(k)}{K} - \frac{y(k)}{a+x^2(k)}\right), \\ y(k+1) &= y(k)\exp\left(\frac{cy(k)}{a+x^2(k)} - D\right). \end{aligned}$$

4.15　设所有常数均非负, 讨论下面模型平衡解和稳定性, 并分析是否会出现 Hopf 分支

$$x(k+1) = rx(k)\exp\left(-by(k)\right), \qquad y(k+1) = x(k)\left(1-\exp\left(-ay(t)\right)\right).$$

4.16　设所有常数均非负, 讨论下面模型平衡解的分支及其稳定性,

$$\begin{aligned} x(k+1) &= x(k) + h\left(A - \mu x(k) - \frac{\beta x(k)y(k)}{x(k)+y(k)} + \gamma x(k)\right), \\ y(k+1) &= y(k) + h\left(\frac{\beta x(k)y(k)}{x(k)+y(k)} - (\mu+\gamma)y(k)\right). \end{aligned}$$

4.17　设所有常数均非负, 讨论下面模型平衡解的分支及其稳定性,

$$\begin{aligned} x(k+1) &= (1-py(k))x(k) + c(1-x(k)-y(k)), \\ y(k+1) &= (px(k)+b)y(k). \end{aligned}$$

4.18　设所有常数均非负, 讨论下面模型平衡解的分支及其稳定性,

$$\begin{aligned} x(k+1) &= (1-p)x(k) + p\mu y(k)(1-y^2(k)), \\ y(k+1) &= (1-p)y(k) + p\mu x(k)(1-x^2(k)). \end{aligned}$$

4.19　讨论下面 2 维 Loltka-Velterra 模型平衡解的稳定性和分支,

$$\begin{aligned} x(k+1) &= x(k)[r_1 + a_{11}x(k) + a_{12}y(k)], \\ y(k+1) &= y(k)[r_2 + a_{21}x(k) + a_{22}y(k)]. \end{aligned}$$

4.20　讨论下面 3 维 Loltka-Velterra 模型平衡解的稳定性和分支,

$$\begin{aligned} x(k+1) &= x(k)[r_1 + a_{11}x(k) + a_{12}y(k) + a_{13}z(k)], \\ y(k+1) &= y(k)[r_2 + a_{21}x(k) + a_{22}y(k) + a_{23}z(k)], \\ z(k+1) &= z(k)[r_3 + a_{31}x(k) + a_{32}y(k) + a_{33}z(k)]. \end{aligned}$$

第 5 章　差分方程在生态和传染病问题中的应用

差分方程反映离散变量的变化规律, 它是一个或一组离散变量所满足的平衡关系, 在经济、生态、疾病防治等方面都有着非常重要的作用. 应用差分方程解决实际问题时需要引入一些离散变量, 根据实际系统的变化规律得到这些离散变量所满足的递推关系, 即建立差分方程模型. 通过对模型求解或者分析模型解的性态, 得到这些离散变量的变化规律.

在建立差分方程模型时, 往往要将变化过程划分成若干时段, 引入一些变量, 在适当假设的基础上根据实际问题的机理得到每相邻时段之间变量的递推关系, 即建立起差分方程. 这一章我们给出差分方程在种群数量变化及疾病传播中应用的例子, 包括人口模型、艾滋病模型、结核传播模型及 Beverton-Holt 模型的分析与应用. 希望读者能通过这些例子体会差分方程应用时建模、分析、数据收集与处理和预测过程中的一些思想方法, 为以后应用积累经验.

5.1　人口和种群增长的 Leslie 矩阵模型

研究人口问题最简单和常用的 Malthus 和 Logistic 模型简单方便, 对人口数量的发展变化可以给出预测. 但这类模型的两个明显的不足是: (1) 仅有人口总数, 不能满足需要; (2) 没有考虑到社会成员之间的个体差异, 即不同年龄、不同体质的人在死亡、生育方面存在的差异. 完全忽略这些差异显然是不合理的. 但我们不可能对每个人的情况逐个加以考虑, 故可以把人口适当的分组, 考虑每一组人口的变化情况. 年龄是一个合理的分类标准, 相同年龄的人口在生育、死亡方面的可能大致接近. 所以可以按年龄对人口进行分组来建立模型. 在讨论其他生物的数量变化时, 也可以根据生物的体重、高度、大小等因素对其分组, 建立更加仔细的模型, 给出更丰富的预测信息. 下面介绍 Leslie 矩阵模型的一些研究结果.

5.1.1　模型建立

我们以人口为例来进行叙述, 其方法和思路适用于类似生物种群数量变化规律的研究. 记 $x_k(t)$ 为第 t 年年龄为 k 的人口数量, 即 $x_k(t)$ 是第 t 年年龄在 $(k-1,k]$ 内的人数, $k=1,2,\cdots,n$, n 是人口的最大寿命. 假设同一年龄的人有相同的死亡机会和生育能力, 死亡率记为 d_k, 存活率为 $p_k=1-d_k$, 生育率记为 b_k. 对一个人而言, 他的年龄随着时间同步增长, 在一个单位时间内, 他可能死亡, 也可能生育子

女. 描述人口变化的模型为

$$\begin{aligned} &x_1(t+1)=\sum_{k=1}^{n} b_k x_k(t), \\ &x_{k+1}(t+1)=p_k x_k(t), \quad k=1,2,\cdots,n-1, \\ &x_k(0)=x_{k0}, \quad k=1,2,\cdots,n. \end{aligned} \tag{5.1.1}$$

在实际应用中, 时间单位一般取为年, 生育率和死亡率一般用千分率来表示. 人口的生育区间一般取为 15 到 49 岁, 即当 $k=1,2,\cdots,14$ 和 $k=50,51,\cdots,n$ 时, $b_k=0$. 由于每一个年龄组的人口在一个单位时间内总有一些人死亡, 所以有 $0<p_k<1(k=1,2,\cdots,n)$. 差分方程组 (5.1.1) 称为 Leslie 模型. 为了方便, 一般将 (5.1.1) 写为向量形式

$$\boldsymbol{x}(t+1)=L\boldsymbol{x}(t), \quad \boldsymbol{x}(0)=\boldsymbol{x}_0, \tag{5.1.2}$$

其中

$$\boldsymbol{x}(t)=\begin{pmatrix} x_1(t) \\ x_1(t) \\ x_2(t) \\ \vdots \\ x_n(t) \end{pmatrix}, \quad L=\begin{pmatrix} b_1 & b_2 & b_3 & \cdots & b_{n-1} & b_n \\ p_1 & 0 & 0 & \cdots & 0 & 0 \\ 0 & p_2 & 0 & \cdots & 0 & 0 \\ \vdots & \vdots & \vdots & & \vdots & \vdots \\ 0 & 0 & 0 & \cdots & p_{n-1} & 0 \end{pmatrix}.$$

5.1.2 模型的分析

利用 Leslie 矩阵模型递推得

$$\boldsymbol{x}(t)=L^t\boldsymbol{x}_0.$$

所以, Leslie 矩阵模型的渐近性态完全由矩阵 L 的特征值确定. 由差分方程组解的表达式和零解的稳定性, 我们知道, 矩阵 L 特征值的大小完全决定了模型解的性态.

矩阵 L 的特征多项式为

$$\phi_n(\lambda)=|L-\lambda I|=\begin{vmatrix} b_1-\lambda & b_2 & b_3 & \cdots & b_{n-1} & b_n \\ p_1 & -\lambda & 0 & \cdots & 0 & 0 \\ 0 & p_2 & -\lambda & \cdots & 0 & 0 \\ \vdots & \vdots & \vdots & & \vdots & \vdots \\ 0 & 0 & 0 & \cdots & p_{n-1} & -\lambda \end{vmatrix}.$$

将 $\phi_n(\lambda)$ 按照最后一列展开得到

$$\phi_n(\lambda) = -\lambda \begin{vmatrix} b_1-\lambda & b_2 & b_3 & \cdots & b_{n-1} & b_{n-1} \\ p_1 & -\lambda & 0 & \cdots & 0 & 0 \\ 0 & p_2 & -\lambda & \cdots & 0 & 0 \\ \vdots & \vdots & \vdots & & \vdots & \vdots \\ 0 & 0 & 0 & \cdots & p_{n-2} & -\lambda \end{vmatrix} + (-1)^{n+1} b_n p_1 p_2 \cdots p_{n-1}.$$

即

$$\phi_n(\lambda) = -\lambda \phi_{n-1}(\lambda) + (-1)^{n+1} b_n p_1 p_2 \cdots p_{n-1}.$$

递推得到

$$\begin{aligned}\phi_n(\lambda) = & p_1p_2\cdots p_{n-1}b_n + p_1p_2\cdots p_{n-2}b_{n-1}\lambda + p_1p_2\cdots p_{n-3}b_{n-2}\lambda^2 \\ & + \cdots + p_1b_2\lambda^{n-2} + b_1\lambda^{n-1} - \lambda^n.\end{aligned}$$

记

$$f(\lambda) = \frac{p_1p_2\cdots p_{n-1}b_n}{\lambda^n} + \frac{p_1p_2\cdots p_{n-2}b_{n-1}}{\lambda^{n-1}} + \cdots + \frac{p_1b_2}{\lambda^2} + \frac{b_1}{\lambda}.$$

矩阵 L 的特征方程为

$$f(\lambda) = 1.$$

$f(\lambda)$ 在 $\lambda > 0$ 连续, 当 $\lambda > 0$ 时, $f(\lambda)$ 单调减少, $\lim\limits_{\lambda\to 0^+} f(\lambda) = +\infty$, $\lim\limits_{\lambda\to\infty} f(\lambda) = 0$, 所以, $f(\lambda) = 1$ 有且仅有一个正特征值记为 λ_+. 对应的特征向量为

$$\boldsymbol{v}_+ = \begin{pmatrix} \lambda_+^{n-1} \\ p_1\lambda_+^{n-2} \\ \vdots \\ p_1p_2\cdots p_{n-2}\lambda_+ \\ p_1p_2\cdots p_{n-1} \end{pmatrix}.$$

由 $f(\lambda)$ 的表达式知道, λ_+ 是该矩阵模最大的特征值. 进一步证明, 当 b_j 中有连续两个大于零时, 其他特征值的模均严格小于 λ_+.

L 是一个非负矩阵, 它有主特征值 λ_+ 和特征向量 $\boldsymbol{v}_+$. 由表达式 $\boldsymbol{x}(t) = L^t\boldsymbol{x}_0$ 可以得到

(A) $\lim_{t\to\infty} \boldsymbol{x}(t) = 0$, 当 $\lambda_+ < 1$;

(B) $\lim_{t\to\infty} \sum\limits_{k=0}^{\infty} x_k(t) = \infty$, 当 $\lambda_+ > 1$;

(C) $\lim_{t\to\infty} \boldsymbol{x}(t) = c\boldsymbol{v}_0$, 当 $\lambda_+ = 1$.

我们希望 (C) 发生, 这可以通过适当调节矩阵 L 中的生育率 b_j 或存活率 p_j 来实现. 另外, 在任何情况下, 人口的年龄结构都趋于一个稳定的分布

$$\lim_{t\to\infty}\frac{\boldsymbol{x}(t)}{\lambda_+^t}=c\boldsymbol{v}_+.$$

即, 各个年龄组的相对比例是确定的, 它由 λ_+ 的大小确定: 当 $\lambda_+<1$ 时, 高年龄组的人口相对较多, 当 $\lambda_+>1$ 时, 低年龄组的人口相对较多. 特别地, 当 $\lambda_+=1$ 时, 各年龄组的人口相对比例为

$$1,p_1,p_1p_2,p_1p_2p_3,\cdots,p_1p_2\cdots p_{m-2},p_1p_2\cdots p_{n-1}.$$

这表明, 出生的人口减去在 j 岁前内死亡的人口就是年龄为 j 的人口数.

主特征值 λ_+ 是一个数学的定义, 在计算和理解方面都有一些困难. 我们常常将矩阵 L 分解为生育矩阵和存活矩阵之和, 即 $L=F+T$, 其中

$$F=\begin{pmatrix} b_1 & b_2 & b_3 & \cdots & b_{n-1} & b_n\\ 0 & 0 & 0 & \cdots & 0 & 0\\ 0 & 0 & 0 & \cdots & 0 & 0\\ \vdots & \vdots & \vdots & & \vdots & \vdots\\ 0 & 0 & 0 & \cdots & 0 & 0 \end{pmatrix},\quad T=\begin{pmatrix} 0 & 0 & 0 & \cdots & 0 & 0\\ p_1 & 0 & 0 & \cdots & 0 & 0\\ 0 & p_2 & 0 & \cdots & 0 & 0\\ \vdots & \vdots & \vdots & & \vdots & \vdots\\ 0 & 0 & 0 & \cdots & p_{n-1} & 0 \end{pmatrix}.$$

当某一年的人口的初始分布 $\boldsymbol{v}$ 时, 我们跟踪这一批人的生存过程. $T\boldsymbol{v},T^2\boldsymbol{v},\cdots,T^{n-1}\boldsymbol{v}$, $T^n\boldsymbol{v}$ 分别为第 2, 3, $\cdots$, n, $n+1$ 年这些人的年龄分布. 这一批人在第 $n+1$ 年全部死亡. 这一批人所生育的子女数分别为 $F\boldsymbol{v}$, $FT\boldsymbol{v}$, $FT^2\boldsymbol{v}$, $FT^3\boldsymbol{v}$, $FT^j\boldsymbol{v}$、$FT^{n-1}\boldsymbol{v}$ 的第一个分量之和:

$$F\boldsymbol{v}+FT\boldsymbol{v}+FT^2\boldsymbol{v}+FT^3\boldsymbol{v}+FT^j\boldsymbol{v}+FT^{n-1}\boldsymbol{v}=F(I-T)^{-1}\boldsymbol{v}.$$

$F(I-T)^{-1}$ 的正特征值正好就刻画了一个社会成员一生中生育的子女数. 而且, $F(I-T)^{-1}$ 的特征值容易计算. 事实上, $F(I-T)^{-1}$ 为

$$\begin{pmatrix} 0 & 0 & 0 & \cdots & 0 & 0 & 0\\ p_1 & 0 & 0 & \cdots & 0 & 0 & 0\\ p_1p_2 & p_2 & 0 & \cdots & 0 & 0 & 0\\ p_1p_2p_3 & p_2p_3 & p_3 & \cdots & 0 & 0 & 0\\ \vdots & \vdots & \vdots & & \vdots & \vdots & \vdots\\ p_1p_2\cdots p_{n-1} & p_2p_3\cdots p_{n-1} & p_3p_4\cdots p_{n-1} & \cdots & p_{n-2}p_{n-1} & p_{n-1} & 0 \end{pmatrix}.$$

$F(I-T)^{-1}$ 的第一行元素可能非零, 其余各行的元素统统为零, 所以, $F(I-T)^{-1}$ 有 $n-1$ 个零特征值, 只有一个正特征值. 这个正特征值正是 $F(I-T)^{-1}$ 中第一行和第一列的元素, 经过计算得到, $F(I-T)^{-1}$ 的正特征值为

$$n = b_1 + b_2p_1 + b_3p_1p_2 + b_4p_1p_2p_3 + \cdots + b_np_1p_2\cdots p_{n-1}.$$

我们把 n 称为净生育率, 它是一个社会成员一生中平均生育的子女数. 利用线性代数的知识 (或者通过 $f(\lambda)$ 的表达式), 就可以证明 (A) 当 $n<1$ 时, 人口趋于 0; (B) 当 $n>1$ 时, 人口趋于无穷; (C) 当 $n=1$ 时, 人口趋于稳定. 还可以证明 Leslie 矩阵下面的性质:

(i) 有整数 m 使得 $L^m > 0$ 的充分必要条件是 $\gcd\{i \mid b_i > 0\} = 1$. 其中 $L^m > 0$ 意味着 $L^m > 0$ 的每个元素都大于零;

(ii) 若 $\gcd\{i \mid b_i > 0\} = 1$, m_0 是使得 $L^m > 0$ 的最小整数, l 是使得 $b_j > 0$ 的最小下标, 则 $m_0 < l(n-2) + n < (n-1)^2 + 1$.

下面给出 Leslie 模型在我国人口预测中的应用. 为了便于对比, 选取 1982 年人口普查的数据作为模型 (5.1.1) 中的初始值和参数, 将这些数据和参数代入模型 (5.1.1) 递推计算, 就可以得到每年各年龄组的人口数. 表 5-1 中给出了用 Leslie 模型预测的我国人口总数.

表 5-1 用离散模型得到的中国人口预测数据

年份/年	模型预测值/万	实际统计值/万	绝对误差/万	相对误差/%
1982	101541	101541	—	—
1983	103058	102495	563	0.55
1984	104561	103475	1086	1.05
1985	106068	104532	1536	1.47
1990	114757	113368	1389	1.25
2000	135620	129533	6087	4.70

进一步计算, 就可以得到不同年龄区间的人数. 如老年人口 $A_1(t) = \sum\limits_{k=60}^{k=100} x_k(t)$, 少年儿童人口数 $A_2(t) = \sum\limits_{k=1}^{k=15} x_k(t)$, 劳动力人口数 $A_3(t) = \sum\limits_{k=18}^{k=59} x_k(t)$.

但长期发展下去, 人口数量仍然偏多, 不甚合理. 其主要原因是在预测过程中, 始终用 1982 年生育率与死亡率来代替以后各年的生育率与死亡率, 而 1982 年育龄妇女的生育率很高, 按照 1982 年的生育状况, 每对夫妇一生中平均要生育 2.63 个孩子, 且生育高峰集中在 25 岁左右, 这势必导致人口的大量增加, 因而得到人口的预测值就比较大. 人口预测的反问题是人口控制问题: 应该调节哪些因素, 才能使我国人口发展到一个合理的水平? 在 Leslie 模型的基础上, 我们可以适当的调整生

育率, 使得我国人口数量和年龄逐渐稳定在一个合理的水平, 这可以通过计划生育政策来实现.

Leslie 模型是考虑人口年龄结构时一个简单和有效工具, 但也存在与 Malthus 模型类似的问题. 为了更仔细地讨论人口数量的增长, 还需要对模型进行改进, 如考虑生育率和死亡率的变化, 性别比增加, 计划生育、资源与环境的限制, 随机因素, 出入境的影响等. 下面讨论一个非线性的种群增长模型.

5.1.3 一个非线性 Leslie 模型

与连续的模型类似, 考虑到密度制约时就有非线性的模型. 如生育率与人口总量有关的情况

$$\boldsymbol{x}(t+1) = L(\phi(z(t)))\boldsymbol{x}(t), \quad \boldsymbol{x}(0) = \boldsymbol{x}_0, \quad z(t) = \sum_{k=1}^{n} b_k x_k(t), \tag{5.1.3}$$

其中非线性函数 $\phi(z(t))$ 通常取为单调函数或单峰函数. 一个具体的例子为 $n = 5$, $\boldsymbol{x}(t) = (x_1(t), x_2(t), x_3(t), x_4(t), x_5(t))^{\tau}$,

$$L(\phi(\boldsymbol{x}(t))) = \begin{pmatrix} b_1(z(t)) & b_2(z(t)) & b_3(z(t)) & b_4(z(t)) & b_5(z(t)) \\ p_1 & 0 & 0 & 0 & 0 \\ 0 & p_2 & 0 & 0 & 0 \\ 0 & 0 & p_3 & 0 & 0 \\ 0 & 0 & 0 & p_4 & 0 \end{pmatrix},$$

其中, $p_1 = 0.8$, $p_2 = 0.9$, $p_3 = 0.7$, $p_4 = 0.5$, $b_1(z(t)) = 0$, $b_2(z(t)) = \dfrac{b_2}{1+cz(t)}$, $b_3(z(t)) = \dfrac{b_3}{1+cz(t)}$, $b_4(z(t)) = \dfrac{b_4}{1+cz(t)}$, $b_5(z(t)) = 0$.

当 $c = 0$ 时, (5.1.3) 就是经典的 Leslie 矩阵模型, 其性态十分清楚. 例如, 取 $b_2 = 0.6$, $b_3 = 0.1$, $b_4 = 0.4$ 时线性 Leslie 矩阵模型 (5.1.3) 的净再生数 $n = 0.7032$, 模型的所有解都趋于零; 当其他参数的值不变, $b_3 = 0.8$ 时, 模型 (5.1.3) 的净再生数 $n = 1.2072$, 初始值为正的解会趋于无穷. 模型 (5.1.3) 当 $c = 0$, $b_3 = 0.1$ 和 $c = 0$, $b_3 = 0.8$ 时的解曲线分别在图 5-1 上面的两个子图中给出. 图 5-1 的横坐标是时间, 纵坐标是人口总数.

当 $c > 0$ 时, (5.1.3) 就是一个非线性模型, 其性态研究比较复杂. 当时间趋于无穷时解性态的理论研究比较困难, 我们先用数值的方法探讨一下非线性模型解的性态. 取初始值为 $x_1(0) = 10$, $x_2(0) = 8$, $x_3(0) = 6$, $x_4(0) = 4$, $x_5(0) = 2$, 则 $z(0) = x_1(0) + x_2(0) + x_3(0) + x_4(0) + x_5(0) = 30$. 固定这些参数值和初始值, 取 $c = 0.1$, $b_3 = 0.8$ 和 $c = 2$, $b_3 = 2$ 时模型 (5.1.3) 的解分别在图 5-1 下面的两个子图

中给出. 图中的横坐标是时间, 纵坐标是人口总数. 左下图表明种群总数趋于一个常数, 右下图表明种群总数经过振荡后也趋于一个常数.

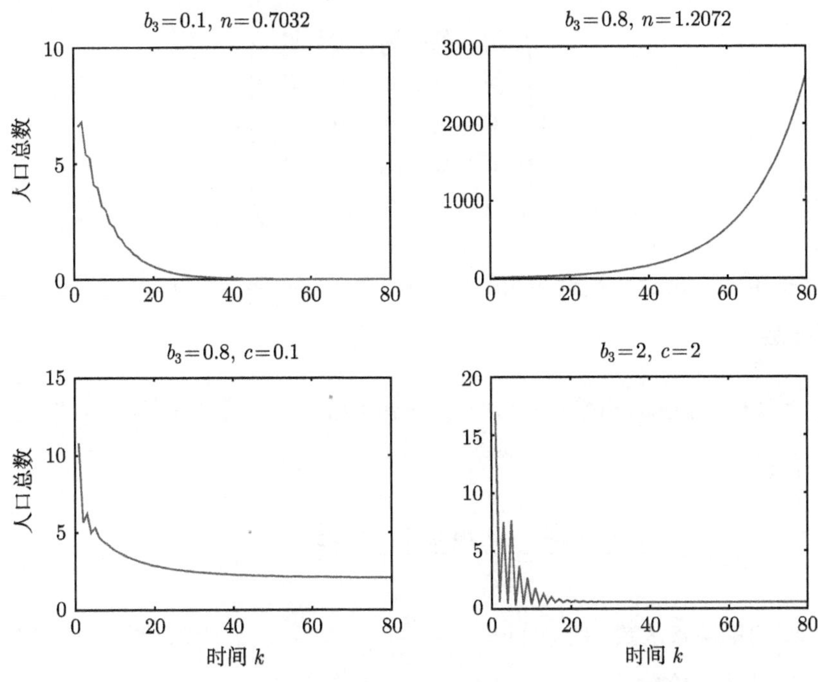

图 5-1 a 和 c 取不同的值时模型 (5.1.3) 解的性态

接下来对模型 (5.1.3) 的性态进行一些分析. 我们仍然定义模型的净再生数为

$$n = b_1 + b_2p_1 + b_3p_1p_2 + b_4p_1p_2p_3 + b_5p_1p_2p_3p_4.$$

由于 $c = 0$ 时, (5.1.3) 是一个线性模型, n 就是该模型的净再生数. 利用比较原理我们知道, 当 $n < 1$ 时, 模型 (5.1.3) 的解都趋于零. 当 $n > 1$ 时, 模型 (5.1.3) 有正的平衡解.

$$x_2^* = p_1x_1^*, \quad x_3^* = p_1p_2x_1^*, \quad x_4^* = p_1p_2p_3x_1^*, \quad x_5^* = p_1p_2p_3p_4x_1^*.$$

代入模型 (5.1.3) 的第一个方程得到

$$x_1^* = \frac{(b_1 + b_2p_1 + b_3p_1p_2 + b_4p_1p_2p_3 + b_5p_1p_2p_3p_4)x_1^*}{1 + cx_1^*(b_1 + b_2p_1 + b_3p_1p_2 + b_4p_1p_2p_3 + b_5p_1p_2p_3p_4)}.$$

所以, 模型 (5.1.3) 的正平衡解为 $E^*(x_1^*, x_2^*, x_3^*, x_4^*, x_5^*)$, 其中 $x_1^* = \dfrac{1}{c}\left(1 - \dfrac{1}{n}\right)$,

$$x_2^* = p_1x_1^*, \quad x_3^* = p_1p_2x_1^*, \quad x_4^* = p_1p_2p_3x_1^*, \quad x_5^* = p_1p_2p_3p_4x_1^*.$$

显然, 当 $n>1$ 时, $x_1^*>0$, 平衡解 E^* 为正.

模型 (5.1.3) 在正平衡点处的线性化矩阵为

$$L^*=\begin{pmatrix} b_1^* & b_2^* & b_3^* & b_4^* & b_5^* \\ p_1 & 0 & 0 & 0 & 0 \\ 0 & p_2 & 0 & 0 & 0 \\ 0 & 0 & p_3 & 0 & 0 \\ 0 & 0 & 0 & p_4 & 0 \end{pmatrix},$$

其中, $z^*=b_1x_1^*+b_2x_2^*+b_3x_3^*+b_4x_4^*+b_5x_5^*$, $b_j^*=\dfrac{b_j}{(1+cz^*)^2}$, $j=1,2,\cdots,5$. L^* 的特征方程是

$$\phi^*(\lambda)=p_1p_2p_3p_4b_5^*+p_1p_2p_3b_4^*\lambda+p_1p_2b_3^*\lambda^2+p_1b_2^*\lambda^3+b_1^*\lambda^4-\lambda^5.$$

$\phi^*(\lambda)=0$ 等价于

$$\psi(\lambda)=\frac{p_1p_2p_3p_4b_5^*}{\lambda^5}+\frac{p_1p_2p_3b_4^*}{\lambda^4}+\frac{p_1p_2b_3^*}{\lambda^3}+\frac{p_1b_2^*}{\lambda^2}+\frac{b_1^*}{\lambda}=1.$$

$\psi(\lambda)$ 是 λ 的单调减函数, 且 $\psi(1)=\dfrac{n}{(1+cz^*)^2}=\dfrac{1}{n}<1$. 所以, 当 $n>1$ 时, 正平衡解存在且是稳定的.

当 $b_1=b_5=0$ 时, 我们将模型 (5.1.3) 化为时滞差分方程

$$x_1(t+1)=\frac{b_2p_1x_1(t-1)+b_3p_1p_2x_1(t-2)+b_4p_1p_2p_3x_1(t-3)}{1+c[b_2p_1x_1(t-1)+b_3p_1p_2x_1(t-2)+b_4p_1p_2p_3x_1(t-3)]}.$$

再利用 $y_1(t)=x_1(t-3)$, $y_2(t)=x(t-2)$, $y_3(t)=x_1(t-1)$, $y_4(t)=x_1(t)$, 将这个时滞差分方程化为下面的方程组

$$\begin{aligned} &y_1(t+1)=y_2(t),\\ &y_2(t+1)=y_3(t),\\ &y_3(t+1)=y_4(t),\\ &y_4(t+1)=\frac{b_2p_1y_3(t)+b_3p_1p_2y_2(t)+b_4p_1p_2p_3y_1(t)}{1+c[b_2p_1y_3(t)+b_3p_1p_2y_2(t)+b_4p_1p_2p_3y_1(t)]}. \end{aligned} \tag{5.1.4}$$

模型 (5.1.4) 的正平衡解为 $P^*(y^*,y^*,y^*,y^*)$, 其中 $y^*=\dfrac{1}{c}\left(1-\dfrac{1}{n}\right)$. 为了得到模型 (5.1.4) 正平衡解 P^* 的稳定性, 取 Liapunov 函数

$$V=|y_1-y_1^*|+a_2|y_2-y_2^*|+a_3|y_3-y_3^*|+a_4|y_4-y_4^*|,$$

其中, $a_2=\dfrac{1-\dfrac{b_2p_1}{n}}{1-\dfrac{b_2p_1}{n}-\dfrac{b_3p_1p_2}{n}}$, $a_3=a_4=\dfrac{1}{1-\dfrac{b_2p_1}{n}-\dfrac{b_3p_1p_2}{n}}$.

计算 V 沿着差分方程 (5.1.4) 解的差分得到

$$\begin{aligned}\Delta V=&|y_2(t)-y_1^*|+a_2|y_3(t)-y_2^*|+a_3|y_4(t)-y_3^*|\\&+a_4\left|\frac{b_2p_1y_3(t)+b_3p_1p_2y_2(t)+b_4p_1p_2p_3y_1(t)}{1+c[b_2p_1y_3(t)+b_3p_1p_2y_2(t)+b_4p_1p_2p_3y_1(t)]}-y_4^*\right|\\&-|y_1-y_1^*|-a_2|y_2-y_2^*|-a_3|y_3-y_3^*|-a_4|y_4-y_4^*|.\end{aligned}$$

注意到 $y_1^*=y_2^*=y_3^*=y_4^*=y^*$ 和 y^* 满足的方程 $y^*=\dfrac{ny^*}{1+cny^*}$ 和 $1+cny^*=n$, 可以得到

$$\begin{aligned}&\left|\frac{b_2p_1y_3(t)+b_3p_1p_2y_2(t)+b_4p_1p_2p_3y_1(t)}{1+c[b_2p_1y_3(t)+b_3p_1p_2y_2(t)+b_4p_1p_2p_3y_1(t)]}-y_4^*\right|\\=&\left|\frac{b_2p_1(y_3(t)-y_3^*)+b_3p_1p_2(y_2(t)-y_2^*)+b_4p_1p_2p_3(y_1(t)-y_1^*)}{(1+c[b_2p_1y_3(t)+b_3p_1p_2y_2(t)+b_4p_1p_2p_3y_1(t)])\,(1+cny^*)}\right|\\\leqslant&\frac{b_4p_1p_2p_3}{n}|y_1(t)-y_1^*|+\frac{b_3p_1p_2}{n}|y_2(t)-y_2^*|+\frac{b_2p_1}{n}|y_3(t)-y_3^*|.\end{aligned}$$

利用这个不等式对 ΔV 进行整理得到

$$\begin{aligned}\Delta V\leqslant&\left(\frac{a_4b_4p_1p_2p_3}{n}-1\right)|y_1(t)-y_1^*|+\left(1+\frac{a_4b_3p_1p_2}{n}-a_2\right)|y_2(t)-y_2^*|\\&+\left(a_2+\frac{a_4b_2p_1}{n}-a_3\right)|y_3(t)-y_3^*|+(a_3-a_4)|y_4-y_4^*|.\end{aligned}$$

将 a_2, a_3 和 a_4 的表达式代入后得到 $\Delta V\leqslant 0$, 所以差分方程组 (5.1.4) 的正平衡解是全局渐近稳定的. 即原来模型当 $n>1$ 时唯一的正平衡解是全局渐近稳定的.

5.1.4 具有一般结构的 Liesle 模型

现在我们把针对人口建立的 Liesle 矩阵模型推广到一般的形式. 根据种群的某一特征 (大小、形状、体重) 将种群分为 n 类, 记 k 时刻 j 类的数量或密度为 $x_j(k)$. 假设第 j 类别的生物生育第 i 类生物的生育率为 f_{ij}, 第 j 类的生物在一个单位时间内转移到 i 类的比例为 p_{ij}, 则 $f_{ij}\geqslant 0$, $\sum\limits_{i=1}^{n}p_{ij}<1$. 令 $\boldsymbol{x}(k)=(x_1(k),x_2(k),\cdots,x_n(k))^\tau$, $A=F+T$ 是 $n\times n$ 矩阵. 其中, $F=(f_{ij})_{n\times n}$ 是生育矩阵, $T=(p_{ij})_{n\times n}$ 是转移矩阵. 我们的模型是

$$\boldsymbol{x}(k+1)=(F+T)\boldsymbol{x}(k). \tag{5.1.5}$$

模型 (5.1.5) 净再生数和零解的稳定性 假设 $A=F+T$ 的主特征值是单重的, 记为 $\lambda>0$, 且 $\lambda>0$ 有一个严格正的特征向量, 再假设 $(I-V)^{-1}F$ 主特征值是单重的, 记为 $n>0$, 且 $n>0$ 有一个严格正的特征向量. n 称为模型 (5.1.5) 的净再生数, 则有结论 $n>1(<1)$ 的充要条件是 $\lambda>1(<1)$. 这一结论把模型 (5.1.5) 的渐近性态与净再生数的大小联系起来：当 $n<1$ 时, 模型 (5.1.5) 的所有解趋于零; 当 $n>1$ 时, 模型 (5.1.5) 有些解会趋于无穷. 这个结论的直观意义十分明确, 且 n 的计算往往比较简单. 有兴趣的读者可以在参考文献 [8, 25, 26] 中找到这个结论的证明. 下面给出几个例子来说明 n 的计算.

设 $0<p_{i+1,i}<1(i=1,2,\cdots,n-1)$, $0\leqslant p_{n,n}<1$, 矩阵 F 和 T 如下

$$F=\begin{pmatrix} f_{11} & f_{12} & \cdots & f_{1n-1} & f_{1n} \\ 0 & 0 & \cdots & 0 & 0 \\ 0 & 0 & \cdots & 0 & 0 \\ \vdots & \vdots & & \vdots & \vdots \\ 0 & 0 & \cdots & 0 & 0 \end{pmatrix}, \quad T=\begin{pmatrix} 0 & 0 & 0 & \cdots & 0 & 0 \\ p_{2,1} & 0 & 0 & \cdots & 0 & 0 \\ 0 & p_{3,2} & 0 & \cdots & 0 & 0 \\ \vdots & \vdots & & & \vdots & \vdots \\ 0 & 0 & 0 & \cdots & p_{nn-1} & p_{nn} \end{pmatrix}.$$

计算后得到, $(I-T)^{-1}F=(f_{11}\boldsymbol{y}, f_{12}\boldsymbol{y},\cdots,f_{1n}\boldsymbol{y})$, 其中

$$\boldsymbol{y}=\left(1,p_{21},p_{32}p_{21},\cdots,p_{n-1n-2}\cdots p_{32}p_{2,1},(1-p_{nn})^{-1}p_{nn-1}\cdots p_{32}p_{21}\right)^{\tau}.$$

令 $p_{10}=1$, 我们得到净生育率的表达式为

$$n=\sum_{j=1}^{n-1}\left(f_{1,j}\prod_{k=0}^{j-1}p_{k+1,k}\right)+\frac{p_{nn-1}\cdots p_{32}p_{21}}{1-p_{nn}}f_{1n}.$$

模型 $\boldsymbol{x}(k+1)=(F+T)\boldsymbol{x}(k)$ 零解稳定的充要条件是 $n<1$. 对下面具体的例子

$$A=\begin{pmatrix} 0 & 0 & 0.19 & 0.44 & 0.5 & 0.5 & 0.45 \\ 0.87 & 0 & 0 & 0 & 0 & 0 & 0 \\ 0 & 0.87 & 0 & 0 & 0 & 0 & 0 \\ 0 & 0 & 0.87 & 0 & 0 & 0 & 0 \\ 0 & 0 & 0 & 0.87 & 0 & 0 & 0 \\ 0 & 0 & 0 & 0 & 0.87 & 0 & 0 \\ 0 & 0 & 0 & 0 & 0 & 0.87 & 0.80 \end{pmatrix},$$

利用上面给出的计算公式得到 $n=1.9494>1$, 对应模型的零解是不稳定的.

如果 $0<p_{i,i}+p_{i+1,i}<1(i=1,2,\cdots,n-1)$, $0\leqslant p_{n,n}<1$, F 与上面例子中的

形式相同, 矩阵 T 表达式如下

$$T=\begin{pmatrix} p_{1,1} & 0 & 0 & \cdots & 0 & 0 & 0 \\ p_{2,1} & p_{2,2} & 0 & \cdots & 0 & 0 & 0 \\ 0 & p_{3,2} & p_{3,3} & \cdots & 0 & 0 & 0 \\ \vdots & \vdots & \vdots & & \vdots & \vdots & \vdots \\ 0 & 0 & 0 & \cdots & p_{n-1,n-2} & p_{n-1,n-1} & 0 \\ 0 & 0 & 0 & \cdots & 0 & p_{n,n-1} & p_{n,n} \end{pmatrix}.$$

经过计算后得到, $(I-T)^{-1}F=(f_{1,1}\boldsymbol{y},f_{1,2}\boldsymbol{y},\cdots,f_{1,n}\boldsymbol{y})$, 其中

$$\boldsymbol{y}=\left(\frac{1}{1-p_{1,1}},\frac{p_{2,1}}{(1-p_{1,1})(1-p_{1,1})},\cdots,\frac{\prod\limits_{k=1}^{n-1}p_{k+1,k}}{\prod\limits_{k=1}^{n}(1-p_{k,k})}\right)^{\tau}.$$

模型 $\boldsymbol{x}(k+1)=(F+T)\boldsymbol{x}(k)$ 的净生育率为

$$n=\sum_{j=1}^{n-1}f_{1,j}\prod_{k=1}^{j}\frac{p_{k,k-1}}{1-p_{k,k}}.$$

模型 $\boldsymbol{x}(k+1)=(F+T)\boldsymbol{x}(k)$ 的零解稳定的充要条件是 $n<1$. 一个数值例子在下面给出.

$$F=\begin{pmatrix} 0 & 0 & 0 & \cdots & 0 & 0 & 431 \\ 0 & 0 & 0 & \cdots & 0 & 0 & 0 \\ 0 & 0 & 0 & \cdots & 0 & 0 & 0 \\ \vdots & \vdots & \vdots & & \vdots & \vdots & \vdots \\ 0 & 0 & 0 & \cdots & 0 & 0 & 0 \\ 0 & 0 & 0 & \cdots & 0 & 0 & 0 \end{pmatrix},$$

$$T=\begin{pmatrix} 0 & 0 & 0 & 0 & 0 & 0 & 0 \\ 0.748 & 0 & 0 & 0 & 0 & 0 & 0 \\ 0 & 0.966 & 0 & 0 & 0 & 0 & 0 \\ 0.008 & 0.013 & 0.010 & 0.125 & 0 & 0 & 0 \\ 0.070 & 0.007 & 0 & 0.125 & 0.238 & 0 & 0 \\ 0.002 & 0.008 & 0 & 0.038 & 0.245 & 0.167 & 0 \\ 0 & 0 & 0 & 0 & 0.023 & 0.750 & 0 \end{pmatrix}.$$

计算后得到 $n=14.376$. 所以, 模型 $\boldsymbol{x}(k+1)=(F+T)\boldsymbol{x}(k)$ 的零解是不稳定的.

5.2　离散传染病模型

传染病 (infectious diseases) 是由各种病原体引起的能在人与人、动物与动物或人与动物之间相互传播的一类疾病. 传染病是威胁人类健康的大敌, 其传播过程的定量描述和预测对公共卫生有着重要作用, 也是应用数学所面临的一个巨大挑战. 我们简单介绍一些离散传染病模型研究的方法、结果及其应用.

5.2.1　传染病问题的重要性

传染病肆虐人类的历史有数千年之久, 在漫长的历史长河中, 传染病给人类带来了许多灾难. 如 6 世纪天花在中东地区大流行时有的国家死亡人数达 10%—15%. 1347 到 1352 年鼠疫在欧洲的流行使 2400 多万人死于非命, 接近当时欧洲人口的 1/3. 1918—1919 年间波及全球的西班牙流感引起 2500 万人死亡. 1981 年, 第一例艾滋病病例在美国出现后, 迄今已在全球范围内导致 2000 多万人死亡. 2002 年冬至 2003 年春夏 SARS 暴发流行, 短短数月波及 30 多个国家和地区, 共报告 8437 例, 死亡 813 例, 对世界各国政治、经济及社会生活带来极大的冲击. 2009 年的 H1N1 流感也给我们的健康和生活带来了严重的影响.

长期以来, 人类与传染病的抗争一直没有停止, 经过长期持续的努力, 在传染病防治工作中取得了显著成绩, 但传染病发病形势依然严峻. 随着国际贸易与交往的发展、环境与生态的变化, 以及病源体和传播媒介抗药性的增强, 原来已近绝灭或被控制的许多传染病又再次抬头, 而且也出现了许多新的不断蔓延的传染病. 传染病预防控制仍面临许多新情况、新问题、新机遇、新挑战.

我国是传染病高发的国家之一, 特别是贫困地区受多种传染病的威胁. 新中国成立后, 在预防为主的方针指引下, 我国传染病防治工作取得了举世瞩目的显著成就. 但由于各种自然、生物和社会因素的影响, 一些过去已基本消灭及控制的传染病又死灰复燃, 疟疾、结核病、性病等传染病在许多地区卷土重来, 一些新发传染病也不断给我们的生活和健康带来威胁. 2010 年全国共报告法定传染病发病 6409962 例, 死亡 15257 人, 报告发病率为 480.24/10 万, 死亡率为 1.14/10 万.

传染病的流行给我们的公共卫生体系提出了新的要求, 也给传染病模型研究提出了一系列新问题. 通过模型描述和分析传染病传播的数量规律, 是理论传染病学的一种重要方法. 根据疾病的发生、传播机理、生物学因素和社会影响等建立反映其特点的模型, 通过对模型性态的定性、定量分析和数值模拟, 来显示疾病的发展过程, 揭示其流行规律, 预测其变化发展趋势, 分析疾病流行的原因和关键因素, 寻求对其预防和控制的最优策略, 为制定防治决策提供理论基础和定量参考, 使人们对传染病流行规律的认识更加深入全面. 由于在人群中进行传染病实验是不道德和不切实际的, 这就使利用模型通过理论分析和计算机模拟来进行所需的实验显得格外有效, 模型是检验理论和猜想的实验工具. 模型可用于理论评估、比较或优化各种不同的发现、预防、治疗和控制方案.

考虑传染病流行规律和发展趋势的数学建模与定量研究国内外已有多年历史. 早在 1760 年 Bernoulli 就曾用数学研究过天花的传播, 1906 年 Hamer 为了理解麻疹的反复流行, 构造并分析了一个离散时间模型, 1911 年 Ross 博士利用微分方程模型对疟疾在蚊子与人群之间传播的动态行为进行了研究, 其结果表明, 如果将蚊虫的数量减少到一个临界值以下, 那么疟疾的流行将会得以控制. 1926 年 Kermack 与 McKendrick 为了研究 1665—1666 年黑死病在伦敦的流行规律以及 1906 年瘟疫在孟买的流行规律, 构造了著名的 SIR 仓室模型, 在 1932 年提出了 SIS 仓室模型, 并在分析所建立模型的基础上, 提出了区分疾病流行与否的"阈值理论", 为传染病模型研究奠定了基础. 传染病建模与研究于 20 世纪中叶开始蓬勃发展.

近 20 年来, 国际上传染病动力学的研究进展迅速, 大量的数学模型被用于分析各种各样的传染病问题. 这些数学模型大部分适用于各种传染病一般规律的研究, 也有部分是针对诸如麻疹、疟疾、肺结核、性病、艾滋病等诸多具体的疾病. 这些模型涉及接触传播、垂直传播、虫媒传播等不同感染方式, 也考虑疾病的潜伏期, 也探讨隔离、接种免疫、交叉感染、年龄结构、空间迁移或扩散等因素. 由于传染病传播过程涉及的因素多、数据收集困难等问题, 我们需要从简单模型开始逐渐改进、不断深入, 使得模型的研究结果在传染病防治中发挥一些作用.

5.2.2 几个基本的离散传染病模型

由于许多传染病的数据是按离散时间 (月、季度、年) 统计的, 利用离散模型来研究传染病问题在应用中就比较方便. 传染病建模一般利用仓室结构, 下面介绍 SIS、SIR 和 SEIR 模型.

SIS 模型 对于治愈后还会再次感染的疾病, 我们把总人口分为易感者和感染者, 记 t 时段易感者的数量为 $S(t)$, 感染者的数量为 $I(t)$, 人口总数为 $N(t) = S(t) + I(t)$. 疾病传播过程的框图在图 5-2 中给出, 描述疾病传播过程的模型为

$$\begin{aligned} S(t+1) &= S(t) + \Lambda - \frac{\beta S(t)I(t)}{N(t)} - \mu S(t) + \gamma I(t), \\ I(t+1) &= I(t) + \frac{\beta S(t)I(t)}{N(t)} - (\mu+\delta+\gamma)I(t). \end{aligned} \tag{5.2.1}$$

SIS 模型 (5.2.1) 中, Λ 是新出生或迁入的人口, β 是感染率 (其他人都是易感者时一个病人在单位时间内所感染的人数), μ 是人口的死亡率, γ 是病人的恢复率, δ 是病人的因病死亡率. 这些参数都是非负常数, 且根据问题的实际背景, 需要给出下面的条件

$$\beta+\mu<1,\quad \mu+\delta+\gamma<1. \tag{5.2.2}$$

条件 (5.2.2) 有明确的实际背景, $\beta+\mu<1$ 保证在最差的情况下, 易感者在一个单位时间内被感染和死亡的比例不会大于 1, $\mu+\delta+\gamma<1$ 保证感染者在一个单位时间内死亡和恢复的比例不会大于 1. 初始值都非负, 我们在第一象限讨论模型的渐近性态.

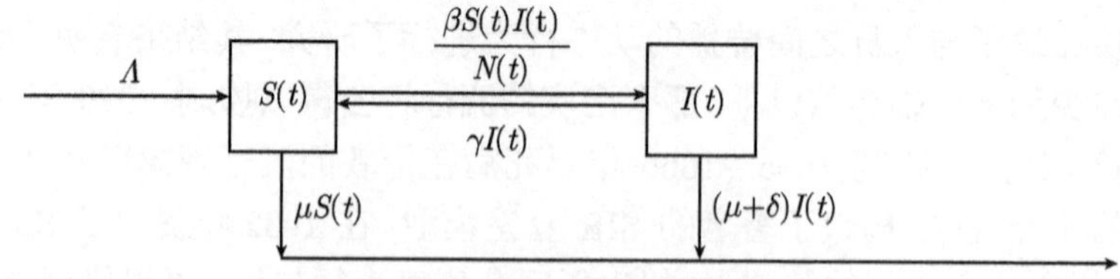

图 5-2　SIS 模型的感染过程示意图

将模型 (5.2.1) 中的两个方程相加得到

$$N(t+1)=N(t)+\Lambda-\mu N(t)-\delta I(t)\leqslant\Lambda+(1-\mu)N(t). \tag{5.2.3}$$

因为一维的差分方程 $N(t+1)=\Lambda+(1-\mu)N(t)$ 有全局稳定的平衡解 $N(t)\equiv N^*=\dfrac{\Lambda}{\mu}$. 且当 $N(0)<N^*$ 时, $N(t)<N^*$, 当 $N(0)>N^*$ 时, 可以证明, 对任意 $\varepsilon>0$, $N(t)\leqslant N^*+\varepsilon$ 当 t 充分大时成立. 当条件 (5.2.2) 成立时, 容易证明

$$\Omega=\{\ (S,I)\ \mid\ S\geqslant 0,\ \ I\geqslant 0,\ \ S+I\leqslant N^*\ \}$$

是模型 (5.2.1) 的正向不变区域: 从 Ω 中出发的解始终停留在 Ω 中. 我们可以在 $S(t)+I(t)\leqslant N^*$ 内考虑问题.

定义 SIS 模型 (5.2.1) 的基本再生数为 $R_0=\dfrac{\beta}{\mu+\delta+\gamma}$. 基本再生数 R_0 的实际含义是当所有人都是易感者时, 一个患者在整个感染期间所感染的人数. 根据这个实际意义, 我们可以证明, 当 $R_0<1$ 时, 疾病会最终消失, 而当 $R_0>1$ 时, 疾病会持续存在. 在数学上, 有下面的定理.

定理 5.2.1　模型 (5.2.1) 总有无病平衡解 $E_0\left(\dfrac{\Lambda}{\mu},0\right)$. 当 $R_0<1$ 时, 模型 (5.2.1) 的无病平衡解是全局渐近稳定的, 而当 $R_0>1$ 时, 无病平衡解不稳定, 模型 (5.2.1) 有正平衡解 $E^*(S^*,I^*)$. 当不等式 (5.2.2) 成立时, 对模型 (5.2.1) 初始值满足 $I(0)>0$ 的解, 有正数 ε, 使得 $I(t)>\varepsilon$ 对充分大的 t 成立.

证明　模型 (5.2.1) 的平衡解满足方程

$$S=S+\Lambda-\frac{\beta SI}{N}-\mu S+\gamma I,\quad I=I+\frac{\beta SI}{N}-(\mu+\delta+\gamma)I.$$

求解得到无病平衡解 $E_0\left(\dfrac{\Lambda}{\mu},0\right)$. 而当 $R_0>1$ 时, 模型 (5.2.1) 还有正平衡解 $E^*(S^*,I^*)$, 其中

$$S^*=\frac{\Lambda}{\mu+(\mu+\delta)(R_0-1)},\quad I^*=\frac{\Lambda(R_0-1)}{\mu+(\mu+\delta)(R_0-1)}.$$

模型 (5.2.1) 在无病平衡解处的线性化系统为

$$\begin{aligned}&S(t+1)=(1-\mu)S(t)+(\gamma-\beta)I(t),\\&I(t+1)=(1+\beta-\mu-\delta-\gamma)I(t).\end{aligned}\tag{5.2.4}$$

线性化系统 (5.2.4) 的两个特征根分别为 $1-\mu$ 和 $1+\beta-\mu-\delta-\gamma$. 在我们的一般要求 (5.2.2) 和 $R_0<1$ 的条件下, 这两个特征根的模都是小于 1 的, 所以无病平衡解渐近稳定. 而当 $R_0>1$ 时, 特征根 $1+\beta-\mu-\delta-\gamma$ 大于 1, 所以无病平衡解不稳定.

由人口总数 $N(t)$ 所满足的方程及 $N(t)=S(t)+I(t)\geqslant I(t)$ 得到

$$N(t+1)\geqslant N(t)+\Lambda-(\mu+\delta)N(t).$$

差分方程 $N(t+1)=N(t)+\Lambda-(\mu+\delta)N(t)$ 有唯一的全局稳定的平衡解 $N=\dfrac{\Lambda}{\mu+\delta}$. 所以, 当 t 充分大时有 $N(t)>\dfrac{\Lambda}{2(\mu+\delta)}$, 感染者的数量 $I(t)$ 满足不等式

$$I(t+1)\geqslant I(t)+(\mu+\delta+\gamma)(R_0-1)I(t)-\frac{2\beta(\mu+\delta)I^2(t)}{\Lambda}.$$

当 $R_0>1$, 且不等式 (5.2.2) 成立时, $(\mu+\delta+\gamma)(R_0-1)<1$, 考虑比较方程

$$x(t+1)=x(t)+(\mu+\delta+\gamma)(R_0-1)x(t)-\frac{2\beta(\mu+\delta)x^2(t)}{\Lambda}.\tag{5.2.5}$$

比较方程 (5.2.5) 有正平衡解 $x^*=\dfrac{(\mu+\delta+\gamma)(R_0-1)\Lambda}{2\beta(\mu+\delta)}$, 且满足

$$\begin{aligned}&x(t_0+1)-x^*\\&=x(t_0)+(\mu+\delta+\gamma)(R_0-1)x(t_0)-\frac{2\beta(\mu+\delta)x^2(t_0)}{\Lambda}-x^*\\&=\left(1+(\mu+\delta+\gamma)(R_0-1)-\frac{2\beta(\mu+\delta)(x(t_0)+x^*)}{\Lambda}\right)(x(t_0)-x^*)\\&=\left(1-\frac{2\beta(\mu+\delta)x(t_0)}{\Lambda}\right)(x(t_0)-x^*).\end{aligned}\tag{5.2.6}$$

若有 t_0 使得, $0 < x(t_0) < x^*$, 则

$$0 < \frac{2\beta(\mu+\delta)x(t_0)}{\Lambda} < 1, \quad 1 - \frac{2\beta(\mu+\delta)x(t_0)}{\Lambda} > 0.$$

由 (5.2.6) 得到 $x(t_0) < x(t_0+1) < x^*$,

$$|x(t_0+1) - x^*| < \left(1 - \frac{2\beta(\mu+\delta)x(t_0)}{\Lambda}\right)|x(t_0) - x^*|.$$

进一步递推可得 $x(t_0+1) < x(t_0+2) < x^*$, 且

$$\begin{aligned} |x(t_0+2) - x^*| &< \left(1 - \frac{2\beta(\mu+\delta)x(t_0+1)}{\Lambda}\right)|x(t_0+1) - x^*| \\ &< \left(1 - \frac{2\beta(\mu+\delta)x(t_0)}{\Lambda}\right)^2 |x(t_0) - x^*|. \end{aligned}$$

利用数学归纳法可以得到 $\lim_{t\to\infty} x(t) = x^*$.

所以, 当 t 充分大时, $x(t) > x^*/2 > 0$. 由比较定理可以得到, 当 $R_0 > 1$ 时, $I(t) \geqslant x(t) > \dfrac{(\mu+\delta+\gamma)(R_0-1)\Lambda}{4\beta(\mu+\delta)}$ 对充分大的 t 成立. □

定理 5.2.1 说明, $R_0 = 1$ 是 SIS 模型的阈值: 当 $R_0 < 1$ 时, 疾病会逐渐消失, 当 $R > 1$ 和不等式 (5.2.2) 成立时, 疾病会持续存在. 事实上, 我们可以证明, 当 $R_0 > 1$ 时, 疾病会持续存在. 下面关于模型 (5.2.1) 正平衡解全局稳定性的结论就说明了这一点.

定理 5.2.2　设 (5.2.2) 中的不等式成立. 则当 $R_0 > 1$ 和 $\delta = 0$ 时, 模型 (5.2.1) 的正平衡解是全局渐近稳定的; 而当 $\delta > 0$ 时, 在条件 $R_0 > 1$ 和 $\dfrac{\delta}{\mu}\left(1 - \dfrac{1}{R_0}\right) < 1$ 下, 模型 (5.2.1) 的正平衡解是全局渐近稳定的.

证明　我们用与模型 (5.2.1) 等价的系统来讨论正平衡解的全局稳定性.

$$\begin{aligned} &N(t+1) = N(t) + \Lambda - \mu N(t) - \delta I(t), \\ &I(t+1) = I(t) + (\mu+\delta+\gamma)(R_0-1)I(t) - \frac{\beta I^2(t)}{N(t)}. \end{aligned} \tag{5.2.7}$$

为了让读者体会实际模型研究的思路, 我们先证明正平衡解的局部稳定性, 再证明一种特殊情况下正平衡解的全局稳定性, 最后通过构造比较系统来证明一般情况下正平衡解的全局稳定性.

当 $R_0 > 1$ 时, 等价系统 (5.2.7) 的正平衡解 $E^e(N^e, I^e)$ 为

$$N^e = \frac{\Lambda R_0}{\mu + (\mu+\delta)(R_0-1)}, \quad I^e = \frac{\Lambda(R_0-1)}{\mu + (\mu+\delta)(R_0-1)}.$$

等价系统 (5.2.7) 在正平衡解 $E^e(N^e,I^e)$ 的线性化系统为

$$\begin{aligned}
&N(t+1)=(1-\mu)N(t)-\delta I(t),\\
&I(t+1)=\beta\left(\frac{I^e}{N^e}\right)^2N(t)+\left(1-\frac{\beta I^e}{N^e}\right)I(t).
\end{aligned}\tag{5.2.8}$$

注意, 在线性化中我们用了平衡解的方程 $1+(\mu+\delta+\gamma)(R_0-1)-\dfrac{\beta I^e}{N^e}=1$ 对系数进行了化简.

线性化系统 (5.2.8) 的特征方程为

$$\phi(\lambda)=\lambda^2-\left(2-\mu-\frac{\beta I^e}{N^e}\right)\lambda+(1-\mu)\left(1-\frac{\beta I^e}{N^e}\right)+\delta\beta\left(\frac{I^e}{N^e}\right)^2=0.$$

在给定的条件 (5.2.2) 下计算得到

$$\begin{aligned}
\phi(1)&=1-\left(2-\mu-\frac{\beta I^e}{N^e}\right)+(1-\mu)\left(1-\frac{\beta I^e}{N^e}\right)+\delta\beta\left(\frac{I^e}{N^e}\right)^2\\
&=\frac{\mu\beta I^e}{N^e}+\delta\beta\left(\frac{I^e}{N^e}\right)^2>0,
\end{aligned}$$

$$\begin{aligned}
\phi(-1)&=1+\left(2-\mu-\frac{\beta I^e}{N^e}\right)+(1-\mu)\left(1-\frac{\beta I^e}{N^e}\right)+\delta\beta\left(\frac{I^e}{N^e}\right)^2\\
&=2(1-\mu-\beta)+\mu\beta\left(1-\frac{1}{R_0}\right)+2+\frac{2\beta}{R_0}+\delta\beta\left(1-\frac{1}{R_0}\right)^2>0,
\end{aligned}$$

$$\begin{aligned}
&1-(1-\mu)\left(1-\frac{\beta I^e}{N^e}\right)-\delta\beta\left(\frac{I^e}{N^e}\right)^2\\
&=\mu+(1-\mu)\beta\left(1-\frac{1}{R_0}\right)-\delta\beta\left(1-\frac{1}{R_0}\right)^2>0.
\end{aligned}$$

由 Jury 判据知道, 当 $R_0>1$ 及条件 (5.2.2) 成立时, 等价系统 (5.2.7) 的正平衡解 $E^e(N^e,I^e)$ 是渐近稳定的, 所以, 模型 (5.2.1) 的正平衡解也是渐近稳定的.

先讨论 $\delta=0$ 的特殊情况. 此时, 关于人口总数 $N(t)$ 的方程独立, 它有全局渐近稳定的正平衡解 $N=\dfrac{\Lambda}{\mu}$, 将这个平衡解代入后一个方程得到

$$I(t+1)=I(t)+(\mu+\gamma)(R_0-1)I(t)-\frac{\mu\beta I^2(t)}{\Lambda}.\tag{5.2.9}$$

由线性化理论知道, 当 $0<(\mu+\gamma)(R_0-1)<2$ 时系统 (5.2.9) 的正平衡解 $\dfrac{\Lambda(\mu+\gamma)(R_0-1)}{\mu\beta}$ 渐近稳定, 而当 $(\mu+\gamma)(R_0-1)>2$ 时, 这个正平衡解不稳定.

为了讨论极限系统 (5.2.9) 的正平衡解 $\dfrac{\Lambda(\mu+\gamma)(R_0-1)}{\mu\beta}$ 的全局渐近稳定性, 考虑迭代过程中 $I(t)$ 到系统 (5.2.9) 的正平衡解的距离的变化, 利用系统 (5.2.9) 的正平衡解的表达式计算得到

$$\begin{aligned}&|I(t+1)-I^*|\\=&\left|1+(\mu+\gamma)(R_0-1)-\frac{\mu\beta(I(t)+I^*)}{\Lambda}\right|\cdot|I(t)-I^*|\\=&\left|1-\frac{\mu\beta I(t)}{\Lambda}\right||I(t)-I^*|.\end{aligned}$$

又由于 $I(t)\leqslant N(t)\leqslant\Lambda/\mu$, $\beta<1$, 所以有 $\left|1-\dfrac{\mu\beta I(t)}{\Lambda}\right|<1$, 即系统 (5.2.9) 的正平衡解 $\dfrac{\Lambda(\mu+\gamma)(R_0-1)}{\mu\beta}$ 是全局渐近稳定的. 由极限方程的理论得知, 当 $\delta=0$ 时, 原 SIS 模型 (5.2.1) 的正平衡解是全局渐近稳定的.

当 $\delta>0$ 时, 我们用类似于夹逼定理的思想来证明 SIS 模型的正平衡解的全局渐近稳定性. 我们还是用与模型 (5.2.1) 等价的系统 (5.2.7) 进行分析.

由 $0\leqslant I(t)\leqslant N(t)$ 和 (5.2.7) 的第一个方程得到

$$N(t+1)\leqslant N(t)+\Lambda-\mu N(t),\quad N(t+1)\geqslant N(t)+\Lambda-(\mu+\delta)N(t).$$

由这两个不等式可以得到, 对任意的 $\varepsilon>0$, 有正整数 T_{1n}, 使得, 当 $t\geqslant T_{1n}$ 时,

$$N_1^l\leqslant N(t)\leqslant N_1^m,$$

其中

$$N_1^l=\frac{\Lambda}{\mu+\delta}-\varepsilon,\ \ N_1^m=\frac{\Lambda}{\mu}+\varepsilon.$$

当 $t\geqslant T_{1n}$ 时, 由 (5.2.7) 的第二个方程得到不等式

$$\begin{aligned}I(t+1)\geqslant I(t)+(\mu+\delta+\gamma)(R_0-1)I(t)-\frac{\beta I^2(t)}{N_1^l},\\I(t+1)\leqslant I(t)+(\mu+\delta+\gamma)(R_0-1)I(t)-\frac{\beta I^2(t)}{N_1^m}.\end{aligned}$$

考虑这两个差分不等式对应的比较方程

$$\begin{aligned}x(t+1)=x(t)+(\mu+\delta+\gamma)(R_0-1)x(t)-\frac{\beta x^2(t)}{N_1^l},\\y(t+1)=y(t)+(\mu+\delta+\gamma)(R_0-1)y(t)-\frac{\beta y^2(t)}{N_1^m}.\end{aligned}$$

对于 (5.2.7) 初始值满足 $N(t_0)=N_0$ 和 $I(t_0)=I_0>0$ 解 $N(t)=N(t,t_0,N_0,I_0)$ 和 $I(t)=I(t,t_0,N_0,I_0)$, 分别考虑上面这两个关于 $x(t)$ 和 $y(t)$ 的差分方程满足 $x(T_{1n})=y(T_{1n})=I(T_{1n})=I(t_{1n},t_0,N_0,I_0)$ 的解, 由比较定理知道

$$x(t)\leqslant I(t)\leqslant y(t)\leqslant N_1^m$$

对所有满足 $t\geqslant T_{1n}$ 的 t 成立. 关于 $x(t)$ 的差分方程有正平衡解

$$x=x^*=\frac{N_1^l(\mu+\delta+\gamma)(R_0-1)}{\beta}=N_1^l\left(1-\frac{1}{R_0}\right).$$

利用 $x(t)$ 及 x^* 所满足的方程可以得到

$$|x(t+1)-x^*|=\left|1-\frac{\mu\beta x(t)}{\Lambda}\right||x(t)-x^*|.$$

由 $x(t)$ 所满足的不等式 $x(t)\leqslant I(t)\leqslant N(t)\leqslant N_1^m$ 得到

$$1-\frac{\mu\beta x(t)}{\Lambda}<1,\qquad 1-\frac{\mu\beta x(t)}{\Lambda}>1-\frac{\mu\beta N_1^m}{\Lambda}=1-\beta-\frac{\mu\beta\varepsilon}{\Lambda}>-1.$$

所以, 当定理 5.2.2 的条件成立时有 $\left|1-\dfrac{\mu\beta x(t)}{\Lambda}\right|<1$. 即比较方程的正平衡解 x^* 是全局渐近稳定的. 同理可以知道, 关于 $y(t)$ 的方程的正平衡解

$$y=y^*=\frac{N_1^m(\mu+\delta+\gamma)(R_0-1)}{\beta}=N_1^m\left(1-\frac{1}{R_0}\right)$$

也是全局渐近稳定的.

由比较原理可以得到, 有正整数 $T_{1i}>T_{1n}$, 使得, 当 $t\geqslant T_{1i}$ 时,

$$I_1^l\leqslant I(t)\leqslant I_1^m,$$

其中

$$I_1^l=N_1^l\left(1-\frac{1}{R_0}\right)-\varepsilon,\quad I_1^m=N_1^m\left(1-\frac{1}{R_0}\right)+\varepsilon.$$

当 $t\geqslant T_{1i}$ 时, 再由上面不等式中 $I(t)$ 满足的关系和 (5.2.7) 的第一个方程得到

$$N(t+1)\leqslant N(t)+\Lambda-\delta I_1^l-\mu N(t),$$
$$N(t+1)\geqslant N(t)+\Lambda-\delta I_1^m-\mu N(t).$$

由上面这两个不等式可以得到, 有正整数 $T_{2n}>T_{1i}$, 使得, 当 $t\geqslant T_{2n}$ 时,

$$N_2^l\leqslant N(t)\leqslant N_2^m,$$

其中

$$N_2^l = \frac{\Lambda - \delta I_1^m}{\mu} - \varepsilon, \ \ N_2^m = \frac{\Lambda - \delta I_1^l}{\mu} + \varepsilon.$$

当 $t \geqslant T_{2n}$ 时, 由 (5.2.7) 的第二个方程得到不等式

$$I(t+1) \geqslant I(t) + (\mu+\delta+\gamma)(R_0-1)I(t) - \frac{\beta I^2(t)}{N_2^l},$$
$$I(t+1) \leqslant I(t) + (\mu+\delta+\gamma)(R_0-1)I(t) - \frac{\beta I^2(t)}{N_2^m}.$$

类似前面的分析可以得到, 有正整数 $T_{2i} > T_{2n}$, 使得, 当 $t \geqslant T_{2i}$ 时,

$$I_2^l \leqslant I(t) \leqslant I_2^m,$$

其中,

$$I_2^l = N_2^l\left(1 - \frac{1}{R_0}\right) - \varepsilon, \ \ I_2^m = N_2^m\left(1 - \frac{1}{R_0}\right) + \varepsilon.$$

重复这一过程, 得到了序列 $\{N_k^l\}, \{N_k^m\}, \{I_k^l\}, \{I_k^m\}$. 序列中的 $\{I_k^l\}, \{I_k^m\}$ 满足递推关系

$$\begin{aligned} I_{k+1}^l &= -\frac{\delta}{\mu}\left(1 - \frac{1}{R_0}\right)I_k^m + \left(\frac{\Lambda}{\mu} - \varepsilon\right)\left(1 - \frac{1}{R_0}\right) - \varepsilon, \\ I_{k+1}^m &= -\frac{\delta}{\mu}\left(1 - \frac{1}{R_0}\right)I_k^l + \left(\frac{\Lambda}{\mu} + \varepsilon\right)\left(1 - \frac{1}{R_0}\right) + \varepsilon. \end{aligned} \tag{5.2.10}$$

关于 $\{I_k^l\}$ 和 $\{I_k^m\}$ 的差分方程组 (5.2.7) 当 $\dfrac{\delta}{\mu}\left(1 - \dfrac{1}{R_0}\right) < 1$ 时有全局渐近稳定的平衡解 $P_*(I_*^l(\varepsilon), I_*^m(\varepsilon))$, 其中

$$I_*^l(\varepsilon) = \frac{\left(\dfrac{\Lambda}{\mu} - \varepsilon\right)\left(1 - \dfrac{1}{R_0}\right) - \varepsilon \ - \dfrac{\delta}{\mu}\left(1 - \dfrac{1}{R_0}\right)\left(\left(\dfrac{\Lambda}{\mu} + \varepsilon\right)\left(1 - \dfrac{1}{R_0}\right) + \varepsilon\right)}{1 - \left(\dfrac{\delta}{\mu}\left(1 - \dfrac{1}{R_0}\right)\right)^2},$$

$$I_*^m(\varepsilon) = \frac{\left(\dfrac{\Lambda}{\mu} + \varepsilon\right)\left(1 - \dfrac{1}{R_0}\right) + \varepsilon - \dfrac{\delta}{\mu}\left(1 - \dfrac{1}{R_0}\right)\left(\left(\dfrac{\Lambda}{\mu} - \varepsilon\right)\left(1 - \dfrac{1}{R_0}\right) - \varepsilon\right)}{1 - \left(\dfrac{\delta}{\mu}\left(1 - \dfrac{1}{R_0}\right)\right)^2}.$$

当 $\varepsilon = 0$ 时整理后得到, $I_*^l(0) = I_*^m(0) = \dfrac{\Lambda(R_0-1)}{\mu + (\mu+\delta)(R_0-1)}$. $I_*^l(\varepsilon)$ 和 $I_*^m(\varepsilon)$ 都是 ε 的连续函数, 所以, 当 $\varepsilon \to 0$ 时, 有

$$\lim_{\varepsilon \to 0} I_*^l(\varepsilon) = \lim_{\varepsilon \to 0} I_*^m(\varepsilon) = \frac{\Lambda(R_0-1)}{\mu + (\mu+\delta)(R_0-1)}.$$

再由 $\{N_k^l\}, \{N_k^m\}, \{I_k^l\}, \{I_k^m\}$ 的关系得到

$$\lim_{\varepsilon\to 0} N_*^l(\varepsilon) = \lim_{\varepsilon\to 0} N_*^m(\varepsilon) = \frac{\Lambda R_0}{\mu+(\mu+\delta)(R_0-1)}.$$

这表明, 等价系统 (5.2.7) 的正平衡解当 $\dfrac{\delta}{\mu}\left(1-\dfrac{1}{R_0}\right)<1$ 时是全局渐近稳定的, 所以原模型 (5.2.1) 的正平衡解当 $\dfrac{\delta}{\mu}\left(1-\dfrac{1}{R_0}\right)<1$ 时是全局渐近稳定的. □

定理 5.2.2 的证明过程相当长, 但是本着由简单到复杂、由特殊到一般的认知规律进行的. 读者可以根据自己的情况阅读和掌握这些步骤与技巧. 另外, 条件 $\dfrac{\delta}{\mu}\left(1-\dfrac{1}{R_0}\right)<1$ 当 δ 很小或者 R_0 与 1 很接近时一定成立.

为了便于读者理解, 最后我们给出了一个数值模拟的例子. 取 $\Lambda=20$, $\mu=0.006$, $\delta=0.001$, $\gamma=0.5$, $\beta=0.8$. 取这些参数值时模型 (5.2.1) 的基本再生数为 $R_0=1.5968$, 该模型初始值为 $S(0)=8000$, $I(0)=10$ 的解的变化情况在图 5-3 中给出. 图 5-3 中的左上图、右上图和左下图分别是易感者、感染者和总人口数随着时间变化的情况, 右下图是在 S-I 平面画出的相图.

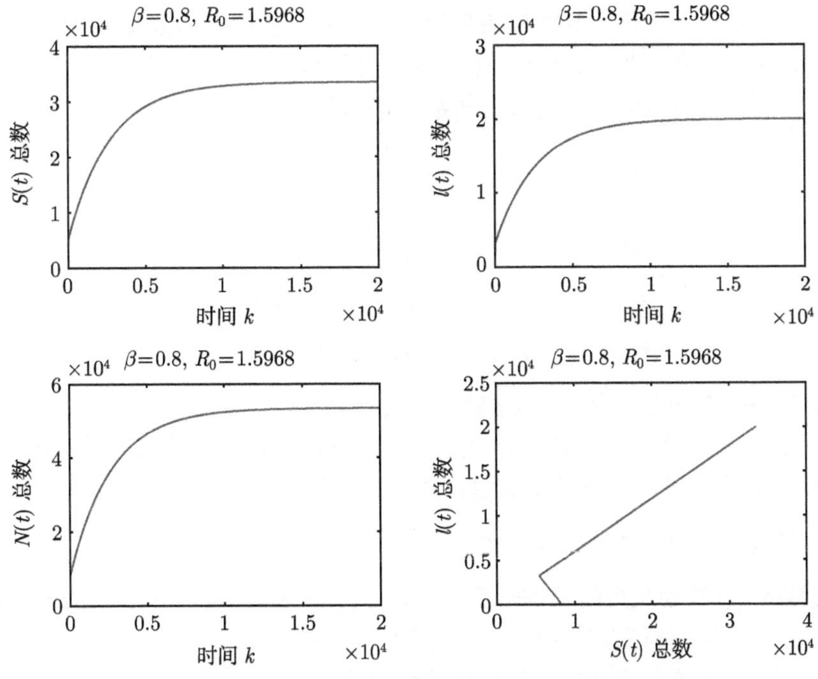

图 5-3 模型 (5.2.1) 当再生数大于 1 时一个解的变化情况

SIR 模型和 SEIR 模型 有些传染病感染者治愈后就具有免疫力, 不会再

次感染的疾病, 我们就需要把总人口分为易感者、感染者和免疫者三类, 记 t 时段易感者的数量为 $S(t)$, 感染者的数量为 $I(t)$, 免疫者的数量为 $R(t)$, 人口总数为 $N(t)=S(t)+I(t)+R(t)$. 根据疾病的传播过程我们可以建立下面的模型

$$
\begin{aligned}
S(t+1)&=S(t)+\Lambda-\frac{\beta S(t)I(t)}{N(t)}-\mu S(t),\\
I(t+1)&=I(t)+\frac{\beta S(t)I(t)}{N(t)}-(\mu+\delta+\gamma)I(t),\\
R(t+1)&=R(t)+\gamma I(t)-\mu R(t).
\end{aligned}
\tag{5.2.11}
$$

SIR 模型 (5.2.11) 中, 参数 Λ、β、μ、γ 和 δ 与 SIS 模型的相同, 差别是感染者恢复后进入了免疫者类, 而不再进入易感者类. 在一些一般性条件下, 可以得到 SIR 模型 (5.2.11) 解的非负性、定义模型的基本再生数 R_0 和研究模型的渐近性态. 当基本再生数小于 1 时, 可以证明无病平衡解的全局稳定性. 当基本再生数大于 1 时, 可以得到疾病的持久性、地方病平衡解的存在性和局部稳定性. 但 SIR 模型 (5.2.11) 地方病平衡解的全局稳定性是一个十分困难的问题.

还有些疾病具有潜伏期且在潜伏期不传染, 感染者治愈后就具有免疫力, 不会再次被感染. 利用模型研究这类疾病的感染过程时, 我们就需要把总人口分为易感者、潜伏者、感染者和免疫者四类, 记 t 时段易感者的数量为 $S(t)$, 潜伏者的数量为 $E(t)$, 感染者的数量为 $I(t)$, 免疫者的数量为 $R(t)$, 人口总数为 $N(t)=S(t)+E(t)+I(t)+R(t)$. 描述疾病传播过程的模型为

$$
\begin{aligned}
S(t+1)&=S(t)+\Lambda-\frac{\beta S(t)I(t)}{N(t)}-\mu S(t),\\
E(t+1)&=E(t)+\frac{\beta S(t)I(t)}{N(t)}-(\mu+\alpha)E(t),\\
I(t+1)&=I(t)+\alpha E(t)-(\mu+\delta+\gamma)I(t),\\
R(t+1)&=R(t)+\gamma I(t)-\mu R(t).
\end{aligned}
\tag{5.2.12}
$$

其中 α 是潜伏者的发病率, 其他参数的含义相同.

按照这样的思想, 可以对不同的疾病建立相应的数学模型, 对其传播性态进行分析, 给出相应的理论分析结果和提出预防控制的建议.

5.2.3 具有感染阶段的艾滋病模型

艾滋病 (获得性免疫缺陷综合症, acquired immunodeficiency syndrome, AIDS) 是由艾滋病的病原体即人类免疫缺陷病毒 (human immunodeficiency virus, HIV) 感染引起的以 T 细胞免疫功能缺陷为主的综合症.

从 1981 年发现艾滋病后其蔓延速度非常快. 30 年来, 世界上共有 6000 万人感染艾滋病, 其中已有 3000 多万人死于艾滋病及其相关疾病. 2010 年 11 月 23 日,

联合国艾滋病规划署 (UNAIDS) 发布的《2010 年全球艾滋病流行最新报告》估计, 截止到 2009 年底, 全球共有艾滋病感染者 3330 万人, 其中成年人约有 3080 万人 (女性达 1590 万), 15 岁以下儿童约 250 万; 2009 年全球新增艾滋病感染者 260 万人, 180 万人死于艾滋病. 从 HIV 感染者的分布情况来看, 撒哈拉沙漠以南非洲地区仍是重灾区, 其次是南亚和东南亚. 据估计, 每 13 秒钟就发生一例新的 HIV 感染者, 每 1 分钟就有 1 人死于艾滋病. 艾滋病的快速传播严重威胁了人类的生命健康, 已成为重大的公共卫生问题和社会问题.

目前, 艾滋病的传染源只有 HIV 感染者和 AIDS 患者. HIV 主要是通过精液、宫颈分泌物、血液, 以及破损的皮肤等传播, 艾滋病可以通过性接触、血液和母婴传播等三种途径传播. 艾滋病具有 8—10 年的潜伏期, 也有 15 年以上的. 传染性最强的是临床无症状而血清 HIV 抗体呈阳性的感染者, 这种情况下 HIV 分离率最高. 无症状的 HIV 感染者是艾滋病流行难以控制的重要原因.

我国于 1985 年发现首个 HIV 感染病例, 20 世纪 90 年代后我国的艾滋病流行进入快速增长期. 据《2009 年中国艾滋病疫情估计工作报告》显示, 到 2009 年底, 我国现有 HIV 感染者和艾滋病病人 (HIV/AIDS) 约 74 万, 女性占 30.5%, 15 岁以下 HIV/AIDS 约 0.9 万人, 占全国估计数的 1.2%. 据估计, 2009 年当年新发 HIV 感染者达 4.8 万人, 2009 年艾滋病相关死亡 2.6 万人. 全人群 HIV 感染率为 0.057%, 其中艾滋病病人 10.5 万人. 截止 2009 年底, 估计全国累计艾滋病相关死亡 22 万人. 在 4.8 万新发 HIV 感染者中, 异性传播占 42.2%, 同性传播占 32.5%, 注射吸毒传播占 24.3%, 母婴传播占 1.0%. 从 2000 年至 2009 年, HIV 感染者主要流行由经血液传播转为经性传播, 主要涉及人群由高危人群转为高危人群与普通人群并行, 流行地区也从农村扩展到城市, 防治工作十分艰巨.

艾滋病传播的特点是潜伏期长, 目前的药物尚无法彻底治愈. 针对这些特点, 人们给出的模型与 SIR 模型类似, 但艾滋病感染者还可以感染别人, 最基本的模型是

$$
\begin{aligned}
S(t+1) &= S(t) + \Lambda - \frac{\beta S(t)(I(t)+\theta A(t))}{N(t)} - \mu S(t), \\
I(t+1) &= I(t) + \frac{\beta S(t)(I(t)+\theta A(t))}{N(t)} - (\mu+\delta+\gamma)I(t), \\
A(t+1) &= A(t) + \gamma I(t) - \eta A(t).
\end{aligned}
$$

模型中的 $S(t)$ 是具有高危行为的人口, $I(t)$ 是艾滋病毒感染但没有发病的人员数量, $A(t)$ 是艾滋病病人人数. θ 是艾滋病人相对于感染者的传播系数, δ 是艾滋病毒感染者的额外死亡率, γ 是艾滋病病毒感染者的发病率, η 是艾滋病人的死亡率.

注意到艾滋病病毒感染者的潜伏期很长, 在潜伏期内感染者体内病毒的数量相差很大, 所以导致的感染力和发病率有所差异, 我们就把感染者按照感染时间分成 12 类. 令 $S(t)$ 是具有高危行为的易感者人数, $I_j(t)$ 是感染时间为 j 年的感染者人

数, $A(t)$ 是艾滋病病人数量. 假设艾滋病病人因为自身的症状和体质的减弱而无法感染别人, 艾滋病感染情况如图 5-4 所示[27].

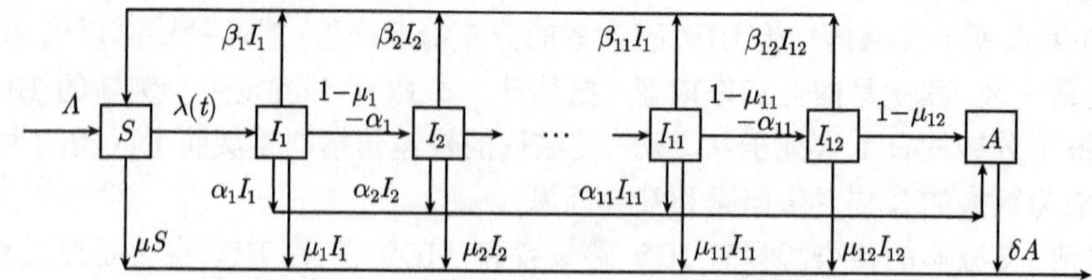

图 5-4 具有感染年龄的艾滋病模型框图

根据艾滋病传播机理和上面的框图, 可以得到下面的模型

$$
\begin{aligned}
&S(t+1)=S(t)+\Lambda-\frac{S(t)}{N(t)}\sum_{j=1}^{12}\beta_j I_j(t)-\mu S(t),\\
&I_1(t+1)=\frac{S(t)}{N(t)}\sum_{j=1}^{12}\beta_j I_j(t),\\
&I_2(t+1)=(1-\mu_1)I_1(t),\\
&I_{j+1}(t+1)=(1-\alpha_j-\mu_j)I_j(t),\quad j=2,3,\cdots,11,\\
&A(t+1)=A(t)+\sum_{j=2}^{11}\alpha_j I_j(t)+(1-\mu_{12})I_{12}(t)-\delta A(t),
\end{aligned}
\tag{5.2.13}
$$

其中, β_j, μ_j 和 α_j 分别是感染时间为 j 年的感染者的传染率、死亡率和发病率, δ 是艾滋病人的死亡率. 假设 $\alpha_1=0$, $\alpha_j\geqslant 0$, $j=2,3,\cdots,11$, $\alpha_{12}=1-\mu_{12}$.

利用下面的变量替换

$$
\begin{aligned}
&S(t)=\tilde{S}(t)-I_1(t),\quad I_1(t)=\tilde{I}_1(t),\\
&I_2(t)=(1-\mu_1)\tilde{I}_2(t),\quad I_3(t)=(1-\mu_1)(1-\mu_2-\alpha_2)\tilde{I}_3(t),\\
&I_j(t)=(1-\mu_1)(1-\mu_2-\alpha_2)\cdots(1-\mu_{j-1}-\alpha_{j-1})\tilde{I}_j(t),\quad j=4,5,\cdots,12,\\
&\tilde{\beta}_1=\beta_1,\quad \tilde{\beta}_2=(1-\mu_1)\beta_2,\quad \tilde{\beta}_3=(1-\mu_1)(1-\mu_2-\alpha_2)\beta_3,\\
&\tilde{\beta}_j=(1-\mu_1)(1-\mu_2-\alpha_2)\cdots(1-\mu_{j-1}-\alpha_{j-1})\beta_j,\quad j=4,5,\cdots,12,\\
&\tilde{\mu}_1=\mu-\mu_1,\quad \tilde{\mu}_2=(1-\mu_1)(\delta-\mu_2),\quad \tilde{\mu}_3=(1-\mu_1)(1-\mu_2-\alpha_2)(\delta-\mu_3),\\
&\tilde{\mu}_j=(1-\mu_1)(1-\mu_2-\alpha_2)\cdots(1-\mu_{j-1}-\alpha_{j-1})(\delta-\mu_j),\quad j=4,5,\cdots,12,
\end{aligned}
$$

将模型 (5.2.13) 化为

$$\begin{aligned}
&\tilde{S}(t+1) = \Lambda + (1-\mu)(\tilde{S}(t) - \tilde{I}_1(t)),\\
&\tilde{I}_1(t+1) = \frac{\tilde{S}(t) - \tilde{I}_1 t)}{N(t)} \sum_{j=1}^{12} \tilde{\beta}_j \tilde{I}_j(t),\\
&\tilde{I}_{j+1}(t+1) = \tilde{I}_j(t), \quad j = 1,2,3,\cdots,11,\\
&N(t+1) = (1-\delta)N(t) + \Lambda + (\delta - \mu)\tilde{S}(t) + \sum_{j=1}^{12} \tilde{\mu}_j \tilde{I}_j(t).
\end{aligned} \tag{5.2.14}$$

模型 (5.2.13) 的基本再生数为

$$\begin{aligned}
R_0 =& \tilde{\beta}_1 + \tilde{\beta}_2 + \cdots + \tilde{\beta}_{12}\\
=& \beta_1 + (1-\mu_1)\beta_2 + (1-\mu_1)(1-\mu_2-\alpha_2)\beta_3\\
&+ (1-\mu_1)(1-\mu_2-\alpha_2)(1-\mu_3-\alpha_3)\beta_3\\
&+ \cdots + (1-\mu_1)(1-\mu_2-\alpha_2)\cdots(1-\mu_{11}-\alpha_{11})\beta_{12},
\end{aligned} \tag{5.2.15}$$

通过计算我们可以知道, 模型 (5.2.14) 总有无病平衡解 E^0, 无病平衡解各个分量的坐标为 $S^0 = \Lambda/\mu$, $I_j^0 = 0, j = 1,2,\cdots,12$, $N^0 = \Lambda/\mu$. 当 $R_0 > 1$ 时, 模型 (5.2.14) 还有正平衡解 E^*, E^* 的各个坐标为

$$\begin{aligned}
&I_1^* = \frac{\Lambda(R_0-1)}{\mu + \mu(1-\mu)/\delta + \mu(\tilde{\mu_1} + \tilde{\mu}_2 + \cdots + \tilde{\mu}_{12})/\delta + R_0 - 1},\\
&\tilde{I}_{12}^* = \tilde{I}_{11}^* = \cdots = \tilde{I}_2^* = \tilde{I}_1^*,\\
&\tilde{S}^* = \Lambda/\mu - (1-\mu)\tilde{I}_1^*/\mu,\\
&N^* = \Lambda/\delta + (1-\mu/\delta)\tilde{S}^* + \sum_{j=1}^{12} \tilde{\mu}_j \tilde{I}_j^*/\delta.
\end{aligned} \tag{5.2.16}$$

利用线性化方法和比较定理可以证明, 当 $R_0 < 1$ 时, 模型 (5.2.14) 的无病平衡解是全局渐近稳定的, 而当 $R_0 > 1$ 时, 无病平衡解是不稳定的. 为了讨论正平衡解的稳定性, 在 E^* 处将模型 (5.2.14) 线性化, 得到的线性化矩阵为

$$L^* = \begin{bmatrix}
1-\mu & -(1-\mu) & 0 & 0 & \cdots & 0 & 0 & 0\\
\dfrac{R_0\tilde{I}_1^*}{N^*} & \dfrac{\tilde{\beta}_1}{R_0} - \dfrac{R_0\tilde{I}_1^*}{N^*} & \dfrac{\tilde{\beta}_2}{R_0} & \dfrac{\tilde{\beta}_3}{R_0} & \cdots & \dfrac{\tilde{\beta}_{11}}{R_0} & \dfrac{\tilde{\beta}_{12}}{R_0} & \dfrac{-\tilde{I}_1^*}{N^*}\\
0 & 1 & 0 & 0 & \cdots & 0 & 0 & 0\\
0 & 0 & 1 & 0 & \cdots & 0 & 0 & 0\\
\vdots & \vdots & \vdots & \vdots & & \vdots & \vdots & \vdots\\
0 & 0 & 0 & 0 & \cdots & 1 & 0 & 0\\
\delta-\mu & \tilde{\mu}_1 & \tilde{\mu}_2 & \tilde{\mu}_3 & \cdots & \tilde{\mu}_{11} & \tilde{\mu}_{12} & 1-\delta
\end{bmatrix}.$$

L^* 的特征多项式为

$$\begin{aligned} f(\rho)=&-(1-\mu)(\delta-\mu)\frac{\tilde{I}_1^*}{N^*}\rho^{11}-\rho(1-\delta-\rho)\frac{R_0\tilde{I}_1^*}{N^*}\rho^{11}\\ &+(1-\mu-\rho)(1-\delta-\rho)\left(\rho^{12}-\sum_{j=1}^{12}\frac{\tilde{\beta}_j}{R_0}\rho^{12-j}\right)\\ &-(1-\mu-\rho)\frac{\tilde{I}_1^*}{N^*}\sum_{j=1}^{12}\tilde{\mu}_j\rho^{12-j}. \end{aligned} \tag{5.2.17}$$

$f(\rho)$ 的表达式很复杂, $f(\rho)=0$ 的根是否会在单位圆内的判断无法进行. 但我们可以对 $\tilde{I}_1^*/\tilde{N}^*$ 充分小的时候进行讨论, 这个情况适用于艾滋病流行不严重的国家. 当 $\tilde{I}_1^*/\tilde{N}^*=0$ 时, $f(\rho)$ 的表达式比较简单, 记为 $f_0(\rho)$.

$$f_0(\rho)=(1-\mu-\rho)(1-\delta-\rho)\rho^{12}\left(1-\sum_{j=1}^{12}\frac{\tilde{\beta}_j}{R_0}\rho^{-j}\right).$$

$f_0(\rho)=0$ 有 3 个正根, $\rho=1-\delta$, $\rho=1-\mu$, $\rho=1$. $f_0(\rho)=0$ 的其余根满足 $1=\sum\limits_{j=1}^{12}\tilde{\beta}_j\rho^{-j}/R_0$. 若 $\rho=re^{i\theta}$ 是 $f_0(\rho)=0$ 的根, 则

$$1<\sum_{j=1}^{12}\tilde{\beta}_jr^{-j}/R_0.$$

由 R_0 的定义得到 $\sum\limits_{j=1}^{12}\tilde{\beta}_j/R_0=1$, 所以 $1<\sum\limits_{j=1}^{12}\tilde{\beta}_jr^{-j}/R_0$ 只能在 $r<1$ 时成立. 这意味着 $f_0(\rho)=0$ 的其余根都在单位圆内.

当 $\tilde{I}_1^*/N^*>0$, 但 $\tilde{I}_1^*/N^*$ 充分小时, 原来在单位圆内的根仍然在单位圆内, 再注意到

$$f(1)=\mu(\delta+1-\mu)\frac{\tilde{I}_1^*}{N^*}+\frac{\delta\tilde{I}_1^*}{N^*}(R_0-1)+\frac{\mu\tilde{I}_1^*}{N^*}\sum_{j=1}^{12}\tilde{\mu}_j>0,$$

原来在单位圆上的根 $\rho=1$ 必然在单位圆内. 所以当 $\tilde{I}_1^*/N^*$ 充分小时, 模型 (5.2.14) 的正平衡解是渐近稳定的.

我们无法得到更进一步的结果, 但通过数值模拟发现, 模型 (5.2.14) 的正平衡解可能是全局渐近稳定的. 选取下面的参数值 $\beta_1=1$, $\beta_2=\beta_3=0.1$, $\beta_4=\beta_5=\beta_6=0.35$, $\beta_7=\beta_8=\beta_9=\beta_{10}=\beta_{11}=\beta_{12}=0.3$, $\mu_j=0.05$, 以及 $\alpha_j=0$, $j=1,2,\cdots,12$, $\mu=0.006$, $\delta=0.2$, $\Lambda=1000$. 这时, 计算得到 $R_0=3.21$. 模型的正

平衡解是

$$\tilde{S}^* = 61834, \quad N^* = 167371, \quad \tilde{I}_j^* = 9687, \quad j = 1, 2, \cdots, 12.$$

在正平衡解处线性化系统的特征方程为

$$\begin{aligned} f(\rho) = &\rho^{14} - 1.92\rho^{13} + 1.17\rho^{12} - 0.223\rho^{11} - 0.067\rho^{10} + 0.056\rho^9 \\ &+0.00029\rho^8 + 0.012\rho^7 - 0.0094\rho^6 + 0.00017\rho^5 + 0.00016\rho^4 \\ &+0.00016\rho^3 + 0.00015\rho^2 + 0.051\rho - 0.047. \end{aligned}$$

特征方程 $f(\rho) = 0$ 的 14 个根分别为

$$\begin{aligned} &\rho_1 = -0.7412, && \rho_2 = 0.8983, \\ &\rho_{3,4} = -0.6426 \pm 0.3581i, && \rho_{5,6} = -0.3853 \pm 0.6399i, \\ &\rho_{7,8} = -0.0188 \pm 0.7713i, && \rho_{9,10} = 0.3590 \pm 0.7367i, \\ &\rho_{11,12} = 0.6703 \pm 0.5010i, && \rho_{13,14} = 0.8988 \pm 0.1738i. \end{aligned}$$

这 14 根都满足 $|\rho_j| < 1, j = 1, 2, \cdots, 14$, 正平衡解是渐近稳定的. 取下面的三组初始值分别进行计算

(I1) $\tilde{S}(1) = 60000, \quad N(1) = 183000, \quad \tilde{I}_j(1) = 10000, \quad j = 1, 2, \cdots, 12;$

(I2) $\tilde{S}(1) = 60, \quad N(1) = 210, \quad \tilde{I}_j(1) = 10, \quad j = 1, 2, \cdots, 12;$

(I3) $\tilde{S}(1) = 15000, \quad N(1) = 246000, \quad \tilde{I}_j(1) = 10000 - 500j, \quad j = 1, 2, \cdots, 12.$

数值结果显示在图 5-5 中. 图中的这些曲线显示正平衡解可能是全局渐近稳定的.

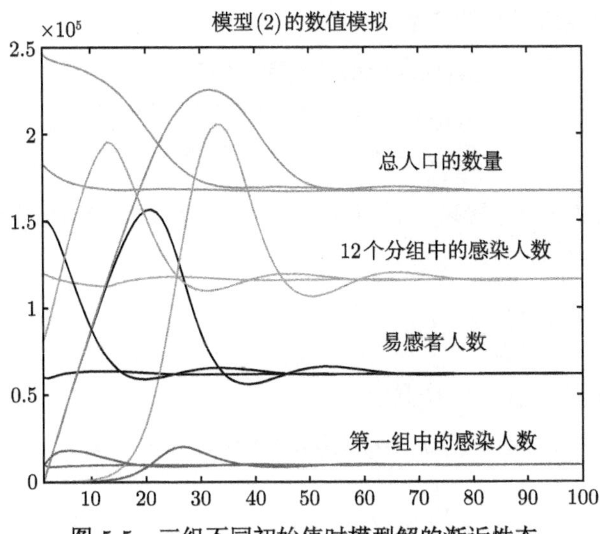

图 5-5 三组不同初始值时模型解的渐近性态

5.2.4 具有感染阶段的艾滋病模型的应用

在模型应用于具体传染病时, 应多与实际部门的工作人员交流, 充分理解一些统计数据的含义, 弄清楚这些数据和模型中变量的关系. 在许多情况下, 实际统计数据给出的往往是在一定的时间段内新发感染的人数, 如每年或每月报告的病例数是一年中或一月中新发病的人数, 而不是模型中感染者 $I(t)$ 的数量. 由于统计数据有些随机波动, 需要进行一些处理. 如分别用 1998—2002 年、1990—2002 年、1985—2004 年的统计数据进行拟合, 得到我国每年艾滋病报告人数的三种拟合曲线 (图 5-6).

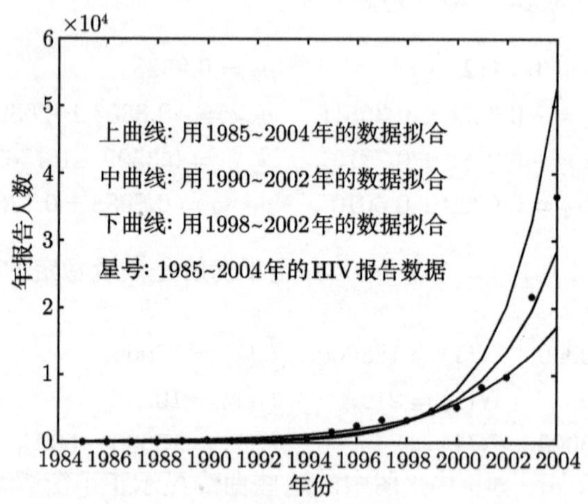

图 5-6 HIV/AIDS 报告数据不同时段的三种拟合曲线

这些拟合曲线所对应的函数为

$$
\begin{aligned}
&h_5(t) = 2552e^{0.2723(t-1997)},\\
&h_{13}(t) = 151.5173e^{0.3740(t-1990)},\\
&h_{20}(t) = 3.6466e^{0.4792(t-1984)}.
\end{aligned}
$$

由于易感者人数多, 感染者相对较少, 我们用 $S(t) \approx N(t)$ 将模型 (5.2.13) 简化为下面的线性形式

$$
\begin{aligned}
&I_1(t+1) = \sum_{j=1}^{12} \beta_j I_j(t),\\
&I_2(t+1) = (1-\mu_1)I_1(t),\\
&I_{j+1}(t+1) = (1-\mu_j-\alpha_j)I_j(t), \quad j = 2, 3, \cdots, 11,\\
&A(t+1) = A(t) + \sum_{j=2}^{11} \alpha_j I_j(t) + (1-\mu_{12})I_{12}(t) - \delta A(t).
\end{aligned} \tag{5.2.18}
$$

模型 (5.2.18) 中的参数仍然太多, 需要减少. 根据艾滋病的感染与患者体内的病毒载量相关以及病毒载量与感染时间长短的对应关系, 取

$$\begin{aligned}&\beta_1 = 10.7x,\\&\beta_2 = \beta_3 = x,\\&\beta_4 = \beta_5 = \beta_6 = 3.54x,\\&\beta_7 = \beta_8 = \beta_9 = 6.34 \times 0.5x = 3.17x,\\&\beta_{10} = \beta_{11} = \beta_{12} = 12.53 \times 0.25x = 3.13x.\end{aligned} \tag{5.2.19}$$

我们假设每年的艾滋病毒感染者的报告率相同, 利用 2005 年艾滋病联合评估数据得到每年已有感染者的报告率为 5.1%. 记第 t 年感染时间为 j 年的感染者被报告的数量为 $H_j(t)$, 未被报告的数量为 $U_j(t)$, 则

$$\begin{aligned}&I_1(t+1) = \sum_{k=1}^{12} \beta_k I_k(t),\\&I_{j+1}(t+1) = p_j I_j(t), \qquad j = 1,2,\cdots,11,\\&H_1(t+1) = rI_1(t+1),\\&H_{j+1}(t+1) = rp_j U_j(t), \qquad j = 1,2,\cdots,11,\\&U_1(t+1) = (1-r)I_1(t+1),\\&U_{j+1}(t+1) = (1-r)p_j U_j(t), \quad j = 1,2,\cdots,11,\\&H(t+1) = \sum_{k=1}^{12} H_k(t+1),\end{aligned} \tag{5.2.20}$$

其中, $p_1 = 1-\mu_1$, $p_j = 1-\mu_j-\alpha_j (j = 2,3,\cdots,11)$. 上面表达式中的 $H(t)$ 就是第 $t+1$ 年的报告人数, 在确定了一些参数和初始值以后, 将此结果与我们的拟合曲线比较, 让各年的平方和最小,

$$\min\ \phi(x) = \min \sum_{t=1986}^{2005} (H(t) - h_5(t))^2,$$

就可以估计得到感染率相关的 x. 计算得到 $x = 0.0812$, 在我们所分的几个阶段的感染率分别是 0.868, 0.0812, 0.287, 0.257, 0.254. 基本再生数为 $R_0 = 2.72$, 由此知道我们国家的艾滋病还处于一个上升的阶段, 我们国家在艾滋病防治阶段所面临的压力还很大.

将这些数据代入模型中计算得到每年的艾滋病病毒感染者的报告人数见表 5-1.

表 5-2 我国艾滋病病毒感染者报告人数的预测

年份/年	2006	2007	2008	2009	2010
预测值	31155	41582	55499	74073	98864
统计值	44070	48161	60081	68249	82437
调整后的预测值	35320	46296	58427	71246	84090

从表 5-2 中的第一行和第二行看出, 我们的预测值和实际统计值还是比较一致. 从 2003 年 SARS 流行以后, 国家十分重视公共卫生工作, 2006 年后对艾滋病防治方面的投资力度逐渐加强, 我们估计这使得感染率减少了 13%, 且感染者的报告率提高, 用

$$r_j = 0.051 + 0.6\left(\frac{j-1}{12}\right)^2, \qquad j = 1, 2, \cdots, 12$$

代替模型中原来的报告率 r, 并将感染率减少 13% 后重新计算得到表 5-1 中第三行给出的 2006 到 2010 年艾滋病病毒感染者报告人数的预测值. 这个结果与实际统计值更加接近, 说明了国家在艾滋病控制力度方面的加强及工作效果.

艾滋病的建模和预测工作是一个十分困难的任务, 一些基础数据的收集、参数的估计、治疗效果的描述等方面都有待于更深入的分析和研究.

5.3 结核病传播的差分方程模型

结核是感染人数多、危害十分严重的传染病之一, 结核具有很长的潜伏期, 但潜伏者不一定发病, 且在潜伏期内不感染别人. 这一节以肺结核感染情况为背景介绍差分方程模型用于具体疾病传播过程中的应用.

5.3.1 结核的传播过程

结核是一种由结核杆菌感染而引起的慢性传染病, 它主要通过飞沫传播. 当排菌的结核病人在咳嗽、打喷嚏、唱歌或大声说话时, 就会排出大小不一的带菌飞沫. 大飞沫 (大于 10mm) 咳出后很快坠落于地面; 小飞沫可在空气中停留数分钟, 待蒸发后成为飞沫核 (1-10mm) 浮游于空气中, 如通风不好, 可悬浮 5 小时之久. 带菌大飞沫接触到健康人的皮肤或黏膜后, 结核菌不会侵入组织内, 即使进入呼吸道, 则降落在支气管黏膜纤毛上面而被排出. 只有带菌的飞沫核, 由于其微小, 才能进到健康人的肺泡内, 导致感染, 这是结核病传播的主要途径. 首次感染结核菌叫原发性结核病, 原发感染的途径主要是呼吸道传染, 其次是消化道. 偶有经皮肤黏膜破损或宫内感染者. 肺是结核感染的最主要脏器, 占全身结核感染的 80%—90%.

结核病传染的程度主要受结核病人排菌量、咳嗽症状以及接触的密切程度等

因素的影响. 健康人受到结核杆菌感染后, 不一定发生结核病, 是否发生结核病, 主要受到两种因素的影响, 即受到感染结核杆菌毒力的大小和自身抵抗力高低的影响, 结核杆菌毒力强而身体抵抗力又低则容易发生结核病. 人体初次受到结核感菌感染后, 通常绝大多数人没有任何症状, 也不发生结核病. 肺结核起病缓慢, 病程较长, 其症状、程度与病变范围、进展情况和机体反应性有关. 如果病变范围小、进展慢、机体反应性较差, 则病人无症状或症状不明显. 体质较好的人, 病变也许会不知不觉地钙化, 没有体检时也许不知道自已曾经患过肺结核. 体质差的人, 也许会因为受凉或劳累而使抵抗力下降, 病变进展加速而出现症状. 如果病变范围较大、进展较快、机体反应敏感, 则会出现明显的肺结核病症状, 如午后低热, 体温在 37.2—38 摄氏度, 消瘦、乏力、盗汗, 长时间咳嗽或少量咯血, 食欲下降, 植物神经功能紊乱等. 少数病人病变范围大, 急性进展则会出现高热 (体温达 39 摄氏度以上)、胸痛或大量咯血等症状.

结核病是一种古老的疾病, 长沙马王堆汉墓出土的 2100 年前的女尸身上发现左上肺门均有结核病灶[28]. 在结核菌被发现以前, 人们对结核病没有一个科学的认识, 结核病流行十分猖獗, 结核病死亡率高. 1882—1945 年期间, 人们明确了传染源和传播途径, 在肺结核的诊断、早期发现、预防、治疗、消毒、隔离及卫生宣教等方面有了新的进展. 从 1945 年开始, 已进入现代化学疗法的阶段, 随着各种化学药物的问世, 化学疗法逐渐普及, 结核病控制措施不断完善, 结核病的流行状况发生了显著的变化, 结核病的流行呈加速下降趋势.

结核菌素试验是一种用来检测机体有无感染过结核杆菌的皮肤试验, 凡感染过结核杆菌的机体, 会产生相应的致敏淋巴细胞, 具有对结核杆菌的识别能力. 当再次遇到少量的结核杆菌或结核菌素时, 致敏 T 淋巴细胞受相同抗原再次刺激会释放出多种可溶性淋巴因子, 导致血管通透性增加, 巨噬细胞在局部集聚, 导致浸润. 约在 48—72 小时内, 局部出现红肿硬节的阳性反应. 若受试者未感染过结核杆菌, 则注射局部无变态反应发生. 根据受试者 48—72 小时后硬节的大小分为为阴性、阳性、和强阳性. 阳性反应表明机体对结核杆菌有变态反应, 过去曾感染过结核, 但不表示有病. 强阳性反应则表明可能有活动性感染, 需要进一步检查确定是否为活动性结核患者.

目前, 结核病已是一种病因明确、治有办法的疾病. 现在化学疗法是直接地抗菌治疗, 化学药物具有杀菌或抑菌作用, 从根本上解决了结核病的治疗关键. 新发现的肺结核病人体内的结核菌对药物呈敏感状态, 应用化学疗法后药物能充分发挥作用, 较快地杀灭病原菌, 取得明显治疗效果. 化疗的主要作用在于缩短传染期、降低死亡率、感染率及患病率. 对于每个活动性结核病患者的治疗原则是: 早期、联用、适量、规律和全程使用敏感药物. 早期是指一旦发现和确诊后立即给药治疗; 联用是指根据病情及抗结核药的作用特点, 联合两种以上药物, 以增强与确保疗效; 适量是指根据不同病情及不同个体规定不同给药剂量; 规律即使患者必须严格按照化疗方案规定的用药方法, 有规律地坚持治疗, 不可随意更改方案或无故随意停药, 亦不可随意间断用药; 全程乃指患者必须按照方案所定的疗程坚持治满疗程, 短程化疗通常为 6—9 个月. 一般而言, 初治患者按照上述原则规范治疗, 疗效高达 98%, 复发率低于 2%.

治疗不仅可以使患者尽快康复, 治疗也是一种结核防治的公共卫生策略, 因为结核病患者一经接受药物治疗其传染性可迅速降低. 搜寻、发现和及时治疗新发生的结核病人, 是预防结核病的重要工作. 儿童时期接种卡介苗, 也是预防结核病的有效手段. 有效的卡介苗接种对人群的保护力可达 75% 以上. 按时进行卡介苗的复种, 可以使免疫力强化. 在有肺结核病人的家庭中, 对 3 岁以下未接种过卡介苗和结核试验为阳性的婴幼儿, 或对 15 岁以下结核试验为强阳性的青少年, 都应给予短期的预防性治疗, 这样可以避免或减少发病.

5.3.2　结核的流行现状

据世界卫生组织估计, 全球约有三分之一的人感染了结核杆菌[29], 这些人中, 以后大约有 5% 到 10% 人会发病. 全球有活动性肺结核病人约 2000 万, 每年新发结核病人约 800—1000 万, 每年约有 300 万人死于结核病. 全球每年有 1% 的人口被结核杆菌感染, 每 4 秒钟就有一个人患上结核病. 一个未经过治疗的传染性肺结核病人, 一年能传染 10—15 个人, 全球已有 5000 万人被耐多药结核杆菌所感染. 全球 90% 的结核病发生在发展中国家, 非洲, 东南亚尤其严重. 2009 年和 2010 年的估计分别是 940 万和 88 万, 而 2010 年的全球结核病的报告病例是 570 万.

我国是全球 22 个结核病高负担国家之一, 也是全球 27 个耐多药结核病流行严重的国家之一. 活动性肺结核病人数居于印度之后的世界第二位. 结核病被列为我国重大传染病之一, 是严重危害人民群众健康的呼吸道传染病. 目前我国结核病年发病人数约为 130 万, 占全球发病的 14.3%. 我国非常重视结核病的预防控制, 已经进行了 5 次全国结核流行病学抽样调查. 2010 年抽样调查结果显示, 我国 15 岁及以上人群肺结核的患病率为 459/10 万, 其中传染性肺结核患病率为 66/10 万.

我国结核病流行有以下特点: ①我国结核病感染率和患病率高, 各地患病率不平衡: 2000 年全年龄组的结核感染率为 44.5%, 这说明我国约有 5.5 亿人已经受到结核杆菌的感染. 0—14 岁儿童的结核感染率为 9.0%, 这样推算 2000 年的年感染率为 0.72%. 与 1990 年相比, 涂阳病人的数量几乎没有减少. 全国活动性肺结核患病率为 367/10 万, 涂阳患病率为 122/10 万, 菌阳患病率 160/10 万. 估算全国有活动性肺结核患者 451 万, 其中涂阳肺结核患者约有 150 万, 菌阳肺结核患者 196 万. 从 1992 年起, 我国在 13 个省、自治区、直辖市开展了世界银行贷款中国结核病控制项目, 以发现和治疗涂阳肺结核病人作为主要控制策略, 对发现的涂阳肺结核病人实施免费短程督导治疗. 项目地区活动性肺结核患者的患病率由 1990 年的 142/10 万下降至 2000 年的 93/10 万, 下降幅度为 36.1%, 而非项目地区则无明显变化, 1990 年为 130/10 万, 2000 年为 126/10 万, 10 年间下降幅度仅为 3.1%. 经标准化后的涂阳患病率比较, 项目地区下降了 44.4%, 而非项目地区仅下降了 12.3%. 农村活动性肺结核患病率和涂阳肺结核患病率分别为 393/10 万和 116/10 万, 比城市的 211/10 万和 68/10 万分别高 1.0 倍和 0.7 倍, 表明全国结核病控制工作的重点应放在农村. ②耐药率高是我国结核流行的又一个特点, 肺结核患者结核杆菌初始耐药率为 18.6%, 继发耐药率为 46.5%, 按初始菌阳患病率 107/10 万, 复治菌阳患病率 52.6/10 万推算, 在全国 200 万菌阳肺结核患者中, 有结核菌耐药患者 55.5 万, 即全国 1/4 以上的菌阳肺结核患者为耐药患者. RFP(利福平) 的耐药率由 1984/1985 年的 13.0% 增至 2000 年的 16.0%, 特别是获得性耐药率由 1984/1985 年的 15.9% 增至 2000 年的 30.0%. 耐多药菌株 (MDR-TB) 的耐药率 (同时耐异烟肼和利福平) 为 10.7%, 其中初始 MDR 为 7.6%, 获得性 MRD 为 17.1%. 高耐药率不仅对结核患者的治疗带来很大困难, 而且将加剧结核病的流行. ③我国肺结核患者中有症状者就诊比例仅为 47%, 患者重视程度不够. ④已经发现的患者规则服药率仅为 59%, 服药依从性有待提高. ⑤公众结核病防治知识知晓率仅为 57%, 这需要全社会共同参与结核病防治健康教育工作.

20 世纪 90 年代, 全球结核病疫情有所回升, 其主要原因包括: ①对结核病的忽视: 由于发达国家结核病控制的效果较好, 盲目乐观地认为消除结核病在望, 放松了结核病控制工作, 削减机构、人员和经费. 而发展中国家尽管疫情严重, 但无足够的力量支持结核病防治工作. ②移民和难民增加: 来自结核病流行严重地区的大量移民和难民, 这些移民和难民大多数是已经感染了结核菌, 发病率很高, 他们的发病加重了当地的结核病的流行. ③人类免疫缺陷病毒 (HIV) 感染和艾滋病 (AIDS) 的流行: HIV 感染降低了人体对结核菌的免疫力, 使 HIV 感染合并结核菌感染的人迅速发生结核病. ④多耐药结核病例增加: 由于结核病人的不规律治疗, 病人肺内的结核菌对多种抗结核药物发生耐药. 这些病人不但治疗无效, 病死率高, 而且传染给其他人造成耐药性结核菌的流行.

但是近年来由于世界卫生组织和各国加强了对结核病的控制, 从 2006 年以后, 结核病的发病情况又开始缓慢下降. 近年来, 我国高度重视结核病的预防控制工作, 制定了和实施了全国结核病防治规划, 防治经费不断加大, 出台了一系列肺结核免费诊治和防治激励政策, 保证了患者发现和治疗管理工作质量. 2005 年以来, 全国以县为单位的现代结核病控制策略覆盖率始终保持在 100%. 2001—2010 年, 全国共发现和治疗肺结核患者 828 万例. 其中, 传染性肺结核患者 450 万例, 传染性肺结核患者治愈率达到 90% 以上. 这些措施在很大程度上降低了结核的流行.

5.3.3　结核的建模与研究情况

面对结核病流行的严峻局面, 世界卫生组织和各国政府都采取了有力的措施以控制结核病的流行. 世界卫生组织确立了到 2015 年结核病患病率和死亡率比 1990 年水平减少一半、在 DOTS 规划中至少检出并治疗 70% 的痰涂阳性病例、应成功地治疗至少 85% 的痰涂阳性病例等主要目标. 我国也制定和实施了全国结核病防治规划, 启动了与结核传播相关的重大研究专项, 使得我国的结核病防治服务体系在不断完善, 结核病结核预防和控制工作有了长足的发展, 使得我国肺结核菌阳患病率和结核病死亡率与 1990 年相比均下降了 50%, 遏制了结核病的流行, 已经达到了联合国结核病控制千年发展目标. 结核病的预测和定量化研究也是结核防治的一个重要方面, 在公共卫生部门和疾病控制专家努力的同时, 许多数学工作者也建立了各种反映结核病动力学特性的数学模型, 通过对模型动力学性质的定性、定量分析和数值模拟来显示结核病的发展过程, 揭示其流行规律, 预测其变化发展趋势, 寻找对其预防和控制的最优策略, 为人们防治决策提供理论基础和数量依据.

在 1962 年, Waaler 建立了第一个结核病传播的动力学模型. 他把总人口分为三类: 易感者类、潜伏者类和患病者类, 给出了一个线性离散模型. 虽然这个模型没有真正地揭示疾病的传播机理, 但是模型中所用到的印度的数据和确定的参数为现在发展中国家确定结核病流行的一些参数的估计提供了参考[31]. 结核病模型大多都是经典的 SEIR 或 SEIRS 模型的推广, 在经典模型的基础上考虑更多的因素[30, 31], 使得模型更加实际和精细, 预测结果更加合理.

被结核杆菌感染的人非常多, 这些人中仅有一小部分发病. 结核杆菌携带者进展为活动性结核患者的可能性随着感染时间的长短在变化, 一般认为刚感染后发病率较大, 进展成为活动性的结核患者的可能随着时间的推移而减小. 基于这样的特点, 提出了具有快慢进展的的结核模型

$$
\begin{aligned}
S(t+1) &= S(t) + \Lambda - \beta S(t)I(t) - \mu S(t),\\
E(t+1) &= E(t) + (1-p)\beta S(t)I(t) - (\mu+k)E(t),\\
I(t+1) &= I(t) + p\beta S(t)I(t) + kE(t) - (\mu+d)I(t).
\end{aligned}
\tag{5.3.1}
$$

其中, $S(t)$, $E(t)$ 和 $I(t)$ 分别是 t 时段易感者、潜伏者和结核病人的数量. Λ 是单位时间内进入的人口, 包括新生和迁入. β 是感染率, μ 是死亡率, p 是感染者快速发病的比例, k 是潜伏者的发病率, d 是因病死亡率. 模型 (5.3.1) 由于没有考虑病人的治疗和恢复, 不甚合理. 考虑潜伏期的结核感染者有可能自己进展成为活动性患者、也有可能再次被感染称为活动性患者, 也考虑治疗的一个结核模型为

$$
S(t+1) = S(t) + \Lambda - \frac{\beta S(t)I(t)}{N(t)} - \mu S(t) + \gamma T(t),
$$

$$
\begin{aligned}
E(t+1) &= E(t) + \frac{\beta S(t)I(t)}{N(t)} - \frac{\sigma E(t)I(t)}{N(t)} - (\mu + k)E(t), \\
I(t+1) &= I(t) + \frac{\sigma E(t)I(t)}{N(t)} + kE(t) - (\mu + \theta + d)I(t), \\
T(t+1) &= T(t) + \theta I(t) - (\mu + \gamma)T(t), \\
N(t) &= S(t) + E(t) + I(t) + T(t).
\end{aligned} \tag{5.3.2}
$$

在模型 (5.3.2) 中, $T(t)$ 是 t 时段治疗者的人数, $N(t)$ 是 t 时段的总人口数. σ 是潜伏者被再次感染发病的感染率, $\dfrac{\sigma E(t)I(t)}{N(t)}$ 表示外源性的继发感染, 即没有发病的结核杆菌携带者再次受到结核病患者的感染而发病的数量. θ 是病人的治疗率, γ 是治疗者的恢复率. 其他变量和参数的意义与模型 (5.3.1) 相同. 对模型 (5.3.2) 的研究发现, 外源性感染会导致后向分支出现, 即模型的动力学性质并不仅仅由 R_0 的大小来确定, 为了控制结核病的发展就必须找到 R_0 比 1 更小的阈值.

还有一些模型中考虑人口动力学、结核与 HIV 共感染、耐药性、疫苗接种、季节性、年龄结构、控制措施的效果等因素, 模型的理论分析主要是基本再生数的定义、平衡解的存在性和稳定性, 应用方面主要是模型参数的确定和结核感染情况的预测.

5.3.4 具有季节性的结核病模型

气候和人们社会活动随着季节的变动导致了一些传染病会出现周期性波动. 尽管结核还没有像疟疾、痢疾、流感等传染病有十分明确的季节性现象, 但许多国家的发病数据都表明了结核病的发病情况随着季节在变化.

导致结核病季节性的因素较多, 如在比较寒冷的冬天, 人们总是长时间地拥挤在通风透气质量很差的房间里, 这容易导致感染; 在有些季节机体免疫力可能相对较弱, 容易引起结核杆菌携带者的发病; 人们随着季节的休假、旅游也是导致感染和发病出现波动的主要因素. 南非洲一医院从 1983 年 11 月到 1993 年 10 月的结核病数据显示此地区儿童结核病的发病率在每年的冬末春初达到最高峰, 儿童结核病和结核性脑膜炎的发病率在每年的一月份也会达到另外的一个高峰值. 在西班牙, 被报告的肺结核病人的数目大约在每年的夏天和秋天达到最高. 日本 1998 年和 2000—2003 年报告的新发结核病例从十一月份到来年的一月份达到最少, 儿童结核病报告的新发病人数在三月到五月达到最多, 年轻痰涂片阳性的肺结核病人 (年龄在 15 到 29 周岁) 数目在三月到五月达到最多. 印度 2000—2001 结核病人的数据显示结核的发病率在每年的四月到六月达到高峰, 而在每年的十月至十二月达到低谷.

结核病是我国公共卫生所面临的一个主要问题, 每年大约有新发结核病例 130 万, 在每年全国法定传染病疫情报告中, 结核病的发病数和因病死亡人数都处于各种传染病的前列. 从 2005 年到 2008 年卫生部每月传染病疫情公报的数据看出 (表 5-3), 我国结核病新发病例在每年的春末夏初达到高峰, 在每年的冬末春初达到最少.

表 5-3 我国 2005—2008 年法定传染病疫情公告中的结核病例数

月份	2005 年	2006 年	2007 年	2008 年
1	85,577	89,436	115,457	111,688
2	75,625	103,823	91,235	101,689
3	151,935	147,996	141,508	156,679
4	165,419	145,029	148,930	153,978
5	150,823	132,367	135,933	142,612
6	151,330	134,879	134,775	131,699
7	133,807	123,829	134,695	136,378
8	132,729	127,509	130,404	122,923
9	123,062	115,540	119,078	123,998
10	104,851	108,177	111,325	119,821
11	117,468	111384	116,503	110,896
12	116,859	114,262	119,421	121,114

注意到结核的季节性, 我们在模型中引入周期的感染率和发病率参数,

$$\begin{aligned}
&S(t+1)=S(t)+bN(t)-\mu S(t)-\frac{p\beta(t)S(t)I(t)}{N(t)},\\
&E(t+1)=E(t)+\frac{p\beta(t)S(t)I(t)}{N(t)}-(\mu+p\alpha(t))E(t),\\
&I(t+1)=I(t)+p\alpha(t)E(t)-(\mu+p\gamma)I(t),\\
&T(t+1)=T(t)+p\gamma I(t)-\mu T(t),
\end{aligned}\tag{5.3.3}$$

其中, $N(t)=S(t)+E(t)+I(t)+T(t)$ 为人口总数, $bN(t)$ 为新出生的人口.

利用变量替换

$$\begin{aligned}
&S(t)=\tilde{S}(t)N(t),\quad E(t)=\tilde{E}(t)N(t),\\
&I(t)=\tilde{I}(t)N(t),\quad T(t)=\tilde{T}(t)N(t),\\
&\tilde{b}=\frac{b}{1+b-\mu},\quad \tilde{\beta}(t)=\frac{p\beta(t)}{1+b-\mu},\\
&\tilde{\alpha}(t)=\frac{p\alpha(t)}{1+b-\mu},\quad \tilde{\gamma}=\frac{p\gamma}{1+b-\mu},
\end{aligned}\tag{5.3.4}$$

将模型 (5.3.3) 变为

$$\begin{aligned}
&\tilde{S}(t+1)=\tilde{S}(t)+\tilde{b}-\tilde{b}\tilde{S}(t)-\tilde{\beta(t)}\tilde{S}(t)\tilde{I}(t),\\
&\tilde{E}(t+1)=\tilde{E}(t)+\tilde{\beta(t)}\tilde{S}(t)\tilde{I}(t)-(\tilde{b}+\tilde{\alpha(t)})\tilde{E}(t),\\
&\tilde{I}(t+1)=\tilde{I}(t)+\tilde{\alpha(t)}\tilde{E}(t)-(\tilde{b}+\tilde{\gamma})\tilde{I}(t),
\end{aligned}$$

$$\tilde{T}(t+1) = \tilde{T}(t) + \tilde{\gamma}\tilde{I}(t) - \tilde{b}\tilde{T}(t). \tag{5.3.5}$$

由模型 (5.3.5) 可以得到 $\tilde{N}(t) \triangleq \tilde{S}(t)+\tilde{E}(t)+\tilde{I}(t)+\tilde{T}(t) \equiv 1$ 满足方程组. 根据模型的实际意义, 我们要求 $0 \leqslant \tilde{S}(t) \leqslant 1, 0 \leqslant \tilde{E}(t) \leqslant 1, 0 \leqslant \tilde{I}(t) \leqslant 1$ 和 $0 \leqslant \tilde{T}(t) \leqslant 1$. 由 $\tilde{S}(t)+\tilde{E}(t)+\tilde{I}(t)+\tilde{T}(t) \equiv 1$ 可以得到 $\tilde{T}(t) = 1-(\tilde{S}(t)+\tilde{E}(t)+\tilde{I}(t))$. 所以只需要研究三维的方程组

$$\begin{aligned}
\tilde{S}(t+1) &= \tilde{S}(t) + \tilde{b} - \tilde{b}\tilde{S}(t) - \tilde{\beta(t)}\tilde{S}(t)\tilde{I}(t), \\
\tilde{E}(t+1) &= \tilde{E}(t) + \tilde{\beta(t)}\tilde{S}(t)\tilde{I}(t) - (\tilde{b}+\tilde{\alpha(t)})\tilde{E}(t), \\
\tilde{I}(t+1) &= \tilde{I}(t) + \tilde{\alpha(t)}\tilde{E}(t) - (\tilde{b}+\tilde{\gamma})\tilde{I}(t).
\end{aligned} \tag{5.3.6}$$

由不等式 $0 \leqslant \tilde{S}(t) \leqslant 1$ 可以得到下面关于潜伏者和感染者的比较方程组

$$\begin{aligned}
\tilde{E}(t+1) &= \tilde{E}(t) + \tilde{\beta(t)}\tilde{I}(t) - (\tilde{b}+\tilde{\alpha(t)})\tilde{E}(t), \\
\tilde{I}(t+1) &= \tilde{I}(t) + \tilde{\alpha(t)}\tilde{E}(t) - (\tilde{b}+\tilde{\gamma})\tilde{I}(t).
\end{aligned} \tag{5.3.7}$$

令 $L(\tilde{E}(t),\tilde{I}(t)) = \tilde{\alpha}(t)\tilde{E}(t) + (\tilde{b}+\tilde{\alpha}(t))\tilde{I}(t)$, 则 $L(\tilde{E}(t),\tilde{I}(t))$ 沿着方程组 (5.3.7) 的解的差分为

$$\Delta L(\tilde{E}(t),\tilde{I}(t)) = (R(t)-1)\tilde{I}(t)(\tilde{b}+\tilde{\alpha(t)})(\tilde{b}+\tilde{\gamma}), \tag{5.3.8}$$

其中, $R(t) = \dfrac{\tilde{\beta}(t)\tilde{\alpha}(t)}{(\tilde{b}+\tilde{\alpha}(t))(\tilde{b}+\tilde{\gamma})}$. $R(t)$ 是与时间有关的量, 令

$$R_{\max} = \max_{1\leqslant t\leqslant T} R(t), \quad R_{\min} = \min_{1\leqslant t\leqslant T} R(t),$$

则当 $R_{\max} < 1$ 时, 模型 (5.3.6) 的无病平衡解是全局渐近稳定的, 而当 $R_{\min} > 1$ 时, 模型 (5.3.6) 的无病平衡解是不稳定的.

由于 $\tilde{S}(t)$, $\tilde{E}(t)$ 和 $\tilde{I}(t)$ 是有界的, 估计当 $R_{\min} > 1$ 时, 模型 (5.3.6) 可能出现周期解. 取 $\tilde{b} = 0.000995$, $\tilde{\gamma} = 0.15984$, $\tilde{\beta}(t) = 2+0.01\cos(\pi t/3)$, $\tilde{\alpha}(t) = 0.00024975 + 0.00001\sin(\pi t/6)$, 此时, $R_{\min} = 2.4145 > 1$. 选择 $\tilde{S}$, $\tilde{E}$ 和 $\tilde{I}$ 接近于 $\tilde{S} = 0.4$, $\tilde{E} = 0.48$ 和 $\tilde{I} = 0.0007$ 的三组初始值进行数值模拟的结果见图 5-7.

图 5-7 显示, 模型 (5.3.6) 有周期解. 有兴趣的读者可以考虑我们是否能定义一个合适的量, 作为模型 (5.3.6) 无病平衡解稳定和不稳定的阈值.

表 5-2 中每月报告的结核病例数呈现出明显的季节性波动, 我们用具有周期发病率的结核模型来对我国的发病情况进行预测. 我国近年来人口的出生率和死亡率分别为 12/1000 和 6/1000, 所以取 $b = 0.001016$, $\mu = 0.0005625$, $p = 1-\mu$. 根据表 5-2 中的数据, 我们估计得到 $\beta = 1.20708954$ 和 $\alpha(t) = 0.0002644 + 0.00005\sin 0.5t$. 选取 $\gamma = 0.1667$, 2005 年元月份为初始时间, 初始条件为 $S(1) = 818,463,653$, $E(1) = 467,849,903$, $I(1) = 436,943$, $T(1) = 13,718,996$.

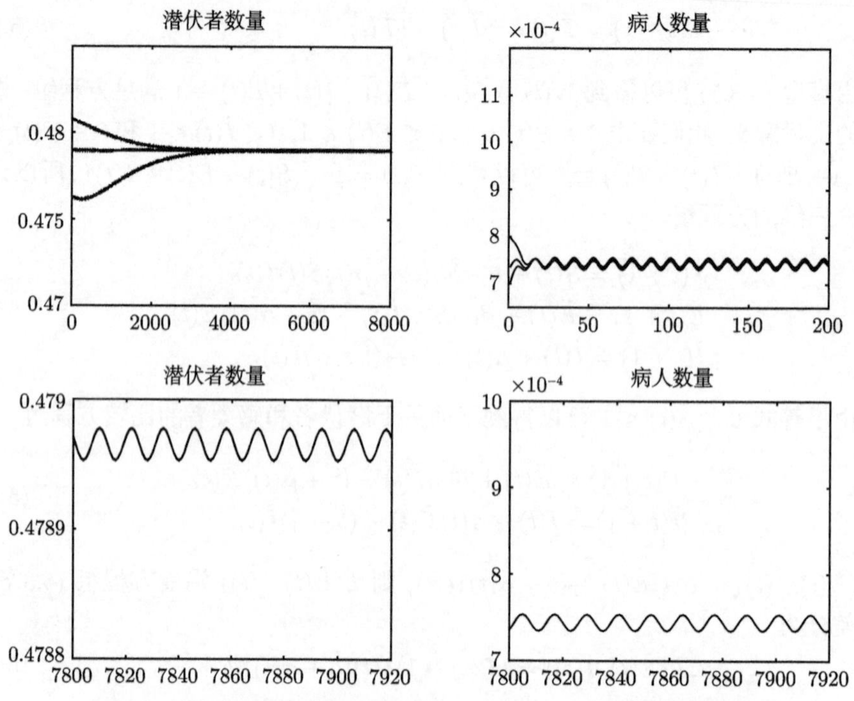

图 5-7　具有周期参数的结核模型当 $R_{\min} > 1$ 时的数值模拟结果

图 5-8 给出了我国 2005—2020 年我国结核病的感染情况的模拟预测, 在 2008 年以前的控制力度下, 我们国家的总人口、易感者人数、结核菌携带者、结核病人数分别从 2005 年的 1306971617, 821993494, 469547291, 7511242 增加到 2020 年的 1418108887, 866299992 和 9706776. 图 5-9 给出了 2005 年到 2020 年我国潜伏者的比例、结核的流行率、每月的发病人数和发病率, 这些量在未来 10 年内的变化不大. 这提醒我们近期内我国结核的感染、发病和死亡仍然是公共卫生所面临的主要问题.

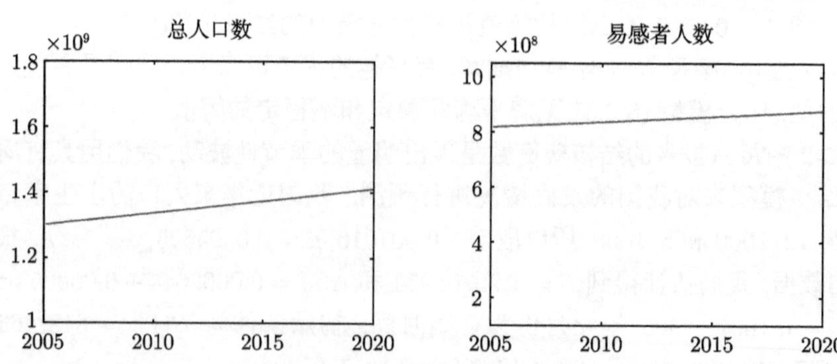

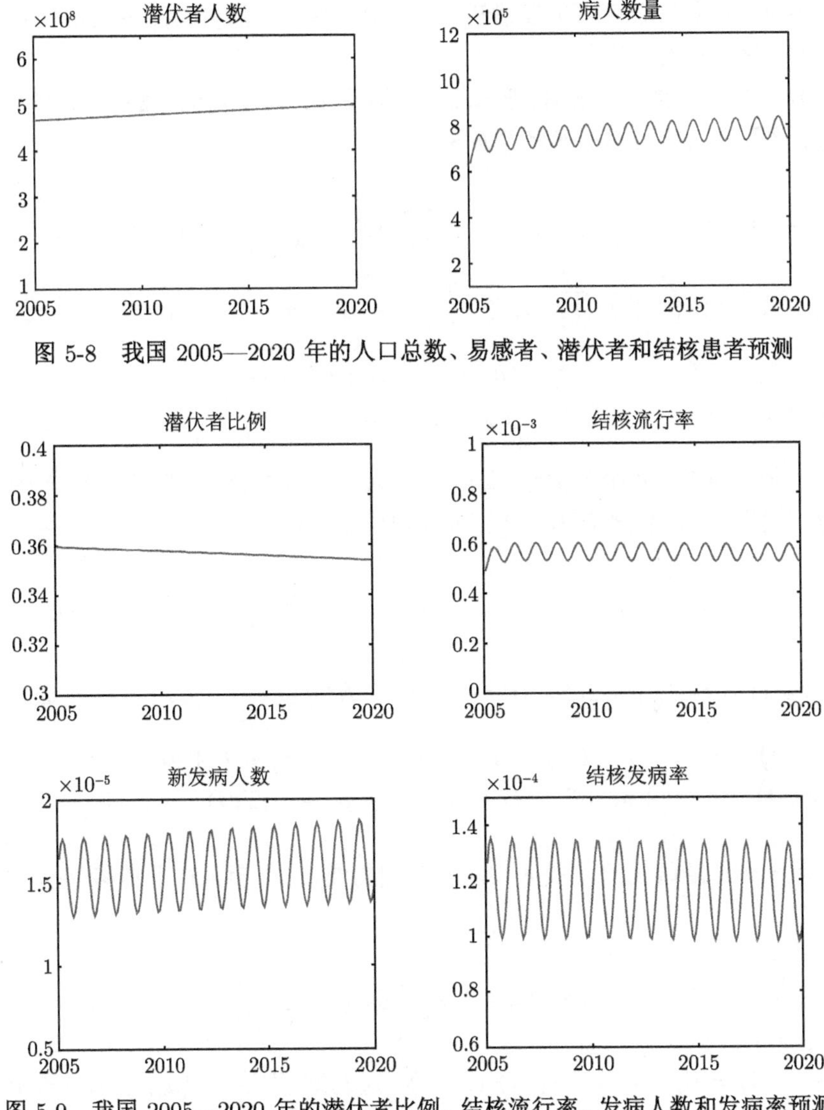

图 5-8 我国 2005—2020 年的人口总数、易感者、潜伏者和结核患者预测

图 5-9 我国 2005—2020 年的潜伏者比例、结核流行率、发病人数和发病率预测

5.3.5 具有年龄结构的结核模型

结核的传播与年龄有着密切的关系,我们将总人口分为易感者、潜伏者、患病者和治疗者四大类, 再将每类的人口按照年龄 5 岁一组划分为 0—4, 5—9, 10—14, $\cdots$, 80—84 共 17 个区间, 其中年龄在 85 及以上的统统归入最后一个组. 各组中的第 t 年人口总数为 $N_j(t)=S_j(t)+E_j(t)+I_j(t)+T_j(t),\ j=1,2,\cdots,17$. 经过一年后, 各年龄组中的一部分成员都可以进入下一个年龄组, 易感者可能被感染

进入潜伏者类, 潜伏者有可能发病进入患者类, 患者可能被治疗进入治疗者类. 在一年之中, 总有些人员死亡.

假设新生人口都是易感者, 所以第一个年龄在 0—4 岁的年龄组的易感者人口有补充, 这四类人口之间的变化关系为

$$
\begin{aligned}
&S_1(t+1) = S_1(t) + \sum_{k=1}^{17} b_k N_k(t) - \lambda_1 \sum_{k=1}^{17} \beta_k I_k(t) \frac{S_1(t)}{N_1(t)} - (\mu_1 + q_1) S_1(t), \\
&E_1(t+1) = E_1(t) + \lambda_1 \sum_{k=1}^{17} \beta_k I_k(t) \frac{S_1(t)}{N_1(t)} - (\mu_1 + q_1 + \alpha_1) E_1(t), \\
&I_1(t+1) = I_1(t) + \alpha_1 E_1(t) - (\mu_1 + \gamma_1 + d_1 + q_1) I_1(t), \\
&T_1(t+1) = T_1(t) + \gamma_1 I_1(t) - (\mu_1 + q_1) T_1(t).
\end{aligned}
\tag{5.3.9}
$$

对于第 2 到第 16 个年龄组, 每一类的人口都有补充, 且有进入下一个年龄组的部分, 这四类人口之间 $(j = 2, 3, \cdots, 16)$ 的关系为

$$
\begin{aligned}
&S_j(t+1) = S_j(t) + q_{j-1} S_{j-1}(t) - \lambda_j \sum_{k=1}^{17} \beta_k I_k(t) \frac{S_j(t)}{N_j(t)} - (\mu_j + q_j) S_j(t), \\
&E_j(t+1) = E_j(t) + q_{j-1} E_{j-1}(t) + \lambda_j \sum_{k=1}^{17} \beta_k I_k(t) \frac{S_j(t)}{N_j(t)} - (\mu_j + q_j + \alpha_j) E_j(t), \\
&I_j(t+1) = I_j(t) + q_{j-1} I_{j-1}(t) + \alpha_j E_j(t) - (\mu_j + \gamma_j + d_j + q_j) I_j(t), \\
&T_j(t+1) = T_j(t) + q_{j-1} T_{j-1}(t) + \gamma_j I_j(t) - (\mu_j + q_j) T_j(t).
\end{aligned}
\tag{5.3.10}
$$

最后一个年龄区间的 4 类人口随着时间的递推, 不会再往下转移, 它们之间的关系为

$$
\begin{aligned}
&S_{17}(t+1) = S_{17}(t) + q_{16} S_{16}(t) - \lambda_{17} \sum_{k=1}^{17} \beta_k I_k(t) \frac{S_{17}(t)}{N_{17}(t)} - \mu_{17} S_{17}(t), \\
&E_{17}(t+1) = E_{17}(t) + q_{16} E_{16}(t) + \lambda_{17} \sum_{k=1}^{17} \beta_k I_k(t) \frac{S_{17}(t)}{N_{17}(t)} - (\mu_{17} + \alpha_{17}) E_{17}(t), \\
&I_{17}(t+1) = I_{17}(t) + q_{16} I_{16}(t) + \alpha_{17} E_{17}(t) - (\mu_{17} + \gamma_{17} + d_{17}) I_{17}(t), \\
&T_{17}(t+1) = T_{17}(t) + q_{16} T_{16}(t) + \gamma_{17} I_{17}(t) - \mu_{17} T_{17}(t).
\end{aligned}
\tag{5.3.11}
$$

方程组 (5.3.9)—(5.3.11) 构成了具有年龄结构的结核传播模型. 其中 b_j 为生育率, μ_j 为死亡率, d_j 为因病死亡率, q_i 是转移率, $\beta_k\lambda_j$ 是年龄区间 k 的感染者对年龄区间 j 内易感者的感染率. α_j 是由潜伏者到患者的发病率, γ_j 是患者的治疗率, 所有的参数都非负, 并且要求 $0 < \mu_j + q_j + \lambda_j \sum\limits_{k=1}^{17} \beta_k < 1$, $0 < \mu_j + q_j + \alpha_j < 1$,

$0 < \mu_j + d_j + q_j + \gamma_j < 1$. 这些条件的实际意义是在一个年龄区间内的易感者、潜伏者、患者和治疗者人口在一个时间单位内离开的比例不会超过 1, 这些条件从数学上可以保证初始值非负的解非负.

根据 2000 年我国人口普查数据和 2000 年结核病流调数据确定了模型的参数值和初始值, 对 2001—2010 年我国结核病感染和发病情况进行预测, 结果与实际数据有很好的一致性, 误差也在较小的范围内. 在此基础上我们对我国未来结核的感染情况进行了预测. 图 5-10 给出了 2000 到 2015 年我国易感者人数、潜伏者人数、患者人数和人口总数的预测. 图 5-11 给出了 2000, 2005 和 2010 年我国易感者、潜伏者、患者和治疗者的年龄分布. 我们的模型不仅较好地反映了我国结核病的感染和发病人数的变化趋势, 而且还给出了各类人口的年龄分布, 这比以往的预测结果提供了更丰富的信息.

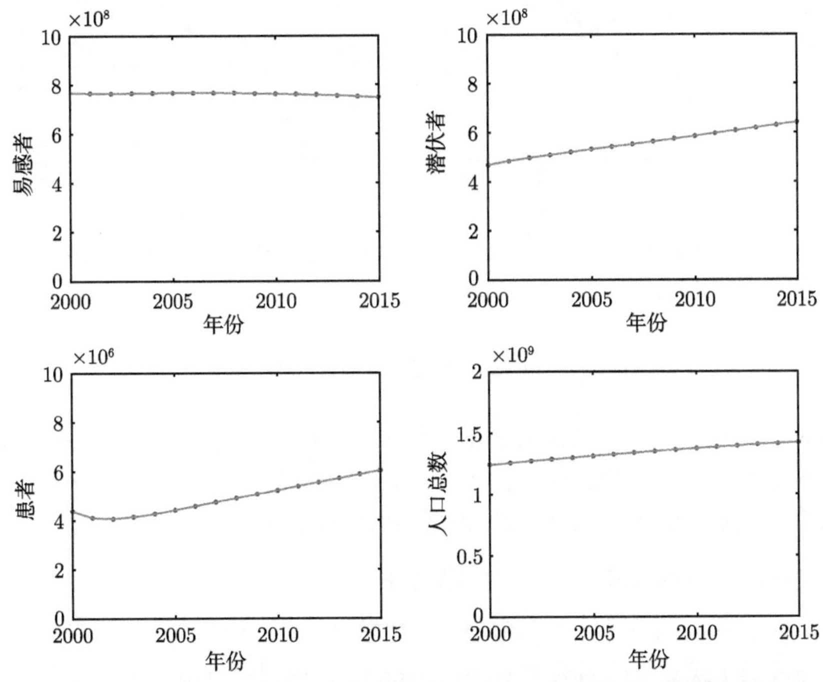

图 5-10　我国 2005—2010 年易感者、潜伏者、患者和人口总数的预测

现在已经有了很多结核病模型, 从建模的角度来看, 结核病模型已经有了很大的发展: 从线性模型到非线性模型, 从单一菌株的模型到多种菌株的模型, 从均匀齐次模型到非均匀非齐次模型, 从确定性模型到随机模型, 从经验模型到理论模型. 从数学工具来说, 也使用了很多的数学知识: 差分方程、微分方程、积分–微分方程以及 Markov 链等. 还有很多有趣的、具有挑战性的问题未被广泛研究, 需要进一步的研究.

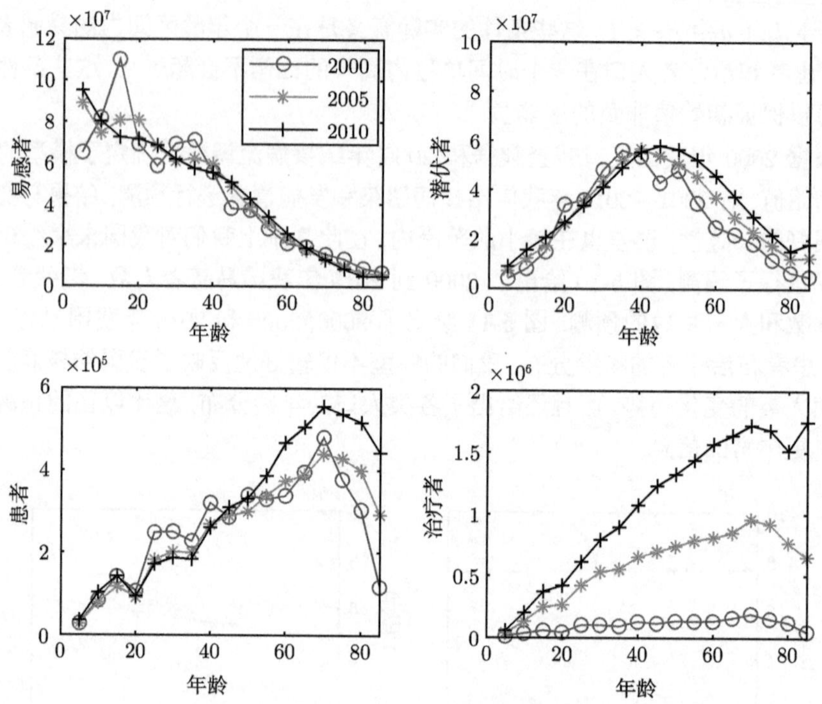

图 5-11　我国 2000, 2005, 2010 年易感者、潜伏者、患者和治疗者的年龄分布

5.4　Beverton-Holt 模型

Beverton-Holt 模型在描述种群数量增长、特别是在渔业资源的开发利用中有着广泛的应用. 这一节分别介绍自治 Beverton-Holt 模型、非自治 Beverton-Holt 模型和具有脉冲收获的 Beverton-Holt 模型的研究和应用.

5.4.1　自治 Beverton-Holt 模型的稳定性

Beverton-Holt 模型是一类非常经典的离散时间种群模型, 它给出了种群第 $t+1$ 代的数量和第 t 代数量的函数关系. Beverton-Holt 模型最早由 Beverton 和 Holt[35] 于 1957 年提出来描述渔业的增长模型. 令 N_t 表示第 t 代种群的数量, 则 Beverton-Holt 模型可以表示为

$$N_{t+1} = \frac{KRN_t}{K+(R-1)N_t}, \tag{5.4.1}$$

其中 R 表示每代种群的增长率, K 表示环境容纳量. 若记 $a=R, b=(R-1)/K$, 则上式可简化为

$$N_{t+1} = \frac{aN_t}{1+bN_t}. \tag{5.4.2}$$

虽然该模型是非线性的, 但是它的解能够显式表达出来. 由于其解的解析形式和连续的 Logistic 模型的解的表达式形式一致, 所以 Beverton-Holt 模型往往看成是连续的 Logistic 模型的的离散化模型. 下面将不去求解 Beverton-Holt 模型, 而是利用本书前几章介绍的稳定性理论来研究自治的 Beverton-Holt 模型、周期的以及有脉冲收获的 Beverton-Holt 模型的动力学行为.

先确定自治模型 (5.4.2) 平衡态 N^* 的存在性, 其平衡态 N^* 满足方程

$$N^* = \frac{aN^*}{1+bN^*}.$$

因此模型 (5.4.2) 存在两个非负平衡态

$$N^* = 0, \quad N^* = K.$$

令 $f(N) = \dfrac{aN}{1+bN}$, 这两个平衡态的稳定性由 $f'(N^*)$ 的值确定, 其中

$$f'(N^*) = \frac{a}{(1+bN^*)^2}.$$

在 $N^* = 0$ 处, 有 $f'(0) = a$. 因此, 如果 $a < 1$ 平凡平衡态 $N^* = 0$ 是渐近稳定的, 如果 $a > 1$ 平凡平衡态 $N^* = 0$ 是不稳定的. 利用比较定理容易证明当 $a < 1$ 时 $N^* = 0$ 是全局渐近稳定的.

在 $N^* = K$ 处, 有 $f'(K) = \dfrac{1}{a}$. 因此当 $a > 1$ 时平衡态 $N^* = K$ 是渐近稳定的. 容易验证 Beverton-Holt 模型 (5.4.1) 满足: 当 $0 < N < N^* = K$ 时有 $N < \dfrac{aN}{1+bN} < K$; 当 $N > N^* = K$ 时有 $K < \dfrac{aN}{1+bN} < N$. 因此模型 (5.4.1) 的正平衡态 K 是全局稳定的.

5.4.2 非自治 Beverton-Holt 模型的周期解

考虑非自治 Beverton-Holt 模型

$$N_{t+1} = \frac{a_t N_t}{1+b_t N_t}, \tag{5.4.3}$$

其中 a_t, b_t 是周期为 T 的周期函数. 在介绍周期 Beverton-Holt 模型的周期解的存在性之前, 先介绍下面的引理.

引理 5.4.1 周期差分方程 $N_{t+1} = f_t(N_t), t = 0, 1, 2, \cdots$, 其中 $f_t(N)$ 是周期为 T 的周期函数, 存在周期为 T 的周期解的充分必要条件是存在正常数 N^* 使得

$$N^* = f_{T-1} \circ f_{T-2} \circ \cdots \circ f_1 \circ f_0(N^*),$$

而且如果模

$$|D_N[f_{T-1} \circ f_{T-2} \circ \cdots \circ f_1 \circ f_0](N^*)| < 1,$$

则过 N^* 的周期解是局部稳定的.

为了方便计算, 令

$$f_t(N) = \frac{a_t N}{1 + b_t N}, \tag{5.4.4}$$

通过计算得到

$$f_t'(N) = \frac{a_t}{(1 + b_t N)^2} > 0, \quad f_t''(N) = \frac{-2a_t b_t}{(1 + b_t N)^3} < 0. \tag{5.4.5}$$

特别地, 有 $f_t(0) = 0$, 而且存在 $N_t^* = \dfrac{a_t - 1}{b_t}$ 使得 $f_t(N_t^*) = N_t^*$. 为了讨论模型 (5.4.3) 周期解的存在性, 通过归纳得到模型 (5.4.3) 中函数 f 的 T 次迭代为

$$f_{T-1} \circ f_{T-2} \circ \cdots \circ f_1 \circ f_0(N) = \frac{\prod\limits_{i=0}^{T-1} a_i N}{1 + \left[b_0 + \sum\limits_{i=1}^{T-1} \left(\prod\limits_{j=0}^{i-1} a_j\right) b_i\right] N}. \tag{5.4.6}$$

记

$$A = \prod_{i=0}^{T-1} a_i, \quad B = b_0 + \sum_{i=1}^{T-1} \left(\prod_{j=0}^{i-1} a_j\right) b_i, \tag{5.4.7}$$

则原来周期差分方程 (5.4.3) 周期解的存在性和稳定性就转化为下面自治差分方程平衡态的存在性和稳定性,

$$N_{t+1} = \frac{A N_t}{1 + B N_t}. \tag{5.4.8}$$

若自治差分方程 (5.4.8) 有正平衡态, 则原差分方程 (5.4.3) 就有周期解. 由 5.4.1 小节的结论知道, 当 $A > 1$ 时, 差分方程 (5.4.3) 有周期解, 且该周期解是渐近稳定的.

下面通过求解方程 (5.4.8) 的解析解的方法来给出其平衡态的全局稳定性, 即原差分方程 (5.4.3) 周期解的全局稳定性. 为此令 $u_t = \dfrac{1}{N_t}$, 并代入 (5.4.8) 得

$$u_{t+1} = \frac{u_t}{A} + \frac{B}{A}. \tag{5.4.9}$$

利用数学归纳法容易证明模型 (5.4.9) 的通解具有如下的形式:

$$u_t = \begin{cases} \dfrac{B}{A-1} + \left(\dfrac{1}{A}\right)^t \left[u_0 - \dfrac{B}{A-1}\right], & A \neq 1 \\ u_0 + Bt, & A = 1. \end{cases} \tag{5.4.10}$$

实际上, 当 $A=1$ 时, 容易验证结论成立. 当 $A\neq 1$ 时,

$$u_{t+1}=\frac{B}{A-1}+\left(\frac{1}{A}\right)^{t+1}\left[u_0-\frac{B}{A-1}\right].$$

$$\begin{aligned}\frac{u_t}{A}+\frac{B}{A}&=\frac{1}{A}\left(\frac{B}{A-1}+\left(\frac{1}{A}\right)^{t}\left[u_0-\frac{B}{A-1}\right]\right)+\frac{B}{A}\\&=\frac{B}{A-1}+\left(\frac{1}{A}\right)^{t+1}\left[u_0-\frac{B}{A-1}\right]=u_{t+1}.\end{aligned}$$

这就验证了通解公式 (5.4.10) 的正确性.

由 N_t 和 u_t 的关系得到

$$N_t=\left[\frac{B}{A-1}+\left(\frac{1}{A}\right)^{t}\left(\frac{1}{N_0}-\frac{B}{A-1}\right)\right]^{-1},\quad A\neq 1. \tag{5.4.11}$$

如果 $A>1$, 则当 $t\to\infty$ 时有

$$\left(\frac{1}{A}\right)^{t}\left(\frac{1}{N_0}-\frac{B}{A-1}\right)\to 0,\quad 即\ \lim_{t\to+\infty}N(t)=\frac{A-1}{B}.$$

因此当 $A>1$ 时, 模型 (5.4.8) 的平衡态 $\dfrac{A-1}{B}$ 是全局渐近稳定的. 同理可以得到, 当 $A\leqslant 1$ 时, $\lim\limits_{t\to+\infty}N_t=0$.

所以, 原周期差分方程 (5.4.3) 的 T- 周期解存在和全局稳定的条件是

$$\prod_{i=0}^{T-1}a_i>1. \tag{5.4.12}$$

该周期解的初值为

$$N^*=\frac{\displaystyle\prod_{i=0}^{T-1}a_i-1}{b_0+\displaystyle\sum_{i=1}^{T-1}\left(\prod_{j=0}^{i-1}a_j\right)b_i}. \tag{5.4.13}$$

如果对所有的 $t\in[0,T)$ 有 $a_t>1$, 则条件 (5.4.12) 自然成立.

为了说明 (5.4.3) 的解和周期解的关系, 我们也用与上面类似的方法求出非自治 Beverton-Holt 模型的通解

$$N_t=\frac{\displaystyle\prod_{i=0}^{t-1}a_i^{-1}}{\dfrac{1}{N_0}+b_0+\displaystyle\sum_{i=1}^{t-1}\left(\prod_{j=0}^{i-1}a_j\right)b_i}. \tag{5.4.14}$$

记 (5.4.3) 的周期解为

$$N_t^T = \frac{\prod_{i=0}^{t-1} a_i^{-1}}{\frac{1}{N^*} + b_0 + \sum_{i=1}^{t-1}\left(\prod_{j=0}^{i-1} a_j\right) b_i}, \tag{5.4.15}$$

其中 N^* 由 (5.4.13) 确定. 则

$$\begin{aligned} N_t^T - N_t &= \frac{\prod_{i=0}^{t-1} a_i^{-1}}{\frac{1}{N^*} + b_0 + \sum_{i=1}^{t-1}\left(\prod_{j=0}^{i-1} a_j\right) b_i} - \frac{\prod_{i=0}^{t-1} a_i^{-1}}{\frac{1}{N_0} + b_0 + \sum_{i=1}^{t-1}\left(\prod_{j=0}^{i-1} a_j\right) b_i} \\ &= \frac{\left(\frac{1}{N_0} - \frac{1}{N^*}\right)\prod_{i=0}^{t-1} a_i}{\left(\frac{1}{N^*} + b_0 + \sum_{i=1}^{t-1}\left(\prod_{j=0}^{i-1} a_j\right) b_i\right)\left(\frac{1}{N^*} + b_0 + \sum_{i=1}^{t-1}\left(\prod_{j=0}^{i-1} a_j\right) b_i\right)}. \end{aligned}$$

由于

$$\frac{1}{N} + b_0 + \sum_{i=1}^{t-1}\left(\prod_{j=0}^{i-1} a_j\right) b_i \geqslant \sum_{i=1}^{t-1}\left(\prod_{j=0}^{i-1} a_j\right) b_i \geqslant \prod_{i=0}^{t-2} a_i b_{t-1},$$

则有

$$|N_t^T - N_t| \leqslant \frac{\left|\frac{1}{N_0} - \frac{1}{N^*}\right| a_{t-1}}{\left(\frac{1}{N^*} + b_0 + \sum_{i=1}^{t-1}\left(\prod_{j=0}^{i-1} a_j\right) b_i\right) b_{t-1}}.$$

如果 a_i 和 b_i 是有界函数, 则存在常数 M 使得

$$|N_t^T - N_t| \leqslant \frac{\left|\frac{1}{N_0} - \frac{1}{N^*}\right| M}{\left(\frac{1}{N^*} + b_0 + \sum_{i=1}^{t-1}\left(\prod_{j=0}^{i-1} a_j\right) b_i\right)} = \left|\frac{1}{N_0} - \frac{1}{N^*}\right| O\left(\prod_{i=0}^{t-2} a_i^{-1}\right).$$

因此如果 $\prod_{i=0}^{T-1} a_i > 1$, 则当 $t \to \infty$ 时有 $\prod_{i=0}^{t-2} a_i^{-1} \to 0$. 同时注意到 $N_t^T - N_t$ 的符号完全由 $\frac{1}{N_0} - \frac{1}{N^*}$ 的符号确定, 所以, 以任意初值 N_0 出发的解或者从周期解 N_t^T 的下边, 或者从周期解的上边趋向于周期解.

周期解的稳定性条件 $\left(\prod_{i=0}^{T-1} a_i > 1\right)$ 说明在某些季节种群的增长率可以非常低, 即对某些 $i \in \{0, 1, \cdots T-1\}$, $a_i < 1$ 可以成立, 但在一个周期内其他季节种群的内禀增长率充分大使得乘积 $\prod_{i=0}^{T-1} a_i > 1$, 这样种群就能持续生存下去. 图 5-12 给出了不同乘积 $\prod_{i=0}^{T-1} a_i$ 下的数值实现, 当 $\prod_{i=0}^{T-1} a_i$ 远大于 1 时模型存在一个振幅较大和平均值较大的周期解 (带 "∘" 的曲线), 但是当 $\prod_{i=0}^{T-1} a_i$ 小于 1 且接近 1 时, 数值模拟说明解仍然非常快地趋向于零平衡态, 即种群很快的趋于灭绝 (带"∗"的曲线). 图 5-12 的数值模拟中选取 $a_t = a+0.2\cos(t\pi/5)$(a 是一个参数) 和 $b_t = 1+0.8\sin(t\pi/5)$, 带"∘"曲线与 $a = 1.5\left(\prod_{i=0}^{9} a_i = 55.1481\right)$ 对应; 带"⋄"的曲线与 $a = 1.2\left(\prod_{i=0}^{9} a_i = 5.7721\right)$ 对应; 带"∗"的曲线与 $a = 1\left(\prod_{i=0}^{9} a_i = 0.9035\right)$ 对应.

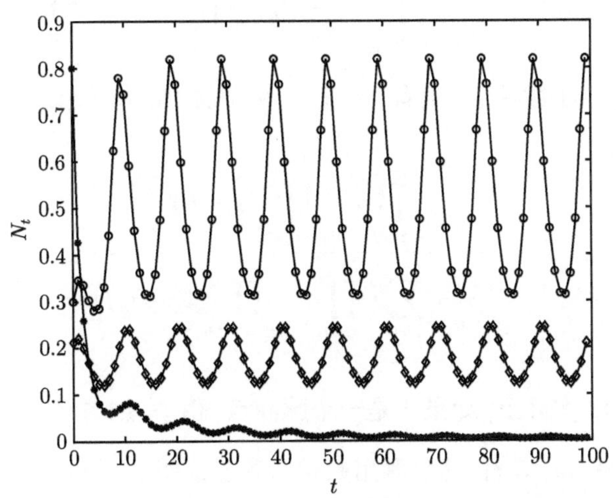

图 5-12 模型 (5.4.3) 的周期解及动力学性态

5.4.3 具有脉冲收获策略的非自治 Beverton-Holt 离散模型

前两节的模型描述了在没有外界干扰的情况下种群增长情况, 然而在渔业中种群的增长常常受到定期或不定期的人为的捕捞. 这节考虑简单的在固定时刻人为的捕捞策略, 比如在固定时刻收获和捕杀一定数量的鱼. 为此考虑如下简单形式的脉冲 Beverton-Holt 模型

$$
\begin{cases} N_{t+1} = \dfrac{a_t N_t}{1 + b_t N_t}, & t = 0, 1, 2, \cdots, \\ N_{m_k^+} = (1 - H_k) N_{m_k}, & k = 0, 1, 2, \cdots, \end{cases} \tag{5.4.16}
$$

其中 $0 \leqslant H_k < 1$ 和 $m_k (k \in \mathcal{K})$ 是具有周期 T 的脉冲时刻序列. 如果存在正整数 q 使得

$$
\begin{array}{ll} a_{t+T} = a_t, & b_{t+T} = b_t, \\ m_{k+q} = m_k + T, & H_{k+q} = H_k, \end{array} \tag{5.4.17}
$$

则模型 (5.4.16) 是一个 T- 周期系统, 其中 $0 \leqslant m_0 < m_1 < \cdots < m_{q-1} \leqslant T - 1$. 此时参数 H_k 可以理解为渔业资源管理的收获努力量.

对于模型 (5.4.16) 周期解的解析表达式和解的稳定性可以借用没有脉冲的非自治 Beverton-Holt 模型的研究方法 (Clark 和 Gross[36]), 记

$$
h(t) = \prod_{0 \leqslant m_k < t} (1 - H_k) \tag{5.4.18}
$$

和

$$
h(m_s^+) = \prod_{0 \leqslant m_k < m_s^+} (1 - H_k) = (1 - H_s) h(m_s), \tag{5.4.19}
$$

上式中如果 t 是一个脉冲点, 则有 $m_s = t$. 由 (5.4.18) 和 (5.4.19) 得模型 (5.4.16) 的解可表示为

$$
N_t = \frac{\displaystyle\prod_{i=0}^{t-1} a_i \prod_{0 \leqslant m_k < t} (1 - H_k)}{\displaystyle\frac{1}{N_0} + \sum_{i=0}^{t-1} \Big(\prod_{j=0}^{i-1} a_j \prod_{0 \leqslant m_k \leqslant i} (1 - H_k) \Big) b_i}, \tag{5.4.20}
$$

这里记 $\displaystyle\prod_{i=0}^{-1} a_i = 1$. 实际上, 如果 t 是一个脉冲点, 由 (5.4.18) 和 (5.4.19) 得 $x_{m_s^+} = (1 - E_s) x_{m_s}$ (其中 $m_s = t$), 然后利用归纳法容易证明 N_t 满足模型 (5.4.16), 具体讨论内容参考文献 [37].

由于周期解必需满足 $N_T = N_0$, 利用该等式得到模型 (5.4.16) 周期解的解析表达式为

$$
N_t^T = \frac{\displaystyle\prod_{i=0}^{t-1} a_i \prod_{0 \leqslant m_k < t} (1 - H_k)}{\displaystyle\frac{1}{N^*} + \sum_{i=0}^{t-1} \Big(\prod_{j=0}^{i-1} a_j \prod_{0 \leqslant m_k \leqslant i} (1 - H_k) \Big) b_i} \tag{5.4.21}
$$

和初始值

$$N^*=\frac{\prod_{i=0}^{T-1}a_i\prod_{k=0}^{q-1}(1-H_k)-1}{\sum_{i=0}^{T-1}\Big(\prod_{j=0}^{i-1}a_j\prod_{0\leqslant m_k\leqslant i}(1-H_k)\Big)b_i},\tag{5.4.22}$$

并且周期解 (5.4.21) 满足等式

$$\prod_{t=0}^{T-1}\frac{a_t}{1+b_tN_t^T}=\prod_{k=0}^{q-1}\frac{1}{1-H_k}.$$

关于周期解 (5.4.21) 的稳定性有如下定理.

定理 5.4.1 如果 $\prod_{i=0}^{T-1}a_i\prod_{k=0}^{q-1}(1-H_k)>1$, 模型 (5.4.16) 任意初值大于零的解都渐近地趋向于周期解 (5.4.21); 如果 $\prod_{i=0}^{T-1}a_i\prod_{k=0}^{q-1}(1-H_k)<1$, 则对所有初始 $N_0\geqslant 0$ 的解 N_t 都有 $\lim_{t\to\infty}N_t=0$.

证明 令 $M_t=\dfrac{1}{N_t}$, 则模型 (5.4.16) 得

$$\begin{cases}M_{t+1}=\dfrac{1}{a_t}M_t+\dfrac{b_t}{a_t}, & t=0,1,2,\cdots,\\ M_{m_k^+}=\dfrac{1}{(1-H_k)}M_{m_k}, & k=0,1,2,\cdots.\end{cases}$$

注意到

$$|M_t-M_t^T|=W(t,0)|M_0-M^*|,$$

其中 $M_t^T=\dfrac{1}{N_t^T}$, $M_0=\dfrac{1}{N_0}$, $M^*=\dfrac{1}{N^*}$ 和

$$W(t,0)=\left[\prod_{i=0}^{t-1}a_i\prod_{0\leqslant m_k<t}(1-H_k)\right]^{-1}.$$

不失一般性, 假设存在正整数 p 使得 $t\in(pT,(p+1)T]$, 则

$$\begin{aligned}W(t,0)&=\left[\prod_{i=0}^{pT-1}a_i\prod_{i=pT}^{t-1}a_i\prod_{0\leqslant m_k<pT}(1-H_k)\prod_{pT\leqslant m_k<t}(1-H_k)\right]^{-1}\\&=\left[\prod_{i=0}^{T-1}a_i\prod_{k=0}^{q-1}(1-H_k)\right]^{-p}\left[\prod_{i=pT}^{t-1}a_i\prod_{pT\leqslant m_k<t}(1-H_k)\right]^{-1}.\end{aligned}$$

如果 $\prod_{i=0}^{T-1} a_i \prod_{k=0}^{q-1}(1-H_k) > 1$, 则有 $\lim_{n\to\infty} W(n,0) = 0$ 成立, 故对所有初始大于零的解都将趋向于周期解 N_t^T.

如果 $\prod_{i=0}^{T-1} a_i \prod_{k=0}^{q-1}(1-H_k) < 1$, 则有 $M_t \geqslant W(t,0)M_0$. 故 $\lim_{t\to\infty} W(t,0) = \infty$. 因此当 $t\to\infty$, 对所有 $N_0 \geqslant 0$ 都有 $N_t \to 0$. □

根据非自治 Beverton-Holt 差分方程具有脉冲收获和没有脉冲收获模型的周期解的解析表达式可以得到脉冲收获可以导致种群数量快速下降并使模型出现不同的动态行为, 并且这种改变依赖于脉冲收获努力量 H_k 和收获频率 q. 另一方面, 一个给定的收获策略对不同的生态系统影响也是不同的 (这里不同的生态系统是指不同形式的 a_t, b_t 函数). 如果固定 $H_k = 0.5 + 0.2\cos(2k\pi/3)$, 并选取函数 $a_t = a + 0.2\cos(t\pi/5)$, 其中 a 是参数和 $b_t = 1+0.8\sin(t\pi/5)$. 图 5-13 给出了不同参数值 a 下模型 (5.4.16) 的动力学行为. 在一个周期 $T(T=10)$ 内的脉冲序列为 $m_0 = 2, m_1 = 5, m_2 = 8$ 和 $q = 3$. 其中带 "∘" 的曲线对应 $a = 1.5 \left(\prod_{i=0}^{9} a_i \prod_{k=0}^{2}(1-H_k) = 5.9553\right)$, 带 "∗" 的曲线对应 $a = 1.25 \left(\prod_{i=0}^{9} a_i \prod_{k=0}^{2}(1-H_k) = 0.9427\right)$. 比较图 5-12 和图 5-13 可知, 渔业资源的开发使得种群数量的减少非常快, 如果开发过度将最终导致种群绝灭. 因此渔业资源管理中的一个重要问题就是在保持最优持续产量的同时如何避免过度开发而导致种群绝灭.

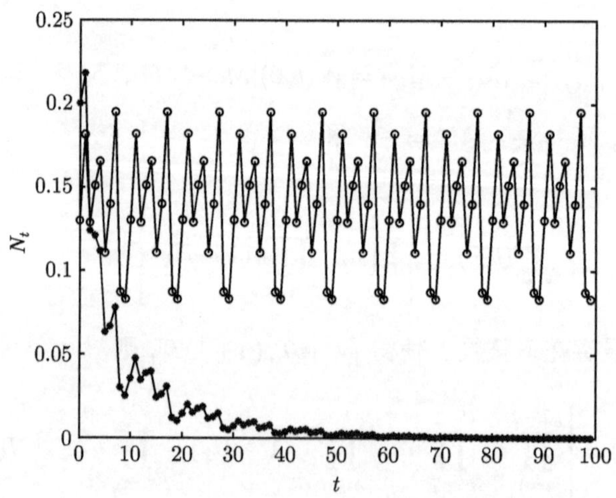

图 5-13 模型 (5.4.16) 的动力学性态

习 题 5

5.1 某金融机构设立一笔总额为 540 万的基金, 分开放置位于 A 城和 B 城的两个公司, 基金在平时可以使用, 但每周末结算时必须确保总额仍为 540 万. 经过一段时间运行, 每过一周, A 城公司有 10% 的基金流动到 B 城公司, 而 B 城公司则有 12% 的基金流动到 A 城公司. 开始时, A 城公司基金额为 260 万, B 城公司为 280 万. 试建立差分方程模型分析两公司的基金数额变化趋势如何? 进一步要求, 如果金融专家认为每个公司的支付基金不能少于 220 万, 那么是否需要在什么时间将基金做专门调动来避免这种情况?

5.2 已知一种昆虫每两周产卵一次, 6 周以后死亡. 孵化后的幼虫 2 周后成熟, 平均产卵 100 个, 四周龄的成虫平均产卵 150 个. 假设每个卵发育成 2 周龄成虫的概率为 0.09, 2 周龄成虫发育成 4 周龄成虫的概率为 0.2. (1) 假设开始时 0—2、2—4、4—6 周龄的昆虫数目相同, 计算 2 周、4 周、6 周后各种周龄的昆虫数目; (2) 讨论这种昆虫各种周龄数量的演变趋势: 各周龄的昆虫比例是否有一个稳定值? 昆虫是无限地增长还是趋于灭亡? (3) 假设使用了除虫剂, 已知使用了除虫剂后各周龄的成活率减半, 问这种除虫剂是否有效?

5.3 设有 4 个人 P_i 相互追逐, 开始分别位于点 (x_{i0}, y_{i0}) $(i=1,2,3,4)$. 在追逐过程中每个人都朝着下一个人运动, 在一个单位时间内, 每个人运动的距离和他追逐的人之间的距离成比例, 比例系数小于 1. 建立差分方程模型描述这几个人的追逐过程, 并给出这 4 个人最后的极限位置.

5.4 设 $\sum\limits_{i=1}^{5} t_{i,j} < 1$ $(j=1,2,3,4,5)$,

$$F=\begin{pmatrix} f_1 & f_2 & f_3 & f_4 & f_5 \\ 0 & 0 & 0 & 0 & 0 \\ 0 & 0 & 0 & 0 & 0 \\ 0 & 0 & 0 & 0 & 0 \\ 0 & 0 & 0 & 0 & 0 \end{pmatrix}, \quad T=\begin{pmatrix} t_{1,1} & t_{1,2} & t_{1,3} & t_{1,4} & t_{1,5} \\ t_{2,1} & t_{2,2} & t_{2,3} & t_{2,4} & t_{2,5} \\ t_{3,1} & t_{3,2} & t_{3,3} & t_{3,4} & t_{3,5} \\ t_{4,1} & t_{4,2} & t_{4,3} & t_{4,4} & t_{4,5} \\ t_{5,1} & t_{5,2} & t_{5,3} & t_{5,4} & t_{5,5} \end{pmatrix}.$$

证明 $(I-T)^{-1}F$ 和 $F(I-T)^{-1}$ 的正特征值相等.

5.5 设 $0<p_1<1$, $0<p_2<1$, $z(t)=x_1(t)+x_2(t)+x_3(t)$, 讨论模型

$$\begin{pmatrix} x_1(t+1) \\ x_2(t+1) \\ x_3(t+1) \end{pmatrix} = \begin{pmatrix} b_1 e^{-z(t)} & b_2 e^{-z(t)} & b_3 e^{-z(t)} \\ p_1 & 0 & 0 \\ 0 & p_2 & 0 \end{pmatrix} \begin{pmatrix} x_1(t) \\ x_2(t) \\ x_3(t) \end{pmatrix}$$

的平衡解及其渐近性态.

5.6 讨论 SIR 模型

$$S(t+1)=S(t)+\Lambda-\frac{\beta S(t)I(t)}{N(t)}-\mu S(t),$$

$$I(t+1)=I(t)+\frac{\beta S(t)I(t)}{N(t)}-(\mu+\delta+\gamma)I(t),$$

$$R(t+1)=R(t)+\gamma I(t)-\mu R(t)$$

的解的渐近性态.

5.7 讨论 SEIR 模型解的渐近性态

$$
\begin{aligned}
S(t+1) &= S(t) + \Lambda - \frac{\beta S(t)I(t)}{N(t)} - \mu S(t),\\
E(t+1) &= E(t) + \frac{\beta S(t)I(t)}{N(t)} - (\mu+\alpha)E(t),\\
I(t+1) &= I(t) + \alpha E(t) - (\mu+\delta+\gamma)I(t),\\
R(t+1) &= R(t) + \gamma I(t) - \mu R(t).
\end{aligned}
$$

5.8 一种药物服用后在表 5-4 所示的时间点上测量得到服用者的血药浓度, 试建立模型描述该服用者体内血药浓度随着时间变化的关系.

表 5-4 某药物服用后服用者体内血药浓度的测量值

时间/h	0.5	1.0	1.5	2.0	3.0
浓度/(μg/ml)	0.111	0.207	0.307	0.378	0.400
时间/h	4.0	6.0	8.0	10.0	12.0
浓度/(μg/ml)	0.352	0.224	0.157	0.103	0.085

5.9 一个人在喝下两瓶啤酒后在一些时间点上测量得到他血液中的酒精浓度的数据如表 5-5 所示, 试建立模型描述该饮酒者体内酒精浓度随着时间变化的关系.

表 5-5 饮酒者体内酒精浓度随时间变化的测量值

时间/h	0.25	0.5	0.75	1.0	1.5	2.0	2.5	3.0
浓度/(μg/ml)	30	68	75	82	82	77	68	68
时间/h	3.5	4.0	4.5	5.0	6.0	7.0	8.0	9.0
浓度/(μg/ml)	58	51	50	41	38	35	28	25
时间/h	10.0	11.0	12.0	13.0	14.0	15.0	16.0	
浓度/(μg/ml)	18	15	12	10	7	7	4	

5.10 美国人口从 1790 年到 2010 年的统计数据如表 5-6 所示, 试建立模型描述其人口变化规律, 并收集 2000 和 2010 年美国的人口数对模型进行验证和修改.

表 5-6 国人口从 1790—2010 年的统计值(单位: 百万)

年份	1790 年	1800 年	1810 年	1820 年	1830 年	1840 年	1850 年
人口	3.9	5.308	7.24	9.638	12.86	17.06	23.19
年份	1860 年	1870 年	1880 年	1890 年	1900 年	1910 年	1920 年
人口	31.44	38.56	50.19	62.98	76.21	92.23	106.0
年份	1930 年	1940 年	1950 年	1960 年	1970 年	1980 年	1990 年
人口	123.2	132.2	151.3	167.3	203.3	226.5	248.7

5.11 一个水池中开始时有水 2000m^3, 含有 2kg 的盐. 现在按每分钟 6m^3 的速率向池中注入含盐率为 0.5kg/m^3 的盐水, 并将混合均匀的盐水按照每分钟 4m^3 的速率排出. 试利用差

分方程模型来描述池子中盐的含量随着时间的变化情况，并思考如果多个池子阶梯型连接时怎样处理？

5.12 我们将海中的鱼分为小鱼和大鱼两种，渔民的捕捞活动对海中鱼类数量的变化有一定影响. 表 5-7 中给出了一个港口从 1914 年到 1923 年所收购的鱼类中大鱼所占的比例. 试建立模型描述鱼类的数量变化规律，并对这个比例的变化给出解释.

表 5-7 一个港口从 1914—1923 年大鱼比例的统计值

年份	1914	1915	1916	1917	1918
大鱼百分比	11.9	21.4	22.1	21.1	36.4
年份	1919	1920	1921	1922	1923
大鱼百分比	27.3	16.0	15.0	14.8	10.7

5.13 中国是一个人口大国，人口问题始终是制约我国发展的关键因素之一. 近年来我国老龄化进程加速、出生人口性别比持续升高、城镇化比例逐年提高，这些都影响着我国人口的增长. 请收集我国人口数据，建立模型对我国人口进行预测，并给出人口的年龄结构、男女比例、城乡比例等. 表 5-8 和附录 2 中的数据来自一些抽样调查的资料，供参考.

表 5-8 1990—2010 年中国人口数量、性别及城乡分布

年份	人口总数	男性人数	女性人数	城镇人数	乡村人数
1990	114333	58904	55429	30195	84138
1991	115823	59466	56357	31203	84620
1992	117171	59811	57360	32175	84996
1993	118517	60472	58045	33173	85344
1994	119850	61246	58604	34169	85681
1995	121121	61808	59313	35174	85947
1996	122389	62200	60189	37304	85085
1997	123626	63131	60495	39449	84177
1998	124761	63940	60821	41608	83153
1999	125786	64692	61094	43748	82038
2000	126743	65437	61306	45906	80837
2001	127627	65672	61955	48064	79563
2002	128453	66115	62338	50212	78241
2003	129227	66556	62671	52376	76851
2004	129988	66976	63012	54283	75705
2005	130756	67375	63381	56212	74544
2006	131448	67728	63720	58288	73160
2007	132129	68048	64081	60633	71496
2008	132802	68357	64445	62403	70399
2009	133450	68647	64803	64512	68938
2010	134091	68748	65343	66978	67113

5.14 SARS(severe acute respiratory syndrome, 严重急性呼吸道综合症) 是 21 世纪第一个在世界范围内传播的传染病. 我国是 SARS 流行的重灾区, 我国的经济发展和人民生活都受到了很大影响. 在 SARS 流行期间, 我国卫生部门定期向社会公布疫情. 附录 3 中给出了北京市的疫情数据, 请建立模型描述 SARS 的感染情况.

附录A 映射的中心流形定理

A.1 问题的提出

在分析研究离散模型的动力学性态时, 我们需要研究不同类型的问题. 例如讨论差分方程组

$$x(t+1)=x(t)+ax^3(t),\quad y(t+1)=\frac{y(t)}{2}+y^2(t)\tag{A.1.1}$$

零解的稳定性. 差分方程组 (A.1.1) 实际上是由两个独立的一维方程组成, 它们分别都具有零解, 我们可以分别进行讨论. 经过仔细分析后, 我们得到的结论是: 关于 $x(t)$ 的方程的零解当 $-1<a<0$ 时是渐近稳定的, 当 $a=0$ 时是稳定的, 当 $a>0$ 时是不稳定的; 关于 $y(t)$ 的方程的零解总是渐近稳定的. 所以, 方程组 (A.1.1) 的零解当 $-1<a<0$ 时是渐近稳定的, 当 $a=0$ 时是稳定的, 当 $a>0$ 时是不稳定的.

方程组 (A.1.1) 的零解的稳定性是通过分析两个独立方程零解的稳定性得到的. 但如果两个方程不独立时, 我们的分析就会遇到一些困难. 如讨论下面差分方程组零解的稳定性,

$$\begin{aligned}x(t+1)&=x(t)+ax^3(t)+x^2(t)y(t),\\ y(t+1)&=\frac{y(t)}{2}+y^2(t)+x(t)y(t)-x^3(t).\end{aligned}\tag{A.1.2}$$

在差分方程组 (A.1.2) 中的两个方程都不独立, 无法用前面类似的方法解决问题. 但直观上觉得在零解的邻域内, 这两个差分方程组的差异不是很大, 稳定性的结果应该类似. 事实上可以借助于差分方程组的中心流形定理把差分方程组 (A.1.2) 的稳定性简化为一个一维的问题进行讨论, 得到类似的结果.

A.2 差分方程组中心流形定理的几个结论

考虑差分方程组

$$\boldsymbol{z}(t+1)=\boldsymbol{F}(\boldsymbol{z}(t)),\quad \boldsymbol{F}(\boldsymbol{0})=\boldsymbol{0}.\tag{A.2.1}$$

由 $\boldsymbol{F}(0)=\boldsymbol{0}$ 知道, $\boldsymbol{z}=\boldsymbol{0}$ 是差分方程组 (A.2.1) 平衡解 (称为零解).

差分方程组 (A.2.1) 零解的稳定性首先是通过线性化系统

$$\boldsymbol{z}(t+1)=A\boldsymbol{z}(t),\quad A=\left.\frac{\partial \boldsymbol{F}(\boldsymbol{z})}{\partial \boldsymbol{z}}\right|_{\boldsymbol{z}=\boldsymbol{0}}$$

的矩阵 A 特征根模的大小来确定. 记 λ_j 是特征方程 $|A-\lambda I|=0$ 的根. 当所有的特征根 λ_j 都在单位圆盘内时, 零平衡解是渐近稳定的, 若有特征根 λ_{j_0} 位于单位圆盘外, 则零平衡解是不稳定的. 而当有些根位于单位圆盘上时, 线性化系统无法确定零解的稳定性, 我们可以借助于中心流形定理来降低方程组的维数, 通过低维系统的稳定性来得到原系统的稳定性. 这种降维的方法和思路在许多方面有着重要的应用.

下面给出几个关于映射的中心流形定理和应用的例子, 这些定理的证明类似于微分方程中心流形定理的证明, 有兴趣的读者可以参阅文献 [18], [20]. 设 $\boldsymbol{f}$ 和 $\boldsymbol{g}$ 是 $\boldsymbol{x}$ 和 $\boldsymbol{y}$ 的二阶连续函数, $\boldsymbol{x}\in R^n$, $\boldsymbol{y}\in R^m$, 满足

$$\boldsymbol{f}(0,0)=0,\quad \boldsymbol{g}(0,0)=0,\quad D\boldsymbol{f}(0,0)=0,\quad D\boldsymbol{g}(0,0)=0.$$

考虑 $n+m$ 维差分方程组

$$\begin{aligned}\boldsymbol{x}(t+1)&=A\boldsymbol{x}(t)+\boldsymbol{f}(\boldsymbol{x}(t),\boldsymbol{y}(t)),\\ \boldsymbol{y}(t+1)&=B\boldsymbol{y}(t)+\boldsymbol{g}(\boldsymbol{x}(t),\boldsymbol{y}(t)),\end{aligned}\tag{A.2.2}$$

其中 A 和 B 分别是 $n\times n$ 和 $m\times m$ 矩阵, A 的所有特征值的模等于 1, B 的所有特征根的模都小于 1. 在这些条件下, 给出下面的几个定理.

定理 A.2.1　差分方程组 (A.2.2) 有一个二阶连续可微的局部中心流形, $\boldsymbol{y}=\boldsymbol{h}(\boldsymbol{x})$, $\|x\|<\delta$, $\boldsymbol{h}(\boldsymbol{0})=\boldsymbol{0}$, $D\boldsymbol{h}(\boldsymbol{0})=\boldsymbol{0}$, 使得当

$$\boldsymbol{x}=A\boldsymbol{x}+\boldsymbol{f}(\boldsymbol{x},\boldsymbol{h}(\boldsymbol{x})),\quad \boldsymbol{y}=B\boldsymbol{h}(\boldsymbol{x})+\boldsymbol{g}(\boldsymbol{x},\boldsymbol{h}(\boldsymbol{x}))$$

时, $\boldsymbol{y}=\boldsymbol{h}(\boldsymbol{x})$.

定理 A.2.1 给出了中心流形的存在性、光滑性和不变性, 但没有给出中心流形的具体表达式. 在应用定理 A.2.1 时, 为了得到 $\boldsymbol{h}(\boldsymbol{x})$ 的近似表达式, 可将 $\boldsymbol{y}=\boldsymbol{h}(\boldsymbol{x})$ 代入方程组 (A.2.2) 中的第二个方程, 即

$$\boldsymbol{y}(t+1)=\boldsymbol{h}\big(\boldsymbol{x}(t+1)\big)=\boldsymbol{h}\left(A\boldsymbol{x}+\boldsymbol{f}(\boldsymbol{x},\boldsymbol{h}(\boldsymbol{x}))\right)=B\boldsymbol{h}(\boldsymbol{x})+\boldsymbol{g}(\boldsymbol{x},\boldsymbol{h}(\boldsymbol{x})).$$

或者

$$M\big(\boldsymbol{h}(\boldsymbol{x})\big)=\boldsymbol{h}\left(A\boldsymbol{x}+\boldsymbol{f}(\boldsymbol{x},\boldsymbol{h}(\boldsymbol{x}))\right)-B\boldsymbol{h}(\boldsymbol{x})-\boldsymbol{g}(\boldsymbol{x},\boldsymbol{h}(\boldsymbol{x}))=0,$$

并且满足 $\boldsymbol{h}(\boldsymbol{0})=\boldsymbol{0}$, $D\boldsymbol{h}(\boldsymbol{0})=\boldsymbol{0}$.

当然，我们仅从上面的关系式仍然无法得到 $\boldsymbol{h}$ 的具体表达式，但是可以通过幂级数方法得到它的近似表达式. 于是，得到下面的结论：

定理 A.2.2 设 $\boldsymbol{\phi}(\boldsymbol{x})$ 是满足 $\boldsymbol{\phi}(\boldsymbol{0}) = \boldsymbol{0}$. $D\boldsymbol{\phi}(\boldsymbol{0}) = \boldsymbol{0}$ 和具有较高可微性的函数，且当 $\boldsymbol{x}$ 趋于零时，$M\big(\boldsymbol{\phi}(\boldsymbol{x})\big) = O\left(|\boldsymbol{x}|^q\right)$，其中 $q > 1$，则 $\boldsymbol{h}(\boldsymbol{x}) = \boldsymbol{\phi}(\boldsymbol{x}) + O\left(|\boldsymbol{x}|^q\right)$.

由定理 A.2.2 知道，中心流形 $\boldsymbol{h}(\boldsymbol{x})$ 可以通过 $\boldsymbol{\phi}(\boldsymbol{x})$ 来近似. 利用下面的定理，可以降低零解稳定性判别时方程组的维数，通过一个低维系统的稳定性来得到高维系统的稳定性.

定理 A.2.3 设差分方程组 (A.2.1) 满足定理 A.2.1 的条件，$\boldsymbol{h}(\boldsymbol{x})$ 是差分方程组 (A.2.1) 的中心流形. 当差分方程组

$$\boldsymbol{u}(t+1) = A\boldsymbol{u}(t) + \boldsymbol{f}(\boldsymbol{u}(t), \boldsymbol{h}(\boldsymbol{u}(t))) \tag{A.2.3}$$

的零解稳定 (渐近稳定、不稳定) 时，差分方程组 (A.2.1) 的零解也稳定 (渐近稳定、不稳定). 若差分方程组 (A.2.1) 的零解稳定，$\boldsymbol{x} = \boldsymbol{x}(t)$ 和 $\boldsymbol{y} = \boldsymbol{y}(t)$ 是差分方程组 (A.2.1) 初始值充分小的解，则必定有差分方程组 (A.2.3) 的一个解 $\boldsymbol{u} = \boldsymbol{u}(t)$，满足 $\|\boldsymbol{x}(t) - \boldsymbol{u}(t)\| < K\beta^t$，$\|\boldsymbol{y}(t) - \boldsymbol{h}(\boldsymbol{u}(t))\| < K\beta^t$，其中，$K$ 和 β 是正常数，且 $\beta < 1$.

定理 A.2.3 的结论有两部分，前一部分说明，当中心定理的条件成立时，可以用一个低维系统零解的稳定性来判断高维系统零解的稳定性. 这在实际应用中对临界情形下平衡解稳定性的分析提供了一个非常有效的途径. 定理 A.2.3 的后一部分表明，差分方程组 (A.2.1) 的解在一定的条件下和中心流行上的一个解非常接近.

A.3 中心流形定理在判定平衡解稳定性时的应用举例

利用中心流形定理来讨论下面方程组零解的稳定性，

$$\begin{aligned} x(t+1) &= x(t) + ax^3(t) + bx(t)y(t), \\ y(t+1) &= \frac{y(t)}{2} - x^2(t) + y^2(t) + x^3(t). \end{aligned} \tag{A.3.1}$$

差分方程组 (A.3.1) 在零解的线性化系统的两个特征根分别为 1 和 $\dfrac{1}{2}$，其右端的函数是多项式，满足中心流形存在性定理 (定理 A.2.1) 的条件. 所以，在 $x = 0$ 的邻域内有充分光滑的函数 $y = h(x)$，且 $y = h(x)$，满足 $h(0) = 0$, $h'(0) = 0$ 和

$$h(x + ax^3 + bxh(x)) = \frac{h(x)}{2} - x^2 + h^2(x) + x^3. \tag{A.3.2}$$

将 $h(x)$ 展开为 $h(x) = h_2x^2 + h_3x^3 + h_4x^4 + \cdots$，代入 $h(x)$ 所满足的方程 (A.3.2) 得到

$$h\left(x + (a + bh_2)x^3 + \cdots\right) = \frac{h_2x^2}{2} - x^2 + \frac{h_3x^3}{2} + x^3 + \cdots + h^2(x).$$

利用 $h(x)$ 的展开式, 比较 x^2 的系数得到 $h_2=2$, 代入 $h(x)$ 得到 $h(x)=2x^2+O(x^3)$.

根据定理 A.2.3, 考虑一维差分方程

$$x(t+1)=x(t)+(a+2b)x^3(t)+bx(t)(h_3x^3(t)+h_4x^4(t)+\cdots) \tag{A.3.3}$$

零解的稳定性. 由一维差分方程零解稳定性的判别方法知道, 当 $a<-2b$ 时, (A.3.3) 的零解是渐近稳定的, 当 $a>-2b$ 时, (A.3.3) 的零解是不稳定的.

而当 $a=-2b$ 时, (A.3.3) 零解的稳定性无法确定, 我们还需要计算 $h(x)$ 的展开式中高阶项的系数来判断稳定性. 当 $a=-2b$ 时, 系数 h_3 和 h_4 等满足的方程为

$$h\left(x+bh_3x^4+bh_4x^5+\cdots\right)=2x^2+\frac{h_3x^3}{2}+x^3++\frac{h_4x^4}{2}+4x^4+o(x^4).$$

利用 $h(x)$ 的展开式, 比较上式中 x^3 的系数得到 $h_3=-2$, 代入 $h(x)$ 得到 $h(x)=2x^2-2x^3+o(x^4)$. 将 $h(x)=2x^2-2x^3+o(x^4)$ 代入 (A.3.1) 中第一个方程得到

$$x(t+1)=x(t)-2bx^4+\cdots. \tag{A.3.4}$$

利用一维差分方程零解稳定性判定的方法得到, 当 $b\neq 0$ 时, 差分方程 (A.3.4) 的零解是不稳定的, 而当 $b=0$ 时, 差分方程 (A.3.4) 的零解是稳定的.

利用定理 A.2.3 得到, 当 $a<-2b$ 时, (A.3.1) 的零解是渐近稳定的, 当 $a>-2b$ 时, (A.3.3) 的零解是不稳定的. 当 $a=-2b$ 且 $b\neq 0$ 时, (A.3.3) 的零解是不稳定的, 而当 $a=-2b$ 且 $b=0$ 时, (A.3.3) 的零解是稳定的.

这个例子说明了怎样用中心流形定理来判断临界情形下平衡解的稳定性. 其核心的思想是利用中心流形定理将一个二维方程组稳定性分析变成了一个一维差分方程平衡解的稳定性分析问题, 而一维差分方程组稳定性可以由低次项的系数来确定. 这样的降维和简化可以使得我们的问题变得比较简单. 有兴趣的读者可以类似判断下面差分方程组零解的稳定性,

$$\begin{aligned}x(t+1)&=-x(t)+2ax^3(t)+x(t)y(t),\\ y(t+1)&=\frac{y(t)}{2}-x^2(t)+x(t)y(t).\end{aligned} \tag{A.3.5}$$

A.4　中心流形定理在研究分支问题时的应用举例

在这一节, 我们将以一个具体实例来展示如何利用中心流形定理讨论差分方程组的分支问题. 先来看下面的方程组:

$$\begin{aligned}x(t+1)&=(1-\mu)x(t)-x^3(t)-x(t)y(t),\\ y(t+1)&=x(t)y(t).\end{aligned} \tag{A.4.1}$$

直接计算可知方程组 (A.4.1) 的平衡点分别是 $(0,0)$, $(\sqrt{-\mu},0)$, $(\mu<0)$ 和 $(1,-1-\mu)$. 计算方程组 (A.4.1) 在平衡点处的线性化矩阵是

$$J=\begin{pmatrix} 1-\mu-3x^2-y & -x \\ y & x \end{pmatrix}.$$

我们先来讨论平衡点 $(0,0)$ 的稳定性以及分支问题. 将 $(0,0)$ 代入线性化矩阵可得其特征值分别是 $1-\mu$ 和 0. 如果 $0<\mu<2$ 时, 平衡点 $(0,0)$ 渐近稳定; 如果 $\mu>2$, 或者 $\mu<0$, 则平衡点 $(0,0)$ 不稳定. 如果 $\mu=0$, 或者 $\mu=2$ 时, 我们无法判定其稳定性态, 但是可以讨论可能发生的分支情况.

当 $\mu=2$ 时, 方程组在平衡点 $(0,0)$ 处的线性化矩阵的特征值分别是 -1 和 0, 猜测可能会在 $(0,0)$ 附近出现 flip 分支. 在这里, 我们需要借助中心流形定理将方程组 (A.4.1) 降为一维差分方程来进行验证.

由于参数 $\mu(\mu\in R)$ 的变化会引起 $(0,0)$ 的稳定性发生变化, 以及可能出现分支, 我们将 μ 看作是一个依赖变量, 并且记 $\alpha=\mu-2$, 将差分方程组 (A.4.1) 改写为

$$\begin{aligned} &x(t+1)=(-1-\alpha(t))x(t)-x^3(t)-x(t)y(t),\\ &\alpha(t+1)=\alpha(t),\\ &y(t+1)=x(t)y(t). \end{aligned} \tag{A.4.2}$$

显然, 方程组 (A.4.2) 在零解的线性化系统的两个特征根的模分别为 1 和 0, 满足中心流形存在性定理 (定理 A.2.1) 的条件. 所以, 在 $(x,y,\alpha)=(0,0,0)$ 的邻域内有光滑的函数 $h(x,\alpha)$, 并且 $y=h(x,\alpha)$, 满足 $h(x,\alpha)=0$, $\dfrac{\partial h(x,\alpha)}{\partial x}$ 和 $\dfrac{\partial h(x,\alpha)}{\partial \alpha}$ 存在、连续, 以及

$$y(t+1)=h\big(x(t+1),\alpha(t+1)\big)=x(t)h\big(x(t),\alpha(t)\big).$$

令 $h(x,\alpha)=h_1x^2+h_2x\alpha+h_3\alpha^2+h_4x^3+h_5x^2\alpha+h_6x\alpha^2+h_7\alpha^3$, 代入上式, 通过比较同次幂系数可得 $h_1=h_2=h_3=0$. 将 $y(t)=h_4x^3+h_5x^2\alpha+h_6x\alpha^2+h_7\alpha^3$ 代入方程组 (A.4.2) 中的第一个方程可得

$$\begin{aligned} x(t+1)=&(-1-\alpha(t))x(t)-x^3(t)-h_4x^4(t)-h_5\alpha(t)x^3(t)-h_6\alpha^2(t)x^2(t)\\ &-h_7\alpha^3(t)x(t)+O((|x|+|\alpha|)^4). \end{aligned} \tag{A.4.3}$$

定义

$$\begin{aligned} G(x(t),\alpha)=&(-1-\alpha)x(t)-x^3(t)-h_4x^4(t)-h_5\alpha x^3(t)\\ &-h_6\alpha^2x^2(t)-h_7\alpha^3x(t)+O((|x|+|\alpha|)^4). \end{aligned}$$

利用定理 4.2.4 可知, $G(0,\alpha)=0$, $\dfrac{\partial G(0,0)}{\partial x}=-1$, $\dfrac{\partial^2 G(0,0)}{\partial x\partial\alpha}=-1<0$, $\dfrac{\partial^3 G(0,0)}{\partial x^3}=$

$-6<0$. 则有 $\delta>0$, 使得 $-\delta<\alpha\leqslant 0$ 时, 差分方程 $x(t+1)=G(x(t),\alpha)$ 在平衡点 $x=0$ 的领域有唯一的平衡解 $x=0$, 是渐近稳定的; 而当 $0<\alpha\leqslant\delta$ 时, 差分方程 $x(t+1)=G(x(t),\alpha)$ 在 $x=0$ 的领域有一个平衡解 $x=0$ 和一个 2 周期解, 其中 $x=0$ 是不稳定的, 2 周期解是渐近稳定的.

利用定理 A.2.3 得到, 则有 $\delta>0$, 使得 $-\delta<\mu-2\leqslant 0$ 时, 差分方程组 (A.4.1) 在平衡点 $(0,0)$ 的领域有唯一的平衡解 $(0,0)$, 是渐近稳定的; 而当 $0<\mu-2\leqslant\delta$ 时, 差分方程组 (A.4.1) 在平衡点 $(0,0)$ 的领域有一个平衡解 $(0,0)$ 和一个 2 周期解, 其中 $(0,0)$ 是不稳定的, 2 周期解是渐近稳定的.

类似地, 可以讨论 $\mu=0$ 时, 方程组 (A.4.1) 的平衡点 $(0,0)$ 的分支情况, 以及平衡点 $(\sqrt{-\mu},0)$ 和 $(1,-1-\mu)$ 的稳定性以及分支情况.

这个例子说明了怎样用中心流形定理来判断临界情形下平衡解的分支问题. 其核心的思想是: 根据可能出现的不同分支类型, 需要将高维方程组降维到低维方程组, 再进行讨论. 方程组 (A.4.1) 在平衡点 $(0,0)$ 处可能出现 flip 分支, 需要利用中心流形定理将一个二维方程组降维为一维方程, 再来讨论分支情况. 如果是 3 维及以上的方程组, 可能出现 Hopf 分支时, 需要逐步利用中心流行定理将高维方程组降维到二维方程组来讨论. 有兴趣的读者可以类似判断方程组 (A.4.1) 其他平衡点处的分支问题.

附录B　2006 年中国人口的一些统计数据

表 B-1　2006 年中国人口的年龄、性别构成数据

年龄段	合计人数	男性人数	女性人数	合计人数	男性人数	女性人数
总计	1192666	604303	588363	674599	344143	330457
0−4	60556	33121	27436	38087	20964	17123
5−9	70588	38942	31646	44237	24535	19702
10−14	89136	48057	41079	56902	30738	26164
15−19	105023	55481	49542	61426	32569	28856
20−24	76160	37271	38889	38337	18969	19369
25−29	74110	35868	38242	36253	17834	18419
30−34	93398	45819	47580	46998	22999	24000
35−39	113952	56033	57920	61295	29854	31441
40−44	115781	57276	58505	63276	31011	32265
45−49	76496	38248	38247	41341	20659	20681
50−54	90607	45643	44964	52380	26582	25798
55−59	68277	34539	33737	40508	20764	19744
60−64	48886	24947	23939	29237	15263	13974
65−69	39996	20460	19536	23285	12270	11015
70−74	32692	16142	16550	19028	9534	9494
75−79	20632	9850	10781	12143	5741	6402
80−84	10825	4604	6221	6468	2659	3809
85−89	4142	1561	2581	2535	939	1596
90−94	1130	366	764	686	203	483
95 以上	279	75	204	176	56	120

说明：在表 B-1 中，第一列为年龄段，第二列为样本中的总人口数，第三列为样本中的男性总人口数，第四列为样本中的女性人口数，第五列为样本中乡村人口总数，第六列为样本中乡村男性人口数，第七列为样本中乡村女性人口数.

表 B-2　2006 年中国城市人口的年龄、性别构成数据

年龄段	合计人数	男性人数	女性人数	合计人数	男性人数	女性人数
总计	290147	144296	145851	227920	115864	112056
0−4	11143	5860	5282	11327	6296	5031
5−9	12830	6889	5941	13521	7518	6004
10−14	15071	8032	7039	17163	9287	7875
15−19	22861	11533	11328	20737	11379	9358
20−24	23948	11432	12517	13875	6871	7004

续表

年龄段	合计人数	男性人数	女性人数	合计人数	男性人数	女性人数
25−29	23080	10953	12127	14776	7081	7695
30−34	27250	13449	13801	19151	9371	9779
35−39	29409	14586	14823	23248	11593	11655
40−44	29295	14867	14427	23210	11397	11813
45−49	20869	10460	10409	14285	7129	7157
50−54	21577	10710	10867	16650	8351	8299
55−59	15613	7639	7974	12156	6136	6020
60−64	10859	5253	5606	8790	4432	4359
65−69	9736	4739	4997	6975	3451	3524
70−74	8027	3849	4178	5637	2759	2878
75−79	4959	2440	2520	3529	1670	1859
80−84	2452	1131	1321	1905	814	1091
85−89	884	372	512	723	250	473
90−94	234	93	141	210	69	140
95 以上	51	10	41	52	9	42

说明: 在表 B-2 中, 第一列为年龄段, 第二列为样本中的城市总人口数, 第三列为样本中的城市男性总人口数, 第四列为样本中的城市女性人口数, 第五列为样本中镇人口总数, 第六列为样本中镇男性人口数, 第七列为样本中镇女性人口数.

表 B-3　2006 年中国城市、镇、乡村女性的生育率

年龄段	城市人口/千分之一	镇人口/千分之一	乡村人口/千分之一
15-19	2.75	4.18	5.44
20−24	41.67	105.40	138.79
25−29	83.58	96.07	111.83
30−34	36.32	38.48	56.62
35−39	10.42	16.15	19.00
40−44	2.82	5.41	4.77
45−49	1.03	1.78	3.04

表 B-4　2006 年我国人口分年龄、性别的死亡率

年龄段	全体人口/千分之一	男性人口/千分之一	女性人口/千分之一
0−4	2.68	2.46	2.95
5−9	0.44	0.65	0.18
10−14	0.33	0.37	0.27
15−19	0.60	0.68	0.51
20−24	0.88	1.16	0.60
25−29	0.87	1.12	0.63
30−34	1.21	1.43	0.99

续表

年龄段	全体人口/千分之一	男性人口/千分之一	女性人口/千分之一
35–39	1.52	1.94	1.11
40–44	2.13	3.02	1.27
45–49	2.94	3.32	2.55
50–54	3.61	4.56	2.64
55–59	5.91	7.70	4.07
60–64	9.93	12.37	7.39
65–69	17.09	20.56	13.43
70–74	28.49	34.47	22.62
75–79	45.18	55.08	36.06
80–84	69.46	80.29	61.39
85–89	92.79	103.76	86.13
90 以上	152.18	156.29	150.33

附录C　2003 年北京市 SARS 流行期间的数据

表 C-1　北京市 SARS 流行期间的疫情数据

日 期	已确诊病例累计	疑似病例	死亡累计	治愈出院累计
4 月 20 日	339	402	18	33
4 月 21 日	482	610	25	43
4 月 22 日	588	666	28	46
4 月 23 日	693	782	35	55
4 月 24 日	774	863	39	64
4 月 25 日	877	954	42	73
4 月 26 日	988	1093	48	76
4 月 27 日	1114	1255	56	78
4 月 28 日	1199	1275	59	78
4 月 29 日	1347	1358	66	83
4 月 30 日	1440	1408	75	90
5 月 01 日	1553	1415	82	100
5 月 02 日	1636	1468	91	109
5 月 03 日	1741	1493	96	115
5 月 04 日	1803	1537	100	118
5 月 05 日	1897	1510	103	121
5 月 06 日	1960	1523	107	134
5 月 07 日	2049	1514	110	141
5 月 08 日	2136	1486	112	152
5 月 09 日	2177	1425	114	168
5 月 10 日	2227	1397	116	175
5 月 11 日	2265	1411	120	186
5 月 12 日	2304	1378	129	208
5 月 13 日	2347	1338	134	244
5 月 14 日	2370	1308	139	252
5 月 15 日	2388	1317	140	257
5 月 16 日	2405	1265	141	273
5 月 17 日	2420	1250	145	307
5 月 18 日	2434	1250	147	332
5 月 19 日	2437	1249	150	349
5 月 20 日	2444	1225	154	395
5 月 21 日	2444	1221	156	447
5 月 22 日	2456	1205	158	528
5 月 23 日	2465	1179	160	582

续表

日　期	已确诊病例累计	疑似病例	死亡累计	治愈出院累计
5 月 24 日	2490	1134	163	667
5 月 25 日	2499	1105	167	704
5 月 26 日	2504	1069	168	747
5 月 27 日	2512	1005	172	828
5 月 28 日	2514	941	175	866
5 月 29 日	2517	803	176	928
5 月 30 日	2520	760	177	1006
5 月 31 日	2521	747	181	1087
6 月 01 日	2522	739	181	1124
6 月 02 日	2522	734	181	1157
6 月 03 日	2522	724	181	1189
6 月 04 日	2522	718	181	1263
6 月 05 日	2522	716	181	1321
6 月 06 日	2522	713	183	1403
6 月 07 日	2523	668	183	1446
6 月 08 日	2522	550	184	1543
6 月 09 日	2522	451	184	1653
6 月 10 日	2522	351	186	1747
6 月 11 日	2523	257	186	1821
6 月 12 日	2523	155	187	1876
6 月 13 日	2522	71	187	1944
6 月 14 日	2522	4	189	1994
6 月 15 日	2522	3	189	2015
6 月 16 日	2521	3	190	2053
6 月 17 日	2521	5	190	2120
6 月 18 日	2521	4	191	2154
6 月 19 日	2521	3	191	2171
6 月 20 日	2521	3	191	2189
6 月 21 日	2521	2	191	2231
6 月 22 日	2521	2	191	2257
6 月 23 日	2521	2	191	2277

参考文献

[1] 王联, 王慕秋. 常差分方程. 乌鲁木齐: 新疆大学出版社, 1991.

[2] Saber E. An Introduction to Difference Equations. Third Edition. Springer, 2005.

[3] 阮炯. 差分方程和常微分方程. 上海：复旦大学出版社, 2002.

[4] Paul C, Mary F, Robby R. Difference Equations: From Rabbits to Chaos. Springer, 2005.

[5] Lakshmikantham V, Donate T. Theory of Difference Equations: Numerical Methods and Applications, Second Edition. New York: Marcel Dekker, Inc., 2002.

[6] Ravi P A. Difference Equations and Inequalities: Theory, Methods, and Applications. Second Edition. New York: Marcel Dekker, Inc., 2000.

[7] Waltter G K, Allen C P. Difference Equations: An Introduction with Applications. Harcourt/Academic Press, 2001.

[8] Caswell H. Matrix Population Models, Construction, Analysis, and Interpretation. Second Edition. Sunderland MA: Sinauer Associates, 2001.

[9] 李克大, 李尹裕. 有趣的差分方程. 第 2 版. 合肥: 中国科学技术大学出版社, 2011.

[10] Kalman D. The generalized Vandermonde matrix. Math. Mag., 1984, 57(1): 15-21.

[11] Ortega J M. Matrix Theory, A Second Course. New York: Plenum, 1987.

[12] Sharkovsky A N, Maistrenko Y L, Romanenko E Y. Difference Equations and Their Applications. Dordrecht: Kluwer Academic, 1993.

[13] Jacobs O L R. Introduction to Control Theory. Oxford: Clarendon Press, 1974.

[14] 王幼斌. 一个新的稳定性判据. 数学杂志, 1996, 16(1): 9-12.

[15] 马知恩, 周义仓. 常微分方程定性与稳定性方法. 北京: 科学出版社, 2001.

[16] Cushing J M, Levarge S, Chitnis N, Henson S M. Some discrete competition models and the competitive exclusion principle. Journal of Difference Equations and Applications, 2004, 10(13-15): 1139-1151.

[17] Grandmont J M. Nonlinear difference equations, bifurcations and chaos: An introduction. Research in Economics, 2008, 62: 122-177.

[18] Kuznetsov Y A. Elements of Applied Bifurcation Theory. New York: Springer-Verlag, 1998.

[19] May R M, Oster G F. Bifurcation and dynamic complexity in simple ecological models. American Naturalist, 1976, 110(974): 573-599.

[20] Jack C. Applications of centre manifold theory. Applied Mathematical Sciences, vol. 35. New York: Springer-Verlag, 1981.

[21] Lin D R, Hui J, Pan J H. Suppercritical Flip and Hopf bifurcation on a discrete single species dynamic system. 生物数学学报, 2010, 25(4): 609-615.

[22] Gucjenheimer J, Holmes P. Nonlinear oscillations, dynamical systems, and bifurcation of vector fields. New York: Spriger-Verlag, 1983.

[23] Wan Y H. Computation of the stability condition for the Hopf bifurcation of diffeomorphisms on R^2. SIAM Journal on Applied Mathematics, 1978, 34(1): 167-175.

[24] 肖燕妮, 周义仓, 唐三一. 生物数学原理. 西安：西安交通大学出版社, 2012.

[25] Cushing J M, Zhou Y C. The Net reproductive value and stability in matrix population models. Natural Resource Modeling, 1994, 8(4): 297-333.

[26] Zhou Y C, Cushing J M. Stability conditions for equilibria of nonlinear matrix population models, Journal of Difference Equations and Application, 1998, 4: 95-126.

[27] Zhou Y C, Shao Y M, Ruan Y H, Xu J Q, Ma Z E, Mei C L, Wu J H. Modeling and prediction of HIV in China: transmission rates structured by infectious ages, Mathematical Biosciences and Engineering, 2008, 5(2): 403-418.

[28] 中国结核网. 结核病流行现状. http://www.chinatb.org/default.aspx

[29] WHO. Tuberculosis. http://www.who.int/mediacentre/factsheets/fs104/en/index.html

[30] 刘璐菊, 周义仓. 结核病动力学模型及其研究//陆征一, 王稳地编. 生物数学前沿. 北京: 科学出版社, 2008: 185-202.

[31] Castillo-chavez C, Song B J. Dynamical models of tuberculosis and their applications. Mathematical Biosciences and Engineering, 2004, 1(2): 361-404.

[32] 刘璐菊. 结核病的数学建模与分析. 西安交通大学博士论文, 2010.

[33] Liu L J, Zhao X Q, Zhou Y C. A tuberculosis model with seasonality. Bulletin of Mathematical Biology, 2010, 72: 931-952.

[34] 杨亚莉. 防制结核病传播数学模型的建立与研究. 西安交通大学博士论文, 2010.

[35] Beverton R J H, Holt S J. On the Dynamics of Exploited Fish Populations, Fishery Investigations Series II. London: Chapman & Hall, 1993.

[36] Clark M E, Gross L J. Periodic solutions to nonautonomous difference equations. Math. Biosci, 1990, 102: 105-119.

[37] Tang S Y, Cheke R A, Xiao Y N. Optimal impulsive harvesting on non-autonomous Beverton-Holt difference equations. Nonlinear analysis, TMA, 2006, 65: 2311-2341.

索 引